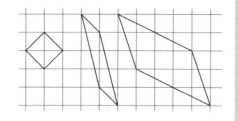

最新世界各国
数学奥林匹克中的
初等数论试题

王连笑 著

上

The Lastest Elementary Number Theory in Mathematical Olympiads in The World

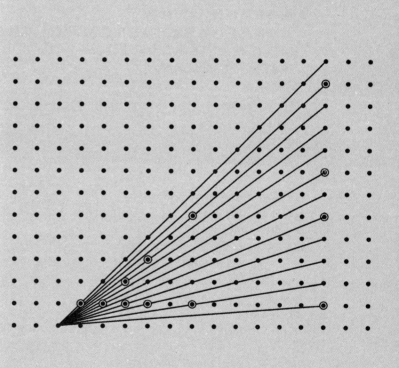

哈尔滨工业大学出版社
HARBIN INSTITUTE OF TECHNOLOGY PRESS

内容简介

本书中记载了一些世界各国奥林匹克竞赛中涉及的数论问题,都是一些初等数论问题.全书涉及整除与同余,质数、合数与质因数分解,奇数、偶数和完全平方数,十进制和其他进制记数法,欧拉定理和孙子定理,高斯函数等方面的试题.涉及了数论知识的各个方面,全面而详细地对数论试题进行解析总结.

本书适用于高等院校数学与应用数学专业学生、数学爱好者、数学竞赛选手及教练员作为学习或教学的参考用书.

图书在版编目(CIP)数据

最新世界各国数学奥林匹克中的初等数论试题:全2册/王连笑著. —哈尔滨:哈尔滨工业大学出版社,2011.11
ISBN 978-7-5603-3436-3

Ⅰ.①最… Ⅱ.①王… Ⅲ.①初等数论—试题
Ⅳ.①O156.1—44

中国版本图书馆 CIP 数据核字(2011)第 255701 号

策划编辑	刘培杰　张永芹
责任编辑	李长波
封面设计	孙茵艾
出版发行	哈尔滨工业大学出版社
社　　址	哈尔滨市南岗区复华四道街 10 号　邮编 150006
传　　真	0451—86414749
网　　址	http://hitpress.hit.edu.cn
印　　刷	哈尔滨市石桥印务有限公司
开　　本	787mm×1092mm　1/16　印张 25.5　字数 469 千字
版　　次	2011 年 12 月第 1 版　2011 年 12 月第 1 次印刷
书　　号	ISBN 978-7-5603-3436-3
定　　价	138.00 元(上、下)

(如因印装质量问题影响阅读,我社负责调换)

前言

莫扎特5岁开始作曲,35岁去世,留下的作品编号到第626号;舒伯特的创作生涯更短,他留下的第一首作品是14岁时作的一首钢琴四手联弹狂想曲,31岁去世,作品编号排到998号.

连笑编号为1的书是1978年12月出版的,是一本关于数论的小册子叫《从哥德巴赫猜想谈起》,那年他36岁.当时出版社还没有责任编辑一说,只是在封底上标有一个装帧设计的人叫刘丰杰.据连笑跟笔者说从那时起每年一本,记编号的话也该有33号了,本书应该是连笑的最后一本,这巧了也是数论,但这是个大部头.这一前一后都是关于数论的书,说明连笑对数论用情之深,因为它贯穿于连笑写作生涯的始终.

唐吉慧(上海青年书法家)在《旧时月色》(上海辞书出版社,上海:2011年8月 p:62)中写了一个非常有趣的故事:说美国一位善心人去参观疯人院,见有个病号跨坐在一个木架上作骑马状,善心人为了逗他开心,趋前高声赞叹:"你骑的可真是一匹上好的马啊!"病号听了大声骂道:"马个屁! 这不是马,这是个癖好."善心人不解,问:"那有什么不同?"病号说:"不同,天大的不同! 骑马的人可以随时下马,骑上了癖好你一辈子也下不来!"

数学是使人上瘾的一门学科,在数学的众多分支中更以数论为最.从某种意义上说它类似于毒品,一旦沾上,终身难戒.像高斯一生多次返回二次互反律给出了多种证明.从连笑的求学经历看他的数论知识多半是自学得来,因为师专这样的学校并不专门开设数论课(笔者也是师专毕业,所以经历类似),但连笑在初等数论领域钻得很深、很广,笔者手中有他当年译的波兰数学家辛采尔的《数论》手稿,工整至极,其自学能力之强堪比德国著名数学家黎曼(G.F.B. Riemann,1826—1866).

黎曼在数学史上占有极重要的地位,他开创了黎曼几何和复变函数,并且对数学分析、微分几何和微分方程都有重要贡献.在中学阶段由于其数学才能显著,校长干脆让黎曼到他的私人图书室(那里有很多高深的数学专著)自己找书看.有一次黎曼要求校长给他推荐一本难一点的书,为了试一试黎曼的潜力,校长建议他去读勒让德(A. Legendre)的多达859页的巨著《数论》.出乎校长的预料,一星期后,黎曼就把书还了回来,并说,非常高兴校长给了一本能让他读了一星期之久的书,但切不可以为黎曼只是大概浏览.两年后,黎曼请求学校以勒让德的《数论》作为他毕业考试的一部分,尽管两年来他从未再摸过这本书,却对所有的问题对答如流.(汤双.闲话希尔伯特问题(下)《读书》2011.6)

其实论天资连笑并非出众,他之所以在特别需要天分的数论领域耕作30余年,且成果颇丰,只有一个原因,那就是连笑在初等数论中找到了他的最爱.

乔布斯在斯坦福大学演讲时曾说:

我一直都坚信,唯一能让我勇往直前的是我热爱我所从事的事业.人们一定要找到自己的所爱,谈恋爱如此,找工作也该如此.工作将会占据你们人生的一大部分时间,要想悠然自得,唯一的出路就是要从事那些你自信是伟大的工作,而要想从事一项伟大的工作,唯一的办法就是热爱你的工作.

爱数学、爱数论、做数学题,特别是解数论题挤占了连笑全部的业余生活.

有一句赞美香槟酒的经典语录,是Lily Bollinger说的,是这样的:

快乐的时候,我喝香槟;难过的时候,我也喝香槟;孤独的时候,我喝香槟;有朋友的时候,我更要喝香槟;不饿的时候,我以香槟消磨时光,饿的时候我就喝香槟,除此之外,我从来不喝香槟,除非我渴了.

当我们将香槟换成数论题,用来形容连笑,真是再恰当不过了.在中国的中学数学界仅凭一己之力编写出如此鸿篇巨制的初等数论题解肯定是空前的,更可能也是绝后的.原辽宁教育出版社社长俞晓群先生最近写了一本书叫《前辈:从张元济到陈原》(上海书店出版社出版),在写到陈原时俞晓群不无伤感地说:在一个最讲究文化传承的行业里,从张元济、王云五,直到陈原,他们在百余年的出版实践中,接续着一个诺大民族的文化薪火.现在,他们人生的绝唱都已落幕.望着他们绝尘而去的背影,我们还能做些什么?

是的,当连笑这位前辈人生的绝唱落幕之际,如果不读他如此恢宏的巨著,我们还能做些什么呢?

刘培杰
2011年11月3日

本书所用的数学符号

符　　号	意　　义
$b \mid a$	整数 a 能被整数 b 整除 ($b \neq 0$)
$b \nmid a$	整数 a 不能被整数 b 整除
$b^t \parallel a$	整数 a, b, t 满足 $b^t \mid a$ 且 $b^{t+1} \nmid a$ ($b \neq 0$)
$a \equiv b \pmod{m}$	整数 a, b 对模 m ($m \neq 0$) 同余
(a, b)	整数 a, b 的最大公约（因）数
$[a, b]$	整数 a, b 的最小公倍数
$\varphi(m)$	欧拉函数：小于 m 且与 m 互质的正整数的个数
$\left(\dfrac{d}{p}\right) = \begin{cases} 1, & d \text{ 是模 } p \text{ 的二次剩余}, \\ -1, & d \text{ 是模 } p \text{ 的二次非剩余}, \\ 0, & p \mid d. \end{cases}$	勒让德 (Legendre) 符号
$A = \overline{a_1 a_2 \cdots a_n}, a_1 \in \{1, 2, \cdots, 9\},$ $a_2, \cdots, a_n \in \{0, 1, 2, \cdots, 9\}$	A 的十进制表示
$A = \overline{(a_1 a_2 \cdots a_n)}_k = (a_1 a_2 \cdots a_n)_k,$ $a_1 \in \{1, 2, \cdots, k-1\}$ $a_2, \cdots, a_n \in \{0, 1, 2, \cdots, k-1\}$	A 的 k 进制表示
$[x]$	高斯函数：不超过实数 x 的最大整数
$\{x\}$	实数 x 的正的纯小数部分

目录

第 1 章 整除与同余(第 1 题—第 161 题) ·························· 1

第 2 章 质数、合数与质因数分解(第 1 题—第 159 题) ··· 157

第 3 章 奇数、偶数和完全平方数(第 1 题—第 109 题) ··· 311

第1章

整除与同余

第 1 章 整除与同余
Chapter 1 Divisible and Congruence

1 设有四个正整数,其中任何两数的平方和都可以被其余两个数的乘积整除. 证明:其中至少有三个数彼此相等.

(俄罗斯数学奥林匹克,1999 年)

证 可以假设满足条件的四个数互质,这是因为若这 4 个正整数 a,b,c,d 不互质,则 $\dfrac{a}{(a,b,c,d)}, \dfrac{b}{(a,b,c,d)}, \dfrac{c}{(a,b,c,d)}, \dfrac{d}{(a,b,c,d)}$,当 a,b,c,d 满足条件时,这 4 个数也满足条件,我们可以用 $\dfrac{a}{(a,b,c,d)}, \dfrac{b}{(a,b,c,d)}, \dfrac{c}{(a,b,c,d)}$, $\dfrac{d}{(a,b,c,d)}$ 来代替原来的 4 个数.

为此,设正整数 a,b,c,d 满足条件,且 $(a,b,c,d)=1$.

设 p 是 a 的一个质约数,且 p 为奇质数,则由题设,若 b,c,d 不相等.

$$p \mid (b^2+c^2), \quad p \mid (c^2+d^2), \quad p \mid (d^2+b^2)$$

则

$$p \mid (b^2-d^2), \quad p \mid (b^2+d^2)$$

从而 $p \mid b, p \mid d$,同理 $p \mid c$,又 $p \mid a$.

与 $(a,b,c,d)=1$ 矛盾.

所以 b,c,d 至少有两个相等,设 $b=c$.

此时 $p \mid 2b^2, p \mid (b^2+d^2)$,则 $p \mid [2(b^2+d^2)-2b^2]=2d^2$.

若 $p \mid d, p \mid b$,则与 $(a,b,c,d)=1$ 矛盾.

所以 $p=2$.

此时可设 $a=2^m, b=c=2^n, d=2^t. m \leqslant n \leqslant t$.

然而此时 $a^2+b^2=2^{2m}+2^{2n}=2^{2m}(1+2^{2n-2m})$ 显然不能被 $cd=2^{n+t}$ 整除.

所以至少有三个数相等.

2 整数 a,b,c 使得 $\dfrac{a}{b}+\dfrac{b}{c}+\dfrac{c}{a}$ 与 $\dfrac{a}{c}+\dfrac{c}{b}+\dfrac{b}{a}$ 均为整数,证明: $|a|=|b|=|c|$.

(莫斯科数学奥林匹克,1999 年)

证 1 假设结论不成立.

若 a,b,c 有公约数 d,则可讨论 $\dfrac{a}{d}, \dfrac{b}{d}, \dfrac{c}{d}$. 因此可以约定 a,b,c 的公约数只有 ± 1.

由于结论不成立,则 a,b,c 中必有一个不等于 ± 1. 不失一般性,设 $a \neq \pm 1$.

设 p 是 a 的一个质约数,则

$$abc\left(\dfrac{a}{b}+\dfrac{b}{c}+\dfrac{c}{a}\right)=a^2c+b^2a+c^2b$$

能够被 p 整除,由
$$p \mid a^2c + b^2a + c^2b$$
可得
$$p \mid c^2 b$$
不妨设 $p \mid b$,则在约定之下,$p \nmid c$.

设 p^r 是可整除 a 的 p 的最高次幂,p^s 是可整除 b 的 p 的最高次幂,不妨设 $r \leqslant s$.

于是
$$p^{r+s} \mid abc\left(\frac{a}{c} + \frac{c}{b} + \frac{b}{a}\right) = a^2 b + c^2 a + b^2 c$$
由 $r \leqslant s$ 有
$$p^{r+s} \mid b^2 c, \quad p^{r+s} \mid a^2 b$$
因此
$$p^{r+s} \mid c^2 a$$
由于 $p \nmid c$,则 $p^{r+s} \mid a$,这与 p^r 是整除 a 的最高次幂矛盾.故假设不成立,原命题正确.

证2 注意到
$$\left(x - \frac{a}{b}\right)\left(x - \frac{b}{c}\right)\left(x - \frac{c}{a}\right) = x^3 - \left(\frac{a}{b} + \frac{b}{c} + \frac{c}{a}\right)x^2 + \left(\frac{a}{c} + \frac{c}{b} + \frac{b}{a}\right)x - 1$$
是整系数多项式,

由 a, b, c 是整数,则 $\frac{a}{b}, \frac{b}{c}, \frac{c}{a}$ 是该多项式的有理根.

由 $\frac{a}{b} + \frac{b}{c} + \frac{c}{a}, \frac{a}{c} + \frac{c}{b} + \frac{b}{a}$ 及 1 都是整数,则 $\frac{a}{b}, \frac{b}{c}, \frac{c}{a}$ 也都是整数,又因为
$$\frac{a}{b} \cdot \frac{b}{c} \cdot \frac{c}{a} = 1$$
则
$$\left|\frac{a}{b}\right| = \left|\frac{b}{c}\right| = \left|\frac{c}{a}\right| = 1$$
即
$$|a| = |b| = |c|$$

3 证明:存在两个严格递增的整数列 $\{a_n\}$ 和 $\{b_n\}$,使得对于任意正整数 n,有 $a_n(a_n + 1)$ 整除 $b_n^2 + 1$.

(第 40 届国际数学奥林匹克预选题,1999 年)

证 先证明一个引理.

第 1 章 整除与同余
Chapter 1 Divisible and Congruence

引理 如果正整数 c,d 满足 $d^2 \mid c^2+1$,则存在正整数 b,使得
$$d^2(d^2+1) \mid b^2+1$$

引理的证明:由于
$$(c+d^2c-d^3)^2+1 = [c+d^2(c-d)]^2+1 =$$
$$c^2+1+2cd^2(c-d)+d^4(c-d)^2$$

所以 $d^2 \mid 2cd^2(c-d)+d^4(c-d)^2$,又 $d^2 \mid c^2+1$,则
$$d^2 \mid (c+d^2c-d^3)^2+1$$

又由于
$$(c+d^2c-d^3)^2+1 = [c(d^2+1)-d^3]^2+1 =$$
$$c^2(d^2+1)^2-2c(d^2+1)d^3+d^6+1 =$$
$$(d^2+1)[c^2(d^2+1)-2cd^3+d^4-d^2+1]$$

所以
$$d^2+1 \mid (c+d^2c-d^3)^2+1$$

取 $b=c+d^2c-d^3$,则有
$$d^2 \mid b^2+1, \quad d^2+1 \mid b^2+1$$

于是由 $(d^2,d^2+1)=1$ 得
$$d^2(d^2+1) \mid b^2+1$$

引理证毕.

设 $d_n=2^{2n}+1, c_n=2^{nd_n}$,则
$$c_n^2+1 = (2^{nd})^2+1 = (c^{2n})^{d_n}+1 = (d_n-1)^{d_n}+1$$

因为 d_n 是奇数,所以
$$d_n \mid (d_n-1)^{d_n}+1$$

即
$$d_n^2 \mid c_n^2+1$$

由引理,存在 b_n 使 $d_n^2(d_n^2+1) \mid b_n^2+1$.
设 $a_n=d_n^2$,则
$$a_n(a_n+1) \mid b_n^2+1$$

因为
$$a_n=d_n^2=(2^{2n}+1)^2$$
$$b_n=c_n+d_n^2c_n-d_n^3=2^{nd_n}+(2^{2n}+1)^2 \cdot 2^{nd_n}-(2^{2n}+1)^3$$

则数列 $\{a_n\}$ 和 $\{b_n\}$ 都是严格递增的. 由上面的证明,$\{a_n\}$ 和 $\{b_n\}$ 就是满足条件的两个整数列.

4 设 a,b,c,d 都是正整数,且满足 $ad-bc>1$.试证 a,b,c,d 四个

最新世界各国数学奥林匹克中的初等数论试题(上)
The Lastest Elementary Number Theory in Mathematical Olympiads in The World

数中至少有一个数不能被 $ad-bc$ 整除.

(世界城市数学竞赛,2000 年)

证 用反证法.

假设 a,b,c,d 都能被 $ad-bc$ 整除,则存在整数 p,q,r,s,有

$$\begin{cases} a=p(ad-bc) \\ b=q(ad-bc) \\ c=r(ad-bc) \\ d=s(ad-bc) \end{cases}$$

$$ad-bc=(ps-qr)(ad-bc)^2$$

因为 $ad-bc>1$,则

$$(ps-qr)(ad-bc)=1$$

$$ps-qr=\frac{1}{ad-bc}<1$$

又由 $ad-bc>1>0$,则

$$(ps-qr)(ad-bc)^2>0$$

$$ps-qr>0$$

于是

$$0<ps-qr<1$$

与 $ps-qr$ 为整数矛盾.

所以 a,b,c,d 中至少有一个不能被 $ad-bc$ 整除.

5 设 $\{a_n\}$ 为一个整数数列,对任意正整数 n,均有 $(n-1)a_{n+1}=(n+1)a_n-2(n-1)$,若 $2\,000\mid a_{1\,999}$,求最小的正整数 n,使得 $2\,000\mid a_n$.

(保加利亚数学奥林匹克,2000 年)

证 令 $n=1$,则 $a_1=0$.

设 $b_n=\dfrac{a_n}{n-1}$,则 $\dfrac{b_{n+1}}{n+1}=\dfrac{b_n}{n}-\dfrac{2}{n(n+1)}(n=2,3,\cdots)$,

故

$$\frac{b_n}{n}-\frac{b_{n-1}}{n-1}=-2\left(\frac{1}{n-1}-\frac{1}{n}\right)$$

$$\frac{b_{n-1}}{n-1}-\frac{b_{n-2}}{n-2}=-2\left(\frac{1}{n-2}-\frac{1}{n-1}\right)$$

$$\vdots$$

$$\frac{b_3}{3}-\frac{b_2}{2}=-2\left(\frac{1}{2}-\frac{1}{3}\right)$$

各式相加得

$$\frac{b_n}{n}-\frac{b_2}{2}=-2\left(\frac{1}{2}-\frac{1}{n}\right)$$

第 1 章 整除与同余
Chapter 1 Divisible and Congruence

所以
$$b_n = \left(\frac{a_2}{2} - 1\right)n + 2$$

于是
$$a_n = (n-1)\left[\left(\frac{a_2}{2} - 1\right)n + 2\right]$$

故
$$a_{1\,999} = 1\,998 \cdot \left[\left(\frac{a_2}{2} - 1\right) \cdot 1\,999 + 2\right]$$

由 $2\,000 \mid a_{1\,999}$ 得
$$1\,000 \mid 999\left[\left(\frac{a_2}{2} - 1\right) \cdot 1\,999 + 2\right]$$

因为 $(1\,000, 999) = 1$，所以 $1\,000 \mid \left(\frac{a_2}{2} - 1\right) \cdot 1\,999 + 2$

于是 a_2 为偶数，可设 $a_2 = 2m$，则
$$1\,000 \mid (m-1) \cdot 1\,999 + 2$$

所以 $1\,000 \mid -(m-1) + 2$，即 $1\,000 \mid m - 3$

再令 $m - 3 = 1\,000t$

则
$$a_n = (n-1)[(1\,000t + 2)n + 2] = n(n-1) \cdot 1\,000t + 2n(n-1) + 2(n-1)$$

因为 $2\,000 \mid a_n$，所以 $2\,000 \mid 2n(n-1) + 2(n-1)$

故 $1\,000 \mid n^2 - 1$，则 n 为奇数，可设 $n = 2k+1$

则 $250 \mid k(k+1)$，而 $(k, k+1) = 1$，

所以 $5^3 \mid k$ 或 $5^3 \mid k+1$，取 $k = 124$，所以 $n \geq 249$. 最小的正整数 $n = 249$.

6 $\triangle ABC$ 的边长 $a, b, c (a \leq b \leq c)$ 同时满足下列三个条件：
(1) a, b, c 均为整数；
(2) a, b, c 组成等比数列；
(3) a 与 c 中至少有一个等于 100.
求出三元数组 (a, b, c) 的所有可能的解.

（上海市高中数学竞赛，1999 年）

解 由题设，$a \leq b \leq c, a + b > c, b^2 = ac, a, c$ 中至少有一个等于 100.

(1) 若 $a = 100$，则 $b^2 = 100c$. 所以 $10 \mid b$.

又 $100 + b > c = \dfrac{b^2}{100}$，则有
$$b^2 - 100b - 100^2 < 0$$

解得
$$100 \leqslant b < 50(\sqrt{5}+1) < 162$$
于是由 $10 \mid b$ 得 $b = 100, 110, 120, 130, 140, 150, 160.$
相应的 $c = 100, 121, 144, 169, 196, 225, 256.$

(2) 若 $c = 100$, 则 $b^2 = 100a$, 所以 $10 \mid b$.
又 $a + b > c = 100$, 即
$$\frac{b^2}{100} + b > 100$$
有
$$b^2 + 100 - 100^2 > 0$$
解得
$$62 < 50(\sqrt{5}-1) < b \leqslant 100$$
于是由 $10 \mid b$ 得 $b = 70, 80, 90, 100.$
相应的 $a = 49, 64, 81, 100.$

由(1),(2),满足条件的三元数组 (a,b,c) 共有 10 组：
$(49,70,100)$, $(64,80,100)$, $(81,90,100)$, $(100,100,100)$, $(100,110,121)$, $(100,120,144)$, $(100,130,169)$, $(100,140,196)$, $(100,150,225)$, $(100,160,256)$.

7 设关于 x 的二次方程
$$(k^2 - 6k + 8)x^2 + (2k^2 - 6k - 4)x + k^2 = 4$$
的两根都是整数,求满足条件的所有实数 k 的值.

(中国初中数学联合竞赛,2000 年)

解 原方程可化为
$$(k-4)(k-2)x^2 + (2k^2 - 6k - 4)x + (k-2)(k+2) = 0$$
$$[(k-4)x + (k-2)][(k-2)x + (k+2)] = 0$$
因为已知方程为二次方程,所以 $k - 4 \neq 0, k - 2 \neq 0$
于是方程的根为
$$x_1 = -\frac{k-2}{k-4} = -1 - \frac{2}{k-4}, \quad x_2 = -\frac{k+2}{k-2} = -1 - \frac{4}{k-2}$$
$$k - 4 = -\frac{2}{x_1 + 1}, \quad k - 2 = -\frac{4}{x_2 + 1}$$
消去 k 得
$$4 - \frac{2}{x_1 + 1} = 2 - \frac{4}{x_2 + 1}$$
$$x_1 x_2 + 3x_1 + 2 = 0$$

第 1 章 整除与同余
Chapter 1 Divisible and Congruence

$$x_1(x_2+3) = -2$$

因为 x_1, x_2 都是整数,则有

$$\begin{cases} x_1 = -2 \\ x_2+3 = 1 \end{cases} \begin{cases} x_1 = 1 \\ x_2+3 = -2 \end{cases} \begin{cases} x_1 = 2 \\ x_2+3 = -1 \end{cases} \begin{cases} x_1 = -1 \\ x_2+3 = 2 \end{cases}$$

因为 $x_1 \neq -1$,所以第四组方程不成立.

于是

$$\begin{cases} x_1 = -2 \\ x_2 = -2 \end{cases} \begin{cases} x_1 = 1 \\ x_2 = -5 \end{cases} \begin{cases} x_1 = 2 \\ x_2 = -4 \end{cases}$$

相应的 k 值为

$$k = 6, 3, \frac{10}{3}$$

8 设 a, b, c, d 为四个正整数,它们的最小公倍数为 $a+b+c+d$. 试证:此四数之乘积 $abcd$ 可被 3 或 5 整除.

(世界城市数学竞赛,2000 年)

证 1 设 $G = (a,b,c,d)$,则 $a = Ga_1, b = Gb_1, c = Gc_1, d = Gd_1$,其中 $(a_1, b_1, c_1, d_1) = 1$. 设 L 为 a, b, c, d 的最小公倍数.

则 $L = a+b+c+d$,设 $L_1 = a_1 + b_1 + c_1 + d_1$

显然 $[a_1, b_1, c_1, d_1] = \left[\dfrac{a}{G}, \dfrac{b}{G}, \dfrac{c}{G}, \dfrac{d}{G}\right] = \dfrac{L}{G} = \dfrac{a+b+c+d}{G} = L_1$

即 $L_1 = a_1 + b_1 + c_1 + d_1$ 是 a_1, b_1, c_1, d_1 的最小公倍数.

因此,本题可以仅考虑 a, b, c, d 最大公约数为 1 的情形.

不失一般性,设 $a \geq b \geq c \geq d$.

则

$$a < a+b+c+d \leq 4a$$

于是

$$L \in \{2a, 3a, 4a\}$$

当 $L = 3a$ 时,$3 \mid L$,问题得证.

当 $L = 4a$ 时,有 $a = b = c = d = 1$. 此时它们的最小公倍数 $L = 1$,与 $L = a+b+c+d = 4$ 矛盾;

当 $L = 2a$ 时,有 $b < a = b+c+d \leq 3b$,于是

$$2b < 2a = L \leq 6b$$
$$L \in \{3b, 4b, 5b, 6b\}$$

若 $L = 3b, 5b, 6b$ 时,问题得证.

若 $L = 4b$,即 $a+b+c+d = 4b$,于是 $c+d = b$. 即

即
$$c < c+d = b \leqslant 2c$$
$$4c < L \leqslant 8c$$
$$L \in \{5c, 6c, 7c, 8c\}$$

当 $L=5c, 6c$ 时,问题得证.

当 $L=8c$ 时,即 $b=2c=c+d$,有 $c=d$,此时 a,b,c,d 的最小公倍数是 $4d$(因为 $b=2d, c=d, a=4d$). 与 $L=a+b+c+d=8d$ 矛盾.

当 $L=7c$ 时, $L=4b=4c+4d=7c$, 有 $4d=3c$, 则 $3 \mid d$, 从而得证.

证 2 设 $a \geqslant b \geqslant c \geqslant d$. 最小公倍数为 L,

假设 $abcd$ 不能被 3 整除,也不能被 5 整除,于是 a,b,c,d 的可能值为
$$\{\frac{L}{2}, \frac{L}{4}, \frac{L}{7}, \frac{L}{8}, \cdots\}$$

若 $a \leqslant \frac{L}{4}$,则 $L=a+b+c+d \leqslant 4a \leqslant 4 \times \frac{L}{4} = L$,于是只能有
$$a=b=c=d=\frac{L}{4}$$

其最小公倍数为 $\frac{L}{4}$, 矛盾.

所以 $a = \frac{L}{2}$.

若 $b = \frac{L}{2}$, 则 $L=a+b+c+d=a+b, c+d=0, c=d=0$, 矛盾.

若 $b \leqslant \frac{L}{7}$, 则有 $L \leqslant \frac{L}{2} + 3 \times \frac{L}{7} = \frac{13}{14} L < L$, 矛盾.

所以 $b = \frac{L}{4}$, 此时 $c+d = \frac{L}{4}$.

若 $c = \frac{L}{4}$, 则 $d=0$ 矛盾.

令 $d \leqslant \frac{L}{8}$, 则有 $L \leqslant \frac{L}{2} + \frac{L}{4} + 2 \times \frac{L}{8} = L$, 即
$$a = 2b = 4c = 4d = \frac{L}{2}$$

这与 a,b,c,d 最小公倍数为 L 矛盾.

所以 $c = \frac{L}{7}, d = (1 - \frac{1}{2} - \frac{1}{4} - \frac{1}{7})L = \frac{3}{28}L$. 但 $\frac{3}{28}L \nmid L$.

因此, $abcd$ 必可被 3 或 5 整除.

9 是否存在整体互质的 3 个互不相同的大于 1 的正整数 a,b,c, 使

第 1 章　整除与同余
Chapter 1　Divisible and Congruence

得 $b \mid (2^a+1), c \mid (2^b+1), a \mid (2^c+1)$？

（俄罗斯数学奥林匹克，2000 年）

解　由题设，若 a,b,c 存在，则 a,b,c 都是奇数．

取 $a=3$，由 $2^a+1=2^3+1=9$，可取 $b=9$．

又 $2^b+1=2^9+1=513=27\times 19$

为使 $(a,b,c)=1$，则由 $c\mid(2^b+1)=27\times 19$

可取 $c=19$

此时
$$2^c+1=2^{19}+1\equiv(-1)^{19}+1\equiv 0\ (\bmod\ 3)$$

即
$$a=3\mid(2^c+1)$$

所以可取 $a=3, b=9, c=19$，满足 $(a,b,c)=1$，且

$$9\mid(2^3+1),\quad 19\mid(2^9+1),\quad 3\mid(2^{19}+1)$$

10　丹娘想出一个正整数 $X\leqslant 100$，萨沙试图猜出这个数，他选出一对小于 100 的正整数 M 和 N，然后问丹娘："$X+M$ 和 N 的最大公约数是多少？"

证明：萨沙问过丹娘 7 个这种问题之后，就可以猜出丹娘所想出的数．

（俄罗斯数学奥林匹克，2000 年）

解　萨沙可选出一对数 $M=1, N=2$．

第 1 个问题是 $X+1$ 与 2 的最大公约数是多少？

如果回答是 1，则表示 X 是偶数，如果回答是 2 表明 X 是奇数．

第 2 个问题由 X 是奇数还是偶数决定．

如果 X 是偶数，则第 2 个问题是 $X+2$ 与 4 的最大公约数是多少？

如果回答是 4，则 X 被 4 除余 2，如果是 2，则 X 被 4 除余 0．

如果 X 是奇数，则第 2 个问题是 $X+1$ 与 4 的最大公约数是多少？

如果回答是 4，则 X 被 4 除余 3，如果是 2，则 X 被 4 除余 1．

因此第 2 个问题可得到 X 被 4 除的余数．

第 3 个问题由 X 被 4 除的余数决定．

如果 $X\equiv 0(\bmod\ 4)$，则第 3 个问题是 $X+4$ 与 8 的最大公约数是多少？

因为此时 $X=8k$ 或 $8k+4$．由于 $(8k+4,8)=4,(8k+4+4,8)=8$，所以如果回答是 4，则 $X\equiv 0(\bmod\ 8)$，如果回答是 8，则 $X\equiv 4(\bmod\ 8)$．

如果 $X\equiv 1(\bmod\ 4)$，则第 3 个问题是 $X+3$ 与 8 的最大公约数是多少？

因为此时 $X=8k+1$ 或 $8k+5$，由于 $(8k+1+3,8)=4,(8k+5+3,8)=8$．所以如果回答是 4，则 $X\equiv 1(\bmod\ 8)$，如果回答是 8，则 $X\equiv 5(\bmod\ 8)$．

如果 $X \equiv 2 \pmod 4$,则第 3 个问题是 $X+2$ 与 8 的最大公约数是多少?

因为此时 $X=8k+2$ 或 $8k+6$,由于 $(8k+2+2,8)=4,(8k+6+2,8)=8$. 所以如果回答是 4,则 $X \equiv 2 \pmod 8$,如果回答是 8,则 $X \equiv 6 \pmod 8$.

如果 $X \equiv 3 \pmod 4$,则第 3 个问题是 $X+1$ 与 X 的最大公约数是多少?

因为此时 $X=8k+3$ 或 $8k+7$,由于 $(8k+3+1,8)=4,(8k+7+1,8)=8$. 所以如果回答是 4,则 $X \equiv 3 \pmod 8$,如果回答是 8,则 $X \equiv 7 \pmod 8$.

因此,第 3 个问题可以得到 X 被 8 除的余数.

一般地,问过第 k 个问题 $(k \leqslant 5)$ 之后,萨沙就可以得到 X 被 2^k 除的余数 r_k.

于是第 $k+1$ 个问题由 r_k 决定.

第 $k+1$ 个问题是:$X+2^k-r_k$ 与 2^{k+1} 的最大公约数是多少?

如果 $(X+2^k-r_k, 2^{k+1})=2^{k+1}$,则 X 被 2^{k+1} 除的余数为 2^k+r_k,如果 $(x+2^k-r_k, 2^{k+1})=2^k$,则该余数为 r_k.

这样,问过 6 个问题之后,萨沙就知道了 X 被 64 除的余数.

在前 100 个正整数中,被 64 除的余数相同的数至多有两个.

如果恰有两个,记这两个数为 a 和 $a+64$.

萨沙的第 7 个问题是:$X+3-r$ 和 3 的最大公约数是多少?其中 r 是 a 被 3 除的余数,而 a 就是第 6 个问题回答的 X 被 64 除的余数.

如果 $X=a$,则 $X+3-r=a+3-r \equiv 3 \pmod 3$,这时 $(X+3-r,3)=3$.

如果 $X=a+64$,则 $X+3-r=64+a-r+3 \equiv 1 \pmod 3$,这时 $(X+3-r,3)=1$.

因此通过第 7 个问题,萨沙就可确定 $X=a$ 还是 $X=a+64$.

这样,萨沙的 7 个问题可以猜出丹娘所想出的数.

11 数列 $a_1, a_2, \cdots, a_{100}$ 是整数 $1901, 1902, \cdots, 2000$ 的一个排列,定义部分和数列

$$S_1=a_1, \quad S_2=a_1+a_2, \quad \cdots, \quad S_{100}=a_1+a_2+\cdots+a_{100}$$

若数列 $\{S_n\}$ 中每一项 $S_i(1 \leqslant i \leqslant 100)$ 均不被 3 整除,则满足条件的数列 $\{a_n\}$ 有多少个?

(加拿大数学奥林匹克,2000 年)

解 令 $\{1901, 1902, \cdots, 2000\} = R_0 \cup R_1 \cup R_2$. 其中 $R_i(i=0,1,2)$ 是元素模 3 余 $i(i=0,1,2)$ 的集合,则

$$|R_0|=|R_1|=33, \quad |R_2|=34$$

设

$$a_i \equiv a'_i \pmod 3$$

第1章 整除与同余
Chapter 1 Divisible and Congruence

则 $a'_i = 0, 1, 2$,且有 33 个 0,33 个 1,34 个 2.

由于任一排列 $S = (a_1, a_2, \cdots, a_{100})$ 的部分和是否被 3 整除,由排列 $S' = (a'_1, a'_2, \cdots, a'_{100})$ 的部分和所决定,即 S 的部分和仅仅依赖于其余数构成的数列 S'.

要使 S' 的每一部分和都不能被 3 整除,则由 S' 中的 67 个 1 和 2 构成的数列应为

$$1, 1, 2, 1, 2, 1, 2, \cdots, 1, 2 \qquad ①$$

或

$$2, 2, 1, 2, 1, 2, 1, \cdots, 2, 1 \qquad ②$$

由于 $|R_2| = |R_1| + 1$,则只能是数列 ②.

S' 中的 33 个 0,除 $a'_1 \neq 0$ 之外,其余的 0 可以放在数列 ② 的任何位置,因此有

$$C_{99}^{33} = \frac{99!}{33! \ 66!}$$

种方式,所以满足条件的数列 $\{a_n\}$ 有

$$C_{99}^{33} \cdot 33! \cdot 33! \cdot 34! = \frac{99! \ 33! \ 34!}{66!} \quad (个)$$

12 试问:在 $1, 2, 3, \cdots, 1999, 2000, 2001$ 中最多可取多少个数使得所取数中任意三个数之和能被 21 整除.

(全澳门校际初中数学比赛,2001 年)

解 设 a, b, c, d 为其中 4 个取得的数,由题意

$$a + b + c, \quad b + c + d$$

都是 21 的倍数,于是

$$21 \mid (a + b + c) - (b + c + d) = a - d$$

由 a, d 的任意性,可知所取的数任两数之差都是 21 的倍数.

考查数列

$$d, d+21, d+42, \cdots, d+21(n-1), d, n \in \mathbf{Z}$$

由于这个数列任三项之和能被 21 整除,因此前三项之和能被 21 整除,即

$$21 \mid d + (d+21) + (d+42) = 3d + 63$$

从而

$$21 \mid 3d, \quad d = 7$$

又解 $7 + 21n \leqslant 2001$ 得 $n \leqslant 94$

所以所取数列项数最多为

$$7, 28, 49, \cdots, 1960, 1981$$

共 95 个数.

13 圆周被分成 1 000 段不相交的弧,每一段弧上写着两个正整数,每段弧上的两个数的和都可被顺时针方向的下一段弧上的两个数的乘积整除. 试问所写的数中最大的数的最大可能值是多少?

(俄罗斯数学奥林匹克,2001 年)

解 设 1 000 段不相交的弧的各端点的数,按顺时针为
$(a_1,b_1),(a_2,b_2),\cdots,(a_{1\,000},b_{1\,000})$ $(a_j,b_j \in \mathbf{N}^*, j=1,2,\cdots,1\,000)$

由题意

$a_2 b_2 \mid a_1+b_1, a_3 b_3 \mid a_2+b_2,\cdots,a_{1\,000}b_{1\,000} \mid a_{999}+b_{999}, a_1 b_1 \mid a_{1\,000}+b_{1\,000}$

显然 $\dfrac{a_1+b_1}{a_2 b_2}, \dfrac{a_2+b_2}{a_3 b_3},\cdots,\dfrac{a_{999}+b_{999}}{a_{1\,000} b_{1\,000}}, \dfrac{a_{1\,000}+b_{1\,000}}{a_1 b_1}$ 均为整数.

考虑上面的各分式的乘积 T,则

$$T=\frac{a_1+b_1}{a_2 b_2} \cdot \frac{a_2+b_2}{a_3 b_3} \cdot \cdots \cdot \frac{a_{999}+b_{999}}{a_{1\,000} b_{1\,000}} \cdot \frac{a_{1\,000}+b_{1\,000}}{a_1 b_1} = \prod_{j=1}^{1\,000} \frac{a_j+b_j}{a_j b_j}$$

若 $a_j+b_j=a_j b_j$,由 $(a_j-1)(b_j-1)=1$ 及 $a_j \in \mathbf{N}^*, b_j \in \mathbf{N}^*$,则 $a_j=b_j=2$.

若对所有的 $j=1,2,\cdots,1\,000$,都有 $a_j+b_j=a_j b_j$,则圆周上的数都是 2.

若存在一个 j,使 $a_j+b_j \neq a_j b_j$,必有 $a_j+b_j > a_j b_j$,于是

$$(a_j-1)(b_j-1) < 1$$

即

$$(a_j-1)(b_j-1) \leqslant 0$$

则 a_j 与 b_j 至少有一个为 1,不妨设 $a_j=1, b_j=m$.

由题意,这一段的和为 $m+1$,

这时 $(1,m)$ 及下面的数对有如下两种可能:

(1) $(1,m),(1,m+1),(1,m+2),\cdots,(1,m+999)$.

于是由题意

$$1 \times m \mid (1+m+999)$$

即

$$m \mid (m+1\,000)$$

即

$$m \mid 1\,000$$

因而 $m \leqslant 1\,000$,则 $m+999 \leqslant 1\,999$.

即最大数 1 999.

(2) $(1,m)$ 的下一对数 (x,y),且 (x,y) 不具有 $(1,m+1)$ 的形式.

则 xy 是 $m+1$ 的约数,且 $x \geqslant 2$.

若 $xy=m+1$,则

第1章 整除与同余
Chapter 1 Divisible and Congruence

$$x + y = x + \frac{m+1}{x}$$

由于函数 $f(x) = x + \frac{m+1}{x}$ 在 $(0, \sqrt{m+1}]$ 上是减函数,又 $x \geqslant 2$,则

$$x + y \leqslant 2 + \frac{m+1}{2}$$

若 $xy \leqslant \frac{m+1}{2}$,则

$$x + y \leqslant x + \frac{m+1}{2x}$$

由函数 $f(x) = x + \frac{\frac{m+1}{2}}{x}$ 在 $\left(0, \sqrt{\frac{m+1}{2}}\right]$ 上是减函数,及 $x \geqslant 2$. 仍有

$$x + y \leqslant 2 + \frac{m+1}{4} < 2 + \frac{m+1}{2}$$

对于下一对数 (z, t),由上面的分析

$$z + t \leqslant zt + 1 \leqslant 2 + 1 + \frac{m+1}{2} = 3 + \frac{m+1}{2}$$

于是和数

$$S_1 = 1 + m, \quad S_2 \leqslant 2 + \frac{m+1}{2}, \quad S_3 \leqslant 3 + \frac{m+1}{2}$$

由此

$$S_{1\,000} \leqslant 1\,000 + \frac{m+1}{2}$$

另一方面 $m \mid S_{1\,000}$,所以 $S_{1\,000} \geqslant m$,即

$$m \leqslant 1\,000 + \frac{m+1}{2}$$

$$m \leqslant 2\,001$$

这表明这些数对中的每一个数都不大于 $2\,000$,上界为 $2\,001$.

圆周上的弧对应的数为

$$(1, 2\,001), (2, 1\,001), (1, 1\,003), (1, 1\,004), \cdots, (1, 2\,000)$$

符合题目要求,且最大数为 $2\,001$.

14 求最小的正整数 a,使得存在正奇数 n,满足

$$2\,001 \mid (55^n + a \cdot 32^n)$$

(爱尔兰数学奥林匹克,2001年)

解 由于 $2\,001 = 87 \times 23$ 及 $(87, 23) = 1$. 由题意,存在正奇数 n,使得

$$87 \mid (55^n + a \cdot 32^n), \quad 23 \mid (55^n + a \cdot 32^n)$$

最新世界各国数学奥林匹克中的初等数论试题(上)

The Lastest Elementary Number Theory in Mathematical Olympiads in The World

$$0 \equiv 55^n + a \cdot 32^n \equiv (-32)^n + a \cdot 32^n \equiv 32^n(a-1) \pmod{87}$$

故
$$a - 1 \equiv 0 \pmod{87}$$

$$0 \equiv 55^n + a \cdot 32^n \equiv 32^n + a \cdot 32^n \equiv 32^n(a+1) \pmod{23}$$

故
$$a + 1 \equiv 0 \pmod{23}$$

问题转化为求最小正整数 a,使
$$87 \mid (a-1) \quad 且 \quad 23 \mid (a+1)$$

设 $a = 87k + 1, k \in \mathbf{N}$,则
$$23 \mid (87k + 2)$$

即
$$23 \mid (92k - 5k + 2) = (-5k + 2)$$

于是
$$23 \mid (-5k + 25)$$

即
$$23 \mid (k - 5)$$

由此,最小的 $k = 5, a = 87k + 1 = 87 \times 5 + 1 = 436$.

15 (1)证明:若 x 取任意整数时,二次函数 $y = ax^2 + bx + c$ 总取整数值,那么 $2a, a - b, c$ 都是整数.

(2)写出上述命题的逆命题,并判断真假,且证明你的结论.

(中国初中数学联合竞赛,2001 年)

证 (1)以 y_m 表示当 $x = m$ 时,二次函数 $y = ax^2 + bx + c$ 的值,即
$$y_m = am^2 + bm + c$$

因为当 x 取整数值时,二次函数 $y = ax^2 + bx + c$ 总取整数值,所以

当 $x = 0$ 时,$y_0 = a \cdot 0^2 + b \cdot 0 + c = c$ 为整数,故 c 是整数.

当 $x = -1$ 时,$y_{-1} = a(-1)^2 + b(-1) + c = a - b + c$ 为整数.

因为 c 是整数,y_{-1} 是整数,则 $a - b = y_{-1} - c$ 为整数.

当 $x = -2$ 时,$y_{-2} = 4a - 2b + c$ 为整数,而
$$2a = y_{-2} - 2y_{-1} + y_0$$

则 $2a$ 为整数.

因此,$2a, a - b, c$ 都是整数.

(2)逆命题为:若 $2a, a - b, c$ 都是整数,那么 x 取任意整数时,二次函数总取整数值.

这是一个真命题,证明如下:

第1章 整除与同余
Chapter 1 Divisible and Congruence

$$y = ax^2 + bx + c =$$
$$ax^2 + ax - ax + bx + c =$$
$$2a \cdot \frac{x(x+1)}{2} - (a-b)x + c$$

因为当 x 为整数时,$x(x+1)$ 为偶数,故 $\frac{x(x+1)}{2}$ 为整数,又 $2a, a-b, c$ 都是整数,所以 $y = ax^2 + bx + c$ 是整数.

16 设 $p \geqslant 5$ 是一个质数. 证明:

存在一个整数 a,使得 $a^{p-1} - 1$ 与 $(a+1)^{p-1} - 1$ 都不能被 p^2 整除,其中 $1 \leqslant a \leqslant p-2$.

(第 42 届国际数学奥林匹克,2001 年)

证 设 $S = \{1, 2, \cdots, p-1\}$,$A = \{a \in S \mid a^{p-1} \not\equiv 1 (\bmod\ p^2)\}$,记号 $|A|$ 表示集合 A 中元素的个数.

如果 $1 \leqslant a \leqslant p-1$,由二项式定理,有
$$(p-a)^{p-1} - a^{p-1} \equiv -(p-1)a^{p-2}p \not\equiv 0 \ (\bmod\ p^2)$$

于是 a 和 $p-a$ 中至少有一项在 A 中,从而 $|A| \geqslant \frac{p-1}{2}$.

因为 $1 \notin A$,所以 $p-1 \in A$.

设 $p = 2k+1, k \geqslant 2$,考虑 $k-1$ 个数对
$$\{(2,3), (4,5), \cdots, (2k-2, 2k-1)\}$$
如果存在一个 $i, 1 \leqslant i \leqslant k-1$,使得 $2i \in A$,且 $2i+1 \in A$,则原命题成立.

否则,对于 $1 \leqslant i \leqslant k-1$ 的每一个数对 $(2i, 2i+1)$,至少有一个数在 A 中,现在考虑 $(2k-2, 2k-1)$.

如果 $2k-1 = p-2 \in A$,由 $p-1 \in A$,可知原命题成立,

如果 $2k-1 = p-2 \notin A$,则 $p-3 = 2k-2 \in A$,如果 $2k-3 \in A$,则原命题成立.

如果 $2k-3 \notin A$,由 $p-2 \notin A$,有
$$1 \equiv (p-2)^{p-1} \equiv -(p-1)p \cdot 2^{p-2} + 2^{p-1} \equiv p \cdot 2^{p-2} + 2^{p-1} (\bmod\ p^2)$$
平方后可得
$$4^{p-1} + p \cdot 2^{2p-2} \equiv 1 \ (\bmod\ p^2)$$
因为 $p-4 = 2k-3 \notin A$,所以
$$1 \equiv (p-4)^{p-1} \equiv -(p-1) \cdot p \cdot 4^{p-2} + 4^{p-1} \equiv -p \cdot 4^{p-2} + 4^{p-1} (\bmod\ p^2)$$
则 $p \cdot 4^{p-1} - p \cdot 4^{p-2} \equiv 3p \cdot 4^{p-2} \equiv 0 (\bmod\ p^2)$,矛盾.

当 $p \geqslant 7$ 时,如果 $p-2 \notin A$,则 $p-3$ 和 $p-4$ 均属于 A.

综上所述,原命题成立.

17 对给定的正整数 $a,b,b>a>1,a$ 不能整除 b 及给定的正整数数列 $\{b_n\}_{n=1}^{\infty}$，满足对所有正整数 n，有 $b_{n+1}\geqslant 2b_n$.

是否总存在正整数数列 $\{a_n\}_{n=1}^{\infty}$，使得对所有正整数 n，有 $a_{n+1}-a_n\in\{a,b\}$，且对所有正整数 m,l（可以相同），有 $a_m+a_l\notin\{b_n\}_{n=1}^{\infty}$？

(中国国家集训队选拔考试，2001 年)

解 答案是肯定的，我们用归纳法构造.

取 a_1 为正整数，使 $2a_1\notin\{b_n\}_{n=1}^{\infty},a_1>b-a$. （如 $b_{n_0}>b-a+1$，取 $a_1=b_{n_0}-1$ 即可）.

假设已取 $a_1,a_2,\cdots,a_k$ 使得
$$a_{i+1}-a_i\in\{a,b\},\quad a_m+a_l\notin\{b_n\}_{n=1}^{\infty}\quad(1\leqslant m\leqslant k,1\leqslant l\leqslant k)$$

考虑

(1) $a_1+a_k+a,a_2+a_k+a,\cdots,a_k+a_k+a,a_k+a_k+a+a$；

(2) $a_1+a_k+b,a_2+a_k+b,\cdots,a_k+a_k+b,a_k+a_k+b+b$.

假设 (1) 中有 $\{b_n\}_{n=1}^{\infty}$ 中的项 b_u，(2) 中有 $\{b_n\}_{n=1}^{\infty}$ 中的项 b_v.

由于
$$a_k+a_k+b+b=2a_k+2b<2(a_1+a_k+a)\quad(\text{因为 }a_1+a>b)$$

及
$$a_1+a_k+a\leqslant b_u,\quad b_v\leqslant 2a_k+2b$$

故
$$b_u=b_v$$

又
$$b_u=b_v\leqslant 2a_k+2a\leqslant 2a_k+2b$$

从而存在 $1\leqslant j\leqslant k-1$，使
$$b_v=a_j+a_k+b$$

情形 1： $\quad b_u=a_i+a_k+a\quad(1\leqslant i\leqslant k)$

此时 $a_i-a_j=b-a>0$，由归纳假设知
$$a_i-a_j=ca+db\quad(c,d\text{ 为非负整数})$$

因此 $d=0,b=(c+1)a$，于是 $a\mid b$，与题设 $a\nmid b$ 矛盾.

情形 2： $\quad b_u=2a_k+2a$

此时 $a_k-a_j=b-2a$，由 $1\leqslant j\leqslant k$ 及归纳假设知
$$a_k-a_j=c'a+d'b\quad(c',d'\text{ 为非负整数})$$

这时，$c'a+d'b=b-2a$

因此，$d'=0,b=(c'+2)a$，于是 $a\mid b$，与 $a\nmid b$ 矛盾.

由以上，在 (1)，(2) 中都不含 $\{b_n\}_{n=1}^{\infty}$ 中的项.

第 1 章 整除与同余
Chapter 1 Divisible and Congruence

由此可取 $a_{k+1}=a_k+a$ 或 a_k+b, 使得
$$a_{k+1}+a_i \notin \{b_n\}_{n=1}^{\infty} \quad (1 \leqslant i \leqslant k+1)$$
于是 $n=k+1$ 时命题得证.

从而命题得证.

18 设 n 为奇数,且 $n>1$, $k_1, k_2, \cdots, k_n$ 为给定的整数, 对于 $1, 2, \cdots, n$ 的 $n!$ 个排列的每一个排列 $a=(a_1, a_2, \cdots, a_n)$, 记 $S(a)=\sum_{i=1}^{n} k_i a_i$.

证明:有两个排列 b 和 c, $b \neq c$, 使得 $S(b)-S(c)$ 能被 $n!$ 整除.

(第 42 届国际数学奥林匹克, 2001 年)

证 假设结论不成立. 即对任意两个不同的排列 b, c 均有
$$S(b)-S(c) \not\equiv 0 \pmod{n!}$$

这时,当 a 取遍所有的 $1, 2, \cdots, n$ 的 $n!$ 个排列之后, $S(a)$ 应遍历 $n!$ 的一个完全剩余系,且每个剩余类恰好经过一次.

用 $\sum_a$ 表示排列 a 取遍 $n!$ 个排列求和, 则
$$\sum_a S(a) \equiv 1+2+\cdots+n! = \frac{n!(n!+1)}{2} \pmod{n!} \qquad ①$$

另一方面
$$\sum_a S(a) = \sum_a \sum_{i=1}^{n} k_i a_i = \sum_{i=1}^{n} k_i \sum_a a_i$$

而
$$\sum_a a_i = (n-1)!(1+2+\cdots+n) = \frac{n(n+1)(n-1)!}{2} = \frac{n!(n+1)}{2}$$

从而
$$\sum_a S(a) = \sum_a \sum_{i=1}^{n} k_i a_i = \sum_{i=1}^{n} k_i \sum_a a_i = \frac{n!(n+1)}{2} \sum_{i=1}^{n} k_i \qquad ②$$

因为 n 为奇数, 且 $n>1$, 则由 ② 有
$$\sum_a S(a) \equiv n! \equiv 0 \pmod{n!} \qquad ③$$

由 ① 及 $(n!+1, n!)=1$, 有
$$\sum_a S(a) \equiv \frac{n!(n!+1)}{2} = n! \cdot \frac{n!}{2} + \frac{n!}{2} \equiv \frac{n!}{2} \pmod{n!} \qquad ④$$

③ 与 ④ 矛盾.

所以,原命题结论成立.

19 n 是正整数, 现有一矩阵, 其各元素都是正整数, 对这个矩阵可作

最新世界各国数学奥林匹克中的初等数论试题（上）
The Lastest Elementary Number Theory in Mathematical Olympiads in The World

以下两种操作：

(a) 将某一行的元素都乘以 n；

(b) 将某一列的元素都减去 n.

求所有可能的 n 值，使得对给定的任何矩阵，在经过有限次上述操作后，其中的元素全变为 0.

（加拿大数学奥林匹克，2001 年）

解 n 只能为 2. 证明如下

首先证明：当 $n \neq 2$ 时，$T_0 = \begin{pmatrix} 1 \\ n-1 \end{pmatrix}$ 不能转换为 $\begin{pmatrix} 0 \\ 0 \end{pmatrix}$.

当 $n = 1$ 时结论显然；

当 $n \geq 3$ 时，对任意矩阵 $T = \begin{pmatrix} a \\ b \end{pmatrix}$，令 $d(T) \equiv b - a \pmod{n-1}$.

我们证明，上述操作都不改变 $d(T)$ 的值.

若把 $T = \begin{pmatrix} a \\ b \end{pmatrix}$ 的两项都减去 n，得 $\begin{pmatrix} a-n \\ b-n \end{pmatrix}$，则 $b - a$ 不变；

若把第一行乘以 n，把 a 变成 na，则
$$b - na = b - a - (n-1)a \equiv b - a \pmod{n-1}$$
没有改变 $d(T)$ 的值.

若把第二行乘以 n，也不会改变 $d(T)$ 的值.

又因为 $d(T_0) = (n-1) - 1 \equiv -1 \pmod{n-1}$，而 $0 - 0 \not\equiv -1 \pmod{n-1}$，

所以 $T_0 = \begin{pmatrix} 1 \\ n-1 \end{pmatrix}$ 不能转换为 $\begin{pmatrix} 0 \\ 0 \end{pmatrix}$.

下面证明：当 $n = 2$ 时，对任意矩阵，经下述操作，其元素都可以变成 0.

将第一列的元素全部减去 2，重复这一操作，直到这一列中至少有一个元素是 1 或 2，再重复以下操作：

(1) 把第一列是 1 的行全部乘以 2；

(2) 把第一列是 2 的行全部乘以 2（至少一个）；

(3) 把第一列全部减去 2；

上面的每一步操作都是把第一列大于 2 的元素变小，从而到最后，第一列中的元素全是 1 或 2，再用一次 (1)，(3) 可以得到第一列都是 0；

对剩下的每一列依次重复以上步骤操作，而此操作对于全是 0 的列没有影响，所以，最后矩阵的所有元素全变成 0.

20 能否找到 100 个不超过 25 000 的正整数，使得它们两两的和互

第1章 整除与同余
Chapter 1 Divisible and Congruence

不相同.

(第42届国际数学奥林匹克预选题,2001年)

解 我们先证明一个引理.

引理 对任意奇质数 p,存在 $p-1$ 个不超过 $2p^2$ 的正整数,使得这些正整数两两的和互不相同.

引理的证明:考虑 $f_n = 2pn + (n^2), n = 1, 2, \cdots, p-1$. 其中 (a^2) 表示 a^2 被 p 除的余数.

于是有
$$0 \leqslant (a^2) \leqslant p-1$$

从而有
$$\left[\frac{f_m + f_n}{2p}\right] = \frac{2pm + 2pn + (m^2) + (n^2)}{2p} =$$
$$\left[m + n + \frac{(m^2) + (n^2)}{2p}\right] = m + n \quad ①$$

其中 $[x]$ 表示不超过 x 的最大整数.

假设 $f_m + f_n = f_k + f_l$,则由式①,得 $m + n = k + l$. 于是 $(m^2) + (n^2) = (k^2) + (l^2)$,即
$$m^2 + n^2 \equiv k^2 + l^2 \pmod{p}$$

由 $m + n \equiv k + l \pmod{p}, m^2 + n^2 \equiv k^2 + l^2 \pmod{p}$ 及 $0 \leqslant m, n, k, l \leqslant p-1$,可得 $\{m, n\}$ 与 $\{k, l\}$ 是两个相同的集合,于是,如果 $\{m, n\} \neq \{k, l\}$,则 $f_m + f_n \neq f_k + f_l$. 引理得证.

由引理,对于质数 101,我们可以得到 100 个不超过
$$2 \times 101^2 < 25\,000$$
的正整数,使得这些正整数两两的和互不相同.

21 设 $a_1 = 11^{11}, a_2 = 12^{12}, a_3 = 13^{13}$,且
$$a_n = |a_{n-1} - a_{n-2}| + |a_{n-2} - a_{n-3}| \quad (n \geqslant 4)$$
求 $a_{14^{14}}$.

(第42届国际数学奥林匹克预选题,2001年)

解 对于 $n \geqslant 2$,定义 $S_n = |a_n - a_{n-1}|$

则对于 $n \geqslant 5$
$$a_n = S_{n-1} + S_{n-2}$$
$$a_{n-1} = S_{n-2} + S_{n-3}$$

于是
$$S_n = |a_n - a_{n-1}| = |S_{n-1} - S_{n-3}|$$

21

因为 $S_n \geq 0$，如果 $\max\{S_n, S_{n+1}, S_{n+2}\} \leq T$，则对于所有 $m \geq 2$，有 $S_m \leq T$. 特别地，序列 $\{S_n\}$ 有界.

下面证明如下命题：

如果对于某个 i，$\max\{S_i, S_{i+1}, S_{i+2}\} = T \geq 2$，则
$$\max\{S_{i+6}, S_{i+7}, S_{i+8}\} \leq T-1$$

用反证法. 如果上面的结论不成立，则对于 $j = i, i+1, \cdots, i+6$，均有
$$\max\{S_j, S_{j+1}, S_{j+2}\} = T \geq 2$$

对于 S_i, S_{i+1} 或 $S_{i+2} = T$，相应地取 $j = i, i+1$ 或 $i+2$，于是序列
$$S_j, S_{j+1}, S_{j+2}, \cdots$$

有
$$T, x, y, T-y, \cdots$$

的形式，其中 $0 \leq x, y \leq T$，$\max\{x, y, T-y\} = T$.

因此，或者 $x = T$，或者 $y = T$，或者 $y = 0$.

(1) 如果 $x = T$，则序列有 $T, T, y, T-y, y, \cdots$ 的形式，因为
$$\max\{y, T-y, y\} = T$$

所以 $y = T$ 或 $y = 0$.

(2) 如果 $y = T$，则序列有 $T, x, T, 0, x, T-x, \cdots$ 的形式，因为
$$\max\{0, x, T-x\} = T$$

所以 $x = 0$ 或 $x = T$.

(3) 如果 $y = 0$，则序列有 $T, x, 0, T, T-x, T-x, x, \cdots$ 的形式，因为
$$\max\{T-x, T-x, x\} = T$$

所以 $x = 0$ 或 $x = T$.

在上述每一种情况中，x, y 或者等于 T，或者等于 0，特别地，T 一定整除 S_j, S_{j+1} 和 S_{j+2} 的每一项.

由于 $S_2 = |a_2 - a_1| = |12^{12} - 11^{11}|$，$S_3 = |a_3 - a_2| = |13^{13} - 12^{12}|$，$S_4 = |S_3 - S_1|$，则
$$\max\{S_2, S_3, S_4\} = S_3 = T$$

则对于 $n \geq 4$，均有 T 整除 S_n，但是 $S_4 < S_3$，则因此 S_3 不整除 S_4，出现矛盾.

所以命题成立.

设 $M = 14^{14}$，$N = 13^{13}$. 则 $\max\{S_2, S_3, S_4\} \leq N$. 由命题可知
$$\max\{S_{6(N-1)+2}, S_{6(N-1)+3}, S_{6(N-1)+4}\} \leq 1$$

因为 a_1 为奇数，a_2 为偶数，a_3 为奇数，a_4 为偶数，a_5 为偶数，a_6 为奇数，a_7 为奇数，a_8 为奇数，a_9 为偶数，a_{10} 为奇数，因此
$$a_n \equiv a_{n+7} \pmod 2$$

所以相邻的三个 S_i 不可能都是 0. 于是有

$$\max\{S_{6(N-1)+2}, S_{6(N-1)+3}, S_{6(N-1)+4}\} = 1$$

特别地,当 $n \geqslant 6(N+1)+2$ 时,有 $S_n = 0$ 或 1.

故当 $n \geqslant M > 6(N-1)+4$ 时
$$a_n = S_{n-1} + S_{n-2} = 0, 1 \text{ 或 } 2$$

特别地,$a_M = 0, 1, 2$

由于 $M = 14^{14}$ 是 7 的倍数,所以
$$a_M \equiv a_7 \equiv 1 \pmod{2}$$

于是 $a_M = 1$.

22 将每个正整数都染为三种不同颜色之一,使得只要 a, b, c(不一定互不相同)三数满足条件 $2\,000(a+b) = c$,则它们或者全都同色,或被染为三种不同颜色. 试求所有不同的染法数目.

(俄罗斯数学奥林匹克,2001 年)

解 有两种染法.

第一种:将所有的数都染为同一种颜色;

第二种:将数 $3k-2(k \in \mathbf{Z})$ 染为色 A,将数 $3k-1(k \in \mathbf{Z})$ 染为色 B,将数 $3k(k \in \mathbf{Z})$ 染为色 C.

令 $c = 2\,000(2d+2)$.

若 $c = 2\,000((d+1)+(d+1))$,$a = d+1$,$b = d+1$,$d+1$ 与 c 同色.

若 $c = 2\,000(d+(d+2))$,$a = d$,$b = d+2$,表明 $d, d+2$ 与 $d+1$ 或者同色,或者两两异色,即三种不同颜色($a = d, b = d+2$,而 $d+1$ 与 c 同色).

如果 $1, 2, 3$ 同色,则 $2, 3, 4$ 都同色,进而 $3, 4, 5$ 同色,因而所有数都同色.

如果 1 为 A 色,2 为 B 色,3 为 C 色,则由三元数组 $2, 3, 4$ 知 4 为 A 色,由三元数组 $3, 4, 5$ 知 5 为 B 色,等等.

设 $a = 3k_1 + r_1, b = 3k_2 + r_2, c = 3k_3 + r_3$($r_1, r_2, r_3$ 分别为 a, b, c 被 3 除的余数).

$$2\,000(a+b) = 2\,000(3k_1 + r_1 + 3k_2 + r_2) = 3M - (r_1 + r_2) = c = 3k_3 + r_3$$

仅当 $r_1 + r_2 + r_3$ 是 3 的倍数时成立.

所以,或三个余数 r_1, r_2, r_3 相等,或全不相等.

因此,所找到的染法满足要求.

23 已知 $a_1 = 1, a_2 = 3, a_{n+2} = (n+3)a_{n+1} - (n+2)a_n$. 若当 $m \geqslant n$ 时,a_m 的值都能被 9 整除,求 n 的最小值.

(中国湖南省高中数学奥林匹克,2002 年)

解 $a_{n+2} - a_{n+1} = (n+3)a_{n+1} - (n+2)a_n - a_{n+1} = (n+2)(a_{n+1} - a_n)$

$$a_{n+1} - a_n = (n+1)(a_n - a_{n-1})$$
$$a_n - a_{n-1} = n(a_{n-1} - a_{n-2})$$
$$\vdots$$
$$a_2 - a_1 = 2$$

于是

$$a_{n+2} - a_{n+1} = (n+2)!$$
$$a_n = a_1 + (a_2 - a_1) + (a_3 - a_2) + \cdots + (a_n - a_{n-1}) = 1! + 2! + 3! + \cdots + n! \quad (n \geqslant 1)$$

由于 $a_1 = 1, a_2 = 3, a_3 = 1 + 2 + 6 = 9, a_4 = 1 + 2 + 6 + 24 = 33$,

$$a_5 = 1 + 2 + 6 + 24 + 120 = 153$$

而 $9 \mid 153$. 又 $6! = 720$ 能被 9 整除

于是 $a_n = a_5 + \sum_{k=6}^{m} k! \; (m \geqslant 5)$ 能被 9 整除.

所以所求 n 的最小值为 5.

24 是否存在 2 002 个不同的正整数,使得任取它们中的两个数 x, y,均有 $|x - y| = (x, y)$ 成立.

(匈牙利数学奥林匹克,2002 年)

解 因为 $|x - y| \geqslant (x, y)$,则
$$|x - y| = (x, y) \text{ 等价于 } (x - y) \mid x$$

所以对 2 个和 3 个不同的正整数,满足条件.

假设存在 k 个数 $a_1, a_2, \cdots, a_k \in \mathbf{N}^*$,满足对任意的 $1 \leqslant i < j \leqslant k$,有
$$|a_i - a_j| \mid a_i$$

因此可取这样的 $k+1$ 个数.

$$b_1 = a_1 a_2 \cdots a_k$$
$$b_2 = b_1 + a_1$$
$$b_3 = b_1 + a_2$$
$$\vdots$$
$$b_{k+1} = b_1 + a_k$$

对任意的 $1 \leqslant i < j \leqslant k+1$,
$$b_i - b_j = a_{i-1} - a_{j-1} \quad (\text{设 } a_0 = 0)$$

因为 $(a_{i-1} - a_{j-1}) \mid a_{i-1}$,因而 $(a_{i-1} - a_{j-1}) \mid b_i$

所以
$$(b_i - b_j) \mid b_i$$

第1章 整除与同余
Chapter 1 Divisible and Congruence

因此,存在 $k+1$ 个数满足题目要求.

于是,由数学归纳法证明对任意有限个数满足要求,当然对 2 002 个数也能满足要求.

25 证明:正整数 A 是完全平方数的充分必要条件是对于任意正整数 n,
$$(A+1)^2-A, \quad (A+2)^2-A, \quad \cdots, \quad (A+n)^2-A$$
至少有一项可以被 n 整除.

(捷克和斯洛伐克数学奥林匹克,2002 年)

证 (1) 若 A 是完全平方数,设 $A=d^2$,则
$$(A+j)^2-A=(d^2+j)^2-d^2=(d^2-d+j)(d^2+d+j)$$

由于 d^2-d+j,对于 $j=1,2,\cdots,n$ 是连续 n 个正整数,所以一定有某个 j,使得 $(A+j)^2-A$ 可以被 n 整除.

(2) 若 A 不是完全平方数,则 A 中一定有一个质约数,它的指数是奇数.即存在 k,使得
$$p^{2k-1} \mid A, \quad p^{2k} \nmid A$$

取 $n=p^{2k}$,对于 $j=1,2,\cdots,p^{2k}$,一定存在一项 j,使得
$$p^{2k} \mid (A+j)^2-A$$

因为 $p^{2k} \nmid A$,则 $p^{2k} \nmid (A+j)^2$

但是由于 $p^{2k} \mid (A+j)^2-A$,得 $p^{2k-1} \mid (A+j)^2-A$.

而 $p^{2k-1} \mid A$,可有 $p^{2k-1} \mid (A+j)^2$,由于 $(A+j)^2$ 是完全平方数,则一定有 $p^{2k} \mid (A+j)^2$,产生矛盾.

26 求出所有的正整数 n,使得 $20n+2$ 能整除 $2\,003n+2\,002$.

(中国女子数学奥林匹克,2002 年)

解1 由 $(20n+2) \mid (2\,003n+2\,002)$,可知 $2 \mid n$.

设 $n=2m$,则 $20n+2=40m+2=2(20m+1)$
$$2\,003n+2\,002=2(2\,003m+1\,001)$$

而
$$2\,003m+1001=100(20m+1)+3m+901$$

于是有
$$(20m+1) \mid (3m+901)$$

当 $3m+901=1\times(20m+1)$ 时,$17m=900$,无整数解 m,

当 $3m+901=2\times(20m+1)$ 时,$37m=899$,无整数解 m,

当 $3m+901=3\times(20m+1)$ 时,$57m=898$,无整数解 m,

当 $3m+901=4\times(20m+1)$ 时,$77m=897$,无整数解 m.

于是 $\dfrac{3m+901}{20m+1}\geqslant 5$,解得 $m\leqslant \dfrac{896}{97}<10$.

把 $m=1,2,\cdots,9$ 逐一检验,都有 $(20m+1)\nmid(3m+901)$.

所以满足题设要求的 n 不存在.

解2 由 $2\mid n$ 可设 $n=2m$,于是
$$(20m+1)\mid(2\,003m+1\,001)$$
由 $(20m+1,20)=1$ 可知
$$(2\,003m+1\,001)\times 20-(20m+1)\times 2\,003=18\,017$$
即
$$20m+1\mid 18\,017$$
而 $18\,017=43\times 419$,43 和 419 均为质数,
$$20m+1=43,\quad 20m+1=419 \quad \text{和}\quad 20m+1=18\,017$$
均无整数解.

所以不存在满足题设要求的 n.

27 设 a,b 是大于 2 的整数,证明:存在一个正整数 k 及正整数的有限序列 $n_1,n_2,\cdots,n_k$,满足 $n_1=a,n_k=b$ 且对所有 i $(1\leqslant i\leqslant k)$,$n_i n_{i+1}$ 被 n_i+n_{i+1} 整除.

(美国数学奥林匹克,2002 年)

证 对于正整数 a,b,若存在满足条件的序列 $n_1,n_2,\cdots,n_k$,则称 a,b"可链接".

问题归结为证明对任意正整数 $a,b(a,b>2)$ 均"可链接".

以下我们证明对于正整数 $m>2$,$m,m+1$"可链接".

取
$$n_1=m, n_2=m(m-1), n_3=m(m-1)(m-2), n_4=2m(m-1)$$
$$n_5=2m(m+1), n_6=m(m+1)(m-1), n_7=m(m+1), n_8=m+1$$
可以验证
$$n_1+n_2=m^2\mid n_1 n_2=m^2(m-1)$$
$$n_2+n_3=m(m-1)^2\mid n_2 n_3=m^2(m-1)^2(m-2)$$
$$n_3+n_4=m^2(m-1)\mid n_3 n_4=2m^2(m-1)^2(m-2)$$
$$n_4+n_5=2m^2\mid n_4 n_5=4m^2(m^2-1)$$
$$n_5+n_6=m(m+1)^2\mid n_5 n_6=2m^2(m+1)^2(m-1)$$
$$n_6+n_7=m^2(m+1)\mid n_6 n_7=m^2(m+1)^2(m-1)$$
$$n_7+n_8=(m+1)^2\mid n_7 n_8=m(m+1)^2$$

第1章 整除与同余
Chapter 1 Divisible and Congruence

所以 m 与 $m+1$ "可链接".

从而对任意 $a,b(a,b>2)$ 均 "可链接".

28 设 α,β 为方程 $x^2-x-1=0$ 的两个根,令
$$a_n = \frac{\alpha^n - \beta^n}{\alpha - \beta} \quad (n=1,2,\cdots)$$

(1) 证明:对任意正整数 n,有 $a_{n+2} = a_{n+1} + a_n$.

(2) 求所有正整数 $a,b,a<b$,满足对任意正整数 n,有 b 整除 $a_n - 2na^n$.

(中国西部数学奥林匹克,2002 年)

解 (1) 因为 α,β 是方程 $x^2-x-1=0$ 的根,则
$$\alpha^2 = \alpha + 1, \quad \beta^2 = \beta + 1$$
$$a_{n+2} = \frac{\alpha^{n+2} - \beta^{n+2}}{\alpha - \beta} = \frac{(\alpha^{n+1} + \alpha^n) - (\beta^{n+1} + \beta^n)}{\alpha - \beta} =$$
$$\frac{\alpha^{n+1} - \beta^{n+1}}{\alpha - \beta} + \frac{\alpha^n - \beta^n}{\alpha - \beta} = a_{n+1} + a_n$$

(2) 当 $n=1$ 时,$b \mid (a_1 - 2a)$.

由题设 $a_1 = \frac{\alpha - \beta}{\alpha - \beta} = 1, a_2 = \frac{\alpha^2 - \beta^2}{\alpha - \beta} = \frac{(\alpha+1) - (\beta+1)}{\alpha - \beta} = 1$

于是
$$b \mid (1 - 2a)$$

注意到 $1 \leqslant 2a-1 < 2b-1 < 2b$,而 $2a-1$ 是 b 的倍数,则只能有 $b = 2a-1$.

当 $n=3$ 时,$b \mid (a_3 - 6a^3)$,即有
$$(2a-1) \mid (6a^3 - 2)$$

而 $6a^3 - 2 = 3a^2(2a-1) + 3a^2 - 2$,于是有
$$(2a-1) \mid (3a^2 - 2)$$

从而有
$$(2a-1) \mid (6a^2 - 4)$$

因为
$$6a^2 - 4 = (3a+1)(2a-1) + a - 3$$

所以又有
$$(2a-1) \mid (a-3)$$

从而
$$(2a-1) \mid (2a-6)$$

又
$$2a - 6 = (2a-1) + 5$$

所以
$$(2a-1) \mid 5$$
所以
$$2a-1=1 \quad 或 \quad 2a-1=5$$
即
$$a=1 \quad 或 \quad 3$$

当 $a=1$ 时,$b=2a-1=1$,$a=b=1$,与 $a<b$ 矛盾;
当 $a=3$ 时,$b=2a-1=5$.
下面证明
$$5 \mid (a_n - 2n \times 3^n) \qquad ①$$

用数学归纳法.
当 $n=1$ 时,$a_1 - 2 \times 3^1 = 1 - 6 = -5$,$n=1$,式 ④ 成立.
假设 $n \leqslant k$ 时,式 ① 成立,则
$$a_{k+1} - 2(k+1) \cdot 3^{k+1} = a_k + a_{k-1} - 2 \cdot k \cdot 3^k - 2(k-1) \cdot 3^{k-1} +$$
$$(10k+20) \cdot 3^{k-1} =$$
$$(a_k - 2k \cdot 3^k) + [a_{k-1} - 2(k-1) \cdot 3^{k-1}] +$$
$$5(2k+4) \cdot 3^{k-1}$$

由归纳假设,$5 \mid (a_k - 2k \cdot 3^k)$,$5 \mid [a_{k-1} - 2(k-1) \cdot 3^{k-1}]$,
又
$$5 \mid 5(2k+4) \cdot 3^{k-1}$$
所以
$$5 \mid [a_{k+1} - 2(k+1) \cdot 3^{k+1}]$$
即 $n=k+1$ 时,式 ① 成立.
由以上,对 $n \in \mathbf{N}^*$,式 ① 成立.
于是 $a=3$,$b=5$.

29 已知数列 $\{a_n\}$,且 $a_0=2$,$a_1=1$,$a_{n+1}=a_n+a_{n-1}$.
证明:若 p 是 $(a_{2k}-2)$ 的质因子,则 p 也是 $(a_{2k}-1)$ 的质因子.
(伊朗数学奥林匹克,2002 年)

证 由题设,$a_0=2$,$a_1=1$,$a_2=3$,$a_3=4$,$a_4=7$,$a_5=11$,$a_6=18$,可以发现
$$a_1 \cdot a_3 = 4 = a_2^2 - 5, \quad a_3 \cdot a_5 = 44 = a_4^2 - 5$$
由此可猜想
$$a_{2n-1} \cdot a_{2n+1} = a_{2n}^2 - 5$$
下面用数学归纳法给予证明:

第 1 章 整除与同余
Chapter 1 Divisible and Congruence

当 $k=1,2$ 时,结论成立.

假设 $n=k$ 时成立,即
$$a_{2k-1} \cdot a_{2k+1} = a_{2k}^2 - 5$$

$a_{2k+1} a_{2k+3} = a_{2k+1}(a_{2k+1} + a_{2k+2}) =$
$a_{2k+1}^2 + a_{2k+1} a_{2k+2} =$
$a_{2k+1}^2 + (a_{2k+2} - a_{2k}) a_{2k+2} =$
$a_{2k+1}^2 + a_{2k+2}^2 - a_{2k} a_{2k+2} =$
$a_{2k+1}^2 + a_{2k+2}^2 - (a_{2k+1} - a_{2k-1})(a_{2k} + a_{2k+1}) =$
$a_{2k+1}^2 + a_{2k+2}^2 - a_{2k} a_{2k+1} + a_{2k} a_{2k-1} - a_{2k+1}^2 + a_{2k-1} a_{2k+1} =$
$a_{2k+2}^2 + a_{2k}^2 - 5 - a_{2k}(a_{2k+1} - a_{2k-1}) =$
$a_{2k+2}^2 + a_{2k}^2 - 5 - a_{2k}^2 =$
$a_{2k+2}^2 - 5$

于是对所有 $k \in \mathbf{N}^*$, $a_{2k-1} \cdot a_{2k+1} = a_{2k}^2 - 5$ 成立.

于是
$$(a_{2k-1} + 1)(a_{2k+1} - 1) =$$
$$a_{2k-1} a_{2k+1} + (a_{2k+1} - a_{2k-1}) - 1 =$$
$$a_{2k}^2 + a_{2k} - 6 =$$
$$(a_{2k} - 2)(a_{2k} + 3)$$

由 $p \mid (a_{2k} - 2) = (a_{2k+1} - a_{2k-1}) - 2 = (a_{2k+1} - 1) - (a_{2k-1} + 1)$

由数学归纳法, $p \mid (a_{2k-1} + 1)$, 又 $p \mid (a_{2k} - 2)$, 则 $p \mid (a_{2k} - 1)$.

30 在区间 $(2^{2n}, 2^{3n})$ 中任取 $2^{2n-1} + 1$ 个奇数. 证明:在所取的数中必有两个数,其中每一个数的平方都不能被另一个数整除.

(俄罗斯数学奥林匹克,2002 年)

证 考虑 $2^{2n-1} + 1$ 个奇数对于 $\bmod 2^{2n}$ 的余数,必有两个数的余数相等,设这两个数为 a 和 b.

我们证明 a 和 b 即为所求的两个数.

假设 $b \mid a^2$. 于是
$$b \mid (a^2 - 2ab + b^2) = (a - b)^2$$

设 $a = p \cdot 2^{2n} + r, b = q \cdot 2^{2n} + r$

则由 $b \mid (a - b)^2$ 得
$$b \mid (p - q)^2 \cdot 2^{4n}$$

由于 b 是奇数,则
$$b \mid (p - q)^2$$

因此由 $b \in (2^{2n}, 2^{3n})$ 知

又
$$|p-q| > 2^n$$

$$\max\{a,b\} = \max\{p,q\} \cdot 2^{2n} + r > 2^{3n}$$

与 $a,b \in (2^{2n}, 2^{3n})$ 矛盾.

所以 $b \nmid a^2$.

31 设 $n(n>3)$ 是整数,在一次会议上有 n 位数学家,每一对数学家只能用会议规定的 n 种办公语言之一进行交流,对于任意 3 种不同的办公语言,都存在 3 位数学家用这 3 种语言互相交流,求所有可能的 n,并证明你的结论.

(中国香港数学奥林匹克,2002 年)

解 本题等价于:将一个完全图 K_n 的边染以 n 种颜色之一,使得对于任意 3 种颜色,都存在 3 个顶点,它们相互所连的边为这 3 种颜色. 求所有可能的 n.

由于 n 种颜色有 C_n^3 种选取方法,而顶点也有 C_n^3 种选取方法.

这意味着,每 3 个顶点相连的边一定被染为确定的 3 种颜色,不能染为其他情况的颜色,反之亦然.

特别地,对于每一个三角形其 3 条边为 3 种不同的颜色.

固定颜色 S,恰有 C_{n-1}^2 个三角形,其有一边为颜色 S,而颜色为 S 的边可以与其他 $n-2$ 个顶点构成 $n-2$ 个三角形,于是,被染成颜色 S 的边数为

$$\frac{C_{n-1}^2}{n-2} = \frac{n-1}{2}$$

由 $\frac{n-1}{2}$ 为整数,则 n 不能为偶数.

假设 n 为奇数.

将 n 个顶点分别记为顶点 $A_1, A_2, \cdots, A_n$,n 种颜色记为 $S_1, S_2, \cdots, S_n$.

我们采取下面的原则对顶点 A_i 和 A_j 所连的边染色.

若

$$t \equiv i + j \pmod{n}$$

则将边 A_iA_j 染成颜色 S_t.

对于任意的 3 种颜色 $S_{t_1}, S_{t_2}, S_{t_3}$,有同余方程组

$$\begin{cases} i + j \equiv t_1 \pmod{n} \\ j + k \equiv t_2 \pmod{n} \\ k + i \equiv t_3 \pmod{n} \end{cases}$$

方程组在 $\{1, 2, \cdots, n\}$ 内有唯一的解 (i, j, k),且 i, j, k 互不相同.

所以,对于任意 3 种颜色,存在唯一的三角形,其 3 条边的颜色为这 3 种颜色.

第1章 整除与同余
Chapter 1 Divisible and Congruence

32 已知正整数 $m, n \geq 2, a_1, a_2, \cdots, a_n$ 是整数,且其中任何一个数都不是 m^{n-1} 的倍数.

证明:存在不全为零的整数 $e_1, e_2, \cdots, e_n$,使得 $e_1 a_1 + e_2 a_2 + \cdots + e_n a_n$ 是 m^n 的倍数,其中对于所有的 $i = 1, 2, \cdots, n$, $|e_i| < m$.

(第43届国际数学奥林匹克预选题,2002年)

证 设 B 是所有 $b = (b_1, b_2, \cdots, b_n)$ 构成的集合,其中所有 b_i 满足 $0 \leq b_i < m$.

对于 $b \in B$,令
$$f(b) = b_1 a_1 + b_2 a_2 + \cdots + b_n a_n$$

若存在不同的 $b, b' \in B$,满足
$$f(b) \equiv f(b') \pmod{m^n}$$

则令 $e_i = b_i - b'_i$,于是有
$$e_1 a_1 + e_2 a_2 + \cdots + e_n a_n \equiv 0 \pmod{m^n}$$

若所有的 $f(b)$ 对 $\mathrm{mod}\ m^n$ 不同余,由于 $|B| = m^n$,则 $f(b)$ 对 $\mathrm{mod}\ m^n$ 的余数分别为 $0, 1, 2, \cdots, m^n - 1$.

考虑多项式
$$\sum_{b \in B} x^{f(b)} = 1 + x + x^2 + \cdots + x^{m^n - 1}$$

令 $x = \mathrm{e}^{\frac{2\pi \mathrm{i}}{m^n}}$,则
$$\sum_{b \in B} x^{f(b)} = 1 + x + x^2 + \cdots + x^{m^n - 1} = \frac{1 - x^{m^n}}{1 - x} = 0$$

而另一方面
$$\sum_{b \in B} x^{f(b)} = \prod_{i=1}^{n} (1 + x^{a_i} + x^{2a_i} + \cdots + x^{(m-1)a_i}) = \prod_{i=1}^{n} \frac{1 - x^{ma_i}}{1 - x}$$

由于 $m a_i$ 不是 m^n 的倍数,所以当 $x = \mathrm{e}^{\frac{2\pi \mathrm{i}}{m^n}}$ 时,$\sum_{b \in B} x^{f(b)} \neq 0$ 矛盾. 因此,一定存在 $f(b)$ 与 $f(b')$ 对 $\mathrm{mod}\ m^n$ 同余,从而本题得证.

33 找出所有的正整数对 $m, n \geq 3$,使得存在无穷多个正整数 a,有 $\dfrac{a^m + a - 1}{a^n + a^2 - 1}$ 为整数.

(第43届国际数学奥林匹克,2002年)

解 假设 (m, n) 为所求,显然有 $n < m$.

(1) 设 $g(x) = x^n + x^2 - 1$, $f(x) = x^m + x - 1$. 我们证明 $g(x)$ 整除 $f(x)$. 实际上,由于 $g(x)$ 是本原多项式及除法定理,有

最新世界各国数学奥林匹克中的初等数论试题(上)

The Lastest Elementary Number Theory in Mathematical Olympiads in The World

$$\frac{f(x)}{g(x)} = q(x) + \frac{r(x)}{g(x)}$$

其中
$$\deg(r(x)) < \deg(g(x))$$

余项 $\frac{r(x)}{g(x)}$,当 $x \to \infty$ 时,趋于零.

另一方面,对无穷多个整数 a, $\frac{r(x)}{g(x)}$ 为整数,于是,有无穷多个整数 a,使得 $\frac{r(a)}{g(a)} = 0$,即 $r \equiv 0$. 即 $g(x)$ 整除 $f(x)$.

(2) 由于 $f(0) = g(0) = -1$, $f(1) = g(1) = 1$,且 $f(x)$ 和 $g(x)$ 在区间 $[0,1]$ 上是增函数,所以 $f(x)$ 和 $g(x)$ 在 $[0,1]$ 上的值域为 $[-1,1]$. 从而 $f(x)$ 和 $g(x)$ 在 $(0,1)$ 内都有实根.

又因为 $g(x)$ 整除 $f(x)$,所以 $g(x)$ 和 $f(x)$ 有相同的实根 $\alpha \in (0,1)$.

(3) 设 $h(x) = x^2 + x - 1$,则 $\beta = \frac{\sqrt{5}-1}{2}$ 是 $h(x)$ 的一个正根,

由 $m,n \geq 3$,则有 $\alpha > \beta$.

因为 $f(x)$ 在 $(0,1)$ 单增,则
$$f(\beta) < h(\beta) = 0 = f(\alpha)$$

如果 $m \geq 2n$,则
$$1 - \alpha = \alpha^m \leq (\alpha^n)^2 = (1-\alpha^2)^2$$

从而
$$(1-\alpha^2)^2 + \alpha - 1 \geq 0$$
$$\alpha^4 - 2\alpha^2 + \alpha \geq 0$$
$$\alpha(\alpha-1)(\alpha^2 + \alpha - 1) \geq 0$$

即 $h(\alpha) \leq 0$,于是 $\alpha \leq \beta$,与 $\alpha > \beta$ 矛盾.

所以有
$$m < 2n$$

(4) 当 $m < 2n$ 时,假设有解 (m,n).

考虑 $a = 2$,并记 $d = g(2) = 2^n + 3$

由(1)得 $d = 2^n + 3 \mid f(2) = 2^m + 1$. 于是
$$-2^m \equiv 1 \pmod{d}$$

因为 $n < m < 2n$,可令 $m = n + k$,则 $1 \leq k < n$
$$-2^m \equiv (d - 2^n) 2^k \equiv 3 \times 2^k \pmod{d}$$

这表明,当 $1 \leq k \leq n-2$ 时,$-2^m \not\equiv 1 \pmod{d}$

当 $k = n-1$ 时,即 $m = 2n-1$ 时,对 -2^m 模 d 的最小正余数为
$$3 \times 2^{n-1} - d = 2^{n-1} - 3$$

第 1 章　整除与同余

Chapter 1　Divisible and Congruence

只有当 $n=3$ 时，$2^{n-1}-3=1$，此时 $m=5$．

最后，由于

$$a^5+a-1=(a^3+a^2-1)(a^2-a+1)$$

所以 $(m,n)=(5,3)$ 为一个解．

所以 $(m,n)=(5,3)$ 为唯一解．

34　能否将整数 $1,2,\cdots,60$ 摆放在一个圆周上，使得其中任何间隔一个数的两个数的和都可被 2 整除，任何间隔两个数的两个数之和都可被 3 整除 …… 任何间隔 6 个数的两个数的和都可被 7 整除？

（俄罗斯数学奥林匹克，2002 年）

解　假设能够按题设要求放置 $1,2,\cdots,60$ 这 60 个数，设 $a_1=7$，则按要求 $7\mid(a_8+a_1)$，$7\mid a_8$，同样 $7\mid a_{15}$，$7\mid a_{22}$，$7\mid a_{29}$，$7\mid a_{36}$，$7\mid a_{43}$，$7\mid a_{50}$，$7\mid a_{57}$．

于是 $a_1,a_8,a_{15},a_{22},a_{29},a_{36},a_{43},a_{50},a_{57}$ 都是 7 的倍数，即 $\{1,2,\cdots,60\}$ 有 9 个是 7 的倍数．

而 $\left[\dfrac{60}{7}\right]=8$，即 $\{1,2,\cdots,60\}$ 有 8 个是 7 的倍数．矛盾．

所以题设的要求不能实现．

35　求不能表示成形如 $\dfrac{a}{b}+\dfrac{a+1}{b+1}$ 的所有正整数的集合，其中 a,b 为正整数．

（德国数学奥林匹克，2003 年）

解　设 $n=\dfrac{a}{b}+\dfrac{a+1}{b+1}$，则

$$n-2=(2b+1)\cdot\dfrac{a-b}{b(b+1)} \qquad ①$$

因为 $b\nmid(2b+1)$，$(b+1)\nmid(2b+1)$．

所以 ① 右端是含奇因子 $2b+1\geqslant 3$ 的整数．

若 $d(d>1)$ 是 $n-2$ 的一个奇因子，则 $n\neq 1$，即 $n-2\geqslant 0$．

所以存在整数 $m(m\geqslant 0)$，使得

$$n=dm+2$$

定义 $b=\dfrac{1}{2}(d-1)$，$a=b(mb+m+1)$．

显然，a,b 是整数，且 $2b+1=d$，$a-b=bm(b+1)$，于是

$$\dfrac{a}{b}+\dfrac{a+1}{b+1}=(2b+1)\cdot\dfrac{a-b}{b(b+1)}+2=$$

$$d\cdot\dfrac{b(b+1)m}{b(b+1)}+2=dm+2=n$$

于是 $n = dm + 2$ (d 是 $n-2$ 的一个奇约数) 能表示成 $\dfrac{a}{b} + \dfrac{a+1}{b+1}$ 的形式.

所以 $n = 1$ 或 $n = 2 + 2^k (k = 0, 1, 2, \cdots)$ 的整数为所求的集合.

36 正整数 x, y 满足 $x < y$,令 $p = \dfrac{x^3 - y}{1 + xy}$,求 p 能取到的所有整数值.

(中国国家集训队测试题,2003 年)

解 易证 $y = 8, x = 2$ 时,$p = 0$.

$p = 1$ 时,$x^3 - y = 1 + xy$

于是
$$(x+1)y = x^3 - 1 = (x+1)(x^2 - x + 1) - 2$$

所以有
$$(x+1) \mid 2$$

即 $x + 1 \leqslant 2, x \leqslant 1$,则 $x = 1, y = 0 < x$ 矛盾.

所以 $p \neq 1$.

当 $p \geqslant 2$ 时,由 $p = \dfrac{x^3 - y}{1 + xy}$ 得
$$y = \dfrac{x^3 - p}{xp + 1}$$

则当 $x = p^3$ 时,$y = p^5 - p > p^3$,所以 p 可取 $\geqslant 2$ 的任意整数.

当 $p < 0$ 时,$|x^3 - y| = y - x^3 < xy + 1$,矛盾.

所以 p 能取到的所有值为 $\{k \mid k \in \mathbf{N}, k = 0$ 或 $k \geqslant 2\}$.

37 已知多项式
$$f(x) = a_{2003} x^{2003} + a_{2002} x^{2002} + \cdots + a_1 x + a_0$$
又存在正整数 p, q, r,且 $p < q < r$,满足
$$f(p) = q, \quad f(q) = r, \quad f(r) = p$$
证明:多项式 $f(x)$ 有一个系数不是整数.

(匈牙利数学奥林匹克,低年级决赛,2003 年)

证 用反证法. 假设多项式 $f(x)$ 的系数均为整数. 则
$q - r = f(p) - f(q) =$
$\quad a_{2003}(p-q)(p^{2002} + p^{2001}q + \cdots + q^{2002}) +$
$\quad a_{2002}(p-q)(p^{2001} + p^{2000}q + \cdots + q^{2001}) + \cdots +$
$\quad a_1(p-q)$

由假设有

第 1 章 整除与同余
Chapter 1 Divisible and Congruence

$$(p-q) \mid (q-r)$$

同理,有

$$(p-r) \mid (q-p), \quad (q-r) \mid (p-r)$$

所以有

$$\mid p-q \mid = \mid q-r \mid = \mid p-r \mid$$

但由已知条件,$\mid r-p \mid > \mid r-q \mid$,引出矛盾.

所以多项式系数有一个不是整数.

38 求所有满足 $a \geqslant 2, m \geqslant 2$ 的三元正整数组 (a,m,n),使得 $a^n + 203$ 是 $a^m + 1$ 的倍数.

（中国数学奥林匹克,2003 年）

解 对于 n, m 分三种情况:

(1) 当 $n < m$ 时,由 $a^n + 203 \geqslant a^m + 1$,有

$$202 \geqslant a^m - a^n \geqslant a^n(a-1) \geqslant a(a-1)$$

所以 $2 \leqslant a \leqslant 14$,则

当 $a = 2$ 时,由 $2^n(2-1) \leqslant 202$,n 可取 $1, 2, \cdots, 7$;

当 $a = 3$ 时,由 $3^n \cdot 2 \leqslant 202$,$n$ 可取 $1, 2, 3, 4$;

当 $a = 4$ 时,由 $4^n \cdot 3 \leqslant 202$,$n$ 可取 $1, 2, 3$;

当 $5 \leqslant a \leqslant 6$ 时,n 可取 $1, 2$;

当 $7 \leqslant a \leqslant 14$ 时,$n = 1$.

再由 $a^m + 1 \mid a^n + 203$ 及 $m > n$ 可知有解 $(2, 2, 1), (2, 3, 2)$ 和 $(5, 2, 1)$.

(2) 当 $n = m$ 时,有 $a^m + 1 \mid a^m + 1 + 202$,$a^m + 1 \mid 202$.而 202 仅有 $1, 2, 101$ 和 202 共 4 个约数.

而 $a \geqslant 2, m \geqslant 2, a^m + 1 \geqslant 5$,则 $a^m + 1 = 101, 202, a^m = 100$ 或 201,故 $a = 10, m = 2$,有解 $(10, 2, 2)$.

(3) 当 $n > m$ 时,由 $a^m + 1 \mid 203(a^m + 1)$,有

$$a^m + 1 \mid a^n + 203 - (203a^m + 203) = a^m(a^{n-m} - 203)$$

又 $(a^m + 1, a^m) = 1$,所以 $a^m + 1 \mid a^{n-m} - 203$

① 若 $a^{n-m} < 203$,则令 $n - m = s \geqslant 1$,有

$$a^m + 1 \mid 203 - a^s$$

所以有

$$203 - a^s \geqslant a^m + 1$$

$$202 \geqslant a^s + a^m \geqslant a^m + a = a(a^{m-1} + 1) \geqslant a(a+1)$$

由 $a(a+1) \leqslant 202$ 知 $2 \leqslant a \leqslant 13$.

类似于 (1) 的讨论,可知 (a, m, s) 有解

$$(2,2,3),(2,6,3),(2,4,4),(2,3,5),(2,2,7)$$
$$(3,2,1),(4,2,2),(5,2,3),(8,2,1)$$

于是(a,m,n)有解

$$(2,2,5),(2,6,9),(2,4,8),(2,3,8),(2,2,9)$$
$$(3,2,3),(4,2,4),(5,2,5),(8,2,3)$$

② 当$a^{n-m}=203$时,则$a=203,n-m=1$,即$(a,m,n)=(203,m,m+1)$,$m\geqslant 2$均满足.

③ 当$a^{n-m}>203$时,令$n-m=s\geqslant 1$,则$a^m+1\mid a^s-203$.

又$a^s-203\geqslant a^m+1$,则$s>m$.

由
$$a^m+1\mid a^s+203a^m=(a^{s-m}+203)a^m=(a^{n-2m}+203)a^m$$

因为$(a^m+1,a^m)=1$

所以
$$a^m+1\mid a^{n-2m}+203$$

又$s>m\Leftrightarrow n-m>m\Leftrightarrow n>2m\Leftrightarrow n-2m>0$

此时的解只能由前面的解派生出来,即由

$$(a,m,n)\to(a,m,n+2m)\to\cdots\to(a,m,n+2km)$$

且每一个派生出的解满足$a^m+1\mid a^n+203$

综上所述,所有解(a,m,n)为

$$(2,2,4k+1),(2,3,6k+2),(2,4,8k+8),(2,6,12k+9)$$
$$(3,2,4k+3),(4,2,4k+4),(5,2,4k+1),(8,2,4k+3)$$
$$(10,2,4k+2),(203,m,(2k+1)m+1)$$

其中k为任意非负整数,且$m\geqslant 2$的整数.

39 已知p,q是互质的正整数,且$p\neq q$.将正整数集分成三个子集A,B,C,使得对于每个正整数z,这三个子集中的每一个恰各包含$z,z+p,z+q$这三个整数之一.证明:存在这样的分拆,当且仅当$p+q$能被3整除.

(德国数学奥林匹克,2003年)

证 充分性.

设$3\mid(p+q)$.由$(p,q)=1$,可设
$$p\equiv 1\pmod 3,\quad q\equiv 2\pmod 3$$

定义
$$A=\{a\in\mathbf{N}^*\mid a\equiv 0\pmod 3\}$$
$$B=\{b\in\mathbf{N}^*\mid b\equiv 1\pmod 3\}$$
$$C=\{c\in\mathbf{N}^*\mid c\equiv 2\pmod 3\}$$

第 1 章 整除与同余
Chapter 1 Divisible and Congruence

这时,$z, z+p, z+q$ 分别属于 A, B, C.

这是因为,若 $z \equiv 0 \pmod 3$,则 $z \in A, z+p \in B, z+q \in C$;

若 $z \equiv 1 \pmod 3$,则 $z \in B, z+p \in C, z+q \in A$;

若 $z \equiv 2 \pmod 3$,则 $z \in C, z+p \in A, z+q \in B$.

所以 A, B, C 满足条件.

必要性.

设存在一种分拆,且假设
$$z \in A, \quad z+p \in B, \quad z+q \in C$$

由于 $(z+p)+q \notin B, (z+q)+p \notin C$,则 $z+p+q \in A$.

于是,如果 $z_1 \equiv z_2 \pmod{(p+q)}$,则 z_1 和 z_2 同属同一个子集.

设 $I=[0, p+q-1]$,则 I 中包含 $p+q$ 个不同的正整数,模 $p+q$ 的剩余类只对应 I 中的一个整数.

下面证明:I 中的整数分别属于 A, B, C 的数目相等,即
$$|A \cap I| = |B \cap I| = |C \cap A|$$

从而一定有 $3 \mid (p+q)$.

对于每一个 $z \in A \cap I$,设
$$z+p \equiv p(z) \pmod{(p+q)}$$
$$z+q \equiv q(z) \pmod{(p+q)}$$

显然
$$p(z) \notin A, \quad q(z) \notin A$$

且对于所有 $z, z_1, z_2 \in A \cap I$,有
$$p(z) \neq q(z)$$

当 $z_1 \neq z_2$ 时,$p(z_1) \neq p(z_2), q(z_1) \neq q(z_2)$

若存在 z_1, z_2,使得
$$p(z_1) = q(z_2)$$

则有
$$p(z_1)-q = q(z_2)-q \in A$$

于是
$$z_1+2p = p(z_1)-q+p+q \in A \qquad ①$$

另一方面,
$$(z_1+p)+q \in A$$

所以
$$z_1+p \notin A$$

同时

$$(z_1+p)+p=z_1+2p \notin A \qquad ②$$

① 和 ② 矛盾.

因此,集合 $I \cap (B \cup C)$ 中元素的数目至少是集合 $I \cap A$ 中元素数目的两倍.

故
$$p+q=|I|=|A \cap I|+|(B \cup C) \cap I|$$

但
$$p+q=|A \cap I|+|B \cap I|+|C \cap I|$$

所以
$$|A \cap I|=|B \cap I|=|C \cap I|$$

于是
$$p+q=3|A \cap I|$$
$$3 \mid (p+q)$$

40 设 n 是一个正整数,安先写出 n 个不同的正整数,然后艾夫删除了其中的某些数(可以不删,但不能全删),同时在每个剩下的数的前面放上"+"号或"−"号,再对这些数求和,如果计算结果能被 2 003 整除,则艾夫获胜,否则安获胜,问谁有必胜的策略?

(保加利亚数学奥林匹克分区赛,2003 年)

解 (1) 当 $n \leqslant 10$ 时,安有必胜的策略.

为此,安可以选择数:
$$1,2,4,\cdots,2^{n-1}$$

因为,$n \leqslant 10$,则艾夫得到的结果在 −1 023 和 1 023 之间,且不等于零,这些数都不能被 2 003 整除,故艾夫必败.

(2) 当 $n \geqslant 11$ 时,$2^n-1 > 2\,003$.

由于安写出的 n 个不同的正整数的集合有 2^n-1 个不同的非空子集,由抽屉原理,一定存在两个子集,例如 A,B,使得 A 中元素的和与 B 中元素的和对于 mod 2 003 同余.

如果艾夫将"+"号放在集合 $A \setminus B$ 中的数的前面,将"−"号放在集合 $B \setminus A$ 中的数的前面,并删去 A,B 中共有的数,此时,艾夫获胜.

41 证明存在无穷多对正整数 $a,b(a>b)$ 满足下列性质:

(1) $(a,b)=1$;

(2) $a \mid (b^2-5)$;

(3) $b \mid (a^2-5)$.

第1章 整除与同余
Chapter 1 Divisible and Congruence

(德国数学奥林匹克,2003 年)

证 设 $a_1=4, a_2=11, a_{n+2}=3a_{n+1}-a_n(n=1,2,\cdots)$

我们证明 (a_n, a_{n+1}) 满足条件.

用数学归纳法.

(1) $n=1$ 时, $a_1=4, a_2=11$, 有 $(4,11)=1, 4 \mid (11^2-5), 11 \mid (4^2-5)$, 所以 $n=1$ 时,命题成立.

$n=2$ 时, $a_3=3\times 11-4=29$, 有
$$(11,29)=11, \quad 11 \mid (29^2-5), \quad 29 \mid (11^2-5)$$
所以 $n=2$ 时,命题成立.

(2) 假设 $n=k(k>2)$ 时命题成立,即
$$(a_k, a_{k+1})=1, \quad a_k^2=a_{k-1}a_{k+1}+5$$

当 $n=k+1$ 时, 由 $(a_k, a_{k+1})=1$, 有
$$(a_{k+1}, 3a_{k+1}-a_k)=1$$
即
$$(a_{k+1}, a_{k+2})=1$$
又
$$(a_{k+1}^2-a_k a_{k+2})-(a_k^2-a_{k-1}a_{k+1})=$$
$$a_{k+1}^2-a_k(3a_{k+1}-a_k)-a_k^2+a_{k+1}(3a_k-a_{k+1})=0$$
所以 $a_{k+1}^2-a_k a_{k+2}=a_k^2-a_{k+1}a_{k-1}=5$, 即
$$a_k a_{k+2}=a_{k+1}^2-5$$
所以
$$a_{k+2} \mid (a_{k+1}^2-5)$$
同理 $a_{k+1} a_{k+3}=a_{k+2}^2-5$, 即 $a_{k+1} \mid (a_{k+2}^2-5)$

所以 $n=k+1$ 时,命题成立.

由以上, (a_n, a_{n+1}) 满足条件.

42 对于所有质数 p 和所有正整数 $n(n \geqslant p)$, 证明: $C_n^p - \left[\dfrac{n}{p}\right]$ 能被 p 整除.

(克罗地亚国家数学奥林匹克,2003 年)

证 设 N 表示 $n, n-1, \cdots, n-p+1$ 中唯一可能被 p 整除的整数,则
$$\left[\frac{n}{p}\right]=\frac{N}{P}$$
$$C_n^p-\left[\frac{n}{p}\right]=\frac{n(n-1)\cdots(N+1)N(N-1)\cdots(n-p+1)}{p!}-\frac{N}{P}=$$

$$\frac{N}{p!}[n(n-1)\cdots(N+1)(N-1)\cdots(n-p+1)-(p-1)!]$$

①

由 N 的规定,数 $n, n-1, \cdots, N+1, N-1, \cdots, n-p+1$ 对 $\bmod p$ 不等于 0,且各余数都不相同,因而
$$n(n-1)\cdots(N+1)(N-1)\cdots(n-p+1) \equiv (p-1)! \pmod{p}$$
因而
$$A = \frac{n(n-1)\cdots(N+1)N(N-1)\cdots(n-p+1)}{p} - \frac{N(p-1)!}{p}$$
能被 p 整除.

由于质数 p 与 $(p-1)!$ 互质,因此
$$C_n^p - \left[\frac{n}{p}\right] = \frac{1}{(p-1)!} \cdot A$$
也能被 p 整除.

43 如果 n 是一个正整数,$a(n)$ 是满足 $(a(n))!$ 可以被 n 整除的最小正整数,求所有的正整数 n,使得 $\dfrac{a(n)}{n} = \dfrac{2}{3}$.

(德国数学奥林匹克,2003 年)

解 因为 $a(n) = \dfrac{2}{3}n$ 是整数,则 $3 \mid n$.

设 $n = 3k$,若 $k > 3$,则 $3k \mid k!$

所以
$$a(n) \leqslant k < \frac{2}{3}n$$
矛盾.

又因为
$$a(3) = 3 \neq \frac{2}{3} \times 3$$
$$a(6) = 3 \neq \frac{2}{3} \times 6$$
$$a(9) = 6 = \frac{2}{3} \times 9$$

所以 $n = 9$ 为所求.

44 求最小的正质数,使得对于某个整数 n,这个质数能整除 $n^2 + 5n + 23$.

第1章 整除与同余
Chapter 1 Divisible and Congruence

(巴西数学奥林匹克,2003 年)

解 设 $f(n) = n^2 + 5n + 23$. 因为
$$f(n) \equiv 1 \pmod{2}$$
$$f(n) \equiv \pm 1 \pmod{3}$$
$$f(n) \equiv -1, \pm 2 \pmod{5}$$
$$f(n) \equiv 1, \pm 3, \pm 4, 6 \pmod{11}$$
$$f(n) \equiv -2, \pm 3, 4, -5, \pm 6 \pmod{13}$$
$$f(-2) = 17$$

所以,满足条件的最小正质数是 17.

45 求 $2003^{2002^{2001}}$ 的末三位数字.

(加拿大数学奥林匹克,2003 年)

解 $2003^{2002^{2001}} \equiv 3^{2002^{2001}} \equiv$
$9^{2^{2000} \times 1001^{2001}} =$
$(10-1)^k \ (\diamondsuit \ k = 2^{2000} \times 1001^{2001}) \equiv$
$C_k^2 \times 10^2 - k \times 10 + 1 \pmod{10^3}$
$k = 2^{2002} \times 1001^{2001} \equiv$
$2^{2000} =$
$1024^{200} \equiv$
$24^{200} = 3^{200} \times 2^{600} \equiv$
$3^{200} \times 24^{60} = 3^{260} \times 2^{180} \equiv$
$3^{260} \times 24^{18} = 3^{278} \times 2^{54} \equiv$
$3^{278} \times 24^5 \times 2^4 = 3^{283} \times 2^{19} \equiv$
$3^{283} \times 24 \times 2^9 = 3^{284} \times 2^{12} \equiv$
$3^{284} \times 24 \times 2^2 = (10-1)^{142} \times 96 \equiv$
$(C_{142}^2 \times 10^2 - 142 \times 10 + 1) \times 96 \equiv$
$681 \times 96 \equiv$
$376 \pmod{10^3}$

所以
$$2003^{2002^{2001}} \equiv C_{376}^2 \times 10^2 - 376 \times 10 + 1 \equiv$$
$$241 \pmod{10^3}$$

即 $2003^{2002^{2001}}$ 的末三位是 241.

46 设 m 是大于 1 的固定整数,数列 $x_0, x_1, x_2, \cdots$ 定义如下:

$$x_i = \begin{cases} 2^i, & 0 \leqslant i \leqslant m-1 \\ \sum_{j=1}^{m} x_{i-j}, & i \geqslant m \end{cases}$$

求 k 的最大值,使得数列中有连续的 k 项均能被 m 整除.

(第 44 届国际数学奥林匹克预选题,2003 年)

解 设
$$x_i \equiv r_i (\bmod m) \quad 0 \leqslant r_i < m$$

在数列中,按照连续的 m 项分组,则余数最多有 m^m 种情况出现,由抽屉原则,有一种类型会重复出现.

因为所定义的递推式可以向后递推,也可以向前递推,所以数列 $\{r_i\}$ 是周期数列.

由已知条件可得向前的递推公式为
$$x_i = x_{i+m} - \sum_{j=1}^{m-1} x_{i+j}$$

由其中的 m 项组成的余数分别为 $r_0 = 1, r_1 = 2, \cdots, r_{m-1} = 2^{m-1}$.

求这 m 项前面的 m 项对 $\bmod m$ 的余数,由上面的递推公式可得. 前 m 项对 $\bmod m$ 的余数分别是 $\underbrace{0, 0, \cdots, 0}_{m-1 \text{个}}, 1$,结合余数数列的周期性,得 $k \geqslant m-1$.

另一方面,若在余数数列 $\{r_i\}$ 中有连续的 m 项均为 0,则由向前的递推公式和向后的递推公式可得,对于所有 $i \geqslant 0$,均有 $r_i = 0$,矛盾.

所以 k 的最大值为 $m-1$.

47 设 $A \subseteq \{0, 1, 2, \cdots, 29\}$,满足:对任何整数 k 及 A 中任意 a, b(a, b 可以相同),$a+b+30k$ 均不是两相邻整数之积. 试确定出所有元素个数最多的 A.

(中国国家集训队选拔考试,2003 年)

解 所求的集合 $A = \{a \mid a = 3l+2, 0 \leqslant l \leqslant 9, l \in \mathbf{N}\}$.

设集合 A 满足条件.

因为两个相邻整数之积被 30 除的余数为 $0, 2, 6, 12, 20, 26$. 即
$$n(n+1) \equiv 0, 2, 6, 12, 20, 26 \pmod{30}$$

于是对任意 $a \in A$,有
$$2a \not\equiv 0, 2, 6, 12, 20, 26 \pmod{30}$$

即
$$a \not\equiv 0, 1, 3, 6, 10, 13, 15, 16, 18, 21, 25, 28 \pmod{30}$$

因此
$$A \subseteq \{2, 4, 5, 7, 8, 9, 11, 12, 14, 17, 19, 20, 22, 23, 24, 26, 27, 28\}$$

第 1 章 整除与同余
Chapter 1 Divisible and Congruence

把上式中右边的集合拆成 10 个子集的并集. 其中每一个子集至多包含 A 中一个元素.

$\{2,4\},\{5,7\},\{8,12\},\{11,9\},\{14,22\},\{17,19\},\{20\}$,
$\{23,27\},\{26,24\},\{29\}$

所以 A 的元素不多于 10 个.

若 A 中恰有 10 个元素,则每个子集恰好包含 A 中一个元素,

因此,$20 \in A, 29 \in A$.

因为 $20 \in A$,则 $12 \notin A$(因为此时 $20+12=32 \equiv 2 \pmod{30}$,例如 $32-30=2=1\times 2$),$22 \notin A$. 从而 $8 \in A, 14 \in A$.

因为 $8 \in A$,则 $4 \notin A, 24 \notin A$,因此 $2 \in A, 26 \in A$.

由 $29 \in A$,则 $7 \notin A, 27 \notin A$,从而 $5 \in A, 23 \in A$,进而 $9 \notin A, 19 \notin A$,于是 $11 \in A, 17 \in A$.

于是 $A = \{2,5,8,11,14,17,20,23,26,29\}$ 符合要求.

48 正整数 n 不能被 $2,3$ 整除,且不存在非负整数 a,b,使得 $|2^a - 3^b| = n$,求 n 的最小值.

(中国国家集训队测试题,2003 年)

解 $n=1$ 时,$|2^1 - 3^1| = 1$;
$n=5$ 时,$|2^2 - 3^2| = 5$;
$n=7$ 时,$|2^1 - 3^2| = 7$;
$n=11$ 时,$|2^4 - 3^3| = 11$;
$n=13$ 时,$|2^4 - 3^1| = 13$;
$n=17$ 时,$|2^6 - 3^4| = 17$;
$n=19$ 时,$|2^3 - 3^3| = 19$;
$n=23$ 时,$|2^5 - 3^2| = 23$;
$n=29$ 时,$|2^5 - 3^1| = 29$;
$n=31$ 时,$|2^5 - 3^0| = 31$;

下面证明 $n=35$ 满足题目要求.

用反证法,若不然,存在非负整数 a,b,使得
$$|2^a - 3^b| = 35$$
(1)若 $2^a - 3^b = 35$,显然 $a \neq 0,1,2$,故 $a \geq 3$.
由于 $2^a \equiv 0 \pmod{8}$ $(a \geq 3)$,则
$$2^a - 3^b \equiv -3^b \equiv 3 \pmod{8}$$
即
$$3^b \equiv 5 \pmod{8}$$

但
$$3^k \equiv 1, 3 \pmod{8}$$
矛盾.

(2) 若 $3^b - 2^a = 35$,显然 $b \neq 0, 1$. 则 $b \geqslant 2$.

由于 $3^b \equiv 0 \pmod{9} (b \geqslant 2)$,则
$$3^b - 2^a \equiv -2^a \equiv -1 \pmod{9}$$
即
$$2^a \equiv 1 \pmod{9}$$
注意到
$$2^k \equiv 2, 4, 8, 7, 5, 1 \pmod{9}$$
当且仅当
$$2^{6t} \equiv 1 \pmod{1}$$
于是 $a = 6t$,所以
$$3^b - 2^a = 3^b - 8^{2t} = 35$$
注意到
$$8^{2t} \equiv 1 \pmod{7}, \quad 35 \equiv 0 \pmod{7}$$
则
$$3^b \equiv 1 \pmod{7}$$
而
$$3^b \equiv 3, 2, 6, 4, 5, 1 \pmod{7}$$
当且仅当
$$3^{6r} \equiv 1 \pmod{7}$$
于是有
$$3^{6r} - 2^{6t} \equiv 35$$
即
$$(3^{3r} - 2^{3t})(3^{3r} + 2^{3t}) = 35$$
由 $3^{3r} - 2^{3t} < 3^{3r} + 2^{3t}$ 及 $35 = 1 \times 35 = 5 \times 7$,则
$$\begin{cases} 3^{3r} - 2^{3t} = 1 \\ 3^{3r} + 2^{3t} = 35 \end{cases} \quad \begin{cases} 3^{3r} - 2^{3t} = 5 \\ 3^{3r} + 2^{3t} = 7 \end{cases}$$
于是 $3^{3r} = 18$ 或 6,这不可能.

所以,n 的最小值是 35.

49 设 p 是一个质数,A 是一个正整数集合,且满足下列条件:

(1) 集合 A 中的元素的质因数的集合中包含 $p-1$ 个元素;

(2) 对于 A 的任意非空子集,其元素之积不是一个整数的 p 次幂.

第 1 章 整除与同余
Chapter 1 Divisible and Congruence

求 A 中元素个数的最大值.

(第 44 届国际数学奥林匹克预选题,2003 年)

解 最大值为 $(p-1)^2$.

设 $r = p - 1$.

假设互不相同的质数分别为 $p_1, p_2, \cdots, p_r$,定义
$$B_i = \{p_i, p_i^{p+1}, p_i^{2p+1}, \cdots, p_i^{(r-1)p+1}\}$$

设 $B = \bigcup_{i=1}^{r} B_i$,则 B 中有 r^2 个元素,且满足条件(1),(2).

假设 $|A| \geqslant r^2 + 1$,且 A 满足条件(1),(2).

下面证明,A 的一个非空子集中的元素之积是一个整数的 p 次幂,从而与题设矛盾.

设 $p_1, p_2, \cdots, p_r$ 为 r 个不同的质数,使得每一个 $t \in A$ 均可表示为
$$t = p_1^{\alpha_1} p_2^{\alpha_2} \cdots p_r^{\alpha_r}$$

设 $t_1, t_2, \cdots, t_{r^2+1} \in A$,对于每个 i,记 t_i 的质因数的幂构成的向量为
$$v_i = (\alpha_{i1}, \alpha_{i2}, \cdots, \alpha_{ir})$$

下面证明,若干个向量 v_i 的和对 $\mod p$ 是零向量. 从而可知结论成立.

为此,我们只要证明下列同余方程组有非零解.
$$F_1 = \sum_{i=1}^{r^2+1} \alpha_{i1} x_i^r \equiv 0 \pmod{p}$$
$$F_2 = \sum_{i=1}^{r^2+1} \alpha_{i2} x_i^r \equiv 0 \pmod{p}$$
$$\vdots$$
$$F_r = \sum_{i=1}^{r^2+1} \alpha_{ir} x_i^r \equiv 0 \pmod{p}$$

实际上,如果 $(x_1, x_2, \cdots, x_{r^2+1})$ 是上述同余方程组的非零解,因为 $x_i^r \equiv 0$ 或 $1 \pmod{p}$,所以一定有若干个向量 v_i(满足 $x_i^r \equiv 1 \pmod{p}$ 的 i)的和模 p 是零向量.

为证明上面的同余方程组有非零解,只要证明同余方程
$$F = F_1^r + F_2^r + \cdots + F_r^r \equiv 0 \pmod{p} \qquad ①$$
有非零解即可.

因为每一个 $F_i^r \equiv 0$ 或 $1 \pmod{p}$,

所以,同余方程 ① 等价于 $F_i^r \equiv 0 \pmod{p}, 1 \leqslant i \leqslant r$.

由于 p 是质数,所以 $F_i^r \equiv 0 \pmod{p}$ 又等价于 $F_i \equiv 0 \pmod{p}, 1 \leqslant i \leqslant r$.

下面证明同余方程 ① 解的个数可以被 p 整除.

为此,只要证明

$$\sum F^r(x_1, x_2, \cdots, x_{r^2+1}) \equiv 0 \pmod{p}$$

这里"$\sum$"表示对所有可能的 $(x_1, x_2, \cdots, x_{r^2+1})$ 的取值求和.

实际上,由于 x_i 对 $\mod p$ 有 p 种取值方法,因此其有 p^{r^2+1} 项.

因为 $F^r \equiv 0$ 或 $1 \pmod p$,所以 F^r 模 p 余 1 的项能被 p 整除,从而 $F^r \equiv 0 \pmod p$ 的项也能被 p 整除,于是 $F \equiv 0 \pmod p$ 的项同样能被 p 整除.

因为 p 是质数,平凡解 $(0, 0, \cdots, 0)$ 只有一个,因此一定有非零解.

考虑 F^r 的每一个单项式,由于 F^r_i 的单项式最多有 r 个变量,因此, F^r 的每一个单项式最多有 r^2 个变量,所以每个单项式至少缺少一个变量.

假设单项式形如 $bx_{j_1}^{a_1} \cdots x_{j_k}^{a_k}$,其中 $1 \leq k \leq r^2$,当其他 r^2+1-k 个变量变化时,形如 $bx_{j_1}^{a_1} \cdots x_{j_k}^{a_k}$ 的单项式出现 p^{r^2+1-k} 次,所以

$$\sum F^r(x_1, x_2, \cdots, x_{r^2+1})$$

的每一个单项式均能被 p 整除

于是

$$\sum F^r(x_1, x_2, \cdots, x_{r^2+1}) \equiv 0 \pmod p$$

成立.

综上所述,所求最大值为 $r^2 = (p-1)^2$.

50 已知两个相异的正整数 a 和 b,且 b 为 a 的倍数,若用十进制表示,则 a 和 b 都由 $2n$ 位组成,且最大有效位非零,又 a 的前 n 位与 b 的后 n 位相同,反之亦然,例如 $n=2, a=1\,234, b=3\,412$(但这个例子不满足 b 是 a 的倍数的条件). 求 a 和 b.

(日本数学奥林匹克, 2003 年)

解 用 2 个 n 位正整数 x 和 y 表示 $2n$ 位数 a 和 b,记

$$a = 10^n x + y, \quad b = 10^n y + x$$

由题设有 $x < y$,且

$$10^n y + x = m(10^n x + y) \quad (2 \leq m \leq 9)$$

两边同时加上 $10^n x + y$,得

$$(x+y)(10^n + 1) = (m+1)(10^n x + y) \quad ①$$

如果 $m+1$ 和 10^n+1 互质,由式 ① 有

$$10^n x + y \equiv 0 \pmod{10^n + 1}$$

因而

$$x \equiv y \pmod{10^n + 1}$$

因为 x 和 y 只有 n 位,所以与 $x < y$ 矛盾.

第1章 整除与同余
Chapter 1 Divisible and Congruence

这表明 $m+1$ 和 10^n+1 不互质.

由于 $m+1 \leqslant 10$,所以 $m+1$ 和 10^n+1 有一个共同的质因子,且必须是整数 $2,3,5,7$ 之一,但 $2,3,5$ 不能整除 10^n+1,故只能是 7.

所以 $m=6$,又 $7k=10^n+1$.

式 ① 化为
$$(x+y) \cdot 7k = 7[(7k+1)x+y]$$

即
$$5kx = (k-1)(y-x)$$

由于
$$7(k-1) = 10^n+1-7 = 10^n-6$$

则 5 与 $k-1$ 互质.

所以
$$5k \mid (y-x)$$

因为 $0 < y-x < 10^n+1 = 7k$,则
$$y-x = 5k$$

所以 $x=k-1, y=6k-1$,且
$$a = 10^n x + y = 10^n(k-1) + (6k-1) =$$
$$10^n \left[\frac{1}{7}(10^n+1) - 1\right] + \left[\frac{6}{7}(10^n+1) - 1\right] =$$
$$\frac{1}{7}(10^{2n}-1)$$
$$b = ma = \frac{6}{7}(10^{2n}-1)$$

其中 $n \equiv 3 \pmod 6$(因为 10^n+1 是 7 的倍数).

51 两个人交替在黑板上随意写一位数字,并从左到右排成一排,如果一个参赛者写完后,发现能用一个数码或几个数码按照顺序组成的一个数可以被 11 整除,则规定其将输掉这场游戏.问哪个人有获胜策略?

(俄罗斯数学奥林匹克,2003 年)

解 首先证明:黑板上至多能写出 10 个数码,写出第 11 个数码的人就是输者.

设前 10 个数码按顺序组成的一个数为 $\overline{a_1 a_2 \cdots a_{10}}$,则必有
$$\overline{a_1 a_2 \cdots a_{10}}, \overline{a_2 a_3 \cdots a_{10}}, \cdots, \overline{a_9 a_{10}}, a_{10}$$
对模 11 不同余.

这是因为,若 $\overline{a_i \cdots a_{10}} \equiv \overline{a_j \cdots a_{10}} \pmod{11}$ $(i<j)$,则
$$\overline{a_i a_{i+1} \cdots a_{j-1}} \equiv 0 \pmod{11}$$

此时游戏结束.

所以,$\overline{a_1a_2\cdots a_{10}},\overline{a_2a_3\cdots a_{10}},\cdots,\overline{a_9a_{10}},a_{10}$ 模 11 的余数组成集合 $\{1,2,\cdots,10\}$.

这 10 个数组成的 10 位数无法组成能被 11 整除的数.

于是,再写出一个数,设为 a_{11},则在
$$\overline{a_1a_2\cdots a_{11}},\quad \overline{a_2a_3\cdots a_{11}},\quad \cdots,\quad \overline{a_{10}a_{11}},a_{11}$$
中必有一个数能被 11 整除.

当写到 $\overline{a_1\cdots a_k}(k\leqslant 9)$ 时,若未分胜负,即知 $\overline{a_ia_{i+1}\cdots a_k}(i=1,2,\cdots,k)$ 模 11 的 k 个余数各不相同,且不等于 0.

取不在其中出现的任一余数 r,有
$$a_{k+1}\equiv -r\,(\bmod\,11)$$
则
$$\overline{a_1a_2\cdots a_ka_{k+1}}\not\equiv 0\,(\bmod\,11)\quad (i=1,2,\cdots,k)$$

即乙总是可以保证写到第 10 位而不输掉游戏,而又知第 11 位数码写出来就会输掉游戏,则第二个人(乙)有必胜策略.

52 设 n 为给定的正整数,求最小的正整数 u_n,满足:对每一个正整数 d,任意 u_n 个连续的正奇数中能被 d 整除的数的个数不少于奇数 $1,3,5,\cdots,2n-1$ 中能被 d 整除的个数.

(中国西部数学奥林匹克,2003 年)

解 $u_n=2n-1$.

(1) 先证 $u_n\geqslant 2n-1$.

由于 $u_1\geqslant 1$,不妨设 $n\geqslant 2$.

由于在 $1,3,\cdots,2n-1$ 中能被 $2n-1$ 整除的数的个数为 1.

在 $2(n+1)-1,2(n+2)-1,\cdots,2(n+2n-2)-1$ 中能被 $2n-1$ 整除的个数为 0,少于 $1,3,\cdots,2n-1$ 中能被 $2n-1$ 整除的数的个数.

因此 $u_n\geqslant 2n-1$.

(2) 再证 $u_n\leqslant 2n-1$.

只要考虑 d 为奇数,且 $1\leqslant d\leqslant 2n-1$.

考虑 $2n-1$ 个奇数:
$$2(a+1)-1,2(a+2)-1,\cdots,2(a+2n-1)-1$$
设 s,t 为整数,使得
$$(2s-1)d\leqslant 2n-1<(2s+1)d$$
$$(2t-1)d<2(a+1)-1<(2t+1)d$$

于是,在 $1,3,\cdots,2n-1$ 中的能被 d 整除的数的个数为 s. 故只要证明

第1章 整除与同余
Chapter 1 Divisible and Congruence

$$[2(t+s)-1]d \leqslant 2(a+2n-1)-1$$

事实上,有

$$[2(t+s)-1]d = (2t-1)d + (2s-1)d + d \leqslant$$
$$2(a+1)-3+2n-1+2n-1 =$$
$$2(a+2n-1)-1$$

因此 $u_n \leqslant 2n-1$.

综上所得,$u_n = 2n-1$.

53 重排任一个三位数3个数位上的数字,得到一个最大的数和一个最小的数,它们的差构成一个三位数(允许百位数字是0). 再重复以上过程,问重复2 003次后所得的数是多少?证明你的结论.

(全国初中联合竞赛武汉选拔赛,2004年)

解 若3个数位上的数码全相同,所得的数为0;

若3个数位上的数码不全相同,不妨设这个三位数为$\overline{abc}$,其中$a \geqslant b \geqslant c$,且$a \geqslant c+1$.

$$\overline{abc} - \overline{cba} = 99(a-c) = 100(a-c-1) + 10 \times 9 + (10+c-a)$$

所得的三位数中必有一个为9,而另2个数码之和为9,共有5种可能:

$$990, 981, 972, 963, 954$$

可以验证,上述5个数,经过不超过10次操作,就会得到495,此后有$954 - 459 = 495$,从而495不动.

于是,按题设操作,重复2 003次后得到的数是495.

54 在集合A中,有7个不大于20的正整数,证明:在A中一定存在4个不同的数a, b, c, d,使得$a+b-c-d$能被20整除.

(斯洛文尼亚数学奥林匹克初赛,2004年)

证 集合中两个数的和共有$C_7^2 = \dfrac{7 \times 6}{2} = 21$个,至少有2个被20除的余数相同,记这两个数为$a+b$和$c+d$,则

$$a+b \equiv c+d \pmod{20}$$

则

$$20 \mid (a+b-c-d)$$

55 已知m, n, k是正整数,且$m^n \mid n^m, n^k \mid k^n$.

证明:$m^k \mid k^m$.

(新西兰数学奥林匹克,2004年)

证 设 p 是任一个质数. $\alpha_m, \alpha_n, \alpha_k$ 满足

$$p^{\alpha_m} \mid m, \quad p^{\alpha_n} \mid n, \quad p^{\alpha_k} \mid k$$

且

$$p^{\alpha_m+1} \nmid m, \quad p^{\alpha_n+1} \nmid n, \quad p^{\alpha_k+1} \nmid k$$

由于

$$m^n \mid n^m, \quad n^k \mid k^n$$

所以

$$n\alpha_m \leqslant m\alpha_n, \quad k\alpha_n \leqslant n\alpha_k$$

两式相乘得

$$k\alpha_m \leqslant m\alpha_k$$

由于 p 是任意质数,所以

$$m^k \mid k^m$$

56 设 $\{N_1, N_2, \cdots, N_k\}$ 是由五位数(十进制)构成的数组,使得任何一个各位数码形成严格上升序列的五位数中,都至少有一位数码与数 $N_1, N_2, \cdots, N_k$ 中的某个数的相同位置上的数码相同.

试求 k 的最小可能值.

(俄罗斯数学奥林匹克,2004 年)

解 k 的最小可能值为 1.

我们证明,仅有 1 个五位数 $\overline{13\,579}$ 构成的数组就可以满足题意.

设五位数 $\overline{a_1a_2a_3a_4a_5}$ 满足条件 $a_1 < a_2 < a_3 < a_4 < a_5$.

a_1 对应 1,如果 $a_1 \neq 1$,则有 $2 \leqslant a_1 < a_2$.

就有 a_2 对应 3,如果 $a_2 \neq 3$,就有 $4 \leqslant a_2 < a_3$.

就有 a_3 对应 5,如果 $a_3 \neq 5$,就有 $6 \leqslant a_3 < a_4$.

就有 a_4 对应 7,如果 $a_4 \neq 7$,就有 $8 \leqslant a_4 < a_5$.

此时必有 a_5 对应 9,即 $a_5 = 9$. 即第 5 位数码与数组中的第 5 位数码相同.

所以 $N = \overline{13\,579}$,就可以满足题意.

57 求所有能使 $\dfrac{n^2}{200n-999}$ 为正整数的正整数 n.

(我爱数学初中生夏令营,2004 年)

解 设 $\dfrac{n^2}{200n-999} = k$,$k$ 为正整数,则有二次方程

$$n^2 - 200kn + 999k = 0 \qquad ①$$

设方程 ① 有正整数根 n_1,且另一根为 n_2,由

第1章 整除与同余
Chapter 1 Divisible and Congruence

$$\begin{cases} n_1 + n_2 = 200k \\ n_1 n_2 = 999k \end{cases} \quad ② \\ ③$$

则 n_2 也是正整数,且 n_1, n_2 都满足题设条件. 不妨设 $n_1 \geqslant n_2$.

由 ② 得
$$n_1 \geqslant 100k$$

由 ③ 得
$$n_2 = \frac{999k}{n_1} \leqslant \frac{999k}{100k}$$

于是
$$n_2 \leqslant 9.$$

对 n_2 的取值一一检验,只有 $n_2 = 5$ 符合条件,此时由
$$\begin{cases} n_1 + 5 = 200k \\ 5n_1 = 999k \end{cases}$$

得 $k = 25, n_1 = 4\,995$.

因此所求的 n 值为 5 和 4 995.

58 一个从正整数集 $\mathbf{N}^*$ 到其自身的函数 f 满足:对于任意的 $m, n \in \mathbf{N}^*$,$(m^2 + n)^2$ 可以被 $f^2(m) + f(n)$ 整除,证明:对于每一个 $n \in \mathbf{N}^*$,有
$$f(n) = n$$

(第 45 届国际数学奥林匹克预选题,2004 年)

证 当 $m = n = 1$ 时,由已知条件可得 $f^2(1) + f(1)$ 是 $(1^2 + 1)^2 = 4$ 的正因数,因为 $t^2 + t = 4$ 无整数解,且 $f^2(1) + f(1)$ 比 1 大. 所以有
$$f^2(1) + f(1) = 2, \quad f(1) = 1$$

当 $m = 1$ 时,有

$(f(n) + 1) \mid (n + 1)^2$,其中 n 为任意的正整数 ①

$(f^2(m) + 1) \mid (m^2 + 1)^2$,其中 m 为任意的正整数 ②

要证明 $f(n) = n$,只须证明有无穷多个正整数 k,使得 $f(k) = k$.

实际上,若有无穷多个正整数 k,使得 $f(k) = k$. 对于任意一个确定的 $n \in \mathbf{N}^*$ 和每一个满足 $f(k) = k$ 的正整数 k,由已知条件可得
$$k^2 + f(n) = f^2(k) + f(n) \mid (k^2 + n)^2$$

又
$$(k^2 + n)^2 = [(k^2 + f(n)) + (n - f(n))]^2 = \\ A(k^2 + f(n)) + (n - f(n))^2$$

其中 A 为整数.

因而

最新世界各国数学奥林匹克中的初等数论试题(上)

The Lastest Elementary Number Theory in Mathematical Olympiads in The World

$$k^2 + f(n) \mid (n - f(n))^2$$

因为 k 有无穷多个,所以一定有 $(n-f(n))^2 = 0$,即对所有的 $n \in \mathbf{N}^*$,有 $f(n) = n$.

下面证明有无穷多个正整数 k,使得 $f(k) = k$.

对于任意的质数 p,由式①,有

$$(f(p-1)+1) \mid p^2$$

所以,$f(p-1)+1 = p$ 或 $f(p-1)+1 = p^2$.

若 $f(p-1)+1 = p^2$,由式②可知,$(p^2-1)^2 + 1$ 是 $[(p-1)^2+1]^2$ 的因数,但由 $p > 1$,有

$$(p-1)^2 + 1 > (p-1)^2(p+1)^2 \qquad ③$$

$$[(p-1)^2+1]^2 \leqslant [(p-1)^2 + (p-1)]^2 = (p-1)^2 p^2 \qquad ④$$

③与④矛盾.

因此,$f(p-1)+1 = p$.

即有无穷多个正整数 $p-1$,使得 $f(p-1) = p-1$.

59 求正整数 n,使得

$$\frac{n}{1!} + \frac{n}{2!} + \cdots + \frac{n}{n!}$$

是一个整数.

(捷克和斯洛伐克数学奥林匹克,2004 年)

解 $n=1$ 时,$\frac{1}{1!} = 1$ 是整数;

$n=2$ 时,$\frac{2}{1!} + \frac{2}{2!} = 3$ 是整数;

$n=3$ 时,$\frac{3}{1!} + \frac{3}{2!} + \frac{3}{3!} = 5$ 是整数.

当 $n > 3$ 时,

$$\frac{n}{1!} + \frac{n}{2!} + \cdots + \frac{n}{(n-2)!} + \frac{n}{(n-1)!} + \frac{n}{n!} =$$

$$\frac{n(n-1)\cdots 2 + n(n-1)\cdots 3 + \cdots + n(n-1) + n + 1}{(n-1)!}$$

若为整数,则分子一定能被 $n-1$ 整除,于是 $(n-1) \mid (n+1)$,即 2 能被 $n-1$ 整除,故 $n-1 \in \{1,2\}$,与 $n>3$ 矛盾.

所以,使和式为整数的 $n=1,2,3$.

60 设 T 是由 2004^{100} 的所有约数组成的集合,S 是 T 的一个子集,

第 1 章 整除与同余
Chapter 1 Divisible and Congruence

其中没有一个数是另一个数的倍数,S 最多含有多少个元素?

(加拿大数学奥林匹克,2004 年)

解 $2\,004 = 2^2 \cdot 3 \cdot 167$.

设
$$T = \{2^a 3^b 167^c \mid 0 \leqslant a \leqslant 200, 0 \leqslant b, c \leqslant 100\}$$

$$S = \{2^{200-b-c} 3^b 167^c \mid 0 \leqslant b, c \leqslant 100\}$$

对于 $0 \leqslant b, c \leqslant 100$,有 $0 \leqslant 200 - b - c \leqslant 200$,所以,$S$ 含有 101^2 个元素.

下面证明 S 中没有一个数是另一个数的倍数.用反证法.

假设 $2^{200-b-c} 3^b 167^c$ 是 $2^{100-i-j} 3^i 167^j$ 的倍数,

则有
$$\begin{cases} 200 - b - c \geqslant 200 - i - j \\ b \geqslant i \\ c \geqslant j \end{cases}$$

即
$$\begin{cases} b + c \leqslant i + j \\ b \geqslant i \\ c \geqslant j \end{cases}$$

出现矛盾.

所以 S 中没有一个数是另一个数的倍数.

再证明 S 最多含有 101^2 个元素.仍用反证法.

设 U 是 T 的一个超过 101^2 个元素的子集,

因为只有 101^2 个互异的 (b, c),由抽屉原理,必有两个元素
$$u_1 = 2^{a_1} 3^{b_1} 167^{c_1}, \quad u_2 = 2^{a_2} 3^{b_2} 167^{c_2}$$

使得 $b_1 = b_2, c_1 = c_2, a_1 \neq a_2$.

于是,当 $a_1 > a_2$ 时,u_1 是 u_2 的倍数,当 $a_1 < a_2$ 时,u_2 是 u_1 的倍数,

因此,子集 U 不满足条件.

所以 S 最多含有 101^2 个元素.

61 已知一个无穷等比数列的每一项都是正整数,且其中至少有两项不能被 4 整除,如果其中有一项等于 $2\,004$,试确定数列的通项公式.

(斯洛文尼亚数学奥林匹克决赛,2004 年)

解 数列的每一项具有形式:
$$a_n = ar^n \quad (n \geqslant 0)$$

先证明 r 是整数.

由于 $r = \dfrac{a_n}{a_{n-1}}$ 是有理数.设 $r = \dfrac{\alpha}{\beta}, \beta > 0, (\alpha, \beta) = 1, \alpha, \beta \in \mathbf{Z}$.

只要证明 $\beta=1$.

假定存在一个质数 p,满足 $p \mid \beta$,则当 n 充分大的时候

$$a_n = a \cdot \frac{\alpha^n}{\beta^n}$$

就不再是整数,与题设矛盾,所以 $\beta=1$. 即 r 是整数.

如果数列的某一项能被 4 整除,则它后面的项也能被 4 整除.

由题设,只能是 a_0, a_1 不能被 4 整除. 显然 $r \neq 1$. 否则所有项都等于 2 004.

设 $a_k = ar^k = 2\ 004 = 2 \times 2 \times 3 \times 167$.

由于 2 004 是偶数,则 $k \geqslant 2$.

如果 $k > 2$. 则必有 $r = 1$. 这是不可能的.

所以 $k = 2, r > 1$.

即

$$a_2 = ar^2 = 2^2 \times 501$$

于是

$$a_0 = 501$$
$$a_n = 501 \times 2^n$$

62 是否存在这样的正整数 $n > 10^{1\ 000}$,它不是 10 的倍数,且可以交换它的十进制表达式中的某两位非 0 数码,使得所得到的数的质因数的集合与它的质因数的集合相同.

(俄罗斯数学奥林匹克,2004 年)

解 存在.

令 $n = 13 \times 11 \cdots 1 = 144 \cdots 43$,其中 1 的个数待定.

如果交换 1 和 3 的位置,则得到数 $344 \cdots 41 = 31 \times 11 \cdots 1$.

于是,只要 $11 \cdots 1$ 能被 $13 \times 31 = 403$ 整除,则交换前后的两个数的质因数的集合相同.

下面就求这样的 $11 \cdots 1$.

考查 $1, 10^1, 10^2, \cdots, 10^{403}$,其中一定有两个数对 mod 403 同余.

设这两个数为 10^m 和 10^n. 且 $m < n$,则

$$10^n - 10^m = 10^m(10^{n-m} - 1) \equiv 0 \pmod{403}$$

由于 403 与 9 互质,则

$$403 \mid \frac{10^{n-m} - 1}{9} = \underbrace{11 \cdots 1}_{(n-m)\text{个}}$$

于是存在题目要求的正整数.

第1章 整除与同余
Chapter 1 Divisible and Congruence

63 设 k 是一个大于1的固定的整数，$m=4k^2-5$. 证明：存在正整数 a,b，使得如下定义的数 $\{x_n\}$：
$$x_0=a, \quad x_1=b,$$
$$x_{n+2}=x_{n+1}+x_n \quad (n=0,1,\cdots)$$
其所有的项均与 m 互质.

(第45届国际数学奥林匹克预选题，2004年)

证 取 $a=1, b=2k^2+k-2$.
因为 $4k^2 \equiv 5 \pmod{m}$，所以
$$2b = 4k^2+2k-4 \equiv 2k+1 \pmod{m}$$
$$4b^2 \equiv 4k^2+4k+1 \equiv 4k+6 \equiv 4b+4 \pmod{m}$$
又因为 m 是奇数，所以，有
$$b^2 \equiv b+1 \pmod{m}$$
由于
$$(b,m) = (2k^2+k-2, 4k^2-5) =$$
$$(2k^2+k-2, 2k+1) = (2, 2k+1) = 1$$
所以，$(b^n, m)=1$，其中 n 为任意正整数.

下面用数学归纳法证明命题：当 $n \geqslant 0$ 时，有 $x_n \equiv b^n \pmod{m}$.
(1) 当 $n=0,1$ 时，显然结论成立；
(2) 假设对于小于 $n(n \geqslant 2)$ 的非负整数结论成立，则有
$$x_n = x_{n-1}+x_{n-2} \equiv b^{n-1}+b^{n-2} = b^{n-2}(b+1) \equiv b^{n-2} \cdot b^2 = b^n \pmod{m}$$
因此，对于所有非负整数 n，有 $(x_n, m) = (b^n, m) = 1$.

注 $a=1, b=2k^2+k-2$ 是怎样想出来的？
题目所给出的数列是以 a,b 为初始条件的斐波那契数列，斐波那契数列对应一个特征方程 $\lambda^2 = \lambda+1$，因此，可以联想到，本题是否涉及到同余式
$$\lambda^2 \equiv \lambda+1 \pmod{m}$$
如果该同余式成立，则有
$$\lambda^{n+2} \equiv \lambda^{n+1}+\lambda^n \pmod{m}$$
这就使我们想到，如果 $a=1, b=\lambda$，且 $x_n \equiv b^n \pmod{m}$，就会有
$$x_{n+2} = x_{n+1}+x_n \equiv b^{n+1}+b^n =$$
$$b^n(b+1) \equiv b^n \cdot b^2 = b^{n+2} \pmod{n}$$
于是，只要有 $(b^n, m)=1$，就可以得到该题的证明.

因此，寻找与 k 有关的 b，使 $b^2 \equiv b+1 \pmod{m=4k^2-5}$ 就成为解题的关键.

鉴于 $m=4k^2-5$ 是关于 k 的二次式，可以尝试设 b 是关于 k 的二次式.
不妨设 $b = pk^2+qk+r$，

下面求待定的 p,q,r，使 $b^2-b-1\equiv 0\pmod m$. 注意到
$$b^2-b-1=p^2k^4+(q^2+2pr-p)k^2+(2qr-q)k+2pqk^3+r^2-r-1$$
为使 $(4k^2-5)\mid(b^2-b-1)$，可取 $p^2=4,p=2$. 此时有
$$b^2-b-1=$$
$$4k^4+(q^2+4r-2)k^2+(2qr-q)k+4qk^3+r^2-r-1=$$
$$4k^4-5k^2+(q^2+4r+3)k^2+(2qr-q)k+4qk^3+r^2-r-1=$$
$$k^2(4k^2-5)+(q^2+4r+3)k^2+(2qr-q)k+4qk^3+r^2-r-1\equiv$$
$$(q^2+4r+3)k^2+4qk^3+(2qr-q)k+r^2-r-1\pmod m$$
为实现 $m\mid(b^2-b-1)$，可再设 $4q=4$，即 $q=1$. 此时有
$$b^2-b-1\equiv$$
$$(4r+4)k^2+4k^3+(2r-1)k+r^2-r-1\equiv$$
$$k(4k^2-5)+(4r+4)k^2+(2r+4)k+r^2-r-1\equiv$$
$$(4r+4)k^2+(2r+4)k+r^2-r-1\pmod m$$
再取 $r=-2$，则
$$b^2-b-1\equiv -4k^2+5\pmod{m=4k^2-5}$$
于是，$b=2k^2+k-2$.

64 已知 a,b 是不同的正有理数，使得存在无穷多个正整数 n，a^n-b^n 是正整数，求证：a 和 b 也是正整数.

（中国国家集训队培训试题，2004 年）

证 先证明一个引理.

引理 p 为奇质数，$a,b,n\in\mathbf{N}^*$，$p\mid(a-b)$，p 不整除 b，$a\neq b$，则
$$p^\alpha\parallel n\Leftrightarrow p^\alpha\parallel\frac{a^n-b^n}{a-b}$$

引理的证明：设 $a-b=l\cdot p^\beta$，$p\nmid l$，$\beta\in\mathbf{N}^*$，则
$$\frac{a^n-b^n}{a-b}=\frac{1}{l\cdot p^\beta}[(b+lp^\beta)^n-b^n]=$$
$$\frac{1}{lp^\beta}[C_n^1(lp^\beta)b^{n-1}+\cdots+C_n^k(lp^\beta)^kb^{n-k}+\cdots+(lp^\beta)^n]=$$
$$nb^{n-1}+\cdots+\frac{n}{k}C_{n-1}^{k-1}l^{k-1}p^{\beta(k-1)}b^{n-k}+\cdots+l^{n-1}p^{\beta(n-1)} \qquad ①$$

设 $p^r\parallel n$，只须证明
$$p^r\parallel\frac{a^n-b^n}{a-b} \qquad ②$$

因为 $p^r\parallel nb^{n-1}$，而对式 ① 的其他项，若能证得
$$p^{l+1}\mid\frac{n}{k}C_{n-1}^{k-1}l^{k-1}p^{\beta(k-1)}b^{n-k}\quad(k>1) \qquad ③$$

第 1 章 整除与同余
Chapter 1 Divisible and Congruence

即有 ②.

欲证 ③,只须证
$$p^{l+1} \mid \frac{n}{k} p^{\beta(k-1)} \text{ 既约后的分子} \Leftarrow p \mid \frac{p^{\beta(k-1)}}{k} \text{ 既约后的分子} \quad ④$$

而 $p^{\beta(k-1)} > (1+1)^{k-1} > 1+(k-1) = k$,所以 $\dfrac{p^{\beta(k-1)}}{k} > 1$.

即 $\dfrac{p^{\beta(k-1)}}{n}$ 既约后的分子大于 1. 但其分子应为 p 的幂,所以 ④ 成立.

因此引理得证.

现在证原题.

不妨设 $a = \dfrac{x}{z}, b = \dfrac{y}{z}, x, y, z \in \mathbf{N}^*$,且 $(x, y, z) = 1$.
$$a^n - b^n \in \mathbf{Z} \Leftrightarrow z^n \mid (x^n - y^n) \quad ⑤$$

分两种情况:

(1) $z = 2^k, k \in \mathbf{N}$.

若 $k = 0$,则 a, b 是正整数,原题得证.

若 $k \in \mathbf{N}^*$,设 $z^\alpha \parallel (x^2 - y^2), \forall n \in \mathbf{N}^*, z^n \mid (x^n - y^n)$

设 $n = 2^k \cdot l, l$ 为奇数,则
$$2^n \mid (x^n - y^n) \quad ⑥$$

因为 $(x, y, z) = 1$,所以 x, y 均为奇数.
$$x^n - y^n = x^{2^k l} - y^{2^k l} = (x^{2^k} - y^{2^k})(x^{2^k(l-1)} + \cdots + y^{2^k(l-1)}) = $$
$$(x^2 - y^2)(x^2 + y^2) \cdots (x^{2^{k-1}} + y^{2^{k-1}})(x^{2^k(l-1)} + \cdots + y^{2^k(l-1)})$$

注意到
$$2^\alpha \parallel (x^2 - y^2), 2 \parallel (x^2 + y^2), 2 \parallel (x^4 + y^4), \cdots, 2 \parallel (x^{2^{k-1}} + y^{2^{k-1}})$$

且
$$2 \nmid (x^{2^k(l-1)} + y^{2^k(l-1)})$$

所以
$$2^{\alpha+(k-1)} \parallel (x^n - y^n)$$

结合 ⑥
$$n \leqslant \alpha + (k-1)$$

但因为 $n = 2^k l \geqslant 2^k$,则 $k \leqslant \log_2 n$,所以
$$n \leqslant \alpha + \log_2 n - 1$$

上式只对有限个 n 成立,与题设矛盾.

(2) 存在奇质数 $p \mid z$.

设 k 为满足 $p \mid (x^k - y^k)$ 的最小正整数.

则若 $n \in \mathbf{N}^*, p \mid (x^n - y^n)$,即

$$x^n \equiv y^n \pmod{p} \Rightarrow (xy^{-1})^n \equiv 1 \pmod{p} \quad \text{⑦}$$

其中 y^{-1} 表示 y 的数论倒数,即 $yy^{-1} \equiv 1 \pmod{p}$.

因为 $x^k \equiv y^k \pmod{p}$,则

$$(xy^{-1})^k \equiv 1 \pmod{p} \quad \text{⑧}$$

由⑦,⑧知,$k \mid n$.

设 $p^\alpha \parallel (x^k - y^k)$,$p^\beta \parallel \dfrac{n}{k}$,则

$$\dfrac{n}{k} \geqslant p^\beta \Rightarrow \log_p n \geqslant \beta \quad \text{⑨}$$

由引理

$$p^\beta \parallel \dfrac{x^n - y^n}{x^k - y^k}$$

所以

$$p^{\alpha+\beta} \parallel (x^n - y^n)$$

因为 $z^n \mid (x^n - y^n)$,所以 $p^n \parallel (x^n - y^n)$,结合上面的不等式有

$$n \leqslant \alpha + \beta \leqslant \alpha + \log_p n$$

即

$$n \leqslant \alpha + \log_p n$$

上式只能对有限个 n 成立,矛盾.

综上,命题得证.

65 已知 a 为任意给定的大于 1 的正整数,证明:对任何正整数 n,总存在 n 次整系数多项式 $p(x)$,使得 $p(0), p(1), \cdots, p(n)$ 互不相同,且均为形如 $2a^k + 3$ 的正整数,其中 k 为整数.

(中国国家集训队测试题,2004 年)

证 首先证明:存在 n 次多项式 $q(x)$,使得 $q(0), q(1), \cdots, q(n)$ 均为 a 的不同幂.

设 $n! = k_1 \cdot k_2$,其中 $k_1, k_2 \in \mathbf{N}^*$,$k_1$ 的质因子均为 a 的质因子,$(k_1, k_2) = 1$,即 $t \in \mathbf{N}^*$,使 $k_1 \mid a^t$.

考虑 $1, a, a^2, \cdots, a^{k_2}$ 共 $k_2 + 1$ 个整数,被 k_2 除至少有两个余数相等,设

$$a^i \equiv a^j \pmod{k_2} \quad (i > j)$$

则

$$a^{i-j} \equiv 1 \pmod{k_2}$$

记 $l = i - j$,则 $r = a^l - 1$.

令 $q(x) = a^t \sum_{i=0}^{n} C_x^i \cdot r^i$,其中 $C_x^0 = 1$,$C_x^i = \dfrac{x(x-1)\cdots(x-i+1)}{i!}$ $(i = 1,$

$2,\cdots,n$)

当 $i \geqslant 1$ 时,$i! \mid n!$,$k_1 \mid a^t$,$k_2 \mid r_1$,$n! = k_1 k_2$,故 $i! \mid a^t r$.

因此,$q(x)$ 是整系数多项式,且
$$q(0) = a^t, \quad q(j) = a^t \sum_{i=0}^{n} C_j^i r^i = a^t (r+1)^j = a^{t+lj} \quad (j=1,2,\cdots,n)$$
因而 $q(0),q(1),\cdots,q(n)$ 均为 a 的不同方幂.

取 $p(x) = 2q(x) + 3$,即为所求的 n 次整系数多项式.

66 对于所有质数 p 和所有正整数 $n(n \geqslant p)$,证明:$C_n^p - \left[\dfrac{n}{p}\right]$ 能被 p 整除.

(中国国家集训队培训试题,2004 年)

证 设 $n = kp + r(0 \leqslant r < p, k \in \mathbf{N}^*)$,则
$$C_n^p = \frac{n(n-1)\cdots(n-p+1)}{p!} =$$
$$\frac{(kp+r)(kp+r-1)\cdots(kp+1)kp(kp-1)\cdots(kp+r-p+1)}{p(p-1)!} =$$
$$\frac{(kp+r)(kp+r-1)\cdots(kp+1)(kp-p+r-1)\cdots(kp-p+p-1) \cdot k}{(p-1)!} =$$
$$\frac{(lp+(p-1)!)k}{(p-1)!} (l \in \mathbf{N}^*) =$$
$$\frac{lk}{(p-1)!} p + k \equiv k \pmod{p}(因为(p,(p-1)!)=1)$$

所以
$$C_n^p \equiv k = \left[\frac{n}{p}\right] \pmod{p}$$

67 设 c,d 是整数,证明:存在无穷多个不同的整数对 $(x_n, y_n)(n=1, 2,\cdots)$,使得 x_n 是 $cy_n + d$ 的一个约数,且 y_n 是 $cx_n + d$ 的一个约数的充分必要条件是 c 是 d 的一个约数.

(匈牙利国家数学奥林匹克决赛,2004 年)

证 必要性.

假设 $c \nmid d$,则 $d \neq 0$.

若 $c = 0$,由于 d 是一个有限数,不可能存在无穷多个 (x_n, y_n),
$$x_n \mid (cy_n + d) = d, \quad y_n \mid (cx_n + d) = d$$
若 $c \neq 0$,存在无穷多个不同的整数对 $(x_n, y_n)(n=1,2,\cdots)$,使得
$$y_n \mid (cx_n + d), \quad x_n \mid (cy_n + d)$$

由于整数对的无限性,因此,必然存在一个数的绝对值大于 $c^4 d^4$,不妨设 $|x_1| > c^4 d^4$.

因为 $x_1 \mid (cy_1 + d)$,所以
$$|cy_1 + d| \geqslant |x_1| > c^4 d^4$$
从而
$$|cy_1| \geqslant c^4 d^4 - |d|$$
又 $|c| > 1$. 所以
$$|cy_1| \geqslant 2c^3 d^4 - |d|, \quad |y_1| > c^2 d^4$$
$$\frac{(cy_1 + d)(cx_1 + d)}{x_1 y_1} = c^2 + \frac{cd}{x_1} + \frac{cd}{y_1} + \frac{d^2}{x_1 y_1}$$
由
$$\left|\frac{cd}{x_1} + \frac{cd}{y_1} + \frac{d^2}{x_1 y_1}\right| \leqslant \frac{1}{|c|^3} + \frac{1}{|c|} + \frac{1}{|c|^6} < \frac{1}{2^3} + \frac{1}{2} + \frac{1}{2^6} < 1$$
且
$$\frac{(cy_1 + d)(cx_1 + d)}{x_1 y_1} \in \mathbf{Z}$$
因此
$$\frac{(cy_1 + d)(cx_1 + d)}{x_1 y_1} = c^2$$
因为 $c \nmid d$,故必存在一个质数 p 和正整数 α,使
$$p^\alpha \mid c \quad 且 \quad p^\alpha \nmid d$$
因为
$$p^{2\alpha} \mid c^2$$
所以 $\dfrac{cy_1 + d}{x_1}$ 和 $\dfrac{cx_1 + d}{y_1}$ 两个整数中必有一个含 p 的幂次小于 α.

不妨设 $p^\alpha \mid c, p^\alpha \mid d$ 矛盾.

因此
$$c \mid d$$

充分性.

因为 $c \mid d$,记 $d = kc(k \in \mathbf{Z})$.

所以 $x_i = i, y_i = -(i + k)$

则
$$y_i = -(i + k) \mid (cx_i + d) = c(i + k)$$
$$x_i = i \mid (cy_i + d) = -ci$$
所以 $(i, -(i + k))$ 为满足条件的无穷多个整数对.

第 1 章 整除与同余
Chapter 1 Divisible and Congruence

68 设 $f_1=0, f_2=1, f_{n+2}=f_{n+1}+f_n, n=1,2,\cdots$.

证明:存在一个严格递增的无穷等差整数列,与数列 $\{f_n\}$ 无公共的数.

(北欧数学奥林匹克,2004 年)

证 考虑 $\{f_n\}$ 模 8 的余数列.

$0,1,1,2,3,5,0,5,5,2,7,1,0,1,1,2,3,5,0,5,5,2,7,\cdots$

这是一个周期为 12 的模周期数列.

观察该模周期数列,对模 8,没有余数 4.

因此 $a_n=8n+4$ 符合要求.

69 是否存在一个 2 的幂,其每位上的数码均不为零,且可以按不同的次序重新排列各位数码得到一个数也是 2 的幂?证明你的结论.

(西班牙数学奥林匹克,2004 年)

解 不存在.

假设存在符合要求的 2 的幂,设为 $M=2^k$,且 M 为 n 位数.

由于 M 中没有数码 0,故重新排列后仍是一个 n 位数.

设其中一个排列 $M'=2^t$,不妨设 $M'>M$,则 $t>k$.

又因为 M' 与 M 都为 n 位数,则有 $t \leqslant k+3$.

考虑 mod 9,有

$$M \equiv M' \pmod 9$$

即

$$2^k \equiv 2^t \pmod 9$$

因为

$$(2^k, 9)=1$$

所以

$$2^{t-k} \equiv 1 \pmod 9$$

由于 $t-k=1,2$ 或 3,而

$$2^1 \equiv 2 \pmod 9$$
$$2^2 \equiv 4 \pmod 9$$
$$2^3 \equiv -1 \pmod 9$$

故不可能有 $2^{t-k} \equiv 1 \pmod 9$,矛盾.

70 求有序整数对 (a,b) 的个数,使得

$$x^2+ax+b=167y$$

有整数解 (x,y),其中 $1 \leqslant a, b \leqslant 2\,004$.

(新加坡数学奥林匹克,2004 年)

解 先证明一个引理.

引理 p 为奇质数,当 x 取遍 p 的完全剩余系时,x^2 对于模 p 恰能取到 $0,1,2,\cdots,p-1$ 中的 $\dfrac{p+1}{2}$ 个值.

引理的证明:
$$x \equiv 0 (\bmod\ p) \text{ 时}, x^2 \equiv 0 (\bmod\ p)$$

当 $p \nmid x$ 时,

若 $x_1^2 \equiv x_2^2 (\bmod\ p), x_1 \not\equiv x_2 (\bmod\ p)$,则有
$$p \mid (x_1+x_2)(x_1-x_2), \quad p \mid (x_1+x_2)$$

所以
$$x_1 \equiv -x_2 (\bmod\ p)$$

这样,将 $1,2,\cdots,p-1$ 分成 $\dfrac{p-1}{2}$ 组.

$$(1,p-1),(2,p-2),\cdots,(\dfrac{p-1}{2},\dfrac{p+1}{2})$$

同组的数的平方对于模 p 相等,不同组数的平方对于模 p 不相等.

因此,x^2 对于模 p 的剩余恰能取到 $1+\dfrac{p-1}{2}=\dfrac{p+1}{2}$ 个值.

下面证明原题.

当 $x^2+ax+b \equiv 0 (\bmod\ 167)$ 成立时,方程有解 (x,y)

即
$$4x^2+4ax+4b \equiv 0\ (\bmod\ 167)$$
$$a^2-4b \equiv (2x+a)^2 (\bmod\ 167)$$

因此,a 取一个值时,a^2-4b 取模 167 的二次剩余.

由引理,a^2-4b 对模 167 有 $\dfrac{167+1}{2}=84$ 个不同的值.

所以 b 对模 167 有 84 个不同的值.

又因为 $\dfrac{2\ 004}{167}=12$,故每个 a 对应 84×12 个满足要求的 b.

因此共有
$$2\ 004 \times 84 \times 12 = 2\ 020\ 032$$

个有序整数对满足方程.

71 设 n,c 是互质的正整数,且对于任意整数 i,记 i' 与 ci 模 n 同余.已知 n 边形 $A_0A_1\cdots A_{n-1}$ 是正 n 边形,证明:

(1) 若 $A_iA_j \ /\!/\ A_kA_l$,则 $A_{i'}A_{j'} \ /\!/\ A_{k'}A_{l'}$;

第 1 章 整除与同余
Chapter 1 Divisible and Congruence

(2) 若 $A_iA_j \perp A_kA_l$,则 $A_{i'}A_{j'} \perp A_{k'}A_{l'}$.

(爱沙尼亚国家数学奥林匹克,2004 年)

证 (1) 如图 1

$A_iA_j \parallel A_kA_l$,当且仅当
$$i - k \equiv l - j \pmod{n}$$
于是由 $(c, n) = 1$,有
$$c(i - k) \equiv c(l - j) \pmod{n}$$
即
$$ci - ck \equiv cl - cj \pmod{n}$$
即
$$i' - k' \equiv l' - j' \pmod{n}$$
从而
$$A_{i'}A_{j'} \parallel A_{k'}A_{l'}$$

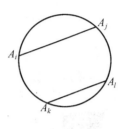

图 1

(2) 如图 2.

$A_iA_j \perp A_kA_l \Leftrightarrow$
$\widehat{A_iA_k} + \widehat{A_jA_l} = \widehat{A_kA_j} + \widehat{A_lA_i} \Leftrightarrow$
$(k - i) + (l - j) \equiv (j - k) + (i - l) \pmod{n} \Leftrightarrow$
$2(k + l - i - j) \equiv 0 \pmod{n}$

所以
$$2c(k + l - i - j) \equiv 0 \pmod{n}$$
即
$$2(k' + l' - i' - j') \equiv 0 \pmod{n}$$
所以
$$A_{i'}A_{j'} \perp A_{k'}A_{l'}$$

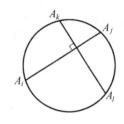

图 2

72 有一个游戏,开始在黑板上写上 $1, 2, \cdots, 2\,004$. 游戏的每一步包括下列步骤:

(1) 在黑板上任意选择一些数构成一个集合;
(2) 将这些数之和模 11 的余数写在黑板上;
(3) 擦掉先前选的那些数.

当游戏进行到黑板上只留下两个数时,一个是 $1\,000$,问另一个数是多少?

(德国数学奥林匹克,2004 年)

解 另一个数是 4.

由于每进行一步,黑板上的所有数的和对 mod 11 的余数不变.

且

$$1+2+\cdots+2\,004\equiv 3\pmod{11}$$

而

$$1\,000\equiv -1\pmod{11}$$

则另一个数一定是

$$a\equiv 4\pmod{11}$$

由于在游戏过程中,写在黑板上的数都小于 11,而 1 000 是原来的数,因此,剩下的数一定是 4.

73 老师在黑板上写了 $n(n>2)$ 个正整数,这些数中任两个数不存在整除关系,学生轮流擦去黑板上的某些数,使得每人恰好擦去一个数,且此数是该生擦去的该数后黑板上余下的所有整数之和的约数. 最后,黑板上恰好有两个数. 问对任意 $n>2$,是否均可能成立?

(白俄罗斯数学奥林匹克,2004 年)

解 可能成立.

对任意 $n>2$,存在整数 $a_1,a_2,\cdots,a_n$,使得

$$\begin{cases} a_3 \mid (a_1+a_2) \\ a_4 \mid (a_1+a_2+a_3) \\ \vdots \\ a_n \mid (a_1+a_2+\cdots+a_{n-1}) \end{cases} \quad ①$$

其中 $a_i \nmid a_j, i\neq j$.

定义数列 $a_1,a_2,\cdots,a_n$ 是

$$pq-2,pq+2,2pq,4(p+0),4(q+1),4(p+1),\cdots,4(q+k),4(p+k),\cdots$$

的前 n 项.

其中 p,q 是奇数,$p>4n,q=(p+n)!+1$.

此时,式 ① 成立,且此数列不存在任两项之间有整除关系.

即 $a_1,a_2,\cdots,a_n$ 为所求.

74 若有序三元正整数组 $\{a,b,c\}$ 满足

$$a\leqslant b\leqslant c,\quad (a,b,c)=1,\quad (a+b+c)\mid (a^n+b^n+c^n)$$

则称 $\{a,b,c\}$ 是 n-能量的. 例如 $\{1,2,2\}$ 是 5-能量的.

(1) 求出所有的有序三元正整数组,满足:对于任意 $n\geqslant 1$,其有序三元正整数组是 n-能量的.

(2) 求出所有既是 2 004-能量的,又是 2 005-能量的,但不是 2 007-能量的有序三元正整数组.

(加拿大数学奥林匹克,2005 年)

第 1 章 整除与同余
Chapter 1 Divisible and Congruence

证 (1) 假设有序三元正整数组 $\{a,b,c\}$,对于任意 $n \geqslant 1$,其有序三元正整数组是 $n -$ 能量的.

则 $\{a,b,c\}$ 是 $2 -$ 能量和 $3 -$ 能量的. 有
$$(a+b+c) \mid (a^2+b^2+c^2), \quad (a+b+c) \mid (a^3+b^3+c^3)$$
于是
$$(a+b+c) \mid [(a+b+c)^2 - a^2 - b^2 - c^2]$$
即
$$(a+b+c) \mid (2ab+2bc+2ca)$$
由恒等式
$$(a+b+c)(a^2+b^2+c^2-ab-bc-ca) = a^3+b^3+c^3-3abc$$
得
$$(a+b+c) \mid 3abc$$
设质数 p 满足 $p^\alpha \parallel (a+b+c)$ $(\alpha \geqslant 1)$

若存在 $p \geqslant 5$,由 $(a+b+c) \mid 3abc$,则 $p \mid abc$,不妨设 $p \mid a$.

因为 $p \mid 2(ab+bc+ca)$,所以, $p \mid bc$.

不妨设 $p \mid b$,由 $p \mid (a+b+c)$,所以, $p \mid c$.

则 $p \mid (a,b,c)$,与 $(a,b,c)=1$ 矛盾.

所以, $p \geqslant 5$ 不可能, $p=2$ 或 3.

故
$$a+b+c = 2^m \cdot 3^t \quad (m,t \geqslant 0)$$
若 $t \geqslant 2$,则
$$3 \mid (a+b+c), \quad 3 \mid abc, \quad 3 \mid (ab+bc+ca)$$
仿上,可推出 $3 \mid (a,b,c)$,与 $(a,b,c)=1$ 矛盾.

故 $t=0$ 或 1

设 $a+b+c = 2^m k$ $(k=1$ 或 $3)$,则 $2^m \mid abc$.

因为 $(a,b,c)=1$,不妨设 a 为奇数.

又 $2^m \mid (a+b+c)$,不妨设 b 为奇数, c 为偶数,所以, $2^m \mid c$.

由 $2^m \mid 2(ab+bc+ca)$,有 $2^{m-1} \mid ab$. 从而, $m=0$ 或 1.

又 $a+b+c \geqslant 3$,所以 $a+b+c=3$ 或 6.

分别验证得 $(a,b,c)=(1,1,1)$ 或 $(1,1,4)$.

(2) 注意到恒等式
$$a^n+b^n+c^n = (a+b+c)(a^{n-1}+b^{n-1}+c^{n-1}) - \\ (ab+bc+ca)(a^{n-2}+b^{n-2}+c^{n-2}) + \\ abc(a^{n-3}+b^{n-3}+c^{n-3})$$
若 $(a+b+c) \mid (a^{2\,004}+b^{2\,004}+c^{2\,004})$, $(a+b+c) \mid (a^{2\,005}+b^{2\,005}+c^{2\,005})$,

将 $n=2007$ 代入恒等式得 $(a+b+c) \mid (a^{2007}+b^{2007}+c^{2007})$
与题设矛盾.

故不存在满足条件的 (a,b,c).

75 已知正整数 x,y 满足 $2x^2-1=y^{15}$. 证明:如果 $x>1$,则 x 能被 5 整除.

(俄罗斯数学奥林匹克,2005 年)

证 令 $t=y^5$,则方程化为
$$2x^2-1=t^3$$
即
$$t^3+1=(t+1)(t^2-t+1)=2x^2$$
由于 $t^2-t+1=t(t-1)+1$ 为奇数,则 $(t+1, t^2-t+1)=1$ 或 3,有
$$\begin{cases} t+1=2u^2 \\ t^2-t+1=v^2 \end{cases} \quad 或 \quad \begin{cases} t+1=6u^2 \\ t^2-t+1=3v^2 \end{cases}$$
因为
$$(t-1)^2 < t^2-t+1 < t^2$$
所以 t^2-t+1 不是完全平方数,只能有 $t^2-t+1=3v^2$. 此时 $t+1=6u^2$.
即
$$t+1=y^5+1=6u^2$$
由于 $(y^5+1)-(y^3+1)=y^3(y^2-1)=y^2 \cdot (y-1) \cdot y(y+1)$
所以由 y^5+1 能被 3 整除,得 y^3+1 能被 3 整除.
设 $y^3+1=3m, z=y^3=3m-1$
由 $2x^2-1=y^{15}$ 得
$$z^5+1=(z+1)(z^4-z^3+z^2-z+1)=2x^2$$
若 $5 \mid (z^4-z^3+z^2-z+1)$,则题目的结论成立;
若 $5 \nmid (z^4-z^3+z^2-z+1)$,则由
$$z^4-z^3+z^2-z+1=(z^3-2z^2+3z-4)(z+1)+5$$
可知
$$(z^4-z^3+z^2-z+1, z+1)=1 \text{ 或 } 5$$
但 $5 \nmid (z^4-z^3+z^2-z+1)$,则 $z^4-z^3+z^2-z+1$ 与 $z+1$ 互质.
由 $z^4-z^3+z^2-z+1$ 为奇数,则有
$$\begin{cases} z+1=2u^2 \\ z^4-z^3+z^2-z+1=v^2 \end{cases}$$
由 $z+1=3m$,则 $z^4-z^3+z^2-z+1 \equiv 2 \pmod{3}$
而

第 1 章　整除与同余
Chapter 1　Divisible and Congruence

$$v^2 \equiv 0 \quad 或 \quad 1(\bmod 3)$$

故此时无解,因而 $5 \nmid (z^4 - z^3 + z^2 - z + 1)$ 不可能,本题得证.

76 设 a, b 是正整数,使得
$$79 \mid (a + 77b), 且 77 \mid (a + 79b).$$
求 $a + b$ 可能存在的最小值.

（白俄罗斯数学奥林匹克,2005 年）

解 $79 \mid (a + 77b) = (a + 79b - 2b)$
所以
$$79 \mid (a - 2b) \Leftrightarrow 79 \mid (39a - 78b) \Leftrightarrow 79 \mid (39a + b - 79b) \Leftrightarrow 79 \mid (39a + b)$$
$$77 \mid (a + 79b) = (a + 77b + 2b)$$
所以
$$77 \mid (a + 2b) \Leftrightarrow 77 \mid (39a + 78b) \Leftrightarrow 77 \mid (39a + 77b + b) \Leftrightarrow 77 \mid (39a + b)$$
从而
$$39a + b = 79 \times 77 k \quad (k \in \mathbf{N}^*)$$
由于
$$39a + 39b = 79 \times 77 k + 38b = (78^2 - 1)k + 38b = (78^2 - 39)k + 38(k + b)$$
所以
$$39 \mid (b + k)$$
于是
$$b + k \geqslant 39$$
从而
$$39a + 39b \geqslant (78^2 - 39) + 38 \times 39$$
即
$$a + b \geqslant 156 - 1 + 38 = 193$$
易知 $b = 38, a = 155$ 满足条件,因此 $a + b = 193$ 成立.

所以 $a + b$ 的最小值是 193.

77 数列 $\{f_n\}$ 的通项公式为
$$f_n = \frac{1}{\sqrt{5}}\left[\left(\frac{1+\sqrt{5}}{2}\right)^n - \left(\frac{1-\sqrt{5}}{2}\right)^n\right] \quad (n \in \mathbf{Z}^*)$$
记 $S_n = \mathrm{C}_n^1 f_1 + \mathrm{C}_n^2 f_2 + \cdots + \mathrm{C}_n^n f_n$.
求所有的正整数 n,使得 S_n 能被 8 整除.

（中国上海市高中数学竞赛,2005 年）

解 记 $\alpha = \dfrac{1+\sqrt{5}}{2}, \beta = \dfrac{1-\sqrt{5}}{2}$，则

$$S_n = \dfrac{1}{\sqrt{5}} \sum_{i=1}^{n} C_n^i (\alpha^i - \beta^i) = \dfrac{1}{\sqrt{5}} \sum_{i=0}^{n} C_n^i (\alpha^i - \beta^i) =$$

$$\dfrac{1}{\sqrt{5}} \left(\sum_{i=0}^{n} C_n^i \alpha^i - \sum_{i=0}^{n} C_n^i \beta^i \right) =$$

$$\dfrac{1}{\sqrt{5}} [(1+\alpha)^n - (1+\beta)^n] =$$

$$\dfrac{1}{\sqrt{5}} \cdot \left[\left(\dfrac{3+\sqrt{5}}{2} \right)^n - \left(\dfrac{3-\sqrt{5}}{2} \right)^n \right]$$

因为

$$\dfrac{3+\sqrt{5}}{2} + \dfrac{3-\sqrt{5}}{2} = 3, \quad \dfrac{3+\sqrt{5}}{2} \cdot \dfrac{3-\sqrt{5}}{2} = 1$$

设 $\dfrac{3+\sqrt{5}}{2} = u, \dfrac{3-\sqrt{5}}{2} = v$

则

$$S_n = \dfrac{1}{\sqrt{5}} (u^n - v^n)$$

$$S_{n+2} = (u+v) S_{n+1} - uv S_n$$

所以

$$S_{n+2} = 3 S_{n+1} - S_n \qquad ①$$

因为 $S_1 = C_1^1 f_1 = 1, S_2 = C_2^1 f_1 + C_2^2 f_2 = 3$，由式 ① $S_3 = 8, S_4 = 21, S_5 = 55, S_6 = 144$，可以看出 $8 \mid S_3, 8 \mid S_6$，由 ①

$$S_{n+6} = 3 S_{n+5} - S_{n+4}$$
$$S_{n+7} = 3 S_{n+6} - S_{n+5}$$

消去 S_{n+6} 得

$$S_{n+7} = 8 S_{n+5} - 3 S_{n+4}$$

即

$$S_{n+6} = 8 S_{n+4} - 3 S_{n+3} \qquad ②$$

由 $S_3 = 8, S_6 = 144$ 及式 ② 可推得当且仅当 $3 \mid n$ 时，$8 \mid S_n$。

78. 设 p 个质数 $a_1, a_2, \cdots, a_p$ 构成公差为 $d (d > 0)$ 的等差数列，且 $a_1 > p$。求证：

(1) 当 p 是质数时，$p \mid d$；

第1章 整除与同余
Chapter 1 Divisible and Congruence

(2) 当 $p > 15$ 时,$d > 30\ 000$.

(中国北京市高一数学竞赛,2005 年)

证 (1) 因为 $a_1 > p, d > 0$,所以 $a_1, a_2, \cdots, a_p$ 都是大于 p 的质数.所以每一个 $a_i(i=1,2,\cdots,p)$ 都不能被 p 整除.

由于 p 个数 $a_1, a_2, \cdots, a_p$ 被 p 除时,只能取 $p-1$ 个不同的余数,根据抽屉原理,至少有两个数被 p 除的余数相同.

设这两个数为 $a_m, a_n(n > m)$,即
$$a_m \equiv a_n (\bmod p)$$
则
$$a_n - a_m \equiv 0 \ (\bmod p)$$
$$a_n - a_m = (n-m)d$$

由于 $0 < n-m < p, p$ 是质数,则 $p \nmid (n-m)$,于是 $p \mid d$.

(2) 设 $p_1, p_2, \cdots, p_{15}$ 是由 15 个质数构成的公差为 $d(d>0)$ 的等差数列.

由于这 15 个质数都是奇数,所以公差 d 为偶数.即 $2 \mid d$.

由其中的 p_2, p_3, p_4 这 3 个质数成等差数列,$p_2 > 3$,由(1)的结论,$3 \mid d$.

由其中的 p_3, p_4, p_5, p_6, p_7 这 5 个质数成等差数列,由(1)得 $5 \mid d$.

因为 $2 \mid d, 3 \mid d, 5 \mid d$,且 $(2,3,5)=1$,则 $30 \mid d$.

于是,由 $p_1 \geqslant 3$ 知 $p_2 \geqslant 33$,又 p_2 是质数,则 $p_2 \geqslant 37$.

由 $p_2, p_3, \cdots, p_8$ 这 7 个质数成等差数列,由(1),$7 \mid d$.

由 $p_2, p_3, \cdots, p_{12}$ 这 11 个质数成等差数列,由(1),$11 \mid d$.

由 $p_2, p_3, \cdots, p_{14}$ 这 13 个质数成等差数列,由(1),$13 \mid d$.

因为 $(30,7,11,13)=1$,所以 $30 \times 7 \times 11 \times 13 \mid d$,即 $30\ 030 \mid d$.

所以 $d \geqslant 30\ 030 > 30\ 000$.

79 已知正整数 $n(n>1)$,整数列 $a_1, a_2, \cdots, a_n$ 满足
$$n \mid (a_1 + a_2 + \cdots + a_n)$$
证明:存在 $1,2,\cdots,n$ 的两个排列 σ,τ,使得对于所有的 $i=1,2,\cdots,n$ 有
$$\sigma(i) + \tau(i) \equiv a_i (\bmod n)$$

(第 46 届国际数学奥林匹克预选题,2005 年)

证 假设存在满足条件的排列 σ,τ.

若整数列 $b_1, b_2, \cdots, b_n$ 满足 $n \mid (b_1 + b_2 + \cdots + b_n)$,且 $b_1, b_2, \cdots, b_n$ 与 $a_1, a_2, \cdots, a_n$ 只有两个下标 i_1, i_2 对 $\bmod n$ 余数不同,则对于每个 $i \neq i_1, i_2$,有
$$\sigma(i) + \tau(i) \equiv b_i (\bmod n) \qquad ①$$

下面变换 σ 和 τ 到恰当的排列,使得对于 $b_1, b_2, \cdots, b_n$,式 ① 均成立.

假设所有的余数都是在 $\bmod n$ 意义下的余数.

我们按照下面方法构造一个表表1：
每行是具有相序的次序的三元数组
$$T_i = (\sigma(i), -b_i, \tau(i)) \quad (i=1,2,\cdots,n)$$
第1,2行为 T_{i_1}, T_{i_2}.

表1

$\sigma(i_1)$	$-b_{i_1}$	$\tau(i_1)$
$\sigma(i_2)$	$-b_{i_2}$	$\tau(i_2)$
$\sigma(i_3)$	$-b_{i_3}$	$\tau(i_3)$
$\vdots$	$\vdots$	$\vdots$
$\sigma(i_{p-1})$	$-b_{i_{p-1}}$	$\tau(i_{p-1})$
$\sigma(i_p)$	$\underline{-b_{i_p}}$	$\underline{\tau(i_p)}$
$\sigma(i_{p+1})$	$-b_{i_{p+1}}$	$\underline{\tau(i_{p+1})}$
$\vdots$	$\vdots$	$\vdots$
$\underline{\sigma(i_{q-1})}$	$-b_{i_{q-1}}$	$\tau(i_{q-1})$
$\underline{\sigma(i_q)}$	$\underline{-b_{i_q}}$	$\tau(i_q)$

因为 σ 和 τ 是 $1,2,\cdots,n$ 的排列，则存在唯一的 i_3，使得
$$\sigma(i_1) + \sigma(i_3) \equiv b_{i_2} \pmod{n}$$
在第三行写下 $T_{i_3}(\sigma(i_3), -b_{i_3}, \tau(i_3))$. 这时又存在唯一的 i_4，使得
$$\sigma(i_2) + \sigma(i_4) \equiv b_{i_3} \pmod{n}$$
在第四行写下 $T_{i_4}(\sigma(i_4), -b_{i_4}, \tau(i_4))$.

如此下去，直到第一列确定的数出现两次，不妨设第 p 行确定的 i_p 和第 q 行确定的 $i_q (p < q)$，且有 $i_p = i_q$.

下面证明 $p=1$ 或 $p=2$.

若 $p > 2$，考虑从第 p 行到第 q 行，由于每行的和对 $\mod n$ 余 0，且从左上到右下的对角线上三个数的和对 $\mod n$ 也余 0. 因此有
$$-b_{i_p} + \tau(i_p) + \tau(i_{p+1}) + \sigma(i_{q-1}) + \sigma(i_q) - b_{i_q} \equiv 0 \pmod{n}$$
（上表画下划线的6个数）
$$b_{i_q} \equiv \sigma(i_q) + \tau(i_p) \pmod{n}$$
又因为
$$\sigma(i_{p-1}) - b_{i_p} + \tau(i_{p+1}) \equiv 0 \pmod{n}$$
所以
$$\sigma(i_{p-1}) = \sigma(i_{q-1})$$
从而有 $i_{p-1} = i_{q-1}$，出现矛盾.

第 1 章 整除与同余
Chapter 1 Divisible and Congruence

因此，$p>2$ 不可能，只有 $p=1$ 或 $p=2$.

删去第 q 行，将第一列和第三列分别周期地向下和向上移动一个位置，则所得的图表（见表 2 和表 3）的每一行的和对 $\mod n$ 余数为 0，但第一行和最后一行的和对 $\mod n$ 可能不余 0.

表 2 $p=1$

$\sigma(i_{q-1})$	$-b_{i_q}$	$\tau(i_2)$
$\sigma(i_1)$	$-b_{i_2}$	$\tau(i_3)$
$\sigma(i_2)$	$-b_{i_3}$	$\tau(i_4)$
$\vdots$	$\vdots$	$\vdots$
$\sigma(i_{q-3})$	$-b_{i_{q-2}}$	$\tau(i_{q-1})$
$\sigma(i_{q-2})$	$-b_{i_{q-1}}$	$\tau(i_1)$

表 3 $p=2$

$\sigma(i_{q-1})$	$-b_{i_1}$	$\tau(i_1)$
$\sigma(i_1)$	$-b_{i_2}$	$\tau(i_3)$
$\sigma(i_2)$	$-b_{i_3}$	$\tau(i_4)$
$\vdots$	$\vdots$	$\vdots$
$\sigma(i_{q-3})$	$-b_{i_{q-2}}$	$\tau(i_{q-1})$
$\sigma(i_{q-2})$	$-b_{i_{q-1}}$	$\tau(i_2)$

当 $p=1$ 时，最后一行的和对 $\mod n$，

因为 $i_p=i_q=i_1$，则

$$\sigma(i_{q-2})-b_{i_{q-1}}+\tau(i_1)\equiv 0 \pmod n$$

当 $p=2$ 时，再将第 3 列中的 $\tau(i_2)$ 和 $\tau(i_1)$ 进行交换，因为 $i_p=i_q=i_2$，则最后一行的和对 $\mod n$ 也余 0.

当 $p=1$ 和 $p=2$ 时，第 1 列和第 3 列分别是 $\sigma(i_1),\sigma(i_2),\cdots,\sigma(i_{q-1})$ 和 $\tau(i_1),\tau(i_2),\cdots,\tau(i_{q-1})$ 的一个排列.

将不包含在上面构造的三元数组再排在其后，就分别得到第 1 列和第 3 列关于 $1,2,\cdots,n$ 的排列 σ' 和 τ'，满足对所有的 $i\neq i_1$，有

$$\sigma'(i)+\tau'(i)\equiv b_i \pmod n$$

由于 $\sum_{i=1}^{n}(\sigma'(i)+\tau'(i))\equiv 0\equiv \sum_{i=1}^{n}b_i$

所以
$$\sigma'(i_1) + \tau'(i_1) \equiv b_{i_1}$$

因为结论对于常数列(整数常数列)是正确的,且其和对 mod n 的余数为 0.

于是,每次调整两个数,即可得到对于任意满足 $n \mid (a_1+a_2+\cdots+a_n)$ 的数列 $a_1, a_2, \cdots, a_n$ 均存在 σ, τ 使得
$$\sigma(i) + \tau(i) \equiv a_i (\bmod n) \quad (i=1,2,\cdots,n)$$

80 设 $a_1, a_2, \cdots$ 是一个整数数列,其中既有无穷多项是正整数,又有无穷多项是负整数.如果对每一个正整数 n,整数 $a_1, a_2, \cdots, a_n$ 被 n 除后所得到的 n 个余数互不相同.证明:每个整数恰好在数列 $a_1, a_2, \cdots$ 中出现一次.

(第 46 届国际数学奥林匹克,2005 年)

证 1 由题设知,对任意正整数 n,整数列 $a_1, a_2, \cdots, a_n$ 构成 mod n 的一个完全剩余系.

若 $i<j$,则 $a_i \neq a_j$. 否则,若 $a_i = a_j = k$,则在 $a_1, a_2, \cdots, a_j$ 中存在两个数 a_i, a_j,它们对 mod j 同余,与题设矛盾.

再证明,若 $i<j \leqslant n$,则 $|a_i - a_j| \leqslant n-1$.

事实上,若 $|a_i - a_j| = m \geqslant n$,则 $a_1, a_2, \cdots, a_m$ 就不是对 mod m 的完全剩余系.

对于任意正整数 $n(n \geqslant 1)$,令
$$a_{i(n)} = \min\{a_1, a_2, \cdots, a_n\}$$
$$a_{j(n)} = \max\{a_1, a_2, \cdots, a_n\}$$

则由上面的讨论有
$$|a_{i(n)} - a_{j(n)}| = n-1$$

所以 $a_1, a_2, \cdots, a_n$ 含有 $a_{i(n)}$ 与 $a_{j(n)}$ 之间的所有整数.

设 x 是任一整数,由题设及上面的讨论知,在数列 $a_1, a_2, \cdots, a_i, \cdots$ 中既含有无穷多个不同的正整数,又含有无穷多个不同的负整数.

故存在 i, j,使得
$$a_i < x < a_j$$

令 $n > \max\{i, j\}$,则 $a_1, a_2, \cdots, a_n$ 中包含 a_i 与 a_j 之间的每一个整数.

所以 x 在 $a_1, a_2, \cdots, a_n$ 中出现,且恰好出现一次.

证 2 数列各项同时减去一个整数,不改变本题的条件和结论,故不妨设 $a_1 = 0$.

此时,对每个正整数 k,必有 $|a_k| < k$,这是因为若 $|a_k| \geqslant k$,则可取 $n = |a_k|$,于是 $a_1 \equiv a_k \equiv 0 (\bmod n)$,与题设矛盾.

现在对 k 归纳证明:$a_1,a_2,\cdots,a_k$ 适当重排后是绝对值小于 k 的 k 个相邻整数.

$k=1$,结论显然.

设 $a_1,a_2,\cdots,a_k$ 适当重排后为
$$-(k-1-i),\cdots,0,\cdots,i \quad (0\leqslant i\leqslant k-1)$$

由于 $a_1,a_2,\cdots,a_k,a_{k+1}$ 是 $\mathrm{mod}\, k+1$ 的一个完全剩余系,故必有
$$a_{k+1}\equiv i+1\,(\mathrm{mod}\, k+1)$$

但 $|a_{k+1}|<k+1$,因此,a_{k+1} 只能是 $i+1$ 或 $-(k-i)$.

从而,$a_1,a_2,\cdots,a_k,a_{k+1}$ 适当重排后是绝对值小于 $k+1$ 的 $k+1$ 个相邻整数.

由此可得:

(1) 任一整数在数列中最多出现一次;

(2) 若整数 u 和 $v(u<v)$ 都出现在数列中,则 u 和 v 之间的所有整数也出现在数列中.

于是,由正负项均为无穷多个(即数列含有任意大的正整数及任意小的负整数)就得到,每个整数在数列中恰只出现一次.

81 设正整数 $a,b>1$,数列 $\{x_n\}$ 定义如下:
$$x_0=0,\ x_1=1,\ x_{2n}=ax_{2n-1}-x_{2n-2},\ x_{2n+1}=bx_{2n}-x_{2n-1} \quad (x\geqslant 1)$$

证明:对于任何正整数 m 和 n,乘积 $x_{n+m}\cdot x_{n+m-1}\cdot\cdots\cdot x_{n+1}$ 都可以被
$$x_m\cdot x_{m-1}\cdot\cdots\cdot x_1$$
整除.

(中国国家集训队培训试题,2005 年)

证 先证明一个引理.

引理 设 $x_1,x_2,\cdots$ 为正整数列,满足下列条件:

对于任何质数 p 和任何正整数 α,集合 $\{k\mid p^\alpha\mid x_k\}$ 或者为空集,或者等于集合 $\{d,2d,3d,\cdots\}$,其中 d 为由 p 和 α 所决定的某个正整数,则对任何正整数 m 和 n,乘积 $x_{n+m}\cdot x_{n+m-1}\cdots x_{n+1}$ 都可以被乘积 $x_m\cdot x_{m-1}\cdot\cdots\cdot x_1$ 整除.

引理的证明:将 $x_{n+1},x_{n+2},\cdots,x_{n+m}$ 中被 p^α 整除的项的个数记作 $K(m,n,p^\alpha)$.

如果 $\{k\mid p^\alpha\mid x_k\}=\varnothing$,则 $k(m,n,p^\alpha)=k(m,0,p^\alpha)=0$

如果 $\{k\mid p^\alpha\mid x_k\}=\{d,2d,3d,\cdots\}$,由于在任何 m 个连续正整数中,可被 d 整除的项的个数不少于 $1,2,\cdots,m$ 中可被 d 整除的项的个数,故 $k(m,n,p^\alpha)\geqslant k(m,0,p^\alpha)$.

从而在乘积 $x_{n+m} \cdot x_{n+m-1} \cdot \cdots \cdot x_{n+1}$ 中,p 的幂次 $\sum_{\alpha=1}^{+\infty} k(m,n,p^\alpha) \geqslant \sum_{\alpha=1}^{+\infty} k(m,$
$0,p^\alpha) = $ 在乘积 $x_m \cdot x_{m-1} \cdot \cdots \cdot x_2 \cdot x_1$ 中 p 的幂次.

由质数 p 的任意性知
$$x_m \cdot x_{m-1} \cdot \cdots \cdot x_1 \mid x_{n+m} \cdot x_{n+m-1} \cdot \cdots \cdot x_{n+1}$$

引理得证.

下面只须证明:题中的数列满足引理的条件.

首先,数列 $\{x_n\}$ 严格递增,用数学归纳法.

由 $x_1 = 1 > x_0 = 0, n = 1$ 时成立;如果 $x_{n+1} > x_n$,则
$$x_{n+2} = cx_{n+1} - x_n \geqslant 2x_{n+1} - x_n > x_{n+1}$$

所以数列 $\{x_n\}$ 严格递增.

其次可证:设 q 为一正整数,使得 $q \mid x_n$,则对于所有非负整数 $n \leqslant k$,都有
$$x_{k+n} + x_{k-n} \equiv 0 \pmod{q}$$

特别地
$$q \mid x_{k+n} \Leftrightarrow q \mid x_{k-n} \qquad ①$$

对 n 归纳,$0,1$ 的情形容易验证,下面由 n 向 $n+1$ 过渡.

注意到 $k+n$ 与 $k-n$ 同奇偶,故有
$$x_{k+n+1} = cx_{k+n} - x_{k+n-1}, \quad x_{k-n-1} = cx_{k-n} - x_{k-n+1}$$

因此
$$x_{k+n+1} + x_{k-n-1} = c(x_{k+n} + x_{k-n}) - (x_{k+n-1} + x_{k-n+1}) \equiv 0 \pmod{q}$$

如果数列 $\{x_n\}_{n \geqslant 1}$ 中可以被 p^α 整除的项的最小下标为 d,我们来证明:
$$p^\alpha \mid x_n \Leftrightarrow d \mid n$$

先用数学归纳法证明:对任何非负整数 m,$p^\alpha \mid x_{md}$.

当 $m = 0, 1$ 时,显然命题成立.

假设命题对小于 $m (m \geqslant 2)$ 的下标都成立.

由于
$$p^\alpha \mid x_{(m-1)d}, \quad p^\alpha \mid x_{(m-1)d-d}$$

由式 ① 知
$$p^\alpha \mid x_{(m-1)d+d}$$

即
$$p^\alpha \mid x_{md}$$

假设有下标非 d 的倍数的项可以被 p^α 整除,设 $p^\alpha \mid x_l$,其中 $l = kd + r (0 < r < d)$ 是最小的非 d 的倍数的下标.

由 $p^\alpha \mid x_l = x_{kd+r}$ 及式 ① 知
$$p^\alpha \mid x_{kd-r}$$

第1章 整除与同余
Chapter 1 Divisible and Congruence

但 $kd-r<l$，这与 l 的最小性矛盾.

所以数列 $\{x_n\}$ 满足引理的条件，由引理，命题成立.

82 证明存在无穷多个正整数，这些数都是 2 005 的倍数，而且这些数写成十进制数后，$0,1,2,3,\cdots,9$ 出现的个数相等（规定：首位前面的 0 不算）.

(奥地利数学奥林匹克，2005 年)

证 首先注意到 $2\ 005=5\times 401$. 令 $M=1\ 234\ 678\ 905$.

设 $N_k=M(10^{10(k-1)}+10^{10(k-2)}+\cdots+10^{10}+1)$，即

$$N_k=\underbrace{1234678905}_{1}\underbrace{1234678905}_{2}\cdots\underbrace{1234678905}_{k}$$

考虑集合 $T=\{N_1,N_2,\cdots,N_{401}\}$，$T$ 中的 401 个元素，对 mod 401，

若 T 中存在一个 k，使 $401\mid N_k$，又由 N_k 的个位数是 5，且 $(5,401)=1$，则此 N_k 是 2 005 的倍数，并且 $0,1,2,3,\cdots,9$ 出现的个数相等；

若 T 中没有一个元素是 401 的倍数，则这 401 个元素，对 mod 401 最多有 400 个余数，由抽屉原理，必有两个元素对 mod 401 同余，设这两个元素为 N_m，$N_k(m<k)$，则 $401\mid N_k-N_m$.

而 $N_k-N_m=N_{k-m}\cdot 10^{10m}$，因为 $(401,10)=1$，则 $401\mid N_{k-m}$.

又因为 N_{k-m} 的个位数是 5，则 N_{k-m} 符合题目要求.

83 试找出不能表示为 $\dfrac{2^a-2^b}{2^c-2^d}$ 的形式的最小的正整数，其中 a,b,c,d 都是正整数.

(俄罗斯数学奥林匹克，2005 年)

解 从最小的正整数开始试验：

$1=\dfrac{2^2-2^1}{2^2-2^1},\quad 2=2\times 1=\dfrac{2^3-2^2}{2^2-2^1},\quad 3=\dfrac{2^3-2^1}{2^2-2^1},\quad 4=2\times 2=\dfrac{2^4-2^3}{2^2-2^1}$

$5=\dfrac{2^5-2^1}{2^3-2^1},\quad 6=3\times 2=\dfrac{2^4-2^2}{2^2-2^1},\quad 7=\dfrac{2^4-2}{2^2-2^1},\quad 8=4\times 2=\dfrac{2^5-2^4}{2^2-2^1}$

$9=2^3+1=\dfrac{2^6-2^1}{2^3-1}=\dfrac{2^7-2^1}{2^4-2^1},\quad 10=5\times 2=\dfrac{2^6-2^2}{2^3-2^1}$

假设 $11=\dfrac{2^a-2^b}{2^c-2^d}$. 不失一般性，可设 $a>b,c>d,m=a-b,n=c-d,k=b-d$，于是有

$$11(2^n-1)=2^k(2^m-1) \qquad ①$$

式 ① 左端为奇数，则一定有 $k=0$，即 $b=d$.

若 $n=1$，则式 ① 为 $11=2^m-1$，无解.

最新世界各国数学奥林匹克中的初等数论试题(上)
The Lastest Elementary Number Theory in Mathematical Olympiads in The World

若 $m > n > 1$,则
$$2^n - 1 \equiv 2^m - 1 \equiv 3 \pmod{4}$$
而
$$11(2^n - 1) \equiv 1 \pmod{4}$$
所以式 ① 不成立.

所以不能表示为 $\dfrac{2^a - 2^b}{2^c - 2^d}$ 形式的最小正整数是 11.

84 求所有的正整数 $n(n>1)$,使得存在唯一的整数 $a(0 < a \leqslant n!)$ 满足 $a^n + 1$ 可以被 $n!$ 整除.

(第 46 届国际数学奥林匹克预选题,2005 年)

证 我们证明所求的正整数 n 是质数.

如果 $n = 2$,则有唯一的整数 $a = 1$.

如果 $n > 2$,且 n 是偶数,则 a^n 是完全平方数,因此
$$a^n + 1 \equiv 1, 2 \pmod{4}$$
而 $n! \equiv 0 \pmod{4}$,故不存在满足条件的整数 a.

如果 $n > 2$,且 n 是奇质数,设 $n = p$,且对某个正整数 $a(0 < a \leqslant p!)$,满足
$$p! \mid (a^p + 1) \qquad ①$$

由费马小定理,有 $a^p + 1 \equiv a + 1 \pmod{p}$,由 ①,有 $p! \mid (a+1)$.

下面证明 $\dfrac{a^p + 1}{a + 1}$ 没有小于 p 的质因数 q.

假设存在质数 $q < p$,满足 $q \mid \dfrac{a^p + 1}{a + 1}$.

由于 $\dfrac{a^p + 1}{a + 1} = \sum_{i=0}^{p-1}(-a)^i$ 为奇数,所以 q 为奇数.

于是有,$a^p \equiv -1 \pmod{q}$,从而 $a^{2p} \equiv 1 \pmod{q}$

因此,a 与 q 互质,且 $a^{q-1} \equiv 1 \pmod{q}$

设 $d = (q-1, 2p)$,则有
$$a^d \equiv 1 \pmod{q} \qquad ②$$

因为 $q < p$,所以 $d = 2$,由 ②,有 $a \equiv \pm 1 \pmod{q}$,

当 $a \equiv 1 \pmod{q}$ 时,有 $\dfrac{a^p + 1}{a+1} = \sum_{i=0}^{p-1}(-a)^i \equiv 1 \pmod{q}$ 与 $q \mid \dfrac{a^p + 1}{a+1}$ 矛盾.

当 $a \equiv -1 \pmod{q}$ 时,有 $\dfrac{a^p + 1}{a+1} = \sum_{i=0}^{p-1}(-a)^i \equiv p \pmod{q}$,即 $q \mid p$,与 p 和 q 都是质数矛盾.

第 1 章　整除与同余
Chapter 1　Divisible and Congruence

由于 $\dfrac{a^p+1}{a+1}$ 没有小于 p 的质因数,及 $p! \mid (a^p+1)$,则
$$(p-1)! \mid a^p+1$$
即
$$(p-1)! \mid (a+1)\left(\dfrac{a^p+1}{a+1}\right)$$
所以,$(p-1)! \mid (a+1)$,又由已知 $0 < a \leqslant n!$,

于是,存在唯一的整数 $a = p! - 1$.

如果 $n > 2$,且 n 是奇合数,设 p 是 n 的最小质因数,且 $p^\alpha \mid n!$,$p^{\alpha+1} \nmid n!$

因为 $2p < p^2 \leqslant n$,所以,$n! = 1 \cdot 2 \cdot 3 \cdots (2p) \cdots n$,且 $\alpha \geqslant 2$.

设 $m = \dfrac{n!}{p^\alpha}$. 对于任意满足 $a \equiv -1 \pmod{p^{\alpha-1} m}$ 的整数 a,记
$$a = -1 + p^{\alpha-1} mk \qquad \text{③}$$
则有
$$a^p = (-1 + p^{\alpha-1} mk)^p =$$
$$-1 + p^\alpha mk + \sum_{j=2}^{p} (-1)^{p-j} C_p^j p^{(\alpha-1)j}(mk)^j =$$
$$-1 + p^\alpha M$$

其中 M 是整数,这是因为对于所有的 $j \geqslant 2$ 和 $\alpha \geqslant 2$,均有 $(\alpha-1)j \geqslant \alpha$.

于是,$p^\alpha \mid (a^p + 1)$,从而 $p^\alpha \mid (a^n + 1)$.

又由 $a \equiv -1 \pmod{p^{\alpha-1} m}$ 知,$m \mid a+1$,所以,$m \mid (a^n + 1)$.

考虑到 $(m, p) = 1$,则 $mp^\alpha \mid (a^n + 1)$,

即对满足式 ③ 的 a,均有 $n! \mid (a^n + 1)$.

对于式 ③,当 $k = 1, 2, \cdots, p$ 时,都有 $0 < a \leqslant n!$,于是有 p 个 a 满足 $n! \mid (a^n + 1)$,与 a 的唯一性矛盾. 因而,n 是奇合数时没有满足题目要求的 n.

由以上,满足题目要求的 n 是质数.

85　证明:对任何整系数多项式 $p(x)$ 和任何正整数 k,都存在正整数 n,使得
$$k \mid (p(1) + p(2) + \cdots + p(k))$$

(俄罗斯数学奥林匹克,2005 年)

证　对任何非负整数 r 和正整数 m, k,有
$$p(r) \equiv p(mk + r) \pmod{k}$$
因此
$$p(1), p(k+1), p(2k+1), \cdots, p((k-1)k+1)$$
对 k 同余,由于这是 k 个多项式的值,所以

$$k \mid (p(1) + p(k+1) + \cdots + p((k-1)k+1))$$

同理
$$k \mid (p(2) + p(k+2) + \cdots + p((k-1)k+2))$$

进而有
$$k \mid (p(k) + p(2k) + \cdots + p(k^2))$$

于是
$$p \mid (p(1) + p(2) + \cdots + p(k^2))$$

从而存在正整数 $n = k^2$,满足题目要求.

86 已知 99 个小于 100 且可以相等的正整数,若所有 2 个、3 个或更多个数的和都不能被 100 整除,证明:所有的数均相等.

(克罗地亚数学奥林匹克州赛,2005 年)

证 用反证法.

记给定的 99 个数为 $n_1, n_2, \cdots, n_{99}$.

假设结论不成立. 即至少有两个不同的数 $n_1 \neq n_2$.

考虑下面的 100 个数.

$$S_1 = n_1$$
$$S_2 = n_2$$
$$S_3 = n_1 + n_2$$
$$\vdots$$
$$S_{100} = n_1 + n_2 + \cdots + n_{99}$$

由假设这 100 个数都不能被 100 整除. 由抽屉原理,这些数中至少有两个被 100 除的余数相同. 设为 S_k, S_l,且 $k > l$.

则
$$\{S_k, S_l\} \neq \{S_1, S_2\}$$

因为
$$S_k \equiv S_l \pmod{100}$$

则
$$100 \mid (S_k - S_l)$$

即
$$100 \mid (n_{l+1} + n_{l+2} + \cdots + n_k)$$

与假设矛盾.

因此,所有的数都相等.

87 证明:在每个由 11 个正整数组成的集合中,有 6 个数的和能被 6

第 1 章　整除与同余
Chapter 1　Divisible and Congruence

整除.

（克罗地亚国家数学奥林匹克,2005 年）

证　首先注意到,任意 3 个正整数中,必有两个数的奇偶性相同,这两个数的和为偶数.

因此,对 11 个正整数,必有两数之和为偶数,去掉这两个数,对 9 个正整数,必有两数之和为偶数,再去掉这两个数,对 7 个正整数,必有两个数之和为偶数,继续下去,对 11 个正整数,必有 5 对数,每对数的和为偶数.

研究这 5 对数的和,对于以 3 为模,或者有 3 个和对 mod 3 的余数都不相同,这 3 个数的和能被 3 整除,即这 6 个数的和能被 6 整除.

或者有 3 个和对 mod 3 的余数全都相同,这 3 个数的和也能被 3 整除,即这 6 个数的和能被 6 整除.

88　证明:对于所有的整数 $a_1, a_2, \cdots, a_n, n > 2$.
$$\prod_{1 \leqslant i < j \leqslant n}(j - i) \mid \prod_{1 \leqslant i < j \leqslant n}(a_j - a_i)$$

（土耳其参加 IMO 代表队选拔考试,2005 年）

证　首先证明一个引理.

引理　设 $x_1, x_2, \cdots, x_n; y_1, y_2, \cdots, y_m$ 是两组非零整数,如果对大于 1 的正整数 k,都有 $x_1, x_2, \cdots, x_n$ 中能被 k 整除的数的个数不多于 $y_1, y_2, \cdots, y_m$ 中能被 k 整除的数的个数,则
$$x_1 x_2 \cdots x_n \mid y_1 y_2 \cdots y_m$$

引理的证明:设 $f(k)$ 表示 $x_1, x_2, \cdots, x_n$ 中能被 k 整除的数的个数,$g(k)$ 表示 $y_1, y_2, \cdots, y_m$ 中能被 k 整除的数的个数.

对质数 p 和非零整数 x,定义 $V_p(x)$ 为 $|x|$ 的质因数分解式中 p 的幂次.

对任何质数 p,
$$V_p(x_1 x_2 \cdots x_n) = \sum_{i=1}^n V_p(x_i) =$$
$$\sum_{i=1}^n |\{k \mid k \in \mathbf{N}^*, p^k \mid x_i\}| =$$
$$\sum_{k=1}^\infty |\{i \mid i \in \mathbf{N}^*, p^k \mid x_i\}| =$$
$$\sum_{k=1}^\infty f(p^k)$$

同理
$$V_p(y_1 y_2 \cdots y_m) = \sum_{k=1}^\infty g(p^k)$$

由于
$$f(p^k) \leqslant g(p^k)$$
所以
$$V_p(x_1 x_2 \cdots x_n) \leqslant V_p(y_1 y_2 \cdots y_m).$$
因为 p 可取任意质数，所以
$$x_1 x_2 \cdots x_n \mid y_1 y_2 \cdots y_m$$
下面证明原题.

若 $a_1, a_2, \cdots, a_n$ 中有两个数相等，则
$$\prod_{1 \leqslant i < j \leqslant n}(a_j - a_i) = 0$$
必有
$$\prod_{1 \leqslant i < j \leqslant n}(j - i) \mid \prod_{1 \leqslant i < j \leqslant n}(a_j - a_i)$$

若 $a_1, a_2, \cdots, a_n$ 中的数两两不等. 下面证明：

对任意正整数 k, $(j-i)(1 \leqslant i < j \leqslant n)$ 这 C_n^2 个数中能被 k 整除的数的个数不多于 $(a_j - a_i)(1 \leqslant i < j \leqslant n)$ 这 C_n^2 个数中能被 k 整除的数的个数.

对 n 用数学归纳法.

当 $n = 2$ 时，命题显然成立.

假设命题对 $n-1$ 成立. 下面证明命题对 n 成立.

若 $k \geqslant n$, $(j-i)(1 \leqslant i < j \leqslant n)$ 这 C_n^2 个数都不能被 k 整除，所以命题成立.

若 $k < n$，由抽屉原理，在 $a_1, a_2, \cdots, a_n$ 中一定存在 $\left[\dfrac{n-1}{k}\right] + 1$ 个数对 $\bmod k$ 的余数相同，不妨设其中一个是 a_n.

于是 $(a_n - a_i)(1 \leqslant i < n)$ 这 $n-1$ 个数中至少有 $\left[\dfrac{n-1}{k}\right]$ 个能被 k 整除，而 $(n-i)(1 \leqslant i < n)$ 这 $n-1$ 个数中恰有 $\left[\dfrac{n-1}{k}\right]$ 个能被 k 整除.

由归纳假设，$(a_j - a_i)(1 \leqslant i < j \leqslant n-1)$ 这 C_{n-1}^2 个数中能被 k 整除的个数不少于 $(j-i)(1 \leqslant i < j \leqslant n-1)$ 这 C_{n-1}^2 个数中能被 k 整除的数的个数.

所以，$(a_j - a_i)(1 \leqslant i < j \leqslant n)$ 这 C_n^2 个数中能被 k 整除的数的个数不少于 $(j-i)(1 \leqslant i < j \leqslant n)$ 这 C_n^2 个数中能被 k 整除的数的个数.

因此，命题对 n 也成立.

由引理可得
$$\prod_{1 \leqslant i < j \leqslant n}(j - i) \mid \prod_{1 \leqslant i < j \leqslant n}(a_j - a_i)$$

第1章 整除与同余
Chapter 1 Divisible and Congruence

89 保罗和詹妮每人都有整数值的英磅.

保罗对詹妮说:"你若给我 3 英磅,我的钱数将是你的 n 倍."

詹妮对保罗说:"你若给我 n 英磅,我的钱数将是你的 3 倍."

若以上陈述真实,且 n 是正整数,n 的可能值是多少?

(英国数学奥林匹克第一轮,2005 年)

解 设保罗有 x 英磅,詹妮有 y 英磅,$x, y \in \mathbf{N}^*$. 于是有

$$\begin{cases} x+3 = n(y-3) & \text{①} \\ y+n = 3(x-n) & \text{②} \end{cases}$$

由 ① 得
$$x = n(y-3) - 3$$

代入 ② 得
$$y + n = 3[n(y-3) - 3 - n] = 3ny - 12n - 9$$

即
$$n = \frac{y+9}{3y-13}$$

因为 $n \in \mathbf{N}^*$,则
$$(3y-13) \mid (y+9)$$

即
$$(3y-13) \mid (3y+27)$$
$$(3y-13) \mid [(3y+27) - (3y-13)]$$
$$(3y-13) \mid 40$$

对 $3y-13 = 1, 2, 4, 5, 8, 10, 20, 40$,即 $y = 5, 6, 7, 11$(不是整数的舍去)逐一计算得
$$(x, y, n) = (11, 5, 7), (6, 6, 3), (5, 7, 2), (5, 11, 1)$$

即
$$n = 1, 2, 3, 7$$

经验算,均满足方程 ①,②,所以 n 的所有可能值为 $1, 2, 3, 7$.

90 求证:存在唯一由十进制表示的正整数,该数是仅由数码 2 和 5 组成的 2 005 位数且能被 $2^{2\,005}$ 整除.

(克罗地亚国家数学奥林匹克,2005 年)

证 我们用数学归纳法证明更一般的情形:

对每个正整数 n,有唯一的由十进制表示的仅含 2 和 5 的 n 位正整数 x_n,能被 2^n 整除.

当 $n=1, 2, 3$ 时,$x_1 = 2, x_2 = 52, x_3 = 552$. 结论成立;

假设 x_n 是唯一由 2 和 5 组成的能被 2^n 整除的 n 位正整数.

考查数
$$2\times 10^n + x_n, \quad 5\times 10^n + x_n$$

这两个数都是在 x_n 的左边加上数码 2 或数码 5,而成为 $n+1$ 位正整数.

因为 $2^n \mid x_n$, $2^n \mid 10^n$,则
$$2^n \mid (2\times 10^n + x_n), \quad 2^n \mid (5\times 10^n + x_n)$$

注意到
$$\frac{5\times 10^n + x_n}{2^n} - \frac{2\times 10^n + x_n}{2^n} = 3\times 5^n$$

为奇数,则 $\dfrac{5\times 10^n + x_n}{2^n}$ 和 $\dfrac{2\times 10^n + x_n}{2^n}$ 中恰有一个偶数,于是 $2\times 10^n + x_n$ 和 $5\times 10^n + x_n$ 中恰有一个能被 2^{n+1} 整除,设此数为 x_{n+1}.

下面证明 x_{n+1} 的唯一性.

事实上,由归纳假设,x_n 是唯一的,因此 x_{n+1} 也是唯一的.

所以对 $n+1$ 结论成立.

所以由数学归纳法证明了一般性结论成立. 当 $n=2\,005$ 即为本题.

91 给出正整数 a,c 和整数 b. 证明:存在一个正整数 x,使得 c 为数 $a^x + x - b$ 的约数.

(巴西数学奥林匹克,2005 年)

证 设数列 $a, a^2, a^3, a^4, \cdots$ 是 $\bmod c$ 的周期数列,即对任何正整数 k 和充分大的正整数 i,有
$$a^{i+lk} \equiv a^i \pmod{c} \qquad ①$$
其中 l 为模周期数列的周期.

设 $d = \gcd(l, c)$ 表示 l, c 的最大公约数,则存在正整数 u, v 满足
$$ul \equiv vd \pmod{c}$$

首先证明,如果 $c > 1$,那么有 $d < c$.

由 $d = \gcd(l, c)$,所以 $d \leqslant c$.

若 $d = c$,由 $c \mid l$,得 $c \leqslant l$.

如果在一个模周期内余数两两不等,则 $c \geqslant l$,从而 $c = l$.

这表明,存在 $n \in \mathbf{N}^*$,使得 $c \mid a^n$,所以
$$c \mid a^{n+w} \quad (w \in \mathbf{N}^*)$$

因此,$l = c = 1$.

所以 $c > 1$ 时,有 $d < c$.

下面对 c 归纳.

第 1 章 整除与同余
Chapter 1 Divisible and Congruence

当 $c=1$ 时,命题显然成立.

假设对所有的正整数 $y(1\leqslant y<c)$ 命题都成立.

由于 $d<c$,利用归纳假设,取 $b=i(i=0,1,\cdots,d-1)$,则存在一列充分大的整数列 $\{n_0,n_1,\cdots,n_{d-1}\}$,使得
$$a^{n_i}+n_i\equiv i\ (\bmod\ d)$$

设 $b=dq+r\ (0\leqslant r\leqslant d-1)$

由 $a^{n_r}+n_r\equiv r+md\ (\bmod\ c)$ 和式 ① 有
$$a^{n_r+lk}+n_r+lk\equiv a^{n_r}+n_r+lk\equiv r+md+lk\ (\bmod\ c) \qquad ②$$

但是,当 k 改变时,$lk\ (\bmod\ c)$ 取遍 d 的所有倍数.

于是,存在 k 使得
$$lk\equiv (q-m)d\ (\bmod\ c) \qquad ③$$

把 ③ 代入 ② 得
$$a^{n_r+lk}+n_r+lk\equiv r+md+(q-m)d=r+qd\equiv b\ (\bmod\ c)$$

因此,取 $x=n_r+lk$ 完成归纳证明.

92 设 p 是给定的质数,$a_1,a_2,\cdots,a_k$ 是 $k(k\geqslant 3)$ 个整数,均不被 p 整除且模 p 互不同余,记
$$S=\{n\mid 1\leqslant n\leqslant p-1,(na_1)_p<\cdots<(na_k)_p\}$$
这里 $(b)_p$ 表示整数 b 被 p 除的余数.

证明:$|S|<\dfrac{2p}{k+1}$.

(中国国家集训队测试,2005 年)

证 先证明一个引理.

引理 记 $b_0=p-a_k,b_i=a_i-a_{i-1},i=1,2,\cdots,k$,设 $a_0=0$.令
$$S'=\{n\mid 1\leqslant n\leqslant p-1,(b_0n)_p+\cdots+(b_nn)_p=p\}$$
则
$$|S|=|S'|$$

引理的证明:设有一个 $n\in S'$,则
$$0<(a_{i-1}n)_p<(a_in)_p<p,\quad i=2,3,\cdots,k$$
从而
$$0<(a_in)_p-(a_{i-1}n)_p<p$$
且
$$(a_in)_p-(a_{i-1}n)_p\equiv (b_in)_p\ (\bmod\ p)$$
故
$$(a_in)_p-(a_{i-1}n)_p=(b_in)_p,\quad i=2,3,\cdots,k$$

累加得
$$(a_k n)_p = (b_1 n)_p + \cdots + (b_k n)_p$$
注意到 $(b_0 n)_p + (a_k n)_p = p$,则
$$(b_0 n)_p + \cdots + (b_k n)_p = p$$
故
$$n \in S'$$
反过来,若 $n \in S'$,因
$$b_1 + b_2 + \cdots + b_i = a_i (i = 1, 2, \cdots, k)$$
故
$$(a_i n)_p \equiv (b_1 n)_p + \cdots + (b_i n)_p (\bmod p)$$
因 $0 < (a_i n)_p < p$ 及 $0 < (b_1 n)_p + \cdots + (b_i n)_p < p$
从而
$$(a_i n)_p = (b_1 n)_p + \cdots + (b_i n)_p \quad (i = 1, 2, \cdots, k)$$
于是
$$(a_i n)_p = (a_{i-1} n)_p + (b_i n)_p > (a_{i-1} n)_p \quad (i = 1, 2, \cdots, k)$$
即
$$n \in S$$
故
$$|S| = |S'|$$

现在回到原题.

因 $p \nmid b_i$,故对 $n = 1, 2, \cdots, p-1$,$(b_i n)_p$ 互不相同,所以,对 $i = 0, 1, \cdots, k$,有
$$\sum_{n \in S'} (b_i n)_p \geq 1 + 2 + \cdots + |S'| = \frac{|S'|(|S'|+1)}{2}$$
将上式对 i 求和,注意 S' 的定义及 $|S| = |S'|$,得到
$$p|S| = p|S'| = \sum_{n \in S'}((b_1 n)_p + \cdots + (b_n n)_p) =$$
$$\sum_{i=1}^{n} \sum_{n \in S'} (b_i n)_p \geq$$
$$(k+1) \cdot \frac{|S|(|S|+1)}{2}$$
故
$$|S| < \frac{2p}{k+1}$$

93 已知 n 是正整数,如果存在整数 $a_1, a_2, \cdots, a_n$(不一定是不同的),

第 1 章 整除与同余
Chapter 1 Divisible and Congruence

使得
$$a_1 + a_2 + \cdots + a_n = a_1 a_2 \cdots a_n = n$$
则称 n 是"迷人的",求迷人的整数.

(匈牙利数学奥林匹克,2005 年)

解 若 $n = 4t + 1 (t \in \mathbf{N})$ 显然满足要求

可以取 $a_1 = a_2 = \cdots = a_{2t} = 1, a_{2t+1} = a_{2t+2} = \cdots = a_{4t} = -1, a_{4t+1} = 4t + 1$,
则
$$\underbrace{1 + 1 + \cdots + 1}_{2t\text{个}} + \underbrace{(-1) + (-1) + \cdots + (-1)}_{2t\text{个}} + (4t + 1) =$$
$$\underbrace{1 \times 1 \times \cdots \times 1}_{2t\text{个}} \times \underbrace{(-1) \times (-1) \times \cdots \times (-1)}_{2t\text{个}} \times (4t + 1) = 4t + 1$$

若 $n = 4$,应有
$$a_1 a_2 a_3 a_4 = 4 = a_1 + a_2 + a_3 + a_4, \text{此时无解}.$$

若 $n = 4t, t \geqslant 2$.

当 t 为奇数时,取一个数为 $2t$,一个数为 -2,x 个数为 1,y 个数为 -1,则
$$\begin{cases} x + y = 4t - 2 \\ x - y + 2t - 2 = 4t \end{cases}$$

解得
$$x = 3t, \quad y = t - 2$$

即取 $a_1 = a_2 = \cdots = a_{3t} = 1, a_{3t+1} = a_{3t+2} = \cdots = a_{4t-2} = -1, a_{4t-1} = -2, a_{4t} = 2t$,则有
$$\underbrace{1 + 1 + \cdots + 1}_{3t\text{个}} + \underbrace{(-1) + (-1) + \cdots + (-1)}_{t-2\text{个}} + 2t - 2 =$$
$$\underbrace{1 \times 1 \times \cdots \times 1}_{3t\text{个}} \times \underbrace{(-1) \times (-1) \times \cdots \times (-1)}_{t-2\text{个}} \times (2t) \times (-2) = 4t \quad (t \text{ 是奇数})$$

当 t 为偶数时,可取
$$a_1 = a_2 = \cdots = a_{3t-2} = 1, a_{3t-1} = a_{3t} = \cdots = a_{4t-2} = -1, a_{4t-1} = 2, a_{4t} = 2t$$
则有
$$\underbrace{1 + 1 + \cdots + 1}_{3t-2\text{个}} + \underbrace{(-1) + (-1) + \cdots + (-1)}_{t\text{个}} + 2 + 2t =$$
$$\underbrace{1 \times 1 \times \cdots \times 1}_{3t-2\text{个}} \times \underbrace{(-1) \times (-1) \times \cdots \times (-1)}_{t\text{个}} \times 2 \times 2t = 4t \quad (t \text{ 是偶数})$$

下面证明 $n = 4t + 2, 4t + 3$ 时,不是迷人的.

若 $n = 4t + 2$ 型的数是迷人的,即
$$a_1 + a_2 + \cdots + a_{4t+2} = a_1 a_2 \cdots a_{4t+2} = 4t + 2 = 2(2t + 1)$$

因此，$a_i(i=1,2,\cdots,4t+2)$ 中仅有一个偶数，其余 $4t+1$ 个数是奇数，这时和 $a_1+a_2+\cdots+a_{4t+2}$ 为奇数，不等于 $4t+2$，矛盾．

若 $n=4t+3$ 型的数是迷人的，即
$$a_1+a_2+\cdots+a_{4t+3}=a_1a_2\cdots a_{4t+3}=4t+3$$
则所有的 $a_i(i=1,2,\cdots,4t+3)$ 都是奇数，且设有 x 个是 $4m+1$ 型，有 $4t+3-x$ 个是 $4m+3$ 型，则
$$x+3(4t+3-x)\equiv 3\,(\bmod\ 4)$$
所以有
$$2x\equiv 2\,(\bmod\ 4)$$
于是 x 是奇数，$4t+3-x$ 是偶数，则
$$3\equiv 4t+3=a_1a_2\cdots a_{4t+3}\equiv 1^x\times 3^{4t+3-x}\equiv 1\,(\bmod\ 4)$$
引出矛盾．

由以上，$4t+2$ 型及 $4t+3$ 型的数不是迷人的．

因此，全部迷人数为 $4t+1, t\in \mathbf{N}, 4t, t\in \mathbf{N}, t\geqslant 2$．

94 求最大的整数 k，使得 k 满足下列条件：

对于所有的整数 x,y，如果 $xy+1$ 能被 k 整除，则 $x+y$ 也能被 k 整除．

（匈牙利数学奥林匹克，2005 年）

解 设 $k=\prod_{i}p_i^{\alpha_i}$（$p_i$ 是质数，$\alpha_i\geqslant 0$）．

取 $(x,k)=1$，则存在 $m\in\mathbf{N}^*$，且 $1\leqslant m\leqslant k-1$，使得
$$mx^2\equiv -1\,(\bmod\ k)$$
令 $y=mx$，则 $xy+1=mx^2+1$，于是 $k\mid (xy+1)$．

由条件有 $k\mid (x+y)$，即 $k\mid (m+1)x$．

所以
$$k\mid (m+1)x^2$$
又
$$k\mid (mx^2+1)$$
则
$$k\mid (x^2-1)$$
所以 $x^2\equiv 1\,(\bmod\ p_i)$，对任意的 $p_i, x(p_i\nmid x)$ 均成立．

因此
$$p_i=2\ \text{或}\ 3,\quad k=2^\alpha\times 3^\beta$$
对任意的 $x, 2\nmid x$，有 $x^2\equiv 1(\bmod\ 2^\alpha)$．

则 $\alpha\leqslant 3$（因为任何奇数平方被 8 除余 1，而对 $\bmod\ 2^4$ 没有这样的性质）．

第1章 整除与同余
Chapter 1 Divisible and Congruence

同理
$$\beta \leqslant 1$$
所以
$$k \leqslant 2^3 \times 3^1 = 24$$

下面证明 24 就是所求的最大的 k.

若存在 $x, y \in \mathbf{N}^*$, 使 $24 \mid (xy+1)$

则
$$(x, 24) = 1, \quad (y, 24) = 1$$
$$x, y \equiv 1, 5, 7, 11, 13, 17, 19, 23 \pmod{24}$$

由于对固定的 a,
$$ax \equiv -1 \pmod{24}$$

仅有一解,且
$$xy \equiv -1 \pmod{24}$$

于是
$$x \equiv 1 \pmod{24}, \quad y \equiv 23 \pmod{24}$$
$$x \equiv 5 \pmod{24}, \quad y \equiv 19 \pmod{24}$$
$$x \equiv 7 \pmod{24}, \quad y \equiv 17 \pmod{24}$$
$$x \equiv 11 \pmod{24}, \quad y \equiv 13 \pmod{24}$$

因此,无论何种情况,总有
$$24 \mid (x+y)$$

所以 $k = 24$ 即为所求.

95 (1) 若 $n(n \in \mathbf{N}^*)$ 个棱长为正整数的正方体的体积之和等于 2 005, 求 n 的最小值, 并说明理由;

(2) 若 $n(n \in \mathbf{N}^*)$ 个棱长为正整数的正方体的体积之和等于 $2\,002^{2\,005}$, 求 n 的最小值, 并说明理由.

(中国高中数学联赛江苏赛区初赛, 2005 年)

解 (1) 因为 $10^3 = 1\,000, 11^3 = 1\,331, 12^3 = 1\,728, 13^3 = 2\,197$,
$$12^3 < 2\,005 < 13^3$$
故 $n \neq 1$.

因为 $2\,005 = 1\,728 + 125 + 125 + 27 = 12^3 + 5^3 + 5^3 + 3^3$, 所以存在 $n = 4$, 使
$$n_{\min} \leqslant 4$$

若 $n = 2$, 因 $10^3 + 10^3 < 2\,005$, 则最大的正方体边长只能为 11 或 12, 计算 $2\,005 - 11^3 = 674, 2\,005 - 12^3 = 277$, 而 674 与 277 均不是完全立方数.

所以 $n=2$ 不可能是 n 的最小值.

若 $n=3$,设此三个正方体中最大一个的棱长为 x,

由 $3x^2 \geqslant 2\,005 > 3 \times 8^3$,知

最大的正方体棱长只能为 9,10,11 或 12.

由于 $2\,005 < 3 \times 9^3, 2\,005 - 2 \times 9^3 = 547, 2\,005 - 9^3 - 2 \times 8^3 > 0$,所以 $n \neq 9$.

由于 $2\,005 - 2 \times 10^3 = 5, 2\,005 - 10^3 - 9^3 = 276, 2\,005 - 10^3 - 8^3 = 493, 2\,005 - 10^3 - 2 \times 7^3 > 0$,所以 $n \neq 10$.

由于 $2\,005 - 11^3 - 8^3 = 162, 2\,005 - 11^3 - 7^3 = 331, 2\,005 - 11^3 - 2 \times 6^3 > 0$,所以 $n \neq 11$.

由于 $2\,005 - 12^3 - 6^3 = 61, 2\,005 - 12^3 - 5^3 = 152 > 5^3$,所以 $n \neq 12$.

因此 $n=3$ 不可能是 n 的最小值.

综上所述,$n=4$ 才是 n 的最小值.

(2) 设 n 个正方体的棱长分别是 $x_1, x_2, \cdots, x_n$,则
$$x_1^3 + x_2^3 + \cdots + x_n^3 = 2\,002^{2\,005} \qquad ①$$

由 $2\,002 \equiv 4 (\bmod 9), 4^3 \equiv 1 (\bmod 9)$,得
$$2\,002^{2\,005} \equiv 4^{2\,005} \equiv 4^{668 \times 3 + 1} \equiv (4^3)^{668} \times 4 \equiv 4 \ (\bmod 9) \qquad ②$$

又当 $x \in \mathbf{N}^*$ 时,$x^3 \equiv 0, \pm 1 (\bmod 9)$,所以
$$x_1^3 \not\equiv 4 \ (\bmod 9), \quad x_1^3 + x_2^3 \not\equiv 4 \ (\bmod 9), \quad x_1^3 + x_2^3 + x_3^3 \not\equiv 4 \ (\bmod 9)$$
$$\qquad ③$$

式 ① 模 9,由 ②,③ 可知,$n \geqslant 4$.

而 $2\,002 = 10^3 + 10^3 + 1^3 + 1^3$,则
$$2\,002^{2\,005} = 2\,002^{2\,004} \times (10^3 + 10^3 + 1^3 + 1^3) =$$
$$(2\,002^{668})^3 \times (10^3 + 10^3 + 1^3 + 1^3) =$$
$$(2\,002^{668} \times 10)^3 + (2\,002^{668} \times 10)^3 +$$
$$(2\,002^{668})^3 + (2\,002^{668})^3$$

因此 $n=4$ 为所求的最小值.

(注:此题与第 43 届国际数学奥林匹克预选题中的一题类似)

96 是否存在由正整数构成的无限项的上升的等差数列 $\{a_n\}$,使得对每个 n,乘积 $a_n a_{n+1} \cdots a_{n+9}$ 都能被和数 $a_n + a_{n+1} + \cdots + a_{n+9}$ 整除.

(俄罗斯数学奥林匹克,2005 年)

解 假设存在这样的等差数列 $\{a_n\}$,则
$$(a_n + a_{n+1} + \cdots + a_{n+9}) \mid a_n a_{n+1} \cdots a_{n+9}$$

设 $A_n = (2a_n)(2a_{n+1}) \cdots (2a_{n+9}), B_n = a_{n+4} + a_{n+5}$

第1章 整除与同余
Chapter 1 Divisible and Congruence

则
$$a_n + a_{n+1} + \cdots + a_{n+9} = 5B_n$$

于是
$$5B_n \mid a_n a_{n+1} \cdots a_{n+9}$$
$$5B_n \mid (2a_n)(2a_{n+1}) \cdots (2a_{n+9})$$
$$B_n \mid A_n \qquad ①$$

设公差为 d,则
$$A_n = (2a_n)(2a_{n+1}) \cdots (2a_{n+9}) =$$
$$(B_n - 9d)(B_n - 7d) \cdots (B_n - d)(B_n + d) \cdots (B_n + 7d)(B_n + 9d) =$$
$$B_n C_n - d^{10}(1 \times 3 \times 5 \times 7 \times 9)^2$$

其中 C_n 为某一整数.

由于 $\{a_n\}$ 是一个由正整数构成的增数列,所以当 n 充分大时,必有 n,使
$$B_n \nmid d^{10}(1 \times 3 \times 5 \times 7 \times 9)^2 \qquad ②$$

因此
$$B_n \nmid A_n$$

① 与 ② 矛盾.

所以不存在符合题目要求的数列.

97 将 $1,2,\cdots,16$ 这 16 个数填入如图 3 所示的正方形中的小方格内,每个小方格内填一个数,使每一行、每一列的各数之和各不相等且均能被正整数 $n(n>1)$ 整除.

(1) 求 n 的所有可能的值;

(2) 给出一种符合题意的具体填法(此填法适用于 n 的所有可能值).

(全国高中数学联赛天津赛区初赛,2006 年)

解 (1) 设 $s_i, t_i (i=1,2,3,4)$ 分别是第 i 行、第 i 列各数的和,

由题意,得 $s_i = a_i n, t_i = b_i n$,其中 a_i, b_i 是 8 个彼此不同的正整数,

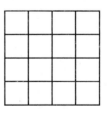

图 3

因为
$$1 + 2 + \cdots + 16 = 136$$

所以
$$2 \times 136 = \sum_{i=1}^{4}(s_i + t_i) = n \sum_{i=1}^{4}(a_i + b_i) \geqslant n(1 + 2 + \cdots + 8) = 36n$$

得

$$n \leqslant 7$$

由 s_i 是 n 的倍数,得 $\sum_{i=1}^{4} s_i$ 是 n 的倍数,即 136 是 n 的倍数,

而 $136 = 2^3 \times 17$,又 $n > 1, n \leqslant 7$.

因此,n 的可能值为 2 或 4.

(2)符合题意的一种具体填法如图 4 所示.

1	3	5	7
2	4	6	8
9	11	13	15
16	14	12	10

图 4

98 已知三个相邻的自然数的立方和是一个自然数的立方.证明:这三个相邻的自然数中间的那个数是 4 的倍数.

(俄罗斯数学奥林匹克,2006 年)

证 设 $x-1, x, x+1$ 是三个相邻的自然数,由题设有
$$(x-1)^3 + x^3 + (x+1)^3 = y^3$$
$$3x(x^2 + 2) = y^3$$

于是,$3 \mid y^3$,故 $3 \mid y$.

设 $y = 3z$,则有 $x(x^2 + 2) = 9z^3$

又 $(x, x^2 + 2) \leqslant 2$

如果 $(x, x^2 + 2) = 1$,则有

(1) $x = 9u^3, x^2 + 2 = v^3$

(2) $x = u^3, x^2 + 2 = 9v^3$

在(1)的情况下,可得 $81u^3 + 2 = v^3$,由于 $m^3 \equiv 0, \pm 1 \pmod 9$,所以不可能成立;

在(2)的情况下,可得 $u^6 + 2 = 9v^3$,与(1)的理由相同,也不可能成立;

所以,$(x, x^2 + 2) \neq 1$.

如果 $(x, x^2 + 2) = 2$,则 x, z 均为偶数,故 $8 \mid x(x^2 + 2)$.

由于 $x^2 + 2$ 不是 4 的倍数,所以,x 是 4 的倍数.

99 是否可以将正整数 $1, 2, \cdots, 64$ 分别填入 8×8 的 64 个方格内,使

第 1 章　整除与同余
Chapter 1　Divisible and Congruence

得凡具备 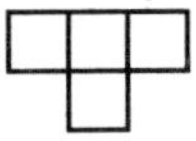 形的四个方格(方向可以任意转置)内的数字之和都能被 5 整除.

(中国北方数学奥林匹克,2006 年)

解　假设能够满足题设要求.

将 8×8 的 64 个方格染成如图 5 所示的黑白两色.

由题设,$a+b+c+d$ 和 $a+b+c+e$ 都能被 5 整除,则它们的差 $d-b$ 也能被 5 整除,于是 d 与 b 被 5 除有相同的余数,设为 $r_1(0\leqslant r_1\leqslant 4)$.

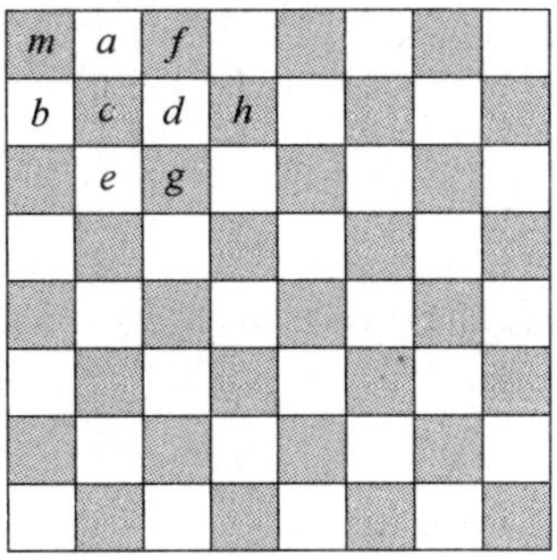

图 5

由于 $a+b+c+d$ 和 $a+e+c+d$ 都能被 5 整除,则它们的差 $b-e$ 也能被 5 整除,于是 e 与 b 被 5 除有相同的余数为 r_1,a 与 d 被 5 除也有相同的余数为 r_1.

同理,$f+c+d+h$ 和 $f+g+d+h$ 都能被 5 整除,则它们的差 $c-g$ 也能被 5 整除,于是 c 与 g 被 5 除有相同的余数为 $r_2(0\leqslant r_2\leqslant 4)$.

由于 $m+a+c+f$ 和 $f+c+d+g$ 都能被 5 整除,则它们的差 $(m-g)+(a-d)$ 也能被 5 整除,因为 a 与 d 被 5 除也有相同的余数为 r_1,则 m 与 g 被 5 除有相同的余数为 r_2.

由以上可类推,图中白格内的数被 5 除有相同的余数为 r_1,黑格内的数被 5 除有相同的余数为 r_2.

这样,64 个方格内的数被 5 除有相同的余数只能有 r_1 和 r_2 两种,然而,1,2,$\cdots$,64 被 5 除的余数有 0,1,2,3,4 共五种,出现矛盾.

因此题设的要求不能实现.

100　正整数 N 不能被 81 整除,但是可以表示为都是 3 的倍数的三个整数的平方和.证明:它也可以表示为都不是 3 的倍数的三个整数的平方和.

(俄罗斯数学奥林匹克,2006 年)

证 令 $N = 9a^2 + 9b^2 + 9c^2$.

如果 a,b,c 都是 3 的倍数,则 $81 \mid N$,与题意矛盾.

于是,可以设 a 不是 3 的倍数.

如果 $a+b+c$ 是 3 的倍数,可以把 a 换为 $-a$,原表达式不变.

所以,可以设 $a+b+c$ 不是 3 的倍数.

$N = 9a^2 + 9b^2 + 9c^2 =$
$$(2a+2b-c)^2 + (2b+2c-a)^2 + (2c+2a-b)^2$$

其中 $2a+2b-c = 2(a+b+c) - 3c$,不是 3 的倍数.

$2b+2c-a = 2(a+b+c) - 3a$,不是 3 的倍数.

$2c+2a-b = 2(a+b+c) - 3b$,也不是 3 的倍数.

所以命题成立.

101 求所有的正有理数 m, n, p,使得
$$m + \frac{1}{np}, \quad n + \frac{1}{pm}, \quad p + \frac{1}{mn}$$

均是整数.

(巴尔干地区数学奥林匹克,2006 年)

解 设 $mnp = \frac{a}{b}, a, b \in \mathbf{Z}, (a,b) = 1$. 于是

$$m + \frac{1}{np} = \frac{1+mnp}{np} \in \mathbf{Z}$$

$$n + \frac{1}{pm} = \frac{1+mnp}{pm} \in \mathbf{Z}$$

$$p + \frac{1}{mn} = \frac{1+mnp}{mn} \in \mathbf{Z}$$

则
$$\left(m + \frac{1}{np}\right)\left(n + \frac{1}{pm}\right)\left(p + \frac{1}{mn}\right) = \frac{(1+mnp)^3}{(mnp)^2} \in \mathbf{Z}$$

即
$$\frac{(1+mnp)^3}{(mnp)^2} = \frac{\frac{(a+b)^3}{b^3}}{\frac{a^2}{b^2}} = \frac{(a+b)^3}{a^2 b} = 3 + \frac{a^3+b^3+3ab^2}{a^2 b} \in \mathbf{Z} \qquad ①$$

于是,由式 ①,$b \mid (a^3 + b^3 + 3ab^2)$,即 $b \mid a^3$. $a \mid (a^3+b^3+3ab^2)$,即 $a \mid b^3$.

因为 $(a,b) = 1$,则 $a = 1, b = 1$.

因而
$$mnp = 1$$

第 1 章 整除与同余
Chapter 1 Divisible and Congruence

所以
$$m+\frac{1}{np}=2m,\quad n+\frac{1}{pm}=2n,\quad p+\frac{1}{mn}=2p$$
故
$$2m \cdot 2n \cdot 2p = 8mnp = 8 = 8\times 1\times 1 = 4\times 2\times 1 = 2\times 2\times 2$$
所求的正有理数解为
$$(m,n,p)=(\frac{1}{2},\frac{1}{2},4),(\frac{1}{2},4,\frac{1}{2}),(4,\frac{1}{2},\frac{1}{2}),(\frac{1}{2},1,2),(2,1,\frac{1}{2}),(1,2,\frac{1}{2}),(1,\frac{1}{2},2),(\frac{1}{2},2,1),(2,\frac{1}{2},1),(1,1,1)$$
共 10 组.

102 求使得 $3^{1024}-1$ 能被 2^n 整除的最大的正整数 n.

(中国福建省高中一年级数学竞赛,2006 年)

解 $3^{1024}-1=(3^{512}+1)(3^{512}-1)=$
$$(3^{512}+1)(3^{256}+1)(3^{128}+1)\cdots(3+1)(3-1)$$
由于当 $k\geqslant 1$ 时
$$3^{2^k}+1=(4-1)^{2^k}+1\equiv (-1)^{2^k}+1\equiv 2\ (\mathrm{mod}\ 4)$$
当 $k=0$ 时
$$3^{2^0}+1=3+1\equiv 0\ (\mathrm{mod}\ 4)$$
于是 $3^{512}+1,3^{256}+1,\cdots,3^2+1,3-1$ 均是 2 的倍数而不是 4 的倍数,$3+1=4$ 是 4 的倍数.

于是 n 的最大值为 12.

103 已知集合 $S=\{1,2,\cdots,2\,006\}$ 的子集 M 满足对 M 的任一三元子集 $\{x,y,z\}$,均有 $(x+y)\nmid z$.

问集合 M 中最多有多少个元素?

(香港数学奥林匹克,2006 年)

解 所求的集合 M 中元素个数的最大值为 1 004.

显然,集合 $M_0=\{1\,003,1\,004,\cdots,2\,005,2\,006\}$ 满足条件.

记 $|M|$ 为集合 M 中元素的个数.于是
$$\max |M|\geqslant 2\,006-1\,003+1=1\,004$$
另一方面,记集合 M 中最小的元素为 a_1,则存在唯一的整数对 $(q,r)(0\leqslant r<a_1)$,使得
$$2\,006=qa_1+r$$
将集合 $\{1,2,\cdots,2\,006\}$ 中大于 a_1 的元素按 $\mathrm{mod}\ a_1$ 的余数进行如下划分:

$$a_1+1, 2a_1+1, \cdots, (q-1)a_1+1, qa_1+1;$$
$$a_1+2, 2a_1+2, \cdots, (q-1)a_1+2, qa_1+2;$$
$$\vdots$$
$$a_1+r, 2a_1+r, \cdots, (q-1)a_1+r, qa_1+r;$$
$$a_1+(r+1), 2a_1+(r+1), \cdots, (q-1)a_1+(r+1), qa_1+(r+1);$$
$$\vdots$$
$$a_1+(a_1-1), 2a_1+(a_1-1), \cdots, (q-1)a_1+(a_1-1), qa_1+(a_1-1);$$
$$2a_1, 3a_1, \cdots, qa_1.$$

注意到 a_1 是 M 中的最小元素，于是，在以上各行的任意两个相邻的元素中，至多能有一个被包含在 M 中.

从而，前 r 行中，每行至多可选取 $\left[\dfrac{q+1}{2}\right]$ 个元素，在剩下的 a_1-r 行中，每行至多取 $\left[\dfrac{q}{2}\right]$ 个元素，因此

$$\max|M| \leqslant 1+\left[\dfrac{q+1}{2}\right]r+\left[\dfrac{q}{2}\right](a_1-r) \leqslant$$
$$1+\dfrac{q+1}{2}r+\dfrac{q}{2}(a_1-r)=$$
$$1+\dfrac{qa_1+r}{2}=$$
$$1+\dfrac{2\,006}{2}=1\,004$$

由以上，$\max|M|=1\,004$.

104 已知整数列 $\{x_n\}$ 满足
$$x_{n+1}=x_1^2+x_2^2+\cdots+x_n^2 \quad (n \geqslant 1)$$
求 x_1 的最小值，使得
$$2\,006 \mid x_{2\,006}$$

（土耳其国家队选拔考试，2006 年）

解 $x_n=x_1^2+x_2^2+\cdots+x_{n-1}^2$
$$x_{n+1}=x_1^2+x_2^2+\cdots+x_{n-1}^2+x_n^2$$
所以
$$x_{n+1}=x_n+x_n^2=x_n(x_n+1)$$
所以 $2 \mid x_{n+1}$. 由 $2\,006=2\times 1\,003=2\times 17 \times 59$
故
$$2\,006 \mid x_{2\,006} \Leftrightarrow 1\,003 \mid x_{2\,006} \Leftrightarrow 17 \mid x_{2\,006} \text{ 且 } 59 \mid x_{2\,006}$$

第 1 章 整除与同余
Chapter 1 Divisible and Congruence

若 $x_n \equiv c \pmod{17}$,则
$$x_n(x_n+1) \equiv c(c+1) \equiv 0 \pmod{17}$$
等价于
$$c \equiv 0 \quad \text{或} \quad c \equiv -1 \pmod{17}$$
而 $x(x+1) \equiv -1 \pmod{17}$ 无解.
于是,若 $17 \mid x_{2\,006}$,则
$$x_{2\,006} \equiv x_{2\,005}(x_{2\,005}+1) \pmod{17}$$
若 $x_{2\,005} \equiv -1 \pmod{17}$,则 $x_{2\,005} = x_{2\,004}(x_{2\,004}+1)$ 无解.
所以
$$17 \mid x_{2\,005}$$
同上述推理知,$17 \mid x_2$,从而
$$x_1 \equiv 0 \quad \text{或} \quad x_1 \equiv -1 \pmod{17}$$
若 $x_n \equiv c \pmod{59}$,则
$$x_n(x_n+1) = c(c+1) \equiv 0 \pmod{17}$$
等价于
$$c \equiv 0 \pmod{59} \quad \text{或} \quad c \equiv -1 \pmod{59}.$$
而 $x(x+1) \equiv -1 \pmod{59}$ 无解.
故同上可知
$$x_1 \equiv 0 \quad \text{或} \quad x_1 \equiv -1 \pmod{59}$$
若 $x_1 \equiv 0 \pmod{59}, x_1 \equiv 0 \pmod{17}$,则 x_1 的最小值为 $59 \times 17 = 1\,003$;
若 $x_1 \equiv -1 \pmod{59}, x_1 \equiv 0 \pmod{17}$,则 x_1 的最小值为 $15 \times 59 - 1 = 884$;
若 $x_1 \equiv -1 \pmod{17}, x_1 \equiv 0 \pmod{59}$,则 x_1 的最小值为 118;
若 $x_1 \equiv -1 \pmod{17}, x_1 \equiv -1 \pmod{59}$,则 x_1 的最小值为 $1\,002$.
所以 x_1 的最小值为 118.

105 求证:对 $i=1,2,3$,均有无穷多个正整数 n,使得 $n, n+2, n+28$ 中恰有 i 个可表示为三个正整数的立方和.

(中国女子数学奥林匹克,2006 年)

证 由于
$$(3k)^3 = 9 \times 3k^3$$
$$(3k \pm 1)^3 = 9(3k^3 \pm 3k^2 + k) \pm 1$$
所以对任意整数 a,b,c,
$$a^3 + b^3 + c^3 \not\equiv 4, 5 \pmod{9}$$
(1) 对 $i=1$,令 $n = 3(3m-1)^3 - 2$,
则

$$n+2=(3m-1)^3+(3m-1)^3+(3m-1)^3$$

而

$$n\equiv 4\ (\bmod\ 9),\quad n+28\equiv 5\ (\bmod\ 9)$$

于是 n 与 $n+28$ 不能表示为三个正整数的立方和.

(2) 对 $i=2$, 令 $n=(3m-1)^3+222$

则

$$n+2=(3m-1)^3+224=(3m-1)^3+2^3+6^3$$
$$n+28=(3m-1)^3+250=(3m-1)^3+5^3+5^3$$

而

$$n=(3m-1)^3+222\equiv 5\ (\bmod\ 9)$$

不能表示为三个正整数的立方和.

(3) 对 $i=3$, 令 $n=216m^3$

则

$$n=(3m)^3+(4m)^3+(5m)^3$$
$$n+2=216m^3+2=(6m)^3+1^3+1^3$$
$$n+28=216m^3+28=(6m)^3+1^3+3^3$$

106 设 p 为大于 3 的质数, 求证: 存在若干个整数 $a_1,a_2,\cdots,a_t$ 满足条件

$$-\frac{p}{2}<a_1<a_2<\cdots<a_t<\frac{p}{2}$$

使得乘积 $\dfrac{p-a_1}{|a_1|}\cdot\dfrac{p-a_2}{|a_2|}\cdot\cdots\cdot\dfrac{p-a_t}{|a_t|}$ 是 3 的某个正整数次幂.

(中国女子数学奥林匹克, 2006 年)

证 1 对质数 p 存在唯一的整数 q,r 使得

$$p=3q+r\quad (0<r<3)$$

取 $b_0=r$, 则

$$\frac{p-b_0}{|b_0|}=\frac{3^{c_0}b'_1}{|b_0|}\quad \left(3\nmid b'_1, 0<b'_1<\frac{p}{2}\right)$$

取 $b_1=\pm b'_1$ 满足条件 $b_1\equiv p(\bmod\ 3)$, 则

$$\frac{p-b_1}{|b_1|}=\frac{3^{c_1}b'_2}{b'_1}\quad \left(3\nmid b'_2, 0<b'_2<\frac{p}{2}\right)$$

取 $b_2=\pm b'_2$ 满足条件 $b_2\equiv p(\bmod\ 3)$, 则

$$\frac{p-b_2}{|b_2|}=\frac{3^{c_2}b'_3}{b'_2}\quad \left(3\nmid b'_3, 0<b'_3<\frac{p}{2}\right)$$

一直做下去, 就得到了整数列: $b_0,b_1,b_2,\cdots,b_p$.

第 1 章 整除与同余
Chapter 1 Divisible and Congruence

这 $p+1$ 个整数均在 $\left(-\dfrac{p}{2}, \dfrac{p}{2}\right)$ 之间,由抽屉原理知,一定有两个数相等.

不妨设 $b_i = b_j (i < j)$,而且 $b_i, b_{i+1}, \cdots, b_{j-1}$ 互不相同,那么

$$\dfrac{p-b_i}{|b_i|} \cdot \dfrac{p-b_{i+1}}{|b_{i+1}|} \cdot \cdots \cdot \dfrac{p-b_{j-1}}{|b_{j-1}|} = \dfrac{3^{c_i} b'_{i+1}}{b'_i} \cdot \dfrac{3^{c_{i+1}} b'_{i+2}}{b'_{i+1}} \cdot \cdots \cdot \dfrac{3^{c_{j-1}} b'_j}{b'_{j-1}}$$

由于 $b_i = b_j$,从而 $b'_i = b'_j$,因此,上式 $= 3^{c_i + c_{i+1} + \cdots + c_{j-1}} = 3^n (n > 0)$.

把 $b_i, b_{i+1}, \cdots, b_{j-1}$ 按照从小到大的顺序排列,则原命题得证.

证 2 分两种情形.

(1) 当 $p = 6k+1$ 时,

$$\dfrac{p-1}{1} \cdot \dfrac{p+2}{2} \cdot \dfrac{p-4}{4} \cdot \dfrac{p+5}{5} \cdot \cdots \cdot \dfrac{p-(3k-2)}{3k-2} \cdot \dfrac{p+(3k-1)}{3k-1} = \dfrac{M}{Q}$$

其中,$Q = 1 \times 2 \times 4 \times 5 \times \cdots \times (3k-2)(3k-1) = \dfrac{(3k-1)!}{3^{k-1}(k-1)!}$

$$M = (p-1)(p+2)(p-4)(p+5)\cdots[p-(3k-2)][p+(3k-1)] =$$
$$(p-3k+2)(p-3k+5)\cdots(p-1)(p+2)\cdots[p+(3k-1)] =$$
$$(3k+3)(3k+6)\cdots 6k(6k+3)\cdots 9k =$$
$$3^{2k}(k+1)(k+2)\cdots 2k(2k+1)\cdots 3k =$$
$$3^{2k} \cdot \dfrac{(3k)!}{k!}$$

所以,$\dfrac{M}{Q} = 3^{3k}$,

因此,取 $\{a_1, a_2, \cdots, a_t\} = \{-3k+1, -3k+4, \cdots, -2, 1, \cdots, 3k-2\}$ 就满足要求.

(2) 当 $p = 6k+5$ 时,类似地有

$$\dfrac{p+1}{1} \cdot \dfrac{p-2}{2} \cdot \dfrac{p+4}{4} \cdot \dfrac{p-5}{5} \cdot \cdots \cdot \dfrac{p+(3k+1)}{3k+1} \cdot \dfrac{p-(3k+2)}{3k+2} = 3^{3k+2}$$

综合以上,命题成立.

证 3 取整数 a_0 满足 $0 < |a_0| < \dfrac{p}{2}$,则存在唯一的正整数 l_0,使得

$$\dfrac{p}{2 \times 3^{l_0}} < |a_0| < \dfrac{p}{2 \times 3^{l_0-1}}$$

令 $a_1 = p - 3^{l_0} |a_0|$,则

$$0 < |a_1| < \dfrac{p}{2}$$

因此,存在唯一的正整数 l_1,使得

$$\dfrac{p}{2 \times 3^{l_1}} < |a_1| < \dfrac{p}{2 \times 3^{l_1-1}}$$

令 $a_2 = p - 3^{l_1} |a_1|$,则

$$0 < |a_2| < \frac{p}{2}$$

因此存在唯一的正整数 l_2，使得

$$\frac{p}{2 \times 3^{l_2}} < |a_2| < \frac{p}{2 \times 3^{l_2-1}}$$

如此下去，可构造整数列 $a_0, a_1, a_2, \cdots$，满足

$$0 < |a_i| < \frac{p}{2}, \quad 且 \ a_{i+1} = p - 3^{l_i}|a_i|$$

从而存在 $i < j$，使得

$$|a_i| = |a_j|$$

且 $|a_{i+1}|, |a_{i+2}|, \cdots, |a_j|$ 互不相同.

所以

$$\frac{p - a_{i+1}}{|a_{i+1}|} \cdot \frac{p - a_{i+2}}{|a_{i+2}|} \cdot \cdots \cdot \frac{p - a_j}{|a_j|} =$$

$$\frac{3^{l_i}|a_i|}{|a_{i+1}|} \cdot \frac{3^{l_{i+1}}|a_{i+1}|}{|a_{i+2}|} \cdot \cdots \cdot \frac{3^{l_{j-1}}|a_{j-1}|}{|a_j|} =$$

$$3^{l_i + l_{i+1} + \cdots + l_{j-1}}$$

在上式中，只要将 $a_{i+1}, a_{i+2}, \cdots, a_j$ 按照从小到大的顺序重新排列，原命题即可得证.

107 设 n 为任意奇正整数，证明：$1596^n + 1000^n - 270^n - 320^n$ 能被 2 006 整除.

(青少年数学国际城市邀请赛队际赛, 2006 年)

证 因为 $2006 = 2 \times 17 \times 59$，所以为证结论成立，只须证 n 为正整数时，$1596^n + 1000^n - 270^n - 320^n$ 能被 2, 17, 59 整除.

显然，表达式能被 2 整除.

应用公式，n 为奇数时，

$$a^n + b^n = (a+b)(a^{n-1} - a^{n-2}b + \cdots + b^{n-1})$$
$$a^n - b^n = (a-b)(a^{n-1} + a^{n-2}b + \cdots + b^{n-1})$$

则由于 $1596 + 1000 = 59 \times 44, 270 + 320 = 59 \times 10$

$$1596^n + 1000^n = (1596 + 1000)M = 59 \times 44M$$

所以

$$59 \mid (1596^n + 1000^n)$$
$$270^n + 320^n = (270 + 320)N = 59 \times 10N$$

所以

$$59 \mid (270^n + 320^n)$$

第 1 章　整除与同余
Chapter 1　Divisible and Congruence

所以 $1596^n + 1000^n - 270^n - 320^n$ 能被 59 整除.

又
$$1596^n - 270^n = (1596 - 270)T = 1326T = 17 \times 78T$$

所以
$$17 \mid (1596^n - 270^n)$$
$$1000^n - 320^n = (1000 - 320)S = 680S = 17 \times 40S$$

所以
$$17 \mid (1000^n - 320^n)$$

所以 $1596^n + 1000^n - 270^n - 320^n$ 能被 17 整除.

因为 $(2, 17, 59) = 1$,所以 $1596^n + 1000^n - 270^n - 320^n$ 能被 $2 \times 17 \times 59 = 2006$ 整除.

故结论成立.

108　已知整数 x, y 满足 $x \neq -1, y \neq -1$,且使得
$$\frac{x^4 - 1}{y + 1} + \frac{y^4 - 1}{x + 1}$$
是整数,求证:$x^4 y^{44} - 1$ 能被 $x + 1$ 整除.

(越南数学奥林匹克,2007 年)

证　设 $\dfrac{x^4 - 1}{y + 1} = \dfrac{a}{b}, \dfrac{y^4 - 1}{x + 1} = \dfrac{c}{d}$,其中 $(a, b) = 1, (c, d) = 1$,且 $b, d > 0$.

由条件 $\dfrac{a}{b} + \dfrac{c}{d} = \dfrac{ad + bc}{bd}$ 是整数,于是有
$$b \mid d \text{ 且 } d \mid b$$
即
$$b = d$$
又由 $b \mid (a + c), (a, b) = 1, (c, b) = 1$,则 $b = 1$,即 $b = d = 1$.
因此
$$(x + 1) \mid (y^4 - 1)$$
又由
$$(y^4 - 1) \mid (y^{44} - 1)$$
$$(x + 1) \mid (x^4 - 1)$$
则
$$(x + 1) \mid [x^4(y^{44} - 1) + x^4 - 1]$$
即
$$(x + 1) \mid (x^4 y^{44} - 1)$$

109 设正整数 a,b 满足 $b<a$,且
$$ab(a-b) \mid (a^3+b^3+ab)$$
证明:ab 是完全立方数.

(波罗的海地区数学奥林匹克,2007 年)

证 只要证明:对于每个满足 $p \mid ab$ 的质数 p,存在正整数 m,使得
$$p^{3m} \parallel ab$$
设 $p^k \parallel a, p^l \parallel b, p^{k+l} \parallel ab$.
(1) 若 $k=l$,则 $p^{2k} \parallel (a^3+b^3+ab)$,而 $p^{3k} \mid ab(a-b)$,矛盾.
(2) 若 $k>l$,则 $p^{k+2l} \parallel ab(a-b), p^{3k} \parallel a^3, p^{3l} \parallel b^3, p^{k+l} \parallel ab$.
而 $3l, k+l < k+2l$
由 $ab(a-b) \mid (a^3+b^3+ab)$
得
$$p^{k+2l} \mid (a^3+b^3+ab)$$
$$p^{k+2l} \mid (b^3+ab) = p^{3l}b_1^3 + p^{k+l}a_1b_1$$
其中 $b=p^l b_1, p \nmid b_1, a=p^k b_1, p \nmid a_1$.

因此,一定有 $3l=k+l, k=2l$
故
$$p^{3l} \mid (b^3+ab)$$
即
$$p^{3l} \parallel ab$$
同理可证 $k<l$ 的情形.

110 求所有的正整数 N,使得 N 可以整除它的四个不同的正因数的和.

(白俄罗斯数学奥林匹克决赛,2007 年)

解 所有的正整数 N 为 6 的倍数和 20 的倍数.

设 d_0, d_1, d_2, d_3 是 N 的四个不同的正因数,$m_i = \dfrac{N}{d_i}(i=0,1,2,3)$.

不妨设 $m_0 < m_1 < m_2 < m_3$,则存在正整数 a,使得
$$aN = d_0+d_1+d_2+d_3 = N\left(\frac{1}{m_0}+\frac{1}{m_1}+\frac{1}{m_2}+\frac{1}{m_3}\right)$$
故
$$a = \frac{1}{m_0}+\frac{1}{m_1}+\frac{1}{m_2}+\frac{1}{m_3} \leqslant 1+\frac{1}{2}+\frac{1}{3}+\frac{1}{4} = 2\frac{1}{12} < 3$$
于是 $a=1$ 或 $a=2$.

第1章 整除与同余
Chapter 1 Divisible and Congruence

(1) 当 $a=2$ 时,若 $m_0 \geqslant 2$,则
$$a = \frac{1}{m_0} + \frac{1}{m_1} + \frac{1}{m_2} + \frac{1}{m_3} \leqslant \frac{1}{2} + \frac{1}{3} + \frac{1}{4} + \frac{1}{5} = \frac{77}{60} < 2$$
与 $a=2$ 矛盾.

所以 $m_0 = 1$.

若 $m_1 \geqslant 3$,则
$$a = \frac{1}{m_0} + \frac{1}{m_1} + \frac{1}{m_2} + \frac{1}{m_3} \leqslant 1 + \frac{1}{3} + \frac{1}{4} + \frac{1}{5} = 1\frac{47}{60} < 2$$
与 $a=2$ 矛盾.

所以 $m_1 = 2$.

若 $m_2 \geqslant 4$,则
$$a = \frac{1}{m_0} + \frac{1}{m_1} + \frac{1}{m_2} + \frac{1}{m_3} \leqslant 1 + \frac{1}{2} + \frac{1}{4} + \frac{1}{5} = 1\frac{19}{20} < 2$$
与 $a=2$ 矛盾.

所以 $m_2 = 3$.

于是可解出 $m_3 = 6$.

所以 N 是 6 的倍数.

另一方面,若 N 是 6 的倍数,则 $N, \frac{N}{2}, \frac{N}{3}, \frac{N}{6}$ 的和是 N 的倍数.

(2) 当 $a=1$ 时,则 $m_0 \geqslant 2$.

若 $m_0 > 2$,则
$$a = 1 = \frac{1}{m_0} + \frac{1}{m_1} + \frac{1}{m_2} + \frac{1}{m_3} \leqslant \frac{1}{3} + \frac{1}{4} + \frac{1}{5} + \frac{1}{6} = \frac{19}{20} < 1$$
矛盾

所以 $m_0 = 2$.

若 $m_1 = 3$,则 N 既是 2 的倍数,又是 3 的倍数,从而 N 是 6 的倍数,即为(1) 的结论.

下面考虑 $m_1 \geqslant 4$,且 m_1, m_2, m_3 均不为 6.

若 $m_1 \geqslant 5$,则 $m_3 > m_2 \geqslant 7$,则
$$a = 1 = \frac{1}{m_0} + \frac{1}{m_1} + \frac{1}{m_2} + \frac{1}{m_3} \leqslant \frac{1}{2} + \frac{1}{5} + \frac{1}{7} + \frac{1}{8} < 1$$
矛盾

所以 $m_1 = 4$.

于是 $\frac{1}{m_2} + \frac{1}{m_3} = \frac{1}{4}$,即
$$m_2 m_3 = 4(m_2 + m_3) < 8m_3$$
故

$$m_2 < 8$$

又因为 $m_2 > m_1 = 4$,则 $m_2 = 5$ 或 7.

若 $m_2 = 7$,则
$$7m_3 = 4(7 + m_3)$$

无正整数解.

若 $m_2 = 5$,则
$$5m_3 = 4(5 + m_3)$$
$$m_3 = 20$$

因此,N 是 20 的倍数.

另一方面,若 N 是 20 的倍数,则 $\frac{N}{2}, \frac{N}{4}, \frac{N}{5}, \frac{N}{20}$ 的和是 N 的倍数.

111 求所有的正整数 x, y,使得
$$(xy^2 + 2y) \mid (2x^2y + xy^2 + 8x)$$

(保加利亚冬季数学奥林匹克,2007 年)

解 由于
$$(2x + y)(xy^2 + 2y) - y(2x^2y + xy^2 + 8x) = 2y^2 - 4xy$$

及
$$(xy^2 + 2y) \mid (2x^2y + xy^2 + 8x)$$

则
$$(xy^2 + 2y) \mid (2y^2 - 4xy), \quad (xy + 2) \mid (2y - 4x)$$

(1) 若 $2y - 4x \geqslant 0$

如果 $x \geqslant 2$,则 $xy + 2 > 2y - 4x$

于是 $2y - 4x = 0$,即 $y = 2x$.

设 $x = a, y = 2a, a \in \mathbf{N}^*, a \geqslant 2$

则
$$xy^2 + 2y = 4a(a^2 + 1)$$
$$2x^2y + xy^2 + 8x = 8a(a^2 + 1)$$

所以
$$(xy^2 + 2y) \mid (2x^2y + xy^2 + 8x)$$

因此解 $(x, y) = (a, 2a)(a \geqslant 2)$ 满足条件.

如果 $x = 1$,则 $(y + 2) \mid (2y - 4)$,即
$$(y + 2) \mid [2(y + 2) - (2y - 4)] = 8$$

于是 $y = 2$ 或 6.

经检验,$y = 2$ 符合条件.

第 1 章 整除与同余
Chapter 1 Divisible and Congruence

于是 $(x,y)=(1,2)$ 满足条件.

由以上,$(x,y)=(a,2a),a\in \mathbf{N}^*$.

(2) 若 $2y-4x<0$,即 $4x-2y>0$

若 $y\geqslant 4$,则 $xy+2>4x-2y$,矛盾.

所以 $y=1,2$ 或 3.

若 $y=1$,则

$$\frac{2x^2+9x}{x+2}=2x+5-\frac{10}{x+2}$$

是整数,因此 $x=3$ 或 8.

若 $y=2$,则

$$\frac{x^2+3x}{x+1}=x+2-\frac{2}{x+1}$$

是整数,因此 $x=1$.

若 $y=3$,则

$$\frac{6x^2+17x}{9x+6}$$

是整数

则 $3\mid x$,设 $x=3j,k\in \mathbf{N}^*$

$$\frac{6x^2+17x}{9x+6}=\frac{18k^2+17k}{9k+2}=2k+1+\frac{4k-2}{9k+2}$$

是整数,由 $9k+2>4k-2$,这是不可能的.

所以有解 $(3,1),(8,1),(1,2)$.

综合以上,所有的正整数 (x,y) 为

$$(x,y)=(3,1),(8,1) \text{ 和 } (a,2a) \quad (a\in \mathbf{N}^*)$$

112 是否存在三边长都为整数的三角形,满足以下条件:最短边长为 $2\,007$,且最大角是最小角的两倍?

(中国西部数学奥林匹克,2007 年)

解 不存在这样的三角形,证明如下:

不妨设 $\angle A\leqslant \angle B\leqslant \angle C,BC=a,CA=b$, $AB=c$(图 6),

则 $\angle C=2\angle A,a=2\,007$.

过 C 作 $\angle ACB$ 的平分线交 AB 于 D,则 $\angle BCD=\angle A,AD=CD$. 又 $\angle B=\angle B$,

于是 $\triangle CDB \backsim \triangle ACB$. 所以有

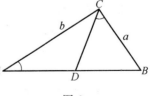

图 6

$$\frac{CB}{AB}=\frac{BD}{BC}=\frac{CD}{AC}=\frac{BD+CD}{BC+AC}=\frac{BD+AD}{BC+AC}=\frac{AB}{BC+AC}$$

即
$$\frac{a}{c}=\frac{c}{a+b}$$
$$c^2=a(a+b)=2\,007(2\,007+b)$$

这里
$$2\,007\leqslant b\leqslant c<2\,007+b$$

由 a,b,c 都是整数,则 $2\,007\mid c^2$,

于是
$$3\times 223\mid c^2$$

可设 $c=669m$,则
$$223m^2=2\,007+b$$

即
$$b=223m^2-2\,007$$

由 $b\geqslant 2\,007$ 知,$m\geqslant 5$

而 $c\geqslant b$,则
$$669m\geqslant 223m^2-2\,007$$

即
$$m^2-3m-9\leqslant 0,\quad m\leqslant \frac{3+3\sqrt{5}}{2}<5$$

出现矛盾.

所以不存在满足条件的三角形.

113 已知数列 $\{a_n\},\{b_n\}$ 满足
$$a_n=2^{2n+1}-2^{n+1}+1$$
$$b_n=2^{2n+1}+2^{n+1}+1$$

证明:对任意正整数 n,a_n、b_n 中有且仅有一个能被 5 整除.

(克罗地亚数学奥林匹克,2007 年)

证 考查 $a_n b_n$.
$$a_n b_n=[(2^{2n+1}+1)-2^{n+1}][(2^{2n+1}+1)+2^{n+1}]=$$
$$(2^{2n+1}+1)^2-(2^{n+1})^2=$$
$$2^{4n+2}+2^{2n+2}+1-2^{2n+2}=$$
$$4^{2n+1}+1=$$
$$(4+1)(4^{2n}-4^{2n-1}+4^{2n-2}-\cdots-4+1)=$$
$$5(4^{2n}-4^{2n-1}+4^{2n-2}-\cdots-4+1)$$

第 1 章 整除与同余
Chapter 1 Divisible and Congruence

于是
$$5 \mid a_n b_n \quad ①$$
$$b_n - a_n = 2 \times 2^{n+1} = 2^{n+2}$$

于是
$$5 \nmid (b_n - a_n) \quad ②$$

由 5 是质数,则由 ①,②,a_n 和 b_n 中有且仅有一个能被 5 整除.

114 设 $\{a_n\}$ 为一个整数数列,并且满足:对任意的 $n(n \in \mathbf{N}^*)$,均有
$$(n-1)a_{n+1} = (n+1)a_n - 2(n-1)$$
且 $2\,008 \mid a_{2\,007}$.求最小的正整数 $n(n \geqslant 2)$,使得 $2\,008 \mid a_n$.

(中国高中数学联赛吉林赛区,2007 年)

解 当 $n=1$ 时,有 $a_1 = 0$

当 $n \geqslant 2$ 时,原式化为
$$a_{n+1} = \frac{n+1}{n-1} a_n - 2 \quad ①$$

令 $b_n = \dfrac{a_n}{n-1}$,则 $nb_{n+1} = (n+1)b_n - 2$

于是,当 $n \geqslant 2$ 时,均有
$$b_{n+1} - 2 = \frac{n+1}{n}(b_n - 2)$$

由式 ②
$$b_n - 2 = \frac{n}{n-1} \cdot \frac{n-1}{n-2} \cdot \cdots \cdot \frac{3}{2}(b_2 - 2) = (\frac{b_2}{2} - 1)n$$
$$a_n = (n-1)[(\frac{a_2}{2} - 1)n + 2] \quad ③$$

由 $2\,008 \mid a_{2\,007}$,知
$$2\,008 \mid 2\,006[(\frac{a_2}{2} - 1) \times 2\,007 + 2]$$

所以 $\dfrac{a_2}{2}$ 是整数.

设 $a_2 = 2k (k \in \mathbf{Z})$

由 ③
$$a_n = (n-1)[(k-1)n + 2]$$

由 $2\,008 \mid a_{2\,007}$ 得
$$2\,006(2\,007k - 2\,005) \equiv 0 \pmod{2\,008}$$
$$k \equiv 3 \pmod{1\,004}$$

设 $k = 1\,004m + 3$.

则
$$a_n = (n-1)[(1004m+2)n+2]$$
于是若 $2008 \mid a_n$,有
$$2008 \mid (n-1)[(1004m+2)n+2]$$
即
$$1004 \mid (n-1)(n+1)$$
于是 n 是奇数.

设 $n = 2l+1, l \in \mathbf{Z}$
则
$$1004 \mid 2l(2l+2)$$
即
$$251 \mid l(l+1)$$
因为 251 是质数,且 $(l, l+1) = 1$,则
$$l+1 \geqslant 251, \quad l_{\min} = 250$$
从而
$$n = 250 \times 2 + 1 = 501$$

115 设 X 是由 10 000 个整数构成的集合,且集合中的每一个数都不是 47 的倍数.

证明:存在 X 的 2 007 元子集 Y,使得对于任意的 $a,b,c,d,e \in Y$,均有
$$47 \nmid (a-b+c-d+e)$$

(第 48 届国际数学奥林匹克预选题,2007 年)

证 如果对于任意的 $a,b,c,d,e \in M$ 均有 $47 \nmid (a-b+c-d+e)$,则称这个整数集合为"好集".

考虑集合
$$J = \{-9, -7, -5, -3, -1, 1, 3, 5, 7, 9\}$$
下面证明 J 是"好集".

实际上对于任意的 $a,b,c,d,e \in J$. 数 $a-b+c-d+e$ 是奇数,且
$$-45 = (-9) - 9 + (-9) - 9 + (-9) \leqslant a-b+c-d+e \leqslant$$
$$9 - (-9) + 9 - (-9) + 9 = 45$$
故
$$47 \nmid (a-b+c-d+e)$$
于是可以考虑集合
$$A_k = \{x \in X \mid \exists j \in J, \text{使} kx \equiv j \pmod{47}\}, k = 1, 2, \cdots, 46.$$
如果 A_k 不是"好集",则 $\exists a,b,c,d,e \in A_k$,使得 $47 \mid (a-b+c-d+e)$.

于是
$$47 \mid (ka - kb + kc - kd + ke)$$
因此，集合 J 中包含有 5 个对 mod 47 的剩余，使得 J 不是"好集"，出现矛盾.

所以，A_k 是 X 的好子集.

只要证明存在一个整数 k，使得 $|A_k| \geqslant 2\,007$ 即可.

对于每个 $x \in X$，由于 $47 \nmid x$，因此 $x, 2x, \cdots, 46x$ 构成一个 mod 47 的简化剩余系，于是共有 10 项分别与 J 中的元素对 mod 47 同余，所以每个 $x \in X$ 恰属于 10 个集合 A_k，从而有

$$\sum_{k=1}^{46} |A_k| = 10 |x| = 10\,000$$

且存在某个整数 k，使得

$$|A_k| \geqslant \frac{10\,000}{46} > 2\,173 > 2\,007$$

116 对于每个整数 $k(k \geqslant 2)$，证明：
$$2^{3k} \parallel (C_{2^{k+1}}^{2^k} - C_{2^k}^{2^{k-1}})$$

（第 48 届国际数学奥林匹克预选题，2007 年）

证 记
$$(2n-1)!! = 1 \cdot 3 \cdot 5 \cdots (2n-1)$$
$$(2n)!! = 2 \cdot 4 \cdot 6 \cdots 2n = 2^n n!$$

其中 n 为任意正整数，则
$$(2n)! = (2n)!!(2n-1)!! = 2^n n!(2n-1)!!$$

对于每个正整数 n，有
$$C_{4n}^{2n} = \frac{(4n)!}{[(2n)!]^2} = \frac{2^{2n}(2n)!(4n-1)!!}{[(2n)!]^2} = \frac{2^{2n}}{(2n)!}(4n-1)!!$$

$$C_{2n}^n = \frac{1}{(2n)!}\left[\frac{(2n)!}{n!}\right]^2 = \frac{2}{(2n)!}[2^n(2n-1)!!]^2 = \frac{2^n}{(2n)!}[(2n-1)!!]^2$$

于是有

$$C_{2^{k+1}}^{2^k} - C_{2^k}^{2^{k-1}} = \frac{2^{2^k}}{2^k!}(2^{k+1}-1)!! - \frac{2^{2^k}}{2^k!}[(2^k-1)!!]^2 =$$
$$\frac{2^{2^k}(2^k-1)!!}{2^k!}[(2^k+1)(2^k+3)\cdots(2^k+2^k-1) - $$
$$(2^k-1)(2^k-3)\cdots(2^k-2^k+1)] \qquad ①$$

首先用数学归纳法证明：
$$2^{2^n-1} \parallel 2^n!$$

最新世界各国数学奥林匹克中的初等数论试题(上)
The Lastest Elementary Number Theory in Mathematical Olympiads in The World

当 $n=1$ 时,显然成立;

假设 $2^n! = 2^{2^n-1}(2d+1)$,其中 $d \in \mathbf{N}^*$,则
$$2^{n+1}! = 2^{2^n} \cdot 2^n! \cdot (2^{n+1}-1)!! =$$
$$2^{2^n} \cdot 2^{2^n-1}(2d+1)(2^{n+1}-1)!! =$$
$$2^{2^{n+1}-1}(2q+1) \quad (q \in \mathbf{N}^*)$$

由以上,$2^{2^n-1} \| 2^n!$ 得证.

在式 ① 中,$\dfrac{2^{2^k}(2^k-1)!!}{2^k!}$ 中 2 的幂指数为
$$2^k - (2^k - 1) = 1 \qquad ②$$

对于
$$(2^k+1)(2^k+3)\cdots(2^k+2^k-1) - (2^k-1)(2^k-3)\cdots(2^k-2^k+1)$$

可以看成是多项式
$$p(x) = (x+1)(x+3)\cdots(x+2^k-1) - (x-1)(x-3)\cdots(x-2^k+1)$$

当 $x=2^k$ 时的值.

因为 $k \geqslant 2$,则 $p(-x) = -p(x)$,即 $p(x)$ 为奇函数.于是可设
$$p(x) = x^3 Q(x) + Cx$$

其中 $Q(x)$ 是一个整系数多项式.

$$C = 2(2^k-1)!! \sum_{i=1}^{2^{k-1}} \frac{1}{2i-1} =$$
$$(2^k-1)!! \sum_{i=1}^{2^{k-1}} \left(\frac{1}{2i-1} + \frac{1}{2^k-2i+1} \right) =$$
$$(2^k-1)!! \sum_{i=1}^{2^{k-1}} \frac{2^k}{(2i-1)(2^k-2i+1)} =$$
$$2^k \sum_{i=1}^{2^{k-1}} \frac{(2^k-1)!!}{(2i-1)(2^k-2i+1)} =$$
$$2^k S$$

对于整数 $i = 1, 2, \cdots, 2^{k-1}$,设整数 a_{2i-1} 满足
$$(2i-1)a_{2i-1} \equiv 1 \pmod{2^k}$$

则在 $\bmod 2^k$ 的意义下,$\{a_{2i-1}\}$ 是 $\{2i-1\}$ 的一个排列,于是
$$S = \sum_{i=1}^{2^{k-1}} \frac{(2^k-1)!!}{(2i-1)(2^k-2i+1)} \equiv$$
$$-\sum_{i=1}^{2^{k-1}} \frac{(2^k-1)!!}{(2i-1)^2} \equiv$$
$$-\sum_{i=1}^{2^{k-1}} (2^k-1)!! \cdot a_{2i-1}^2 =$$

第 1 章　整除与同余

Chapter 1　Divisible and Congruence

$$-(2^k-1)!!\sum_{i=1}^{2^{k-1}}(2i-1)^2 \equiv$$
$$-(2^k-1)!!\frac{2^{k-1}(2^{2^k}-1)}{3} \pmod{2^k}$$

因此
$$2^{k-1} \| S$$

故
$$C = 2^k S = 2^{2k-1}(2t+1) \quad (t \in \mathbf{Z})$$

从而
$$p(2^k) = 2^{3k}Q(2^k) + 2^k C = 2^{3k}Q(2^k) + 2^{3k-1}(2t+1)$$

这表明 $p(2^k)$ 能被 2^{3k-1} 整除,不能被 2^{3k} 整除,

于是
$$2^{3k-1} \| p(2^k) \qquad\qquad ③$$

由②,③有
$$2^{3k} \| (C_{2^{k+1}}^{2^k} - C_{2^k}^{2^{k-1}})$$

117　求所有非负整数 $a(a < 2\,007)$,使得
$$x^2 + a \equiv 0 \pmod{2\,007}$$
恰有两个不同且小于 2 007 的非负整数解.

（奥地利数学奥林匹克,2007 年）

解　因为 $2\,007 = 3^2 \times 223$,所以
$$x^2 + a \equiv 0 \pmod{2\,007}$$
在模 2 007 意义下的解的数目等于
$$x^2 + a \equiv 0 \pmod{9} \quad 和 \quad x^2 + a \equiv 0 \pmod{223}$$
的解的数目的乘积.

因为
$$x^2 \equiv 0, 1, 4, 7 \pmod{9}$$

所以
$$a \in \{1, 3, 4, 6, 7\} 时$$
$$x^2 + a \equiv 0 \pmod{9}$$

无解.

当 $a \in \{2, 5, 8\}$ 时,有两个解.

当 $a = 0$ 时,有三个解.

如果 $-a \in S = \{b_i \mid b_i \equiv i^2 \pmod{223}, 0 < b_i < 223, i = 1, 2, \cdots, 111\}$,则
$$x^2 + a \equiv 0 \pmod{223}$$

有两个解；
如果 $-a \notin S \cup \{0\}$，则无解.
当 $a = 0$ 时，有一个解.

由以上，若同余方程 $x^2 + a \equiv 0 \pmod{2\,007}$ 有两个解，只可能是
$x^2 + a \equiv 0 \pmod 9$ 有两个解，$x^2 + a \equiv 0 \pmod{223}$ 有一个解.
设 $a = 233b$（此时 $x^2 + a \equiv 0 \pmod{223}$ 有一个解）.

因为 $223 \equiv -2 \pmod 9$，-2 是模 9 的二次剩余，所以 $-b$ 也是 $9m$ 的二次的剩余.

于是
$$b \equiv 2, 5, 8$$
故 $a = 2 \times 223 = 446, a = 5 \times 223 = 1115, a = 8 \times 223 = 1\,784$ 为所求.

118 将 2 007 个整数放在一个圆周上，使得任意相邻的五个数中有三个的和等于另两个的和的两倍. 证明：这 2 007 个数都是 0.

（白俄罗斯数学奥林匹克决赛，2007 年）

证 设圆周上的 2 007 个整数按逆时针排列为
$$x_1, x_2, \cdots, x_{2\,007}$$
依题意，相邻五个数的和为其中两个数的 3 倍.

则
$$0 \equiv x_1 + x_2 + x_3 + x_4 + x_5 \equiv x_2 + x_3 + x_4 + x_5 + x_6 \pmod 3$$
从而
$$x_1 \equiv x_6 \pmod 3$$
同理，对于 $i = 1, 2, \cdots, 2\,007$，有
$$x_i \equiv x_{i+5} \pmod 3$$
当 $j \equiv k \pmod{2\,007}$ 时，设 $x_j = x_k$.

又 5 与 2 007 互质，则对于任意的 i, j（$i = 1, 2, \cdots, 2\,007, j = 1, 2, \cdots, 2\,007$），有
$$x_i \equiv x_j \pmod 3$$
对任意连续的五个数 a, b, c, d, e，因为
$$a \equiv b \equiv c \equiv d \equiv e \pmod 3$$
所以
$$0 \equiv a + b + c + d + e \equiv 5a \pmod 3$$
于是
$$a \equiv 0 \pmod 3$$

第 1 章　整除与同余
Chapter 1　Divisible and Congruence

从而,对于所有的 $i(i=1,2,\cdots,2\,007)$,
$$x_i \equiv 0 \pmod 3$$

设 $y_i = \dfrac{x_i}{3}(i=1,2,\cdots,2\,007)$,则 y_i 也满足条件,继续这样的过程,每次都能得到 2 007 个新的数满足条件.

所以,所有的数都是原来的数除以 3 的任意整次幂.

因此,所有的数都是 0.

119　是否存在 2 007 次整系数多项式 f,使得对于每个整数 n,均有 $f(n), f(f(n)), f(f(f(n))), \cdots$,两两互质?并证明你的结论.

(香港数学奥林匹克,2007 年)

解　存在.

设 $g(x)$ 是一个 2 005 次整系数多项式,且
$$f(x) = x(x-1)g(x) + 1$$

则 $f(x)$ 满足条件.

事实上,只要证明:对于任意的整数 n 及 $f(n)$ 的任意一个质因数 p,有 $p \nmid f^{(k)}(n)$,其中 $k \in \mathbf{N}^*, k > 1$
$$f^{(k)}(n) = f(f(\cdots f(n)\cdots))$$

下面用数学归纳法证明:

对于所有的 $k(k>1)$,有
$$f^{(k)}(n) \equiv 1 \pmod p \qquad ①$$

当 $k=2$ 时,由 $f(n) \equiv 0 \pmod p$ 得
$$f(f(n)) \equiv f(0) \equiv 1 \pmod p$$

则 $k=2$,式 ① 成立.

假设 $f^{(k)}(n) \equiv 1 \pmod p$,则
$$f^{(k+1)}(n) = f(f^{(k)}(n)) \equiv f(1) \equiv 1 \pmod p$$

则 $k+1$ 时,① 成立.

因此,$p \mid f(n)$ 且 $p \nmid f^{(k)}(n)(k>1, k \in \mathbf{N}^*)$

从而,$f(x)$ 满足条件.

120　已知 $a_1 = a_2 = 1, a_{k+2} = a_{k+1} + a_k (k \in \mathbf{N}^*)$.证明对任意的正整数 m,必存在一个 k,满足 $m \mid (a_k^4 - a_k - 2)$.

(捷克－斯洛伐克－波兰数学奥林匹克,2007 年)

解　若 $m=1$,则结论成立;

当 $m \geqslant 2$ 时,设 $a_i \equiv b_i \pmod m (0 \leqslant b_i < m)$

则由 $a_i = a_{i-1} + a_{i-2}$ 得
$$b_i \equiv b_{i-1} + b_{i-2} \pmod{m}$$
由上式可以看出,数对 (b_i, b_{i+1}) 决定了前后项,且不能为 $(0,0)$,这是因为若
$$(b_i, b_{i+1}) = (0, 0)$$
则由递推公式知整个数列对 $\bmod m$ 为 0,与 $a_1 = a_2 = 1$ 矛盾.

故 (b_i, b_{i+1}) 的可能取值为 $m^2 - 1$ 个.

而对 m^2 个数对 (b_i, b_{i+1}),由抽屉原理知,必存在 $1 \leqslant i < j \leqslant m^2$,使得
$$(b_i, b_{i+1}) = (b_j, b_{j+1})$$
于是,$b_i = b_j, b_{i+1} = b_{j+1}$.

令 $p = j - i$,则 $b_{k+p} = b_k$

从而
$$a_{k+p} \equiv a_k \pmod{m}$$
于是 $\{a_n\}$ 是一个对 $\bmod m$ 周期为 p 的模周期数列.

因为
$$a_1 \equiv a_2 \equiv 1 \pmod{m}$$
所以
$$a_{p+1} \equiv a_{p+2} \equiv 1 \pmod{m}$$
由 $a_{k+2} = a_{k+1} + a_k (k \in \mathbf{N}^*)$,则
$$a_p \equiv 0 \pmod{m}, \quad a_{p-1} \equiv 1 \pmod{m}, \quad a_{p-2} \equiv -1 \pmod{m}$$
由周期性,$a_{tp-2} \equiv -1 \pmod{m}, t \in \mathbf{N}^*, tp - 2 > 0$.

取 $k = tp - 2$,则有
$$a_k^4 - a_k - 2 \equiv 0 \pmod{m}$$
所以,对任意的正整数 m,必存在一个 k,满足 $m \mid (a_k^4 - a_k - 2)$.

121 考虑一个 7×7 的数表 $a_{ij} = (i^2 + j)(i + j^2), 1 \leqslant i, j \leqslant 7$. 我们称将任意一个由 7 个整数组成的等差数列的每一项分别依次加到某一行(或列)对应的项上为一次操作. 问:是否可能经过有限步上述操作得到一个数表使其每一行的 7 个数都构成等差数列?

(中国国家集训队测试题,2007 年)

解 假设经过有限步操作可以实现.

我们考虑 6×6 的子集表 $(a_{ij})_{1 \leqslant i,j \leqslant 6}$.

由给定的操作可知,这个 6×6 的子数表中元素之和模 6 的余数是不变的.

其最初的余数是

第 1 章 整除与同余
Chapter 1 Divisible and Congruence

$$\sum_{i=1}^{6}\sum_{j=1}^{6}(i^2+j)(i+j^2) =$$
$$\sum_{i=1}^{6}\sum_{j=1}^{6}i^3 + \sum_{i=1}^{6}\sum_{j=1}^{6}j^3 + \sum_{i=1}^{6}i\sum_{j=1}^{6}j + \sum_{i=1}^{6}i^2\sum_{j=1}^{6}j^2 \equiv$$
$$\left(\frac{6\times 7}{2}\right)^2 + \left(\frac{6\times 7\times 13}{2}\right)^2 \equiv$$
$$(3\times 7)^2 + (7\times 13)^2 \equiv$$
$$4 \pmod 6$$

另一方面,如果经过有限步骤得到 7×7 数表 $(b_{ij})_{1\leqslant i,j\leqslant 7}$ 具有形式 $b_{ij}=c_i+(j-1)d_i, 1\leqslant i,j\leqslant 7$,其中 $c_i,d_i\in \mathbf{Z}$ $(i=1,2,\cdots,7)$.

则再考虑 6×6 的子数表,有

$$\sum_{i=1}^{6}\sum_{j=1}^{6}b_{ij} = \sum_{i=1}^{6}\sum_{j=1}^{6}(c_i+(j-1)d_i) \equiv$$
$$\sum_{i=1}^{6}\frac{5\times 6}{2}d_i \equiv$$
$$3\sum_{i=1}^{6}d_i \pmod 6$$

这表明 $\sum_{i=1}^{6}\sum_{j=1}^{6}b_{ij}$ 对 mod 6 或者与 0 同余,或者与 3 同余而不与 4 同余,出现矛盾. 这表明不能由有限步操作使其每一行的 7 个数构成等差数列.

122 令 p 是一个质数,对任意整数 $0\leqslant a_1<a_2<\cdots<a_m<p$ 及 $0\leqslant b_1<b_2<\cdots<b_n<p$,$k$ 表示 $a_i+b_j(1\leqslant i\leqslant m,1\leqslant j\leqslant n)$ 在除以 p 后所得到的不同的余数的个数. 证明:

(1) 如果 $m+n>p$,则 $k\leqslant p$;

(2) 如果 $m+n\leqslant p$,则 $k\geqslant m+n-1$.

(中国国家集训队培训试题,2007 年)

证 (1) 令 t 是任意整数除以 p 后得到的余数,则 $t\in\{0,1,2,\cdots,p-1\}$. 考虑数 $t-a_i(1\leqslant i\leqslant m)$ 和 $b_j(1\leqslant j\leqslant n)$ 除以 p 后得到的余数.

由于 $m+n>p$,由抽屉原理,对 mod p,存在 $i\neq j$,使 $t-a_i\equiv b_j$,即 $t\equiv a_i\pm b_j$,$p=k$.

(2) 若 $m+n\leqslant p$,$A=\{a_1,a_2,\cdots,a_m\}$,$B=\{b_1,b_2,\cdots,b_n\}$,对任意两数集 X,Y,记 $X+Y=\{x+y(\bmod p)\mid x\in X,y\in Y\}$.

下证:$k=|A+B|\geqslant |A|+|B|-1$.

不失一般性,设 $m\leqslant n$.

对 m 归纳,证明本命题.

当 $m=1$ 时，$|A+B|=a_1+B=n+1>m+n-1$. 命题成立.

假设对任意集合 X,Y，如果满足 $|X|<m$，$|X|<|Y|$，$|X|+|Y|\leqslant p$，则
$$|X+Y|\geqslant |X|+|Y|-1$$
$$|A|=m>1,\ |B|=n,\ m\leqslant n,\ m+n\leqslant p$$

由于 $n<p$，存在余数 $c\notin B$，令 $a_1,a_2\in A$，考虑数集
$$c+t(a_1-a_2)(\bmod p),\quad t=1,2,\cdots,p-1$$

取最小的 t，使得 $b=c+t(a_2-a_1)\in B$.

集合 $A'=\{b-a_2\}+A$ 含元素 $b-a_2+a_1$ 和 $b-a_2+a_2=b$.

由于 $b-a_2+a_1=c+(t-1)(a_2-a_1)\notin B$.
$$|A'+B|=|\{b-a_2\}+A+B|=|A+B|$$

故只须证明 $|A'+B|\geqslant m+n-1$

令
$$F=A'\cap B,\quad G=A'\cup B$$

因为 $F\neq\varnothing (b\in F)$，且 $b-a_2+a_1\in A'$，$b-a_2+a_1\notin F$

所以
$$0<|F|<m\leqslant n<|G|$$
$$m+n=|A'|+|B|=|A'\cap B|+|A'\cup B|=|F|+|G|$$

又 $F+G\subset A'+B$（设 $f\in F,g\in G$，不妨设 $g\in A'$，则 $f+g\in A'+B$）

$|A+B|=|A'+B|\geqslant |F+G|\geqslant |F|+|G|-1=|A'|+|B|-1=m+n-1$

所以命题成立.

123 试求最大整数 λ，使得对于任意正整数数列 $\{a_n\}(n\geqslant 1)$，该数列对所有正整数 n，有 $a_n a_{n+3}=a_{n+2}a_{n+5}$. 则 $\lambda \mid \sum_{k=1}^{2550} a_{2k}a_{2k-1}$.

（泰国数学奥林匹克，2007 年）

解 最大整数 $\lambda=850$.

由
$$a_n a_{n+3}=a_{n+2}a_{n+5}$$
$$a_{n+1}a_{n+4}=a_{n+3}a_{n+6}$$
$$a_{n+2}a_{n+5}=a_{n+4}a_{n+7}$$

则
$$a_n a_{n+3}\cdot a_{n+1}a_{n+4}\cdot a_{n+2}a_{n+5}=a_{n+2}a_{n+5}\cdot a_{n+3}a_{n+6}\cdot a_{n+4}a_{n+7}$$

即
$$a_n a_{n+1}=a_{n+6}a_{n+7}\quad (n\in \mathbf{N}^*)$$

第1章　整除与同余
Chapter 1　Divisible and Congruence

所以
$$\sum_{k=1}^{2\,550} a_{2k}a_{2k-1} = \frac{2\,550}{3}(a_1a_2 + a_3a_4 + a_5a_6) = 850(a_1a_2 + a_3a_4 + a_5a_6)$$

所以
$$850 \mid \lambda$$

下面证明 $\lambda \mid 850$. 考虑数列 $\{a_n\}$，定义：$a_n = \begin{cases} 1, n \equiv 1,2,3 \pmod{6} \\ 2, n \equiv 4,5,6 \pmod{6} \end{cases}$

因此，对所有 $n \in \mathbf{N}^*$，有
$$a_n a_{n+3} = 2 = a_{n+2} a_{n+5}$$

故数列 $\{a_n\}$ 满足条件，且
$$\sum_{k=1}^{2\,550} a_{2k}a_{2k-1} = 850(1 \times 1 + 1 \times 2 + 2 \times 2) = 850 \times 7$$

考虑另一数列 $\{a_n\}$ 定义 $\{a_n\}$ 为常数列 $a_n = 1$，也满足条件 $a_n a_{n+3} = a_{n+2} a_{n+5}$，且
$$\sum_{k=1}^{2\,550} a_{2k}a_{2k-1} = 850(1 \times 1 + 1 \times 1 + 1 \times 1) = 850 \times 3$$

所以
$$\lambda \mid 850$$

于是
$$\lambda_{\max} = 850$$

124　已知数列 $\{a_n\}(n \geqslant 0)$ 满足 $a_0 = 0, a_1 = 1$，对于所有正整数 n，有
$$a_{n+1} = 2a_n + 2\,007 a_{n-1}$$
求使得 $2\,008 \mid a_n$ 成立的最小正整数 n.

（中国高中数学联赛天津赛区预赛，2007年）

解1　在 $\mathrm{mod}\,2\,008$ 意义下的 a_n 是
$$a_{n+1} \equiv 2a_n - a_{n-1} \pmod{2\,008}$$
即
$$a_{n+1} - a_n \equiv a_n - a_{n-1} \pmod{2\,008}$$
又由
$$a_0 = 0, \quad a_1 = 1$$
则有
$$a_n a_{n-1} \equiv a_1 - a_0 \equiv 1 \pmod{2\,008}$$
则

最新世界各国数学奥林匹克中的初等数论试题(上)

The Lastest Elementary Number Theory in Mathematical Olympiads in The World

$$a_n \equiv n \pmod{2\,008}$$

于是由 $2\,008 \mid a_n$，则 $2\,008 \mid n$. 即最小的正整数 $n = 2\,008$.

解 2 设 $m = 2\,008$，

$$a_{n+1} = 2a_n + 2\,007 a_{n-1}$$

的特征方程为

$$\lambda^2 - 2\lambda - 2\,007 = 0$$

特征根为

$$\lambda = 1 \pm \sqrt{m}$$

由初始值 $a_0 = 0, a_1 = 1$ 可得

$$a_n = \frac{1}{2\sqrt{m}} [(1+\sqrt{m})^n - (1-\sqrt{m})^n]$$

由二项式定理，

当 n 为奇数时，$a_n = C_n^1 + C_n^3 m + \cdots + C_n^{n-2} m^{\frac{n-3}{2}} + C_n^n m^{\frac{n-1}{2}}$

当 n 为偶数时，$a_n = C_n^1 + C_n^3 m + \cdots + C_n^{n-3} m^{\frac{n-4}{2}} + C_n^{n-1} m^{\frac{n-2}{2}}$

于是 $m \mid a_n$ 等价于 $m \mid C_n^1$，即 $2\,008 \mid n$.

所以最小的正整数 $n = 2\,008$.

125 试求不小于 9 的最小正整数 n，满足对任给的 n 个整数 $a_1, a_2, \cdots, a_n$（可以相同），总存在 9 个数 $a_{i_1}, a_{i_2}, \cdots, a_{i_9} (1 \leqslant i_1 < i_2 < \cdots < i_9 \leqslant n)$ 及 $b_i \in \{4, 7\} (i = 1, 2, \cdots, 9)$，使得 $b_1 a_{i_1} + b_2 a_{i_2} + \cdots + b_9 a_{i_9}$ 为 9 的倍数.

（中国数学奥林匹克，2007 年）

解 取这样 12 个数：

$$a_1 = a_2 = 1, \quad a_3 = a_4 = 3, \quad a_5 = a_6 = \cdots = a_{12} = 0$$

则其中任 9 个数都不满足要求，因此 $n \geqslant 13$.

我们证明 $n = 13$ 能够满足要求，从而 n 的最小值为 13.

为此，只要证明如果 m 个整数 $a_1, a_2, \cdots, a_m$（可以相同）中，不存在 3 个数 $a_{i_1}, a_{i_2}, a_{i_3}$ 及 $b_1, b_2, b_3 \in \{4, 7\}$，使得 $b_1 a_{i_1} + b_2 a_{i_2} + b_3 a_{i_3}$ 为 9 的倍数，则 $m \leqslant 6$ 或者 $7 \leqslant m \leqslant 8$ 且 $a_1, a_2, \cdots, a_m$ 中有 6 个数 $a_{i_1}, a_{i_2}, \cdots, a_{i_6}$ 及 $b_1, b_2, \cdots, b_6 \in \{4, 7\}$，使得

$$9 \mid (b_1 a_{i_1} + b_2 a_{i_2} + \cdots + b_6 a_{i_6})$$

设
$$A_1 = \{i \mid 1 \leqslant i \leqslant m, a_i \equiv 0 \pmod 9\}$$
$$A_2 = \{i \mid 1 \leqslant i \leqslant m, a_i \equiv 3 \pmod 9\}$$
$$A_3 = \{i \mid 1 \leqslant i \leqslant m, a_i \equiv 6 \pmod 9\}$$
$$A_4 = \{i \mid 1 \leqslant i \leqslant m, a_i \equiv 1 \pmod 3\}$$
$$A_5 = \{i \mid 1 \leqslant i \leqslant m, a_i \equiv 2 \pmod 3\}$$

第1章 整除与同余
Chapter 1 Divisible and Congruence

则
$$|A_1|+|A_2|+|A_3|+|A_4|+|A_5|=m$$

(1) 若 $i\in A_2, j\in A_3$，则 $9\mid(4a_i+4a_j)$；

(2) 若 $i\in A_4, j\in A_5$，则 $4a_i+4a_j, 4a_i+7a_j, 7a_i+4a_j$ 都是 3 的倍数，且对 mod 9，余数两两不等，因此必有一个是 9 的倍数；

(3) 若 $i,j,k\in A_2$ 或者 $i,j,k\in A_3$，则
$$9\mid(4a_i+4a_j+4a_k)$$

(4) 若 $i,j,k\in A_4$ 或 $i,j,k\in A_5$，则由 $4a_i+4a_j+4a_k, 4a_i+4a_j+7a_k, 4a_i+7a_j+7a_k$ 都是 3 的倍数，且对 mod 9 不同余，所以必有一个是 9 的倍数.

由假设，有 $|A_i|\leqslant 2\ (1\leqslant i\leqslant 5)$

若 $|A_1|\geqslant 1$，则 $|A_2|+|A_3|\leqslant 2, |A_4|+|A_5|\leqslant 2$

这样，$m=|A_1|+|A_2|+|A_3|+|A_4|+|A_5|\leqslant 6$

若 $|A_1|=0, m\geqslant 7$，这时
$$7\leqslant m=|A_1|+|A_2|+|A_3|+|A_4|+|A_5|\leqslant 8$$

因此，$\min\{|A_2|,|A_3|\}+\min\{|A_4|,|A_5|\}\geqslant 3$

于是存在 $i_1,i_2,\cdots,i_6\in A_2\bigcup A_3\bigcup A_4\bigcup A_5, i_1<i_2<\cdots<i_6$，及 $b_1, b_2,\cdots,b_6\in\{4,7\}$，使
$$9\mid(b_1a_{i_1}+b_2a_{i_2}+\cdots+b_6a_{i_6})$$

因此，所求的最小正整数 $n=13$.

126 设 a,b 为正整数，已知
$$(4ab-1)\mid(4a^2-1)^2$$
证明：$a=b$.

（第 48 届国际数学奥林匹克，2007 年）

证 我们把满足 $(4ab-1)\mid(4a^2-1)^2$，但 $a\neq b$ 的正整数对 (a,b) 叫做"坏对"，本题证明"坏对"不存在.

关于"坏对"有下面两个性质：

性质 1 如果 (a,b) 是"坏对"，且 $a<b$，则存在一个正整数 $c<a$，使 (a,c) 也是"坏对".

性质 1 的证明：设 $r=\dfrac{(4a^2-1)^2}{4ab-1}$，则
$$r\equiv(-r)\cdot(-1)\equiv-r(4ab-1)=-(4a^2-1)^2\equiv-1\ (\mathrm{mod}\ 4a)$$

因此，存在某个正整数 c，使得 $r=4ac-1$.

由 $a<b$，有 $4ac-1=\dfrac{(4a^2-1)^2}{4ab-1}<4a^2-1$，即 $c<a$.

并且有

最新世界各国数学奥林匹克中的初等数论试题(上)
The Lastest Elementary Number Theory in Mathematical Olympiads in The World

$$(4ac-1) \mid (4a^2-1)^2$$

因此 (a,c) 也是"坏对".

性质 2 如果 (a,b) 是"坏对",则 (b,a) 也是"坏对".

性质 2 的证明:注意到

$$1 \equiv 1^2 \equiv (4ab)^2 \pmod{4ab-1}$$

则

$$(4b^2-1)^2 \equiv [4b^2-(4ab)^2]=16b^4(4a^2-1)^2 \equiv 0 \pmod{4ab-1}$$

于是

$$4ab-1 \mid (4b^2-1)^2$$

即 (b,a) 也是"坏对".

下面用反证法证明"坏对"不存在.

假设存在一个"坏对",取使得 $2a+b$ 取得最小值的"坏对".

如果 $a<b$,由性质 1 可知,存在"坏对"(a,c),且满足 $c<b$,使得 $2a+c<2a+b$,与 $2a+b$ 的最小性矛盾;

如果 $b<a$,由性质 2 可知,(b,a) 也是"坏对",这时 $2b+a<2a+b$,也与 $2a+b$ 的最小性矛盾.

这表明,"坏对"不存在,因此 $a=b$.

127 求所有的正整数 n,使得集合 $S=\{1,2,\cdots,n\}$ 中的数被染成红色或蓝色,并满足下列条件:集合 $S \times S \times S$ 恰包含 2 007 个有序三元数组 (x,y,z),使得

(1) x,y,z 同色;

(2) $x+y+z$ 可以被 n 整除.

(第 48 届国际数学奥林匹克预选题,2007 年)

解 假设 $1,2,\cdots,n$ 被染成红色或蓝色,分别用 R 和 B 表示红色的数和蓝色的数的集合.

设 $|R|=r$,$|B|=b=n-r$.

若 x,y,z 同色,则称三元数组 $(x,y,z) \in S \times S \times S$ 为"单色的";否则,称其为"双色的".

若 $x+y+z$ 可以被 n 整除,则称三元数组 (x,y,z) 为"可整除的".

下面计算可整除的单色三元数组的个数.

我们知道,若 $x+y \equiv a \pmod{n}$,且 $0<a \leqslant n$,则存在数 $z=n-a$,使得 $n \mid x+y+z$.

为此,对于任意二元数组 $(x,y) \in S \times S$,存在一个唯一的数 $z_{x,y} \in S$,使得三元数组 $(x,y,z_{x,y})$ 是"可整除的".

第 1 章 整除与同余
Chapter 1 Divisible and Congruence

所以,恰有 n^2 个可整除的三元数组.

我们计算在这 n^2 个"可整除的三元数组"中有多少个是双色的.

如果有一个可整除的三元数组是双色的,则 x,y,z 中或者是一个蓝色、两个红色,或者是两个蓝色、一个红色,即
$$(x,y,z)=(r,r,b),(r,b,r),(b,r,r) \text{ 或 } (x,y,z)=(b,b,r),(b,r,b),(r,b,b)$$

在这两种情况下,均满足二元数组 $(x,y),(y,z),(z,x)$ 中恰有一个属于集合 $R \times B$,于是,这个双色二元数组 $(x,y) \in R \times B$,存在一个唯一的数 $z=z_{x,y} \in S$,使得三元数组 (x,y,z) 是"可整除的",这个数组是双色三元数组.

但是,一个双色二元数组 $(x,y) \in R \times B$,对应三个双色三元数组 $(x,y,z),(y,z,x),(z,x,y)$.

于是,"可整除的双色三元数组"的数目是 $R \times B$ 中元素数目的三倍,即有 $3br$ 个.

所以,"可整除的单色三元数组"的数目为
$$n^2 - 3br = (b+r)^2 - 3br = b^2 - br + r^2 \text{(个)}$$

由题意,"可整除的单色三元数组"有 2 007 个.即有不定方程
$$b^2 - br + r^2 = 2\ 007$$

因为 $9 \mid 2\ 007$,所以 $9 \mid b^2 - br + r^2 = (r+b)^2 - 3br$.

于是 $3 \mid (r+b)^2$,进而 $3 \mid r+b, 9 \mid (r+b)^2$,因而 $3 \mid rb$.

由 $3 \mid r+b$ 且 $3 \mid rb$,则 $3 \mid r, 3 \mid b$.

设 $r=3s, b=3c$.不妨设 $s \geqslant c$.

于是
$$b^2 - br + r^2 = (3s)^2 - (3s)(3c) + (3c)^2 = 2\ 007$$

即
$$s^2 - sc + c^2 = 223$$

由
$$4 \times 223 = 892 = 4(s^2 - sc + c^2) = $$
$$(2c-s)^2 + 3s^2 \geqslant 3s^2 \geqslant$$
$$3(s^2 - sc + c^2) = 669$$

即 $223 \leqslant s^2 \leqslant 297, 15 \leqslant s \leqslant 17$.

若 $s=15$,则 $c(15-c) = c(s-c) = s^2 - (s^2 - sc + c^2) = 15^2 - 223 = 2$
此时无整数解.

若 $s=16$,则 $c(16-c) = c(s-c) = s^2 - (s^2 - sc + c^2) = 16^2 - 223 = 33$
此时也无整数解.

若 $s=17$,则 $c(17-c) = c(s-c) = s^2 - (s^2 - sc + c^2) = 17^2 - 223 = 66$
解

$$c^2 - 17c + 66 = 0$$

得
$$c = 6, \quad c = 11$$

所以 $(r, b) = (51, 18), (51, 33)$.
$$n = s + c = 51 + 18 = 69 \quad 和 \quad n = s + c = 51 + 33 = 84$$

128 求所有的正整数对 (k, n)，使得
$$(7^k - 3^n) \mid (k^4 + n^2)$$

(第 48 届国际数学奥林匹克预选题, 2007 年)

解 假设正整数对 (k, n) 满足条件.

因为 $7^k - 3^n$ 是偶数，所以 $k^4 + n^2$ 也是偶数，于是 k 和 n 有相同的奇偶性，若 k 和 n 同为奇数，所以
$$k^4 + n^2 \equiv 1 + 1 \equiv 2 \pmod{4}$$

而
$$7^k - 3^n \equiv 7 - 3 \equiv 0 \pmod{4}$$

这是不可能的，所以 k 和 n 同为偶数.

设 $k = 2a, n = 2b$，则
$$7^k - 3^n = 7^{2a} - 3^{2b} = \frac{7^a - 3^b}{2} \cdot 2(7^a + 3^b)$$

因为 $\frac{7^a - 3^b}{2}$ 和 $2(7^a + 3^b)$ 同为整数，所以
$$2(7^a + 3^b) \mid (7^k - 3^n)$$

又
$$(7^k - 3^n) \mid (k^4 + n^2)$$

即
$$(7^k - 3^n) \mid ((2a)^4 + (2b)^2) = 2(8a^4 + 2b^2)$$

则
$$7^a + 3^b \leqslant 8a^4 + 2b^2$$

下面用数学归纳法证明：

当 $a \geqslant 4$ 时，$8a^4 < 7^a$ ①

当 $b \geqslant 1$ 时，$2b^2 < 3^b$ ②

当 $b \geqslant 3$ 时，$2b^2 + 9 \leqslant 3^b$ ③

显然，当 $a = 4$ 时，有
$$8 \times 4^4 = 2\,048 < 7^4 = 2\,401$$

假设 $8a^4 < 7^a$ 成立，则

第1章 整除与同余
Chapter 1 Divisible and Congruence

$$8(a+1)^4 = 8a^4\left(\frac{a+1}{a}\right)^4 < 7^a \cdot \left(\frac{5}{4}\right)^4 = 7^a \cdot \frac{625}{256} < 7^{a+1}$$

所以 $a+1$ 时,不等式 ① 成立,于是 $a \geqslant 4$ 时,式 ① 成立.

当 $b=1$ 时,$2b^2 = 2 < 3^1$

当 $b=2$ 时,$2b^2 = 8 < 9 = 3^2$

所以 $b=1,2$ 时,式 ② 成立.

假设 $2b^2 < 3^b$ 成立$(b \geqslant 2)$,则

$$2(b+1)^2 = 2b^2 + 2 \times 2b + 2 < 2b^2 + 2b^2 + 2b^2 < 3 \times 3^b = 3^{b+1}$$

所以 $b+1$ 时,式 ② 成立,于是 $b \geqslant 1$ 时,式 ② 成立.

当 $b=3$ 时,有 $2 \times 3^2 + 9 = 27 = 3^3$,式 ③ 成立;

假设 $2b^2 + 9 \leqslant 3^b (b \geqslant 3)$ 成立,则

$$2(b+1)^2 + 9 < (2b^2+9)\left(\frac{b+1}{b}\right)^2 \leqslant 3^b \left(\frac{4}{3}\right)^2 = 3^b \cdot \frac{16}{9} < 3^{b+1}$$

所以 $b+1$ 时,式 ③ 成立,于是 $b \geqslant 3$ 时,式 ③ 成立.

由以上,对于 $a \geqslant 4, b \geqslant 1$ 得

$$7^a + 3^b > 8a^4 + 2b^2$$

与 $7a^2 + 3^b \leqslant 8a^4 + 2b^2$ 矛盾,所以 $a \leqslant 3$.

(1) 当 $a=1$ 时,$k=2$.

由 $8 + 2b^2 \geqslant 7 + 3^b$,得

$$2b^2 + 1 \geqslant 3^b$$

这个不等式仅当 $b \leqslant 2$ 时成立.

若 $b=1$,则 $n=2$,

$$\frac{k^4 + n^2}{7^k - 3^n} = \frac{2^4 + 2^2}{7^2 - 3^2} = \frac{1}{2} \text{ 不是整数}$$

若 $b=2$,则 $n=4$

$$\frac{k^4 + n^2}{7^k - 3^n} = \frac{2^4 + 4^2}{7^2 - 3^4} = -1$$

所以 $(k,n) = (2,4)$ 是一组解.

(2) 当 $a=2$ 时,$k=4$,则

$$k^4 + n^2 = 4^4 + n^2 = 256 + 4b^2 \geqslant |7^4 - 3^n| = |49 - 3^b|(49 + 3^b)$$

由于 $|49 - 3^b|$ 的最小值为 22,且当 $b=3$ 时取到,因此

$$128 + 2b^2 \geqslant 11(49 + 3^b)$$

从而 $3^b < 2b^2$,与 $3^b > 2^b$ 矛盾.

所以 $a=2$ 时无解.

(3) $a=3$ 时,$k=6$,则

$$k^4 + n^2 = 1\,296 + 4b^2 \geqslant |7^6 - 3^n| = |343 - 3^b|(343 + 3^b)$$

121

类似地，$|343-3^b|$ 的最小值为 100，且当 $b=5$ 时取到，此时有
$$324+2b^2 \geqslant 25(343+3^b)$$
出现矛盾.

由以上，满足条件的解 $(k,n)=(2,4)$.

129 求所有的满射的函数 $f:\mathbf{N}^* \to \mathbf{N}^*$，使得对任意的 $m,n \in \mathbf{N}^*$ 和任意的质数 p，当且仅当 $f(m)+f(n)$ 可以被 p 整除时，$f(m+n)$ 可以被 p 整除.

(第 48 届国际数学奥林匹克预选题，2007 年)

解 对满射 $f(n)=n$，可以知道当且仅当 $f(m)+f(n)=m+n$ 能被 p 整除时，$f(m+n)=m+n$ 能被 p 整除.

下面证明 $f(n)=n$ 是满足条件的唯一满射.

假设函数 $f:\mathbf{N}^* \to \mathbf{N}^*$ 满足条件.

先证明一个引理.

引理 对任意质数 p 和任意的 $x,y \in \mathbf{N}^*$，$x \equiv y \pmod{p}$ 当且仅当 $f(x) \equiv f(y) \pmod{p}$，此外 $p \mid f(x)$，当且仅当 $p \mid x$.

引理的证明：对于任意一个质数 p，因为 f 是满射，所以存在 $x \in \mathbf{N}^*$，使得 $p \mid f(x)$.

设 $d=\min\{x \in \mathbf{N}^* \mid p \mid f(x)\}$，则对任意的 $k \in \mathbf{N}^*$，有 $p \mid f(kd)$.

这可以用数学归纳法证明：

当 $k=1$ 时，$p \mid f(d)$ 显然成立；

假设 $p \mid f(kd)$，由 $p \mid f(d)$ 及已知条件
$$p \mid f(kd+d)=f(k+1)d$$

假设存在一个 $x \in \mathbf{N}^*$，使得 $d \nmid x$，但 $p \mid f(x)$.

设 $y = \min\{x \in \mathbf{N}^* \mid d \nmid x, p \mid f(x)\}$

由 d 的定义可知，$y>d$，故 $y \nmid (y-d)$.

因为 $p \mid f(d)$，$p \mid f(d+(y-d))=f(y)$

所以由已知条件得
$$p \mid [f(d)+f(y-d)]$$

从而 $p \mid f(y-d)$ 与 y 的定义矛盾.

于是，不存在这样的 x.

于是有
$$p \mid f(x) \Leftrightarrow d \mid x \qquad ①$$

对于任意的 $x,y \in \mathbf{N}^*$，且 $x \equiv y \pmod{d}$

由于

第 1 章 整除与同余
Chapter 1 Divisible and Congruence

$$p \mid f(x+(2xd-x)) = f(2xd)$$

又因为
$$d \mid [2xd + (y-x)] = y + (2xd - x)$$

所以
$$p \mid f(y+(2xd-x))$$

由
$$p \mid [f(x) + f(2xd-x)]$$
$$p \mid [f(y) + f(2xd-x)]$$

所以
$$f(x) \equiv -f(2xd-x) \equiv f(y) \pmod{p}$$

另一方面,若 $f(x) \equiv f(y) \pmod{p}$

再由
$$p \mid (f(x) + f(2xd-x))$$

可得
$$p \mid (f(x) + f(2xd-x) + f(y) - f(x))$$

即
$$p \mid f(y+(2xd-x))$$

由式 ① 得
$$0 \equiv y + (2xd - x) \equiv (y - x) \pmod{d}$$

因而证明了
$$x \equiv y \pmod{d} \Leftrightarrow f(x) \equiv f(y) \pmod{p} \qquad ②$$

因为 $1, 2, \cdots, d$ 是 $\bmod d$ 的不同剩余,由 ② 知 $f(1), f(2), \cdots, f(d)$ 是 $\bmod p$ 的不同剩余,即 $\bmod p$ 至少有 d 个不同剩余,故 $p \geqslant d$.

另一方面,由于 f 是满射,存在 $x_1, x_2, \cdots, x_p \in \mathbf{N}^*$,使得
$$f(x_i) = i \quad (i=1, 2, \cdots, p)$$

由 ② 可知,$x_1, x_2, \cdots, x_p$ 是 $\bmod d$ 的不同剩余,于是 $d \geqslant p$.

因此 $d = p$.

从而,引理得证.

回到原题.

对 n 用数学归纳法证明 $f(n) = n$.

当 $n = 1$ 时,由引理知,对于任意的质数 p,$p \nmid f(1)$,于是 $f(1) = 1$.

当 $n > 1$ 时,假设 $n - 1$ 时,有
$$f(n-1) = n - 1$$

设 $k = f(n)$,则存在质数 q,使得 $q \mid n$.

由引理知,$q \mid f(n) = k$,所以 $k > 1$.

若 $k>n$，则 $k-n+1>1$，且存在质数 p，使得 $p\mid(k-n+1)$，即
$$k \equiv (n-1) \pmod{p}$$
由归纳假设
$$f(n-1)=n-1 \equiv k=f(n) \pmod{p}$$
由引理得 $n-1 \equiv n \pmod{p}$，矛盾.

若 $k<n$，由归纳假设 $f(k-1)=k-1$.

此外，因为 $n-k+1>1$，所以存在质数 p，使得 $p\mid(n-k+1)$，即
$$n \equiv (k-1) \pmod{p}$$
再次用引理得
$$k=f(n)=f(k-1)=k-1 \pmod{p}$$
因此 $k-1 \equiv k \pmod{p}$，矛盾.

所以 $k=n$，即 $f(n)=n$.

130. 已知中美洲及加勒比海地区数学奥林匹克（OMCC）每年举办一次，并且第 9 届 OMCC 在 2007 年举办. 对于怎样的正整数 n，第 n 届 OMCC 的举办年份能被 n 整除？

（中美洲及加勒比海地区数学奥林匹克，2007 年）

解 第 n 届 OMCC 举办的年份为 $n+1\,998$，则
$$n \mid (n+1\,998)$$
即
$$n \mid 1\,998$$
由
$$1\,998 \mid 2 \times 3 \times 3 \times 3 \times 37$$
所以，n 是 $1\,998$ 的约数，即届数为 $1\,998$ 的约数时，举办的年份能被 n 整除.

因此，$n=1,2,3,6,9,18,27,37,54,74,111,222,333,666,999,1\,998$.

131. 设质数 $p=4k+3$，求 $(x^2+y^2)^2$ 模 p 的不同剩余的数目，其中 $(x,p)=(y,p)=1$.

（保加利亚国家队选拔考试，2007 年）

解 不同剩余的数目是 $\dfrac{p+1}{2}$.

引入勒让德符号.
$$\left(\frac{d}{p}\right)=\begin{cases} 1, & d \text{ 是 } p \text{ 的平方剩余}; \\ -1, & d \text{ 是 } p \text{ 的非平方剩余}; \\ 0, & p \mid d \end{cases}$$

第 1 章 整除与同余
Chapter 1 Divisible and Congruence

首先证明两个引理.

引理 1 当 p 是 $4k+3$ 型的质数时
$$x^2 + y^2 \equiv 0 \pmod{p} \Leftrightarrow x \equiv y \equiv 0 \pmod{p}$$

引理 1 的证明:由欧拉判别法知
$$\left(\frac{-1}{p}\right) = (-1)^{\frac{p-1}{2}} = -1$$

故对 $1 \leqslant d \leqslant p-1$,有
$$\left(\frac{-d}{p}\right) = \left(\frac{-1}{p}\right)\left(\frac{d}{p}\right) = -\left(\frac{d}{p}\right)$$

因此,d 与 $-d$ 中恰有一个是 p 的平方剩余.这表明
若 $xy \not\equiv 0 \pmod{p}$,则 $x^2 + y^2 \not\equiv 0 \pmod{p}$
显然有当 $x \equiv y \equiv 0 \pmod{p}$ 时,$x^2 + y^2 \equiv 0 \pmod{p}$
引理 1 得证.

引理 2 存在 $x_0, y_0 \in \mathbf{N}$,使
$$x_0^2 + y_0^2 + 1 \equiv 0 \pmod{p}$$

引理 2 的证明:由 $1 \leqslant d \leqslant p-1$,知
$$\left(\frac{-d}{p}\right) = -\left(\frac{d}{p}\right)$$

故 p 的平方剩余(包括 0)共有 $\dfrac{p+1}{2}$ 个.

从而,当 x_0, y_0 取遍 $0, 1, \cdots, p-1$ 时,x_0^2 与 $-y_0^2 - 1$ 在 $\bmod p$ 的意义下,均有 $\dfrac{p+1}{2}$ 个不同的值.

由抽屉原理知,总共的 $p+1$ 个值中必有两个相同,即存在 x_0, y_0,使得
$$x_0^2 + y_0^2 + 1 \equiv 0 \pmod{p}$$

回到原题.

由引理 2,取 $x_0, y_0 \in \mathbf{N}$,使
$$x_0^2 + y_0^2 \equiv -1 \pmod{p}$$

显然,由 $\left(\dfrac{-1}{p}\right) = -1$ 得 $x_0, y_0 \not\equiv 0 \pmod{p}$

故 $[(ix_0)^2 + (iy_0)^2]^2 \equiv i^4 \pmod{p}$ $(i = 0, 1, 2, \cdots, p-1)$

令 $q_i \equiv i^2 \pmod{p}$,则 q_i 共有 $\dfrac{p+1}{2}$ 个.

又不存在 $i, j \in \{1, 2, \cdots, p-1\}$,使得
$$q_i + q_j \equiv 0 \pmod{p}$$

因此,q_i^2 相应地取了 $\dfrac{p+1}{2}$ 个值,即不同剩余的数目为 $\dfrac{p+1}{2}$.

132 证明:对所有的正整数 n,$\dfrac{(5n)!}{40^n \cdot n!}$ 均为整数.

(克罗地亚数学奥林匹克州赛,2008 年)

证 令 $a_n = \dfrac{(5n)!}{40^n \cdot n!}$.

对 n 归纳.

(1) 当 $n=1$ 时,$a_1 = \dfrac{5!}{40} = 3$ 为整数.

(2) 假设 $a_n = \dfrac{(5n)!}{40^n \cdot n!}$ 为整数,则

$$a_{n+1} = \dfrac{[5(n+1)]!}{40^{n+1} \cdot (n+1)!} =$$
$$\dfrac{(5n)!}{40^n \cdot n!} \cdot \dfrac{(5n+1)(5n+2)(5n+3)(5n+4)(5n+5)}{40(n+1)} =$$
$$a_n \cdot \dfrac{(5n+1)(5n+2)(5n+3)(5n+4)}{8}$$

由于 $5n+1,5n+2,5n+3,5n+4$ 是 4 个连续整数之积,故必有两个偶数,且其中之一为 4 的倍数,所以

$$8 \mid (5n+1)(5n+2)(5n+3)(5n+4)$$

即 a_{n+1} 是整数.

由(1),(2),a_n 是整数.

133 证明:对任意的正整数 n,有 $30 \mid (n^{19} - n^7)$.

(克罗地亚数学奥林匹克(国家赛),2008 年)

证 设 $A = n^{19} - n^7$.则
$$A = n^7(n^{12}-1) = n^7(n^6-1)(n^6+1) =$$
$$n^7(n-1)(n+1)(n^4+n^2+1)(n^2+1)(n^4-n^2+1)$$

由于
$$6 \mid n(n-1)(n+1)$$

若 $n-1,n,n+1$ 中有一个能被 5 整除,由 $(5,6)=1$,则 $30 \mid A$.

若 $n-1,n,n+1$ 中任何一个都不能被 5 整除,则
$$n \equiv \pm 2 \pmod 5$$

此时 $5 \mid A$,因而 $30 \mid A$.

因此,$30 \mid (n^{19} - n^7)$.

134 设 m,n 均为正整数.求使得 $36^m - 5^n$ 的绝对值最小的那个数.

(克罗地亚国家集训赛,2008 年)

第1章 整除与同余
Chapter 1 Divisible and Congruence

解 36^m 的个位是 6,5^n 的个位是 5.

因此 $N=|36^m-5^n|$ 的个位为 1 或 9.

取 $m=1,n=2$,则 $N=11$.

故只须证明 $N\neq 1,N\neq 9$.这样 N 的最小值为 11.

若 $36^m-5^n=\pm 9$,则 $9\mid 5^n$,这不可能;

若 $36^m-5^n=1$,则

$$5^n=36^m-1=6^{2m}-1=(6^m-1)(6^m+1)$$

故 $5\mid(6^m+1)$,这不可能.

若 $36^m-5^n=-1$,则

$$5^n=36^m+1$$

由于 36^m+1 的个位是 7,也不可能.

所以 $N\neq 1,N\neq 9$,n 的最小值为 11.

135 设 n 为给定的大于 1 的自然数,求所有的整数对 (s,t),使得方程

$$x^n+sx-2\,007=0 \qquad ①$$

与 $$x^n+tx-2\,008=0 \qquad ②$$

在实数范围内至少有一个公共解.

(捷克和斯洛伐克数学奥林匹克,2008 年)

解 设 x 是两个方程的一个公共解,则

$$x^n=2\,007-sx,\quad x^n=2\,008-tx$$

从而

$$2\,007-sx=2\,008-tx$$

$$x=\frac{1}{t-s}\quad (t\neq s)$$

代入 ① 得

$$(t-s)^{n-1}[s-2\,007(t-s)]=-1 \qquad ③$$

因为上式中的两边都是整数,则 $t-s=\pm 1$.

(1) 若 $t-s=1$,则由 ③

$$s-2\,007(t-s)=-1$$

解得

$$s=2\,006,\quad t=2\,007$$

此时公共解为 $x=1$.

(2) 若 $t-s=-1$,则由 ③

$$s-2\,007(t-s)=(-1)^n$$

故

最新世界各国数学奥林匹克中的初等数论试题(上)
The Lastest Elementary Number Theory in Mathematical Olympiads in The World

$$s = (-1)^n - 2007, \quad t = (-1)^n - 2008$$

此时公共解为 $x = -1$.

因此,符合要求的整数对 (x, t) 为

$$(2006, 2007), \quad ((-1)^n - 2007, (-1)^n - 2008)$$

136 (1)写出四个连续的正整数,使得它们中的每一个都是某个不为1的完全平方数的倍数,并指出它们分别是哪一个完全平方数的倍数;

(2)写出六个连续的正整数,使得它们中的每一个都是某个不为1的完全平方数的倍数,并指出它们分别是哪一个完全平方数的倍数,说明你的计算方法.

(我爱数学初中生夏令营数学竞赛,2008年)

解 (1) 242, 243, 244, 245 是四个连续的正整数.

其中 $242 = 2 \times 11^2$, $243 = 27 \times 3^2$, $244 = 61 \times 2^2$, $245 = 5 \times 7^2$.

(2) 2 348 124, 2 348 125, 2 348 126, 2 348 127, 2 348 128, 2 348 129 是六个连续的正整数.

其中

$$2\,348\,124 = 587\,031 \times 2^2, \quad 2\,348\,125 = 93\,925 \times 5^2,$$
$$2\,348\,126 = 19\,406 \times 11^2, \quad 2\,348\,127 = 260\,903 \times 3^2,$$
$$2\,348\,128 = 587\,032 \times 2^2, \quad 2\,348\,129 = 47\,921 \times 7^2$$

计算方法如下:

记 $\qquad A = 4 \times 9 \times 121 \times 49k$

由(1)可知

$A + 240$ 是 2^2 的倍数,

$A + 242$ 是 11^2 的倍数,

$A + 243$ 是 3^2 的倍数,

$A + 244$ 是 2^2 的倍数,

$A + 245$ 是 7^2 的倍数.

设 $A + 241$ 是 5^2 的倍数,

因为

$$241 \equiv 16 \pmod{25}$$

则

$$A = 4 \times 9 \times 121 \times 49k \equiv -16 \pmod{25}$$

即

$$4 \times 9 \times 21 \times (-1)k \equiv -16 \pmod{25}$$
$$11 \times (-4)(-1)k \equiv -16 \pmod{25}$$

第 1 章 整除与同余
Chapter 1 Divisible and Congruence

$$-6k \equiv -16 \pmod{25}$$

则 k 可取 11.

当 $k=11$ 时,$A = 2\,347\,884$. 此时
$$A+240 = 2\,348\,124 \text{ 是 } 2^2 \text{ 的倍数},$$
$$A+241 = 2\,348\,125 \text{ 是 } 5^2 \text{ 的倍数},$$
$$A+242 = 2\,348\,126 \text{ 是 } 11^2 \text{ 的倍数},$$
$$A+243 = 2\,348\,127 \text{ 是 } 3^2 \text{ 的倍数},$$
$$A+244 = 2\,348\,128 \text{ 是 } 2^2 \text{ 的倍数},$$
$$A+245 = 2\,348\,129 \text{ 是 } 7^2 \text{ 的倍数}.$$

137 设正整数 $n \geqslant 2$. 求所有包含 n 个整数的集合 A,使得 A 的任意非空子集中所有元素的和不能被 $n+1$ 整除.

(罗马尼亚国家队选拔考试,2008 年)

解 设 $a_1, a_2, \cdots, a_n$ 是满足条件的 n 个不同的正整数,考虑和
$$S_k = \sum_{i=1}^{k} a_i \quad (k=1,2,\cdots,n)$$
且由题设,S_k 均不能被 $n+1$ 整除,任意的 S_k 和 $S_j (k \neq j)$ 对 $\bmod n+1$ 不同余.

因此,S_k 包含了 $\bmod n+1$ 的所有非零剩余. 但是
$$\sigma_1 = a_1, \quad \sigma_2 = a_2 + a_1, \quad \sigma_k = S_k = \sum_{i=1}^{k} a_i \quad (k=3,4,\cdots,n)$$
也包含了 $\bmod n+1$ 的所有非零剩余,从而 $S_1 = a_1$ 和 $\sigma_1 = a_1$ 对 $\bmod n+1$ 同余.

类似地,可得这 n 个正整数中的每一个均与同一个整数 a 对 $\bmod n+1$ 同余.

因此,任意包含 k 个元素的子集的元素之和与 ka 对 $\bmod n+1$ 同余,且是非零剩余.

于是 a 和 $n+1$ 互质.

综上,满足条件的集合 A 具有如下的形式:
$$A = \{a + k_i(n+1) \mid k_i \in \mathbf{Z}, 1 \leqslant i \leqslant n, a \in \mathbf{Z}, (a, n+1) = 1\}$$

138 已知整数 a,b,c 满足 $0 < a < c-1, 1 < b < c$. 对于每一个整数 $k(0 \leqslant k \leqslant a)$,设 $r_k (0 \leqslant r_k < c)$ 是 kb 模 c 的剩余.

证明:两个集合 $\{r_0, r_1, \cdots, r_a\}$ 与 $\{0, 1, \cdots, a\}$ 不同.

(亚太地区数学奥林匹克,2008 年)

证 假设两个集合相同,则 $(b,c)=1$,且多项式
$$f(x) = (1 + x^b + x^{2b} + \cdots + x^{ab}) - (1 + x + x^2 + \cdots + x^{a-1} + x^a)$$

可被 x^c-1 整除.

这是因为,若 $m=n+cq$,则
$$x^m-x^n=x^n(x^{cq}-1)=x^n(x^c-1)[(x^c)^{q-1}+(x^c)^{q-2}+\cdots+1]$$

因为
$$f(x)=\frac{x^{(a+1)b}-1}{x^b-1}-\frac{x^{a+1}-1}{x-1}=\frac{F(x)}{(x-1)(x^b-1)}$$

其中
$$F(x)=x^{ab+b+1}+x^b+x^{a+1}-x^{ab+b}-x^{a+b+1}-x$$

所以 $F(x)$ 可被 x^c-1 整除.

故
$$\{ab+b+1, b, a+1\} \equiv \{ab+b, a+b+1, 1\} \pmod{c}$$

由条件知
$$b \equiv 1 \pmod{c}, \quad b \equiv a+b+1 \pmod{c}$$

均不成立.

所以
$$b \equiv ab+b \pmod{c}$$

由 $(b,c)=1$ 知,该同余式也不成立.

所以两个集合不同.

139 求所有的函数 $f:\mathbf{N}^* \to \mathbf{N}$,使得

(1) $f(mn)=f(m)+f(n)$;

(2) $f(2\,008)=0$;

(3) 对所有 $n \equiv 39 \pmod{2\,008}$,有 $f(n)=0$.

(澳大利亚数学奥林匹克,2008 年)

解 $2\,008=2^3 \times 251$.

由条件(1),(2)
$$f(2\,008)=f(2^3 \times 251)=3f(2)+f(251)=0$$

又因为 $f(2) \geqslant 0, f(251) \geqslant 0$,则
$$f(2)=f(251)=0$$

因此,对任意 $n=2^a \times 251^b m, (m, 2\,008)=1$,都有
$$f(n)=af(2)+bf(251)+f(m)=f(m) \qquad ①$$

因为 $(m, 2\,008)=1$,则对任意 m,存在 k,使得
$$km \equiv 1 \pmod{2\,008}$$

由条件(3)
$$f(39km)=f(39)+f(k)+f(m)=0$$

第 1 章 整除与同余
Chapter 1 Divisible and Congruence

由 $f(39) \geqslant 0, f(k) \geqslant 0, f(m) \geqslant 0$,则
$$f(39) = f(k) = f(m) = 0$$
于是,对任何满足 $(m, 2\,008) = 1$ 的 m,均有 $f(m) = 0$.

从而由式 ①,对所有正整数 m,有 $f(m) = 0$.

140 $a_1, a_2, \cdots, a_n (n \geqslant 3)$ 是不同的正整数. 证明:存在不同的下标 i, j,使得 $a_i + a_j$ 不整除 $3a_1, 3a_2, \cdots, 3a_n$ 中的任何一项.

(第 49 届国际数学奥林匹克预选题,2008 年)

证 不失一般性,设 $0 < a_1 < a_2 < \cdots < a_n$,且假设 $a_1, a_2, \cdots, a_n$ 的最大公约数为 1.(否则,对 $a_1, a_2, \cdots, a_n$ 各项除以它们的最大公约数,所得数列与原命题等价)

若结论不成立,则对于每个 $i(i < n)$,存在一个 j,使得
$$(a_n + a_i) \mid 3a_j$$

若 $3 \nmid (a_n + a_i)$,则 $(a_n + a_i) \mid a_j$.

由于 $0 < a_j \leqslant a_n < a_n + a_i$,这是不可能的.

因此,对于所有的 $i(i = 1, 2, \cdots, n-1)$,$a_n + a_i$ 是 3 的倍数.

于是 $a_1, a_2, \cdots, a_{n-1}$ 对 mod 3 与 $-a_n$ 同余.

若 $3 \mid a_n$,则有 $3 \mid a_i, i = 1, 2, \cdots, n$ 与 $a_1, a_2, \cdots, a_n$ 的最大公约数为 1 相矛盾,所以 $3 \nmid a_n$.

设 $a_n \equiv r \pmod{3}, r \in \{1, 2\}$

于是对于所有的 $i, i = 1, 2, \cdots, n-1$,有
$$a_i \equiv 3 - r \pmod{3}$$

考虑和 $a_{n-1} + a_i (1 \leqslant i \leqslant n-2)$.

当 $n \geqslant 3$ 时,这样的和至少有一项,于是存在下标 j,使得
$$a_{n-1} + a_i \mid 3a_j$$

因为
$$a_{n-1} + a_i \equiv 2a_i \not\equiv 0 \pmod{3}$$

即
$$3 \nmid (a_{n-1} + a_i)$$

所以
$$(a_{n-1} + a_i) \mid a_j$$

特别地,有
$$a_{n-1} + a_i \leqslant a_j$$

于是 $a_{n-1} < a_j \leqslant a_n$,从而 $j = n$.

因此,a_n 被所有的和 $a_{n-1} + a_i (1 \leqslant i \leqslant n-2)$ 整除.

特别地
$$a_{n-1}+a_i \leqslant a_n \quad (i=1,2,\cdots,n-2)$$
设 j 满足
$$(a_n+a_{n-1}) \mid 3a_j$$
若 $j \leqslant n-2$,则
$$a_n+a_{n-1} \leqslant 3a_j < a_j+2a_{n-1}$$
从而
$$a_n < a_{n-1}+a_j$$
然而,对于所有的 $j(j \leqslant n-2)$,都有 $a_{n-1}+a_j \leqslant a_n$,矛盾.

若 $j=n-1$,则 $3a_{n-1}=k(a_n+a_{n-1})$,其中 k 是一个整数. 由于 $k \leqslant 0$ 和 $k \geqslant 3$ 时,均与 $0 < a_{n-1} < a_n$ 矛盾,$k=2$ 时 $a_{n-1}=2a_n > a_{n-1}$,矛盾,所以 $k=1$.

由 $3a_{n-1}=a_n+a_{n-1}$,可得 $a_n=2a_{n-1}$.

若 $j=n$,则 $3a_n=k(a_n+a_{n-1})$,其中 k 是一个整数,于是 $k=2$,从而 $a_n=2a_{n-1}$.

则有
$$\frac{a_n}{2} < a_{n-1}+a_1 < a_n$$

当 $n \geqslant 3$ 时,a_{n-1} 与 a_1 不同,且由前面的结论可得 $(a_{n-1}+a_1) \mid a_n$,这是不可能的.

由此矛盾,可知原命题成立.

141 设 n 是一个正整数. 证明:
$$C_{2^n-1}^0, C_{2^n-1}^1, \cdots, C_{2^n-1}^{2^{n-1}-1}$$
模 2^n 与 $1,3,\cdots,2^n-1$ 的某一排列同余.

(第 49 届国际数学奥林匹克预选题,2008 年)

证 由于 $C_{2^n-1}^0, C_{2^n-1}^1, \cdots, C_{2^n-1}^{2^{n-1}-1}$ 为奇数.

因此,要证明它们模 2^n 是 $\{1,3,\cdots,2^n-1\}$ 的一个排列,只要证明它们模 2^n 的余数互不相同.

先证明:
$$C_{2^n-1}^{2k} + C_{2^n-1}^{2k+1} \equiv 0 \pmod{2^n}$$
和
$$C_{2^n-1}^{2k} \equiv (-1)^k C_{2^{n-1}-1}^k \pmod{2^n} \qquad ①$$

事实上,
$$C_{2^n-1}^{2k} + C_{2^n-1}^{2k+1} = \frac{2^n}{2k+1} C_{2^n-1}^{2k} \equiv 0 \pmod{2^n}$$

第1章 整除与同余
Chapter 1 Divisible and Congruence

$$C_{2^n-1}^{2k} = \prod_{j=1}^{2k} \frac{2^n-j}{j} =$$
$$\prod_{i=1}^{k} \frac{2^n-(2i-1)}{2i-1} \cdot \prod_{i=1}^{k} \frac{2^{n-1}-i}{i} \equiv$$
$$(-1)^k C_{2^{n-1}-1}^{k} \pmod{2^n}$$

下面用数学归纳法证明 $C_{2^n-1}^m$ 模 2^n 的余数互不相同.

当 $n=1$ 时,结论显然成立.

假设结论对 $n-1$ 成立.

下面证明结论对 n 也成立.

设
$$a_k = C_{2^{n-1}-1}^k, \quad b_m = C_{2^n-1}^m$$

由归纳假设,所有的 $a_k(0 \leqslant k < 2^{n-2})$ 模 2^{n-1} 的余数互不相同,只要证明 $b_m(0 \leqslant m < 2^{n-1})$ 模 2^n 的余数互不相同.

将式 ① 改写为
$$b_{2k} \equiv (-1)^k a_k \equiv -b_{2k+1} \pmod{2^n} \qquad ②$$

将式 ① 的 n 换为 $n-1$,可得
$$a_{2i+1} \equiv -a_{2i} \pmod{2^{n-1}}$$

于是,若对于某两个整数 $j,k < 2^{n-2}$,有
$$a_k \equiv -a_j \pmod{2^{n-1}}$$

则存在某个整数 i,使得
$$\{j,k\} = \{2i, 2i+1\} \qquad ③$$

这是因为由归纳假设,对于数列 $\{a_k\}(k < 2^{n-2})$ 中的每一项 a_j,都有唯一的一项 a_k,使得
$$a_j + a_k \equiv 0 \pmod{2^{n-1}}$$

由式 ② 可得
$$b_{4i} \equiv a_{2i} \pmod{2^n}, \quad b_{4i+3} \equiv a_{2i+1} \pmod{2^n} \qquad ④$$

设
$$M = \{m \mid 0 \leqslant m < 2^{n-1}, m \equiv 0 \text{ 或 } 3 \pmod{4}\}$$
$$L = \{l \mid 0 \leqslant l < 2^{n-1}, l \equiv 1 \text{ 或 } 2 \pmod{4}\}$$

则式 ④ 可统一为
$$b_m \equiv a_{\left[\frac{m}{2}\right]} \pmod{2^n} \quad (m \in M) \qquad ⑤$$

其中 $[x]$ 表示不超过实数 x 的最大整数.

因为所有的 a_k 模 2^{n-1} 的余数互不相同,所以,它们模 2^n 的余数也互不相同,从而对于所有的 $b_m(m \in M)$ 模 2^n 的余数互不相同.

对于每个 $l \in L$,存在唯一的 $m \in M$,使得它们构成的数对有 $\{2k, 2k+1\}$

的形式.

由式②可得,对于所有的 $l \in L$, b_l 模 2^n 的余数互不相同.

最后证明:不存在 $m \in M$, $l \in L$, 使得
$$b_m \equiv b_l \pmod{2^n}$$

否则,设 $m' \in M$, 使得 $\{m', l\}$ 有 $\{2k, 2k+1\}$ 的形式.

由式②可得
$$b_{m'} \equiv -b_l \pmod{2^n}$$

因为 m', m 都属于集合 M, 由式⑤又可得
$$b_{m'} \equiv a_k \pmod{2^n}, \quad b_m \equiv a_j \pmod{2^n}$$

其中 $k = \left[\dfrac{m'}{2}\right], j = \left[\dfrac{m}{2}\right]$. 所以
$$a_j \equiv -a_k \pmod{2^n}$$

由式③可知,存在正整数 i, 使得
$$j = 2i, \quad k = 2i+1 \quad \text{或} \quad k = 2i, \quad j = 2i+1$$

于是 $a_{2i+1} \equiv -a_{2i} \pmod{2^n}$, 即
$$C_{2^n-1}^{2i} + C_{2^n-1}^{2i+1} \equiv 0 \pmod{2^n}$$

而上式左边的和等于 $C_{2^n-1}^{2i+1}$, 这是一个奇数,不可能被 2^n 整除.

这是因为 $k=0$ 时, $C_{2^n-1}^0 = 1$ 是奇数.

当 $k \geq 1$ 时
$$C_{2^n-1}^k = \frac{2^n-1}{1} \cdot \frac{2^n-2}{2} \cdot \cdots \cdot \frac{2^n-i}{i} \cdot \cdots \cdot \frac{2^n-k}{k} \quad \text{⑥}$$

设 $i = 2^{\alpha_i}\beta_i$, 其中 $\alpha_i \in \mathbf{N}, \beta_i$ 为奇数,则
$$\frac{2^n-i}{i} = \frac{2^n - 2^{\alpha_i}\beta_i}{2^{\alpha_i}\beta_i} = \frac{2^{n-\alpha_i} - \beta_i}{\beta_i}$$

于是式⑥的分子和分母都是奇数,又 $C_{2^n-1}^k$ 为整数,则 $C_{2^n-1}^k$ 为奇数,从而 $C_{2^n-1}^{2i+1}$ 是奇数,不可能被 2^n 整除.

综上,原命题成立.

142 设 n 是正整数,已知一个整系数多项式 $f(x)$, 定义它的模 n 标签是模 n 意义下的有序数列 $f(1), f(2), \cdots, f(n)$. 在 n^n 个这样的模 n 意义下的 n 项整数数列中,对于如下两种情况有多少个是某个多项式 $f(x)$ 模 n 的标签.

(1) n 是不能被一个质数的平方整除的整数;

(2) n 是不能被一个质数的立方整除的整数.

(美国国家队选拔考试,2008 年)

解 以下的 p 都是质数.

先证明 6 个引理.

第 1 章 整除与同余
Chapter 1 Divisible and Congruence

引理 1 在模 p 的意义下的任意 p 项有序数列,都存在一个整系数多项式 $f(x)$,其模 p 标签和这个数列相同. 进而得出模 p 的标签有 p^p 个.

引理 1 的证明:设
$$f(x) = \sum_{k=0}^{p-1} a_k x^k$$
其中,$a_{p-1}, a_{p-2}, \cdots, a_0$ 是模 p 意义下的任意整数列,这样共计有 p^p 个多项式.

在这 p^p 个多项式中,如果存在 $f_1(x)$ 与 $f_2(x)$,它们的模 p 标签相同,则令
$$g(x) = f_1(x) - f_2(x)$$
故 $g(x)$ 是不超过 $p-1$ 次多项式.

而
$$g(k) = f_1(k) - f_2(k) \equiv 0 \pmod{p} \quad (k=1,2,\cdots,p)$$
则 $g(x) \equiv 0 \pmod{p}$ 有 $x=1,2,\cdots,p$ 这 p 个根

又 $\deg(g(x)) \leqslant p-1$,故 $g(x) = 0$

于是
$$f_1(x) = f_2(x)$$
以上说明,这 p^p 个多项式有不同的模 p 标签,即对任意一个模 p 意义下的数列都是某个整系数多项式的标签,共计 p^p 个.

引理 2 设 $m, n \in \mathbf{N}^*$,$(m,n)=1$. 对模 m 意义下的整系数多项式 $f(x)$ 与模 n 意义下的整系数多项式 $g(x)$,存在模 mn 意义下的整系数多项式 $h(x)$,使得
$$h(x) \equiv f(x) \pmod{m}$$
$$h(x) \equiv g(x) \pmod{n}$$

引理 2 的证明:显然,由 $(m,n)=1$ 知,存在正整数 y, z,使得
$$mz \equiv 1 \pmod{n}, \quad ny \equiv 1 \pmod{m}$$
令 $h(x) \equiv (mzg(x) + nyf(x)) \pmod{mn}$,

易证 $h(x)$ 满足条件.

引理 3 $f(x+p) - f(x) \equiv pf'(x) \pmod{p^2}$,其中 $f'(x)$ 为 $f(x)$ 的导函数.

引理 3 的证明:记 $f(x) = \sum_{k=0}^{n} a_k x^k$. 则
$$f(x+p) - f(x) = \sum_{k=0}^{n} a_k [(x+p)^k - x^k] \equiv$$
$$\sum_{k=0}^{n} pa_k \cdot kx^{k-1} \equiv$$
$$pf'(x) \pmod{p^2}$$

引理 4 对任何 p 个数 $a_0, a_1, \cdots, a_{p-1}$,存在一个整系数多项式 $f(x)$,满足

$$f(x) \equiv 0 \pmod{p^2}$$

对 $x = 0, 1, \cdots, p-1$ 成立,且

$$f(p+i) \equiv p a_i \pmod{p^2}$$

对 $i = 0, 1, \cdots, p-1$ 成立.

引理 4 的证明:令

$$f(x) \equiv g(x) \prod_{j=0}^{p-1}(x-j) \pmod{p^2}$$

其中 $g(x)$ 待定.

显然,

$$f(x) \equiv 0 \pmod{p^2}$$

对 $x = 0, 1, \cdots, p-1$ 成立.

$$f(p+i) \equiv p g(p+i) \prod_{\substack{j \neq p \\ i < j \leqslant p+i}} j \pmod{p}$$

记 $\prod\limits_{\substack{j \neq p \\ i < j \leqslant p+i}} j \equiv s_i \pmod{p^2}$.

显然,s_i 不是 p 的倍数,则 $(s_i, p) = 1$.

故存在 r_i,使 $s_i r_i \equiv 1 \pmod{p}$.

令 $g(i) \equiv r_i a_i \pmod{p}$ $(i = 0, 1, \cdots, p-1)$.

对 $\{r_i a_i\}$ 在模 p 意义下的数列 $\{b_i\}$,由引理 1 知,存在这样的整系数多项式 $g(x)$,其模 p 标签为 $\{b_i\}$,从而

$$f(p+i) \equiv p(g(p+i) \prod_{\substack{j \neq p \\ i < j \leqslant p+i}} j) \equiv p(g(i) \cdot s_i) \equiv p(r_i a_i s_i) \equiv p a_i \pmod{p^2}$$

引理 5 对任何 p 个数 $a_0, a_1, \cdots, a_{p-1}$,存在一个整系数多项式 $f(x)$,其模 p^2 标签以 $a_0, a_1, \cdots, a_{p-1}$ 开始.

引理 5 的证明:由引理 1 知,存在 $g(x)$,其模 p 标签为 $a_0, a_1, \cdots, a_{p-1}$. 记

$$g(i) \equiv b_i \pmod{p^2} \quad (i = 0, 1, \cdots, p-1)$$

则

$$a_i \equiv b_i \pmod{p}$$

由引理 1 知,存在 $h(x)$,使得

$$h(i) \equiv \frac{a_i - b_i}{p} \pmod{p}$$

容易验证:$f(x) = p h(x) + g(x)$ 满足要求.

引理 6 有 p^{3p} 个模 p^2 标签.

引理 6 的证明:由引理 3 得

$$f(x+ip) \equiv f(x+(i-1)p) + p f'(x+(i-1)p) \equiv$$
$$f(x+(i-1)p) + p f'(x) \pmod{p^2}$$

第1章 整除与同余
Chapter 1 Divisible and Congruence

如果固定 $f(0), f(1), \cdots, f(2p-1)$ 在模 p^2 意义下的值,则其余的值也相应地固定下来.

事实上,
$$f(x+p) \equiv f(x) + pf'(x) \pmod{p^2}$$

已知在 $f(0), f(1), \cdots, f(2p-1)$ 的情况下, $f'(0), f'(1), \cdots, f'(p-1)$ 就唯一确定,再由上面的递推式知,所有的值都能相应地确定.

考虑到
$$f(x+p) \equiv f(x) \pmod{p} \quad (x=0,1,\cdots,p-1)$$

故对 $f(0), f(1), \cdots, f(p-1)$ 均有 p^2 种选法,对 $f(p), f(p+1), \cdots, f(2p-1)$ 也相应地有 p 种选法.

所以,共计 $(p^2)^p \cdot p = p^{3p}$ 个标签.

下面再说明这个值是可以取到的.

对由 $a_0, a_1, \cdots, a_{2p-1}$ 起始的标签,由引理5,存在多项式 $g(x)$,其模 p^2 的标签以 $a_0, a_1, \cdots, a_{p-1}$ 开始,后面的 p 项为 $b_p, b_{p+1}, \cdots, b_{2p-1}$.

由于
$$a_{p+i} \equiv a_i \equiv b_{p+i} \pmod{p}$$

故
$$a_{p+i} - b_{p+i} \equiv 0 \pmod{p}$$

由引理4知,存在多项式 $h(x)$,其模 p^2 标签以
$$\underbrace{0,0,\cdots,0}_{p\text{个}}, a_p - b_p, a_{p+1} - b_{p+1}, \cdots, a_{2p-1} - b_{2p-1}$$

开始.

于是,令 $f(x) = g(x) + h(x)$,易证 $f(x)$ 满足条件.

以上说明,对这 p^{3p} 个起始段,都能找到相应的多项式.

因此,有 p^{3p} 个模 p^2 标签.

现在回到原题.

(1) 设 $n = p_1 p_2 \cdots p_k$ ($p_1, p_2, \cdots, p_k$ 是质数).

注意到
$$f(x+p_i) \equiv f(x) \pmod{p_i}$$

记 y_p 是 y 模 p 的余数,则
$$f(y) \equiv f(y_p) \pmod{p}$$

所以,当所有的 $f(x)_{p_i}$ ($x = 0, 1, \cdots, p_i - 1$) 固定之后,其余的 $f(x)_{p_i}$ ($p_i \leqslant x \leqslant n$) 相应地固定下来.

因此,共有 $\prod_{j=1}^{k} p_j^{p_j}$ 个模 n 的标签.

反复应用引理2,可知对这 $\prod_{j=1}^{k} p_j^{p_j}$ 个模 n 标签中的任何一个,都有相应的多项式与之对应.

故(1)的结果是 $\prod_{j=1}^{k} p_j^{p_j}$.

(2) 设 $n = p_1 p_2 \cdots p_t q_1^2 q_2^2 \cdots q_r^2$ ($p_1, p_2, \cdots, p_t, q_1, q_2, \cdots, q_r$ 为质数).

同(1)类似,可知有

$$\prod_{k=1}^{t} p_k^{p_k} \cdot \prod_{k=1}^{r} q_k^{3q_k}$$

个模 n 标签.

143 设 n 为正整数,$f(n)$ 表示满足以下条件的 n 位数(称为波形数)$\overline{a_1 a_2 \cdots a_n}$ 的个数:

(i) 每一位数码 $a_i \in \{1, 2, 3, 4\}$,且 $a_i \neq a_{i+1}$ ($i = 1, 2, \cdots$);

(ii) 当 $n \geqslant 3$ 时,$a_i - a_{i+1}$ 与 $a_{i+1} - a_{i+2}$ ($i = 1, 2, \cdots$) 的符号相反.

(1) 求 $f(10)$ 的值.

(2) 确定 $f(2\,008)$ 被 13 除得的余数.

(中国东南地区数学奥林匹克,2008 年)

解 当 $n \geqslant 2$ 时,称满足 $a_1 < a_2$ 的 n 位波形数 $\overline{a_1 a_2 \cdots a_n}$ 为"A 类数",其个数为 $g(n)$;而满足 $a_1 > a_2$ 的 n 位波形数 $\overline{a_1 a_2 \cdots a_n}$ 为"B 类数",由对称性,B 类数的个数也是 $g(n)$.于是

$$f(n) = 2g(n)$$

下面求 $g(n)$.

同 $m_k(i)$ 表示末位为 i ($i = 1, 2, 3, 4$) 的 k 位 A 类波形数的个数,则

$$g(n) = \sum_{i=1}^{4} m_n(i)$$

由于 $a_{2k-1} < a_{2k}, a_{2k} > a_{2k+1}$,则

当 k 为偶数时,

$$m_{k+1}(4) = 0, \quad m_{k+1}(3) = m_k(4)$$
$$m_{k+1}(2) = m_k(4) + m_k(3)$$
$$m_{k+1}(1) = m_k(4) + m_k(3) + m_k(2) \quad ①$$

当 k 为奇数时,

$$m_{k+1}(1) = 0, \quad m_{k+1}(2) = m_k(1)$$
$$m_{k+1}(3) = m_k(1) + m_k(2)$$
$$m_{k+1}(4) = m_k(1) + m_k(2) + m_k(3) \quad ②$$

第 1 章　整除与同余
Chapter 1　Divisible and Congruence

易知, $m_2(1)=0, m_2(2)=1, m_2(3)=1, m_2(4)=3$, 则
$$g(2)=0+1+2+3=6$$

又
$$m_3(1)=m_2(2)+m_2(3)+m_2(4)=6$$
$$m_3(2)=m_2(3)+m_2(4)=5$$
$$m_3(3)=m_2(4)=3$$
$$m_3(4)=0$$

所以
$$g(3)=6+5+3+0=14$$

又由
$$m_4(1)=0, \quad m_4(2)=m_3(1)=6$$
$$m_4(3)=m_3(1)+m_3(2)=11$$
$$m_4(4)=m_3(1)+m_3(2)+m_3(3)=14$$

所以
$$g(4)=0+6+11+14=31$$

类似地可得
$$g(5)=70, g(6)=157, g(7)=353, g(8)=793, \cdots$$

一般地, 当 $n \geqslant 5$ 时,
$$g(n)=2g(n-1)+g(n-2)-g(n-3) \qquad ③$$

下面证明式 ③.

当 $n=5,6,7,8$ 时, 可以由上面数据验证, 式 ③ 成立.

假设式 ③ 直到 n 时都成立, 下面考虑 $n+1$ 的情形.

当 n 为偶数时, 有
$$m_{n+1}(4)=0, m_{n+1}(3)=m_n(4), m_{n+1}(2)=m_n(4)+m_n(3)$$
$$m_{n+1}(1)=m_n(4)+m_n(3)+m_n(2)$$
$$m_n(1)=0$$

则
$$g(n+1)=\sum_{i=1}^{4} m_{n+1}(i)=$$
$$2\sum_{i=1}^{4} m_n(i)+m_n(4)-m_n(2)=$$
$$2g(n)+m_n(4)-m_n(2)$$

又
$$m_n(4)=m_{n-1}(1)+m_{n-1}(2)+m_{n-1}(3)+0=$$
$$\sum_{i=1}^{4} m_{n-1}(i)=g(n-1)$$

最新世界各国数学奥林匹克中的初等数论试题(上)
The Lastest Elementary Number Theory in Mathematical Olympiads in The World

$$m_n(2) = m_{n-1}(1) = $$
$$m_{n-2}(4) + m_{n-2}(3) + m_{n-2}(2) + 0 = $$
$$g(n-2)$$

此时有
$$g(n+1) = 2g(n) + g(n-1) - g(n-2)$$

当 n 为奇数时,
$$g(n+1) = \sum_{i=1}^{4} m_{n+1}(i)$$

而 $m_{n+1}(1) = 0, m_{n+1}(2) = m_n(1), m_{n+1}(3) = m_n(1) + m_n(2)$
$$m_{n+1}(4) = m_n(1) + m_n(2) + m_n(3)$$

则
$$g(n+1) = \sum_{i=1}^{4} m_{n+1}(i) = 2\sum_{i=1}^{4} m_n(i) + m_n(1) - m_n(3)$$
$$m_n(1) = m_{n-1}(4) + m_{n-1}(3) + m_{n-1}(2) + 0 = g(n-1)$$
$$m_n(3) = m_{n-1}(4) = m_{n-2}(1) + m_{n-2}(2) + m_{n-2}(3) + 0 = g(n-2)$$

所以也有
$$g(n+1) = 2g(n) + g(n-1) - g(n-2)$$

于是式 ③ 由数学归纳法得证.

由式 ③ 得
$$g(9) = 2g(8) + g(7) - g(6) = 1\ 782$$
$$g(10) = 2g(9) + g(8) - g(7) = 4\ 004$$

所以
$$f(10) = 2g(10) = 8\ 008$$

下面考虑 $\{g(n)\}$ 对 mod 13 的模数列.

用式 ③ 可以算出,当 $n = 2, 3, \cdots, 14, 15, 16, \cdots$ 时,$g(n)$ 对 mod 13 的余数依次为

$$\underline{6,1,5,5,1,2,0,1,0,1,1,3},\underline{6,1,5,5},\cdots$$

因此,当 $n \geq 2$ 时,$\{g(n)\}$ 对 mod 13 的余数构成一个周期为 12 的周期数列.

因为
$$2\ 008 = 12 \times 167 + 4$$

所以
$$g(2\ 008) \equiv g(4) \equiv 5 \pmod{13}$$

因此
$$f(2\ 008) \equiv 10 \pmod{13}$$

第 1 章 整除与同余
Chapter 1 Divisible and Congruence

于是 $f(2\,008)$ 被 13 除得的余数为 10.

144 设 n 是一个正整数，p 是一个质数，证明：如果整数 a,b,c（不必是正的）满足
$$a^n + pb = b^n + pc = c^n + pa$$
则
$$a = b = c$$

（第 49 届国际数学奥林匹克，2008 年）

证 1 若 a,b,c 中有两个相等，则有 $a=b=c$，若 a,b,c 互不相等，则
$$a^n - b^n = -p(b-c)$$
$$b^n - c^n = -p(c-a)$$
$$c^n - a^n = -p(a-b)$$

所以有
$$\frac{a^n-b^n}{a-b} \cdot \frac{b^n-c^n}{b-c} \cdot \frac{c^n-a^n}{c-a} = -p^3 \qquad ①$$

若 n 为奇数，则 $a^n - b^n$ 与 $a-b$ 同号，$b^n - c^n$ 与 $b-c$ 同号，$c^n - a^n$ 与 $c-a$ 同号，这样，式 ① 的左边是正数，而右边是负数，这是不可能的.

所以 n 为偶数.

设 d 是 $a-b, b-c, c-a$ 的最大公因数，且设
$$a - b = du, \quad b - c = dv, \quad c - a = dw$$
则
$$(u,v,w) = 1, \quad u + v + w = 0$$
由 $a^n - b^n = -p(b-c)$ 得
$$(a-b) \mid p(b-c)$$
即
$$u \mid pv$$
同理
$$v \mid pw, \quad w \mid pu$$

由于 $(u,v,w) = 1, u + v + w = 0$，则 u, v, w 最多有一个能被 p 整除.

若 p 不整除 u, v, w 中的任意一个，则
$$u \mid v, \quad v \mid w, \quad w \mid u$$
于是 $|u| = |v| = |w| = 1$，这与 $u + v + w = 0$ 矛盾.

从而 p 恰能整除 u, v, w 中的一个.

不妨假设 $p \mid u$，且 $u = pu_1$.

和前面类似可得 $u_1 \mid v, u \mid w, w \mid u_1$.

于是
$$|u_1|=|v|=|w|=1$$
由于 $pu_1+v+w=0$,则 p 一定是偶数. 于是 $p=2$.
因此
$$v+w=-2u_1=\pm 2$$
从而 $v=w=\pm 1, u=-2v$,即
$$a-b=-2(b-c)$$
设 $n=2k$,则方程
$$a^n-b^n=-p(b-c)$$
在 $p=2$ 时化为
$$a^{2k}-b^{2k}=-2(b-c)=a-b$$
$$(a^k+b^k)(a^k-b^k)=a-b$$
由于 $(a-b)\mid(a^k-b^k)$,则只能有
$$a^k+b^k=\pm 1$$
因此,a,b 中恰有一个是奇数,这与 $a-b=-2(b-c)$ 是偶数矛盾.
由以上,一定有 $a=b=c$.

证 2 若 a,b,c 中有两个相等,一定有
$$a=b=c$$
若 a,b,c 互不相等,由证法 1 可知,n 是偶数,设 $n=2k$.

假设 p 是一个奇质数,则数
$$\frac{a^n-b^n}{a-b}=a^{n-1}+a^{n-2}b+\cdots+b^{n-1}$$
此式的右边由证法 1 的式 ①,是 $-p^3$ 的因数,因而是奇数,又因为此式的右边是 $2k$ 项的和,所以,a,b 的奇偶性不同.

同理,b,c 和 c,a 的奇偶性不同.

这时,若 a 奇,则 b 偶,于是 c 奇,a 偶,矛盾,同样若 a 偶,又可导出 a 奇,也引出矛盾.

所以 p 为奇质数不可能,因而 $p=2$.

由原方程可知 a,b,c 的奇偶性相同.

又由式 ① 有
$$\frac{a^n-b^n}{a-b}\cdot\frac{b^n-c^n}{b-c}\cdot\frac{c^n-a^n}{c-a}=-2^3$$
$$\frac{a^k+b^k}{2}\cdot\frac{a^k-b^k}{a-b}\cdot\frac{b^k+c^k}{2}\cdot\frac{b^k-c^k}{b-c}\cdot\frac{c^k+a^k}{2}\cdot\frac{c^k-a^k}{c-a}=-1 \quad ②$$
因此,每个因式都是 ± 1,特别地 $a^k+b^k=\pm 2$.

若 k 是偶数,则 $a^k+b^k=2$,从而

$$|a|=|b|=1, \quad a^k-b^k=0$$

与式②矛盾.

若 k 是奇数,则 $a+b$ 是 $a^k+b^k=\pm 2$ 的因数,又 a 与 b 的奇偶性相同,则 $a+b=\pm 2$,同理 $b+c=\pm 2, c+a=\pm 2$.

由于一定有两项的符号相同,故 a,b,c 中一定有两项相等,从而有 $a=b=c$.

145 证明:(1) 存在无穷个正整数 n,使 n^2+1 的最大质因子小于 n;
(2) 存在无穷个正整数 n,使 n^2+1 整除 $n!$.

(中国北方数学奥林匹克,2008 年)

证 (1) 令 $n=2k^2(k\in \mathbf{N}^*)$,则
$$n^2+1=4k^4+1=(2k^2+1-2k)(2k^2+1+2k)$$

由于 $2k^2+1-2k<n$,故只要证明存在无穷多个正整数 k,使得 $2k^2+1+2k$ 为合数,且最大质因子小于 n 即可.

令 $k=5m+1(m\in \mathbf{N}^*)$,则
$$2k^2+1+2k=2(5m+1)^2+1+2(5m+1)\equiv 0 \pmod 5$$

所以 $5\mid 2k^2+1+2k, 2k^2+1+2k$ 为合数(其中 $k\equiv 1 \pmod 5$)

且
$$2k^2+1+2k<5n$$

因此,$2k^2+1+2k$ 的最大质因子小于 n,从而 n^2+1 的最大质因子小于 n.

(2) 令 $n=2k^2(k\in \mathbf{N}^*)$,则
$$n^2+1=(2k^2+1-2k)(2k^2+1+2k)$$

且
$$(2k^2+1-2k,2k^2+1+2k)=(2k^2+1-2k,4k)=$$
$$(2k^2+1-2k,k)=$$
$$(1,k)=1$$

即 $2k^2+1-2k, 2k^2+1+2k$ 互质.

下面只要证明它们分别整除 $n!$.

令 $k=5m+1(m\in \mathbf{N}^*)$

由(1)的证明得 $2k^2+1+2k=5p$,且 $p<n$. 所以 $2k^2+1+2k$ 整除 $n!$
又 $2k^2+1-2k<n$,能整除 $n!$.

于是当 $n=2(5m+1)^2(m\in \mathbf{N}^*)$ 时, n^2+1 整除 $n!$,

因此,存在无穷个正整数 n,使 n^2+1 整除 $n!$.

146 试求最小的正整数,它可以被表示为四个正整数的平方和,且可以整除某个形如 $2^n+15(n\in \mathbf{N}^*)$ 的整数.

(青少年数学国际城市邀请赛,2009 年)

解 最小的五个可以表示为四个正整数的平方和的正整数为
$$4 = 1^2 + 1^2 + 1^2 + 1^2$$
$$7 = 2^2 + 1^2 + 1^2 + 1^2$$
$$10 = 2^2 + 2^2 + 1^2 + 1^2$$
$$12 = 3^2 + 1^2 + 1^2 + 1^2$$
$$13 = 2^2 + 2^2 + 2^2 + 1^2$$

显然,由于 $2^n + 15$ 为奇数,则不可能是 $4,10,12$.

又 $2^n \equiv 1,2,4 \not\equiv -1 \pmod 7$,则 $2^n + 15 \equiv 2,3,5 \not\equiv 0$,即 $2^n + 15$ 不是 7 的倍数.

而 $2^7 + 15 = 143 = 11 \times 13$,即
$$13 \mid 2^7 + 15$$
所以最小的正整数是 13.

147 已知有 26 个互不相等的正整数,其中任意 6 个数中都至少有两个数,一个数整除另一个数. 证明:一定存在六个数,其中一个数能被另外五个数整除.

(北方数学奥林匹克邀请赛,2009 年)

解 将这 26 个数按从小到大的顺序排列,把最小数编号为 1,对后续数的编号原则为:如果它前面的数都不能整除它,就将这个数编号为 1,如果它前面的数有的能整除它,设能够整除它的数中的最大编号为 k,就将这个数编号为 $k+1$.

当将这 26 个数全部编号后,可以证明这 26 个数中一定有编号为 6 的数.

假设没有编号为 6 的数,即这 26 个数的编号只能是 $1,2,3,4,5$.

由抽屉原理,一定有 6 个数编号相同,则这 6 个数必然不能相互整除,与已知矛盾,因此,这 26 个数中一定有编号为 6 的数.

如果有一个数编号为 6,这说明它有一个编号为 5 的因数,同理,这个数有一个编号为 4 的因数 …… 这样就得到由 6 个数组成的因数链,其中每一个数都能被下一个数整除,显然,这 6 个数中最大的一个能被另外五个数整除.

148 设 n 是一个正整数,$a_1, a_2, \cdots, a_k (k \geqslant 2)$ 是集合 $\{1,2,\cdots,n\}$ 中互不相同的整数,使得对于 $i = 1,2,\cdots,k-1$,都有 $n \mid a_i(a_{i+1} - 1)$. 证明
$$n \nmid a_k(a_1 - 1)$$

(第 50 届国际数学奥林匹克,2009 年)

证 首先,利用数学归纳法证明:对任意的整数 $i (2 \leqslant i \leqslant k)$,都有

第 1 章 整除与同余
Chapter 1 Divisible and Congruence

$$n \mid a_1(a_i - 1)$$

事实上,当 $i=2$ 时,由已知得 $n \mid a_1(a_2-1)$,结论成立;

假设已有 $n \mid a_1(a_i-1)(2 \leqslant i \leqslant k-1)$,则

$$n \mid a_1(a_i-1)(a_{i+1}-1)$$

又由已知, $n \mid a_i(a_{i+1}-1)$,则

$$n \mid a_1 a_i(a_{i+1}-1)$$

于是

$$n \mid [a_1 a_i(a_{i+1}-1) - a_1(a_i-1)(a_{i+1}-1)]$$

即

$$a \mid a_1(a_{i+1}-1)$$

于是,由数学归纳法证明了 $n \mid a_1(a_i-1), i=2,\cdots,k$

特别地,$n \mid a_1(a_k-1)$

由于 $a_1(a_k-1) - a_k(a_1-1) = a_k - a_1 \in \{1, 2, \cdots, n-1\}$,所以 $a_k - a_1$ 不能被 n 整除,所以

$$n \nmid a_k(a_1-1)$$

149 设 $f(x)$ 是系数均为 ± 1 的 n 次多项式,且以 $x=1$ 为 m 重根,若 $m \geqslant 2^k (k \geqslant 2, k \in \mathbf{N}^*)$,求证:$n \equiv -1 \pmod{2^{k+1}}$.

(中国国家集训队测试,2009 年)

证 由于 $f(x)$ 有 $x=1$ 的 m 重根,所以存在多项式 $g(x)$,使

$$f(x) = (x-1)^m g(x)$$

由 $f(x)$ 及 $(x-1)^m$ 均为整系数多项式,且 $(x-1)^m$ 是首项为 1 的多项式可得,$g(x)$ 是整系数多项式.

设 $n+1 = 2^l M$,其中 $2 \nmid M$,记 $x-1 = y$,则

$$f(x) = f(1+y) = y^m g(1+y) =$$
$$a_m y^m + a_{m+1} y^{m+1} + \cdots \quad (a_i \in \mathbf{Z}) \qquad ①$$

另一方面,由于 $f(x)$ 的系数均为 ± 1,故 mod 2 有

$$f(x) \equiv x^n + x^{n-1} + \cdots + x + 1 =$$
$$\frac{1}{y}(y^{n+1}-1) \equiv$$
$$\frac{1}{y}((1+y)^{2^l M}-1) \equiv$$
$$\frac{1}{y}((1+y^{2^l})^M - 1) \equiv$$
$$y^{2^l-1} + \cdots \pmod{2} \qquad ②$$

比较 ①,② 即得 $2^l - 1 \geqslant m$. 又由于 $m \geqslant 2^k$,则 $2^l - 1 \geqslant 2^k$,即 $l \geqslant k+1$,

即
$$n \equiv -1 \pmod{2^{k+1}}$$

150 求所有满足 $ab(a-b) \neq 0$ 的整数对 (a,b)，使得存在整数集 $\mathbf{Z}$ 的一个集 Z_0 中，对于任意整数 n，三个数 $n, n+a, n+b$ 恰好有一个在 Z_0 中。

(中国国家集训队测试，2009 年)

解 满足题目条件的所有整数对 (a,b) 为
$$(3^k(3l+1), 3^k(3m+2)) \quad \text{或} \quad (3^k(3l+2), 3^k(3m+1))$$
其中 $l, m \in \mathbf{Z}, k \in \mathbf{N}$。

当 a, b 具有上述形式时，取
$$Z_0 = \{3^{k+1} \cdot t + s \mid t, s \in \mathbf{Z}, 0 \leqslant s \leqslant 3^k - 1\}$$

由于 a, b 分别模 3^{k+1} 余 3^k 与 $2 \cdot 3^k$，

故对于整数 n，无论 n 模 3^{k+1} 余多少，$n, n+a, n+b$ 都恰好有一个在 Z_0 中。即这样的 Z_0 满足条件。

再证必要性。

不妨设 $0 \in Z_0$（否则，可假设 $d \in Z_0$，则将 Z_0 换成 $Z_0 - d = \{n - d \mid n \in Z_0\}$ 后仍满足条件）。

考虑 $n = 0 \in Z_0$ 知 $a \notin Z_0$，考虑 $n = -b \in Z_0$ 知 $a - b \notin Z_0$，考虑 $n = a - b$，知 $2a - b \in Z_0$。同理 $2b - a \in Z_0$。

下面将证明 $(2a-b, 2b-a) \nmid a$。

若不然，则可以找到整数 r, s，使
$$r(2a-b) + s(2b-a) = a$$

令 $r = t - u, s = v - w$，其中 $t, u, v, w \in \mathbf{N}^*$。根据前面的推断可得
$$t(2a-b) + v(2b-a) \in Z_0$$
$$u(2a-b) + w(2b-a) \in Z_0$$

但这两个数之间相差 a，这与 Z_0 的性质矛盾。

因此 $(2a-b, 2b-a) \nmid a$。

但 $(2a-b, 2b-a) \mid 3a$。

故 $(2a-b, 2b-a)$ 含 3 的幂次比 a 含 3 的幂次多 1。

同理 $(2a-b, 2b-a)$ 含 3 的幂次也比 b 含 3 的幂次多 1。

不妨设 $a = 3^k p, b = 3^k q$，其中 $p, q \in \mathbf{Z}, k \in \mathbf{N}^*, 3 \nmid pq$。再由
$$3^{k+1} \mid (2a-b, 2b-a)$$
知 p, q 必须模 3 余 1 和 2。证毕。

151 试问：2008, 2009, 2010 这三个数中，哪些数能写成 $x^3 + y^3 +$

$z^3 - 3xyz(x,y,z \in \mathbf{N}^*)$ 的形式?

(青少年国际数学城市邀请赛,2009 年)

解 $670^3 + 669^3 + 669^3 - 3 \times 670 \times 669 \times 669 =$
$(669+1)^3 + 2 \times 669^3 - 3 \times 670 \times 669^2 =$
$669^3 + 3 \times 669^2 + 3 \times 669 + 1 + 2 \times 669^3 - 3 \times 670 \times 669^2 =$
$3 \times 669^3 - 3 \times 669^3 + 3 \times 669 + 1 = 2\,008.$
$669^3 + 670^3 + 670^3 - 3 \times 669 \times 670 \times 670 =$
$(670-1)^3 + 2 \times 670^3 - 3 \times 669 \times 670^2 =$
$670^3 - 3 \times 670^2 + 3 \times 670 - 1 + 2 \times 670^3 - 3 \times 669 \times 670^2 =$
$3 \times 670^3 - 3 \times 670^3 + 3 \times 670 - 1 = 2\,009$

下面证明 2 010 不能表示为 $x^3 + y^3 + z^3 - 3xyz(x,y,z \in \mathbf{N}^*)$ 的形式.
这相当于若 $3 \mid t$, 且 $9 \nmid t$, 则 t 不能表示成 $x^3 + y^3 + z^3 - 3xyz$ 的形式.
否则, 因为 $3 \mid t$, 且 $t = x^3 + y^3 + z^3 - 3xyz$, 则 $3 \mid (x+y+z)$. 或者
$$3 \mid (x^2 + y^2 + z^2 - xy - yz - xz)$$
但是 $3 \mid (x+y+z)$, 有 $3 \mid (x+y+z)^2$
而
$$(x+y+z)^2 = x^2 + y^2 + z^2 - xy - yz - zx + 3xy + 3yz + 3zx$$
则
$$3 \mid (x^2 + y^2 + z^2 - xy - yz - zx)$$
从而 $q \mid t$, 导致矛盾.

注: 由 $(x+y+z)(x^2+y^2+z^2-xy-yz-zx) = x^3 + y^3 + z^3 - 3xyz$
令 $x = a+1, y = z = a$, 则 $x^3 + y^3 + z^3 - 3xyz = 3a+1$,
令 $x = a-1, y = z = a$, 则 $x^3 + y^3 + z^3 - 3xyz = 3a-1$,
令 $x = a+1, y = a, z = a-1$, 则 $x^3 + y^3 + z^3 - 3xy = 9a$
于是 $x = 670, y = 669, z = 669$, 则 $3 \times 669 + 1 = 2\,008$,
$x = 669, y = 670, z = 670$, 则 $3 \times 670 - 1 = 2\,009$
但 2010 不是 9 的倍数, 故不能表成题设的形式.

152 设数列 $\{x_n\}$ 满足 $x_1 \in \{5,7\}$, 及当 $k \geqslant 1$ 时, 有 $x_{k+1} \in \{5^{x_k}, 7^{x_k}\}$. 试确定 $x_{2\,009}$ 的末两位数字的所有可能的值.

(中国西部数学奥林匹克,2009 年)

解 令 $n = 2\,009$, 则
(1) 若 $x_n = 7^{5^{x_n}}$, 则 $x_n \equiv 7 \pmod{100}$
事实上, 因为 $5^{x_{n-2}} \equiv 1 \pmod 4$, 则 $5^{x_{n-2}} = 4k+1 (k \in \mathbf{N}^*)$
$$x_n = 7^{5^{x_{n-2}}} = 7^{4k+1} = (50-1)^{2k} \times 7 \equiv 7 \pmod{100}$$

147

(2) 若 $x_n = 7^{7^{x_{n-2}}}$, 则 $x_n \equiv 43 \pmod{100}$

事实上,因为 5 和 7 都正奇数,知 $x_k (1 \leqslant k \leqslant n)$ 都是奇数. 所以
$$7^{x_{n-2}} \equiv (-1)^{x_{n-2}} \equiv -1 \equiv 3 \pmod 4$$
即
$$7^{x_{n-2}} = 4k+3 \quad (k \in \mathbf{N}^*)$$
故
$$x_n = 7^{7^{x_{n-2}}} = 7^{4k+3} = (50-1)^{2k} \times 7^3 \equiv 7^3 \equiv 43 \pmod{100}$$

(3) 若 $x_n = 5^{x_{n-1}}$, 则 $x_n \equiv 25 \pmod{100}$.

由数学归纳法, 知当 $n \geqslant 2$ 时
$$5^n \equiv 25 \pmod{100}$$
显然, $x_{n-1} > 2$.
因此
$$x_n = 5^{x_{n-1}} \equiv 25 \pmod{100}$$
综合以上, x_{2009} 的末两位数字的可能值是 $07, 43, 25$.

153 若一个正整数的一个倍数在十进制中以 2 008 开头, 则称其为 "精致数"(如下就是一个精致数, 因为 200 858 是 7 的倍数, 且以 2 008 开头). 证明一切正整数都是精致数.

(巴西数学奥林匹克, 2008 年)

证 对于任意正整数 k, 考虑
$$2\,008, 20\,082\,008, 200\,820\,082\,008, \cdots, \underbrace{20082008\cdots2008}_{k+1\text{个}2\,008}$$
这 $k+1$ 个数对于 $\bmod k$, 有 $k+1$ 个余数, 必有两个数相同, 设为
$$\underbrace{20082008\cdots2008}_{i\text{个}2\,008} \equiv \underbrace{20082008\cdots2008}_{j\text{个}2\,008} \pmod k, \quad j > i$$
则
$$k \mid [(\underbrace{20082008\cdots2008}_{j\text{个}2\,008}) - (\underbrace{20082008\cdots2008}_{i\text{个}2\,008})]$$
即
$$k \mid \underbrace{20082008\cdots2008}_{j-i\text{个}2\,008}\underbrace{000\cdots0}_{}$$
于是 k 是精致数.

154 数列 $\{G_n\}$ 满足:
$$G_0 = 0, \quad G_1 = 1, \quad G_n = G_{n-1} + G_{n-2} + 1 \quad (n \geqslant 2)$$
证明: 对任意的正整数 m, $\{G_n\}$ 中存在均能被 m 整除的连续两项.

第 1 章 整除与同余
Chapter 1 Divisible and Congruence

(爱沙尼亚国家队选拔考试,2008 年)

证 定义 $G_{-1}=0$,则 $G_n=G_{n-1}+G_{n-2}+1$ 对 $n=1$ 也成立.

考虑数列 $\{G_n\}$ 中连续两项组成的数对 (G_n,G_{n+1}).

在模 m 的意义下,这样的数对至多有 m^2 种不同的情况.

因此,必存在 $k<l$,使得在模 m 意义下,(G_k,G_{k+1}) 与 (G_l,G_{l+1}) 对 $\mod m$ 同余.

若 $l=k+1$,则 G_k,G_{k+1} 满足条件;

若 $l>k+1$. 由于
$$G_{n-2}=G_n-G_{n-1}-1$$
则
$$G_{k-1}\equiv G_{l-1}(\mod m)$$
这是因为
$$G_{k-1}=G_{k+1}-G_k-1$$
$$G_{l-1}=G_{l+1}-G_l-1$$
由
$$G_{k+1}-G_k\equiv G_{l+1}-G_l(\mod m)$$
则
$$G_{k-1}\equiv G_{l-1}(\mod m)$$
于是 (G_{k-1},G_k) 与 (G_{l-1},G_l) 对 $\mod m$ 同余.

再往下推,(G_{-1},G_0) 与 (G_{l-k-1},G_{l-k}) 对 $\mod m$ 同余.

由于 $G_{-1}=G_0=0$,则
$$G_{l-k-1}\equiv G_{l-k}\equiv 0(\mod m)$$
即存在连续两项均能被 m 整除.

155 已知
$$f(x)=C_m x^m+C_{m-1}x^{m-1}+\cdots+C_1 x+C_0$$
其中,$C_i(i=0,1,\cdots,m)$ 是非零整数. 数列 $\{a_n\}$ 满足
$$a_1=0,\quad a_{n+1}=f(a_n)\quad(n\in \mathbf{N}^*)$$
求证:

(1) 对于 $i,j\in \mathbf{N}^*,i<j,a_{j+1}-a_j$ 是 $a_{i+1}-a_i$ 的倍数;

(2) $a_{2\,008}\neq 0$.

(香港数学奥林匹克,2008 年)

证 (1) 只须证明 $(a_{i+1}-a_i)\mid(a_{i+2}-a_{i+1})$.

显然,当 $a_{i+1}=a_i$ 即常数列 $\{a_n\}$ 满足要求;

设 $a_{i+1}-a_i\neq 0$,则

$$a_{i+2} - a_{i+1} = f(a_{i+1}) - f(a_i) =$$
$$C_m(a_{i+1}^m - a_i^m) + C_{m-1}(a_{i+1}^{m-1} - a_i^{m-1}) + \cdots + C_1(a_{i+1} - a_i)$$

所以，由 $(a_{i+1} - a_i) \mid (a_{i+1}^k - a_i^k)$ 得
$$(a_{i+1} - a_i) \mid (a_{i+2} - a_{i+1})$$
从而有 $(a_{i+1} - a_i) \mid (a_{j+1} - a_j)$ $(j > i)$.

(2) 用反证法.

假设 $a_{2008} = 0$，则 $a_{2009} = f(a_{2008}) = f(0)$，于是
$$a_{2009} - a_{2008} = 0$$

由(1)的结论，$a_2 - a_1, a_3 - a_2, \cdots, a_{2008} - a_{2007}$ 这 2 007 个差值为 $\pm f(0)$，且
$$(a_{2008} - a_{2007}) + (a_{2007} - a_{2006}) + \cdots + (a_2 - a_1) = a_{2008} - a_1 = \pm f(0) = \pm C_0$$

然而由 $a_{2008} = 0, a_1 = 0$，则 $a_{2008} - a_1 = 0$

于是 $\pm f(0) = \pm C_0 = 0, C_0 = 0$ 与题设 $C_0 \neq 0$ 矛盾.

所以 $a_{2008} \neq 0$.

156 求使得 $A = \sqrt{\dfrac{9n-1}{n+7}}$ 为有理数的正整数 n 的值.

(希腊数学奥林匹克，2009 年)

解 设 $a, b \in \mathbf{N}^*, (a, b) = 1$，且
$$\frac{9n-1}{n+7} = \frac{a^2}{b^2} \qquad ①$$

将 ① 整理得
$$n = \frac{7a^2 + b^2}{9b^2 - a^2} = -7 + \frac{64b^2}{9b^2 - a^2}$$

因为 $(a, b) = 1$，则 $(a^2, b^2) = 1, (9b^2 - a^2, b^2) = 1$

因此，若 n 为整数，当且仅当
$$(9b^2 - a^2) \mid 64$$

因为 a, b, n 均为正整数，则
$$9b^2 - a^2 \geq 8$$

于是
$$9b^2 - a^2 = (3b - a)(3b + a) \in \{8, 16, 32, 64\}$$

则 $\begin{cases} 3b - a = 2, \\ 3b + a = 4. \end{cases}$ $\begin{cases} 3b - a = 4, \\ 3b + a = 8. \end{cases}$ $\begin{cases} 3b - a = 2, \\ 3b + a = 16. \end{cases}$ 有解.

解得
$$(a, b) = (1, 1), (2, 2), (7, 3)$$

因为 $(a, b) = 1$，则 $(a, b) = (1, 1), (7, 3)$

第 1 章 整除与同余
Chapter 1 Divisible and Congruence

此时 $n=1$ 或 11.

157 设 $n \in \mathbf{N}$. 证明

$$3^{\frac{5^{2^n}-1}{2^n}} \equiv (-5)^{\frac{3^{2^n}-1}{2^{n+2}}} \pmod{2^{n+4}}$$

(伊朗国家队选拔考试,2009 年)

证 首先定义 $\|m\|_2$ 为正整数 m 的算术分解式中 2 的指数,显然

$$\|3^{2^{m-1}}-1\|_2 = 1$$
$$\|3^2-1\|_2 = 3$$

对正整数 $n(n \geqslant 2)$,有

$$\|3^{2^n}-1\|_2 = \|3^{2^{n-1}}+1\|_2 + \|3^{2^{n-1}}-1\|_2 =$$
$$1 + \|3^{2^{n-1}}-1\|_2 = \cdots =$$
$$(n-1) + \|3^2-1\|_2 =$$
$$n+2$$

于是,当 $n \geqslant 3$ 时

$$2^n \mid (3^{2^{n-2}}-1), \quad 2^n \nmid (3^{2^{n-3}}-1)$$

因此,能被 2^n 整除的 3^k-1 的大于 1 的正整数 k 的最小值为 2^{n-2}.

当 $n \geqslant 3$ 时,在模 2^n 的意义下,3 的正整数次幂组成一个集合 X(群 $Z/2^n$ 的子群),其阶为 2^{n-2}.

又 3 的正整数次幂模 8 与 1 或 3 同余,上述集合 X 中的元素均具有此性质.
在前 2^n 个正整数中,对于 mod 8,余数为 1 或 3 的恰有 2^{n-2} 个(集合 X 的阶).

现将 -5(模 8 与 3 同余)模 2^{n+4} 与 3 的正整数次幂同余,设其指数为 k,即

$$-5 \equiv 3^k \pmod{2^{n+4}} \qquad ①$$

因此

$$5^{2^n}-1 \equiv 3^{2^n k}-1 \pmod{2^{n+4}} \qquad ②$$

由式 ① 可得

$$-5 \equiv 3^k \pmod{2^{n+4}}$$

所以

$$(-5)^{\frac{3^{2^n}-1}{2^{n+2}}} \equiv 3^{\frac{k(3^{2^n}-1)}{2^{n+2}}} \pmod{2^{n+4}}$$

这样,原命题等价于

$$3^{\frac{5^{2^n}-1}{2^n}} \equiv 3^{\frac{k(3^{2^n}-1)}{2^{n+2}}} \pmod{2^{n+4}}$$

能被 2^{n+4} 整除的 3^k-1 的大于正整数 k 的最小值为 2^{n+2},所以原命题又等价于

$$\frac{5^{2^n}-1}{2^{n+2}} \equiv k \cdot \frac{3^{2^n}-1}{2^{n+2}} \pmod{2^{n+2}}$$

即
$$5^{2^n} - 1 \equiv k(3^{2^n} - 1) \pmod{2^{2n+4}}$$
由式②,只须证明
$$3^{2^n k - 1} \equiv k(3^{2^n} - 1) \pmod{2^{2n+4}}$$
即
$$3^{2^n k - 1} - k(3^{2^n} - 1) \equiv 0 \pmod{2^{2n+4}}$$
$$(3^{2^n} - 1)[3^{(k-1)2^n} + 3^{(k-2) \cdot 2^n} + \cdots + 1 - k] \equiv 0 \pmod{2^{2n+4}}$$
上式左边可变为
$$(3^{2^n} - 1)[3^{2^n(k-1)} - 1 + 3^{2^n(k-2)} - 1 + \cdots + 1 - 1] = (3^{2^n} - 1)^2 \sum_{i=1}^{k-1} \sum_{j=0}^{i-1} 3^{2^n j}$$
因为
$$2^{n+2} \mid (3^{2^n} - 1)$$
则
$$2^{2n+4} \mid (3^{2^n} - 1)^2$$
于是原命题成立.

158 求全部整数 $x, y, z (0 \leqslant x \leqslant y \leqslant z)$,使得
$$\begin{cases} xy \equiv 1 \pmod{z} \\ xz \equiv 1 \pmod{y} \\ yz \equiv 1 \pmod{x} \end{cases}$$

(新加坡数学奥林匹克公开赛,2009 年)

解 满足题设同余式的 x, y, z 满足 $(x, y) = (x, z) = (y, z) = 1$.
把三个同余方程合并得
$$xy + yz + zx - 1 \equiv 0 \pmod{xyz}$$
于是存在一个整数 k,使得
$$xy + yz + zx - 1 = k(xyz) \qquad ①$$
即
$$\frac{1}{z} + \frac{1}{x} + \frac{1}{y} = \frac{1}{xyz} + k > 1$$
又 $x < y < z$,则
$$1 < \frac{1}{x} + \frac{1}{y} + \frac{1}{z} < \frac{3}{x} \qquad ②$$
于是 $x < 3$,又 $2 \leqslant x$,则 $x = 2$.
代入式 ① 又有
$$1 < \frac{1}{2} + \frac{1}{y} + \frac{1}{z} < \frac{3}{2}$$

第 1 章 整除与同余
Chapter 1 Divisible and Congruence

$$\frac{1}{2} < \frac{1}{y} + \frac{1}{z} < \frac{2}{y}$$

于是 $y = 3$

进而
$$z = 4, 5$$

则有解
$$(x, y, z) = (2, 3, 4), (2, 3, 5)$$

但 $(2, 4) \neq 1$, 则
$$(x, y, z) = (2, 3, 5)$$

159 黑板上有 $n(n \geqslant 3, n \in \mathbf{N}^*)$ 个互不相同的正数. 证明: 从这些数中可以选出两个数, 使得这 n 个数中没有一个数的 3 倍是这两个数之和的倍数.

(斯洛文尼亚国家队选拔考试, 2009 年)

证 设这 n 个互不相同的正数为 $a_1, a_2, \cdots, a_n$.

不失一般性, 令 $a_1 > a_2 > \cdots > a_n$.

不妨假设 $a_i (i = 1, 2, \cdots, n)$ 不全被 3 整除.

这是因为若 $3 \mid b_i (i = 1, 2, \cdots, n)$, 则存在正整数 k, l, 使得对所有的 $j (j = 1, 2, \cdots, n)$ 有
$$3^k \mid b_j, \quad 3^{k+1} \nmid b_l$$

此时令
$$a_i = \frac{b_i}{3^k} \quad (i = 1, 2, \cdots, k)$$

则 a_i 是 n 个不全被 3 整除的两两互异的数.

假设存在两个数 a_i, a_j, 使得 $a_i + a_j$ 不能整除 $3a_1, 3a_2, \cdots, 3a_n$ 中的任何一个数, 则
$$3^k (a_i + a_j) = b_i + b_j$$

不能整除 $3^k(3a_1) = 3b_1, \cdots, 3^k(3a_n) = 3b_n$ 这 n 个数中的任何一个.

因此可以假设 $a_i (i = 1, 2, \cdots, n)$ 不全被 3 整除.

假设题设的结论不正确, 即对于每个 $a_i + a_j$ 存在角标 k_{ij}, 使得
$$(a_i + a_j) \mid 3a_{k_{ij}}$$

特别地, 对于 $j = 1$ 及某些 i, 有
$$(a_i + a_1) \mid 3a_{k_{i1}}$$

若 $3 \nmid (a_i + a_1)$, 则 $(a_i + a_1) \mid a_{k_{i1}}$, 与 $a_i + a_1 > a_{k_{i1}}$ 矛盾.

所以对于所有的 $i (2 \leqslant i \leqslant n)$, 有 $3 \mid (a_i + a_1)$.

于是 $a_2, a_3, \cdots, a_n$ 对模 3 同余.

又由于 $a_1, a_2, \cdots, a_n$ 不全被 3 整除, 则

最新世界各国数学奥林匹克中的初等数论试题(上)
The Lastest Elementary Number Theory in Mathematical Olympiads in The World

$$a_i \not\equiv 0 \pmod{3} \quad (i=2,3,\cdots,n)$$

从而,对于 $i=3,4,\cdots,n$,有 $3 \nmid (a_i+a_l)$.

由 $(a_i+a_2) \mid 3a_{k_{i2}}$,有 $(a_i+a_2) \mid a_{k_{i2}}$,当且仅当 $k_{i2}=1$ 时,该式成立.

于是
$$(a_i+a_2) \mid a_1 \quad (i=3,4,\cdots,n)$$

存在正整数 m,l,满足
$$(a_1+a_2)l = 3a_m$$

若 $l \geqslant 3$,则
$$(a_1+a_2)l > 3a_1 \geqslant 3a_m$$

引出矛盾.

若 $l=2$,则
$$3a_m = 2(a_1+a_2) > 4a_2$$

则
$$m=1, \quad a_1 = 2a_2$$

但是,当 $a_1=2a_2$ 时,有 $2(a_2+a_3)=a_1+2a_3>a_1$,又 $(a_2+a_3) \mid a_1$,则
$$a_2+a_3 = a_1 = 2a_2$$
$$a_3 = a_2$$

与 n 个数互异矛盾.

若 $l=1$,则
$$3a_m = a_1+a_2 \geqslant a_2+a_3+a_2 > 3a_3$$

所以 $m<3$.

但是当 $m=1$ 时,$a_2=2a_1$ 与 $a_1>a_2$ 矛盾.

因此 $m=2, a_1=2a_2$.

同上,由 $2(a_2+a_3)=a_1+2a_3>a_1$,且 $(a_2+a_3) \mid a_1$ 得
$$a_2+a_3 = a_1 = 2a_2$$

即
$$a_2 = a_3$$

矛盾.

所以总可以找到两个数,使得这 n 个数中没有一个数的 3 倍是这数之和的倍数.

160 求所有的正整数 n,使得 8^n+n 可以被 2^n+n 整除.

(日本数学奥林匹克决赛,2009 年)

解 $8^n+n = (2^n)^3+n = (2^n+n)[(2^n)^2-2^n n+n^2]-(n^3-n)$

于是
$$(2^n+n) \mid (8^n+n) \Leftrightarrow (2^n+n) \mid (n^3-n)$$

第 1 章 整除与同余
Chapter 1 Divisible and Congruence

若 $n=1$，则 $n^3-n=0$，于是 $(2^n+n) \mid (8^n+n)$ 成立；

若 $n \geqslant 2$，则 $n^3-n > 0$，于是 $n^3-n \geqslant 2^n+n$，因此 $n^3 > 2^n$.

设
$$f(n)=\frac{n^3}{2^n}$$

当 $n \geqslant 4$ 时，
$$\frac{f(n+1)}{f(n)}=\frac{(n+1)^3 \cdot 2^n}{n^3 \cdot 2^{n+1}}=\frac{1}{2}\left(1+\frac{1}{n}\right)^3 \leqslant \frac{1}{2}\left(1+\frac{1}{4}\right)^3=\frac{125}{128}<1$$

因此，$f(4) > f(5) > \cdots$.

又 $f(10)=\frac{10^3}{2^{10}}=\frac{1\,000}{1\,024}<1$，所以当 $n \leqslant 10$ 时，$f(n)<1$，即 $n^3<2^n$.

当 $n=2,3,\cdots,9$ 时
$$(n^3-n,2^n+n)=(6,6),(24,11),(60,20),(120,37),$$
$$(210,70),(336,135),(504,264),(720,521)$$

所以 $n=2$ 时，有 $6 \mid 6$，$n=4$ 时，有 $20 \mid 60$，$n=6$ 时，有 $70 \mid 210$.

于是满足条件的所有的 $n=1,2,4,6$.

161 求所有的正整数对 $(m,n)(m,n>1)$，使得 n^3-1 能被 $mn-1$ 整除.

（克罗地亚国家数学奥林匹克，2009 年）

解 由 $(mn-1) \mid (n^3-1)$ 得
$$(mn-1) \mid m(n^3-1)=n^2(mn-1)+n^2-m$$
于是
$$(mn-1) \mid (n^2-m) \qquad ①$$
又
$$(mn-1) \mid m(n^2-m)=(mn-1) \cdot n+n-m^2$$
于是
$$(mn-1) \mid (n-m^2) \qquad ②$$

(1) 若 $n > m^2$，则由 ②
$$mn-1 \leqslant n-m^2$$
于是 $mn \leqslant n$，$m \leqslant 1$，与 $m>1$ 矛盾.

(2) 若 $n=m^2$，则由 $(mn-1) \mid (n^3-1)$ 有
$$(m^3-1) \mid (m^6-1) \qquad ③$$
式 ③ 一定成立，所以 (m,m^2) 满足题设要求.

(3) 若 $n < m^2$，则由 $mn-1 \leqslant n^3-1$ 可得
$$mn \leqslant n^3$$

最新世界各国数学奥林匹克中的初等数论试题(上)
The Lastest Elementary Number Theory in Mathematical Olympiads in The World

$$\sqrt{n} \leqslant m \leqslant n^2$$

若 $n^2 > m$,则由 ①

$$mn - 1 \leqslant n^2 - m < n^2 - 1$$

于是

$$mn < n^2, \quad m < n$$

而由 ②

$$mn - 1 \leqslant m^2 - n < m^2 - 1$$

又有 $mn < m^2, n < m$,出现矛盾.

所以有 $m = n^2$,因而又有解 $(n^2, n)(n > 1)$.

综上,满足题意的所有解为 (k, k^2) 和 $(k^2, k), k \in \mathbf{Z}$.

第2章

质数、合数与质因数分解

第 2 章 质数、合数与质因数分解
Chapter 2 Prime Number, Composite Number and Prime Factorization

1 证明存在无限多个正奇数 n,使得 2^n+n 不是质数.

(世界城市数学竞赛,1999 年)

证 1 当 n 为偶数时,2^n+n 肯定为合数.

当 n 为奇数时,

$n=1$ 时,$2^1+1=3$ 是质数;

$n=3$ 时,$2^3+3=11$ 是质数;

$n=5$ 时,$2^5+5=37$ 是质数;

$n=7$ 时,$2^7+7=135$ 是合数,且为 3 和 5 的倍数.

于是存在一个 $n=7$,使 2^n+n 为合数,且 $3 \mid 2^n+n$.

设 $3 \mid 2^n+n$,考查 $2^{n+6}+(n+6)$.

$2^{n+6}+(n+6)=64 \cdot 2^n+64n-63n+6=64(2^n+n)-3(21n-2)$

从而
$$3 \mid 2^{n+6}+(n+6)$$

这一结果表明,只要有第一个 n,使 $3 \mid 2^n+n$,则下一个是 $n+6$ 也满足
$$3 \mid 2^{n+6}+(n+6)$$

于是,有无穷多个 n,使 2^n+n 是合数而不是质数.

证 2 因为 $n=7$ 时,$5 \mid 2^7+7=135$

所以存在一个 $n=7$,使 2^n+n 是合数,且 $5 \mid 2^n+n$.

设 $5 \mid 2^n+n$,考查数 $2^{n+20}+(n+20)$.

$2^{n+20}+(n+20)=2^{20} \cdot 2^n+2^{20} \cdot n-(2^{20}-1)n+20=$
$$2^{20}(2^n+n)-[(2^4)^5-1]n+20$$

因为 $5 \mid 2^n+n$,$5 \mid [(2^4)^5-1]n$,$5 \mid 20$

所以
$$5 \mid 2^{n+20}+(n+20)$$

这一结果表明,只要有第一个 n,使 $5 \mid 2^n+11$,则下一个是 $n+20$ 也满足
$$5 \mid 2^{n+20}+(n+20)$$

于是,有无穷多个 n,使 2^n+n 是合数,而不是质数.

2 令 a,b,c 为整数,并且满足 $a+b+c=0$,若 $d=a^{1999}+b^{1999}+c^{1999}$.问:

(1) 有没有可能 $d=2$?

(2) 有没有可能 d 是质数?

(世界城市数学竞赛,1999 年)

解 (1) **解法 1** 因为 $a+b+c=0$

若 a,b,c 中有一个为 0,设 $a=0$,则 $b=-c$,此时 $d=0 \neq 2$.

最新世界各国数学奥林匹克中的初等数论试题(上)
The Lastest Elementary Number Theory in Mathematical Olympiads in The World

若 a,b,c 全不为 0,则有两个正数一个负数或两个负数一个正数.

若 a 为正数,b,c 为负数,则由 $a=-(b+c)$,则
$$a^{1999}=|(b+c)^{1999}|>|b|^{1999}+|c|^{1999}$$

此时 $d\neq 2$.

同理,a 为负数,b,c 为正数时,$d\neq 2$.

解法 2 由 $a+b+c=0$ 则奇数有偶数个(0 个或 2 个)

由于 x^n 与 x 有相同的奇偶性,则
$$d=a^{1999}+b^{1999}+c^{1999}$$
与
$$0=a+b+c$$
同为偶数.

又因为
$$x^{1999}\equiv x\pmod 3$$
则
$$d\equiv 0\pmod 3$$

所以 $d\neq 2$.

(2) 由(1)的解法 2,$2\mid d$,$3\mid d$,则 d 不可能是质数.

3 正整数 1 到 1 000 000 被分别染为黑白两种颜色之一,每一步允许从中选择一个数,把它以及所有同它不互质的数都改染为相反的颜色.一开始所有的数都是黑色的,能否通过有限次操作,使得所有的数都变为白色?

(俄罗斯数学奥林匹克,1999 年)

解 可以.

首先证明一个引理.

引理 对于任意给定的一组质数 $p_1,p_2,\cdots,p_n$,都可以通过有限次改染,使得凡是被该组中所有质数都能整除的整数都被改变颜色,并且只有这样的整数被改变了颜色.

引理的证明:设 $A=\{p_1,p_2,\cdots,p_n\}$.对于 A 的每一个非空子集,都求出子集中所有元素的乘积,并且把所有不与该乘积互质的整数都改变颜色,称为一次操作.

那些可被 A 中所有元素整除的整数,在每一次操作中都改变颜色,所以一共被改变了 2^n-1 次颜色,故它们的颜色都与原来不同.

现设整数 k 至少不能被 A 中的一个元素整除,不妨它不能被 p_1 整除.

显然,在对 A 的单元子集 $\{p_1\}$ 进行的操作中,k 不被改变颜色.

我们再将 A 的其余非空子集两两配为一对:

第 2 章　质数、合数与质因数分解

Chapter 2　Prime Number, Composite Number and Prime Factorization

在每一对中,一个为不包含 p_1 的子集,另一个为在该子集中添入 p_1 后的子集.

容易看出,在对每一对中的非空子集所进行的两次操作中,k 或者都被改变颜色,或者都不被改变颜色,所以 k 一共被改变了偶数次颜色,所以它的颜色与原来相同.

下面回到原题.

设不超过 1 000 000 的所有质数组成的集合为 U.

由引理知,对于 U 的每一个非空子集,都可以通过有限次改染,使得凡是被该子集中所有质数都能整除的整数都被改变颜色,并且不改变其他整数的颜色.

现在来证明:在对 U 的所有非空子集都进行了这样的操作之后,每一个不超过 1 000 000 的正整数 k 都被改染了颜色.

事实上,如果 k 有 m 个互不相同的质约数,那么 k 就被改染了 2^m-1 种颜色,2^m-1 为奇数,所以它的颜色与原来不同.

4 试求满足以下条件的全部质数 p:

对任一质数 $q<p$,若 $p=kq+r,0\leqslant r<q$,则不存在大于 1 的整数 a,使得 a^2 整除 r.

（中国国家集训队选拔考试,1999 年）

解 容易验证,$p=2,3,5,7$ 均满足条件.

若质数 $p\geqslant 11$ 满足题设条件,则有

(1) $p-4$ 没有大于 4 的质因数；

(2) $p-8$ 没有大于 8 的质因数；

(3) $p-9$ 没有大于 9 的质因数.

由 $p-4$ 是奇数及(1)可知

$$p-4=3^a,\quad a\geqslant 2 \qquad ①$$

由(2)及 $p-8$ 是奇数可知,$p-8$ 不能被 2 和 3 整除,于是

$$p-8=5^b 7^c \qquad ②$$

② 减去 ① 得

$$5^b 7^c - 3^a + 4 = 0 \ (a\geqslant 2) \qquad ③$$

式 ③ 对于 $\mod 3$,有 $(-1)^b+1=0$,因此 b 是奇数,即

$$1\leqslant b=2l+1 \ (l\geqslant 0) \qquad ④$$

由于 $b\geqslant 1$,则由式 ③

$$5^b 7^c - 3^a + 5 - 1 = 0$$

可得

最新世界各国数学奥林匹克中的初等数论试题(上)
The Lastest Elementary Number Theory in Mathematical Olympiads in The World

$$5 \mid 3^a+1$$

所以有
$$2 \leqslant a = 4m+2 \quad (m \geqslant 0) \qquad ⑤$$

由式②,$p-q = 5^b 7^c - 1$,则 $p-q$ 不能被 3 整除,由于 $b \geqslant 1$,所以 $p-q$ 也不能被 5 整除.

现在我们证明 $c = 0$.

否则,设 $c > 0$,则 $p-q$ 也不能被 7 整除,因此由③,$p-q$ 没有大于 q 的质因数,只能是
$$p - q = 5^b 7^c - 1 = 2^d \quad (c > 0)$$

由此推出 $7 \mid 2^d + 1$

然而
$$2^{3t} + 1 = (7+1)^t + 1 \equiv 2 \pmod{7}$$
$$2^{3t+1} + 1 = 2(7+1)^t + 1 \equiv 3 \pmod{7}$$
$$2^{3t+2} + 1 = 4(7+1)^t + 1 \equiv 5 \pmod{7}$$

所以 $7 \nmid 2^d + 1$,这一矛盾表明 $c > 0$ 不成立,只有 $c = 0$.

于是②化为
$$p - 8 = 5^b$$

再由①有
$$5^b = 3^a - 4 = 3^{4m+2} - 4 = (3^{2m+1} - 2)(3^{2m+1} + 2) \qquad ⑥$$

显然,$3^{2m+1} - 2$ 与 $3^{2m+1} + 2$ 的最大公约数 g 是奇数,是
$$g \mid (3^{2m+1} + 2) - (3^{2m+1} - 2)$$

即 $g \mid 4$,所以 $g = 1$.

由式⑥及 5 是质数,推出
$$\begin{cases} 3^{2m+1} - 2 = 1 \\ 3^{2m+1} + 2 = 5^b \end{cases}$$

因而 $m = 0, b = 1, a = 2$.再代入式①有
$$p = 3^a + 4 = 13$$

所以满足题目要求的质数有 2,3,5,7,13.

5 证明:每个正整数都是某两个具有相同数目质约数的正整数的差.(每个质约数只计算 1 次,例如 12 只有两个质约数 2 和 3).

(俄罗斯数学奥林匹克,1999 年)

证 (1) 若 n 为偶数,设 $n = 2m$,则 $2m$ 可表为 $k = 4m$ 和 $l = 2m$ 的差,这里 $4m$ 和 $2m$ 有相同的质约数;

(2) 若 n 为奇数,设 $p_1, p_2, \cdots, p_s$ 是 n 的质约数.

第 2 章 质数、合数与质因数分解
Chapter 2 Prime Number, Composite Number and Prime Factorization

设 p 是不属于集合 $\{p_1, p_2, \cdots, p_s\}$ 的最小质约数.

则可将 n 表示为 $k = pn$ 与 $l = (p-1)n$ 的差,即
$$n = k - l = pn - (p-1)n$$

因为根据 p 的选取,pn 的质约数是 n 的质约数加上 p,而 $p-1$ 有一个质约数 2,因此 $(p-1)n$ 的质约数加上 2,所以 k 与 l 的质约数数目相同.

由 (1),(2),问题得证.

6 试求所有满足方程 $n = (d(n))^2$ 的正整数 n,这里 $d(n)$ 表示 n 的正因数的个数.

(加拿大数学奥林匹克,1999 年)

解 显然 $n = 1 = (d(1))^2 = 1$ 是方程的一个解.

当 $n > 1$ 时,设 $n = p_1^{\alpha_1} p_2^{\alpha_2} \cdots p_m^{\alpha_m}$,其中 $p_1, p_2, \cdots, p_m$ 是不同的质数,$\alpha_i \in \mathbf{N}^*$,$i = 1, 2, \cdots, m$.

因为 $d(n)$ 为正整数,则由 $n = (d(n))^2$ 知 n 必为完全平方数.

所以 α_i 均为偶数,设 $\alpha_i = 2\beta_i (1 \leqslant i \leqslant m)$,则
$$d(n) = (2\beta_1 + 1)(2\beta_2 + 1)\cdots(2\beta_m + 1)$$

所以 $d(n)$ 为奇数,因而 n 也为奇平方数.

从而 $p_i \geqslant 3 (i = 1, 2, \cdots, m)$,则
$$n = p_1^{2\beta_1} p_2^{2\beta_2} \cdots p_m^{2\beta_m} = [(2\beta_1 + 1)(2\beta_2 + 1)\cdots(2\beta_m + 1)]^2$$
$$p_1^{\beta_1} p_2^{\beta_2} \cdots p_m^{\beta_m} = (2\beta_1 + 1)(2\beta_2 + 1)\cdots(2\beta_m + 1) \quad ①$$

下面证明一个引理.

引理 对任意正整数 t 和 $p (p \geqslant 3)$,均有 $p^t \geqslant 2t + 1$,当且仅当 $p = 3$,$t = 1$ 时取等号.

引理的证明:对 t 归纳.

当 $t = 1$ 时,由 $p \geqslant 3$ 得 $p^1 = 3^1 \geqslant 2 \cdot 1 + 1$

当 $p = 3$ 时等号成立.

设当 $t = k$ 时,命题成立,即 $p^k \geqslant 2k + 1$

则当 $t = k + 1$ 时,
$$p^{k+1} = p^k \cdot p \geqslant 3p^k = p^k + 2p^k > p^k + 2 \geqslant 2k + 1 + 2 = 2(k+1) + 1$$

即当 $t = k + 1$ 时命题成立.

综上,对任意正整数 t,均有 $p^t \geqslant 2t + 1$,当且仅当 $p = 3$,$t = 1$ 时取等号.

引理得证.

回到原题.

由于 $p_i \geqslant 3 (i = 1, 2, \cdots, m)$,则
$$p_i^{\beta_i} \geqslant 2\beta_i + 1$$

且当 $p_i > 3$ 时,$p_i^{\beta_i} > 2\beta_i + 1$

从而,若存在 $p_i > 3(i = 1,2,\cdots,m)$,有
$$p_1^{\beta_1} p_2^{\beta_2} \cdots p_m^{\beta_m} > (2\beta_1 + 1)(2\beta_2 + 1)\cdots(2\beta_m + 1)$$

结合式 ①,只能 $m = 1, p_1 = 3, \beta_1 = 1$ 时,式 ① 成立.

所以 $n = 3^2 = 9$.

由以上,适合方程 $n = (d(n))^2$ 的 $n = 1$ 或 9.

7 试找出一个无限的有界正整数列 $a_1, a_2, a_3, \cdots$,使得自第三项开始,数列中的每一项都满足条件:
$$a_n = \frac{a_{n-1} + a_{n-2}}{(a_{n-1}, a_{n-2})}$$

其中 (x, y) 表示正整数 x 与 y 的最大公约数.

(俄罗斯数学奥林匹克,1999 年)

解 若 $(a_{n-1}, a_{n-2}) = 1$,则有
$$a_n = a_{n-1} + a_{n-2}$$

且
$$(a_n, a_{n+1}) = (a_n + a_{n+1}, a_{n+1}) = (a_{n+2}, a_{n+1}) = 1$$

于是该数列是一个无限递增数列,与题设矛盾.

所以,数列任何相邻两项的最大公约数满足
$$(a_n, a_{n+1}) \geqslant 2$$

下面证明数列中的各项都相等.

假设存在相邻两项 a_k, a_{k+1} 不相等,则
$$a_k \neq a_{k+1}, \quad a_{k+2} < \max\{a_k, a_{k+1}\}$$

于是有
$$a_{k+1} < \max\{a_{k+1}, a_{k+2}\} < \max\{a_k, a_{k+1}\}$$

从而,相邻两项的最大值构成的数列是一个严格递减数列,这样,必有某一时刻,使相邻两项的最大值为 1,从而这两项的最大公约数为 1,矛盾.

所以,该数列各项都相等,且都等于 2. 即
$$a_1 = a_2 = a_3 = \cdots = 2$$

8 证明:对任意整数 $n \geqslant 2$ 和所有质数 p,均有 $n^{p^p} + p^p$ 为一个合数.

(波兰数学奥林匹克,2000 年)

证 若 p 为奇质数. 记 $x = n^{p^{p-1}}$,则 $n^{p^p} = x^p$.
$$n^{p^p} + p^p = x^p + p^p = (x + p)(x^{p-1} - x^{p-2}p + \cdots - xp^{p-2} + p^{p-1})$$

第 2 章　质数、合数与质因数分解
Chapter 2　Prime Number, Composite Number and Prime Factorization

由 $x+p>1, x^{p-1}-x^{p-2}p+\cdots-xp^{p-2}+p^{p-1}>1$ 知 $n^{p^p}+p^p$ 为合数.

若 p 为偶质数,即 $p=2$,则
$$n^{p^p}+p^p=n^4+4=(n^2+2)^2-4n^2=(n^2+2n+2)(n^2-2n+2)$$
当 $n\geqslant 2$ 时,$n^2+2n+2>n^2-2n+2>1$. 知 $n^{p^p}+p^p$ 为合数.

由以上,对 $n\geqslant 2$ 及质数 p,$n^{p^p}+p^p$ 为合数.

9　考查如下的 2 000 个正整数:
$$11,101,1\ 001,\cdots$$
证明:其中至少有 99% 的数是合数.

(俄罗斯数学奥林匹克,2000 年)

证　题设所给的 2 000 个正整数为 $10^n+1(n=1,2,\cdots,2\ 000)$.

若 n 含有奇质约数 p,则 $\dfrac{n}{p}$ 为整数,
$$10^n+1=(10^{\frac{n}{p}})^p+1=$$
$$(10^{\frac{n}{p}}+1)[(10^{\frac{n}{p}})^{p-1}-(10^{\frac{n}{p}})^{p-2}+\cdots-10^{\frac{n}{p}}+1]\equiv$$
$$0\ (\bmod\ 10^{\frac{n}{p}}+1)$$

因此,凡是有奇质约数的数 n,10^n+1 为合数.

于是,10^n+1 为质数的可能性是 $n=2^k$.

由于 $1,2,\cdots,2\ 000$ 中,具有 2^k 的数为
$$2^0,2^1,2^2,\cdots,2^{10}$$
共 11 个.

于是 $10^n+1(n=1,2,\cdots,2\ 000)$ 中至多有 11 个质数,又
$$11<20=\frac{2\ 000}{100}$$

所以至少有 99% 的数是合数.

10　确定是否存在满足下列条件的正整数 n:
n 恰好能够被 2 000 个互不相同的质数整除,且 2^n+1 能够被 n 整除.

(第 41 届国际数学奥林匹克,2000 年)

解　存在.

我们用数学归纳法证明一个更一般的命题:

对每一个正整数 k 都存在正整数 $n=n(k)$,满足 $n\mid(2^n+1)$,$3\mid n$,且 n 恰好能被 k 个互不相同的质数整除.

当 $k=1$ 时,$n(1)=3$ 可使命题成立;

假设对于 $k(k\geqslant 1)$ 存在满足要求的 $n(k)=3^l\cdot t$,其中 $l\geqslant 1$,且 3 不能整

除 t.

于是 $n=n(k)$ 必为奇数.

注意到,若 $n=2t+1$,则 $2^{2n}-2^n+1=2^{4t+2}-2^{2t+1}+1=4\cdot 16^t-2\cdot 4^t+1$ 一定能被 3 整除,即
$$3 \mid 2^{2n}-2^n+1$$
由于
$$2^{3n}+1=(2^n+1)(2^{2n}-2^n+1)$$
可知
$$3n \mid 2^{3n}+1$$
根据下面的引理:对于每一个整数 $a>2$,存在一个质数 p,满足
$$p \mid (a^3+1), \quad p \nmid (a+1)$$
我们可知,存在一个奇质数 p,使得 $p \mid (2^{3n}+1)$,但 $p \nmid 2^n+1$.

于是正整数 $n(k+1)=3p\cdot n(k)$ 满足命题对于 $k+1$ 的要求,从而完成数学归纳法.

关于引理的证明如下:

用反证法,假设对于某个 $a>2$,引理不成立,则由 $p \nmid (a^3+1)$ 且 $p \mid (a+1)$,就有 a^2-a+1 的每一个质因数都能整除 $a+1$.

由于
$$a^2-a+1=(a+1)(a-2)+3$$
则 $a-2$ 也是 3 的倍数.于是 a^2-a+1 能被 3 整除,但不能被 9 整除.

所以
$$a^2-a+1=3$$
另一方面,由 $a>2$,$a^2-a+1>3$,出现矛盾.由此引理得证.

11 求所有的三元正整数组 (a,m,n) 使得 a^m+1 整除 $(a+1)^n$.

(第 41 届国际数学奥林匹克预选题,2000 年)

解 首先证明正整数唯一分解定理的一个推论:

若 $u \mid v^l$,则 $u \mid (u,v)^l$,其中整数 $l \geq 1$.

推论的证明:设 $u=p_1^{\alpha_1}p_2^{\alpha_2}\cdots p_k^{\alpha_k}$,$v=p_1^{\beta_1}p_2^{\beta_2}\cdots p_k^{\beta_k}$.其中 $p_1,p_2,\cdots,p_k$ 为质数,$\alpha_1,\alpha_2,\cdots,\alpha_k$ 和 $\beta_1,\beta_2,\cdots,\beta_k$ 为非负整数.

由 $u \mid v^l$ 得 $l\beta_1 \geq \alpha_1$,$l\beta_2 \geq \alpha_2$,$\cdots$,$l\beta_k \geq \alpha_k$.

因此,$l\min\{\alpha_1,\beta_1\} \geq \alpha_1$,$l\min\{\alpha_2,\beta_2\} \geq \alpha_2$,$\cdots$,$l\min\{\alpha_k,\beta_k\} \geq \alpha_k$.

所以
$$u \mid (u,v)^l$$
当 $a=1$ 时,$a^m+1=2$,$(a+1)^n=2^n$,有 $2 \mid 2^n$,因此,对整数 m,n,三元整

第 2 章 质数、合数与质因数分解
Chapter 2 Prime Number, Composite Number and Prime Factorization

数组 $(1,m,n)$ 满足条件.

当 $m=1$ 时, $a^m+1=a+1$, $(a+1)^n=(a+1)^n$, 有 $a+1 \mid (a+1)^n$, 因此, 对于整数 a,n, 三元整数组 $(a,1,n)$ 满足条件.

当 $a>1$, m 是偶数时, 则
$$a^m+1=(a+1-1)^m+1 \equiv 2 \pmod{a+1}$$
又因为
$$a^m+1 \mid (a+1)^n, \quad a>1$$
则
$$(a^m+1, a+1)=2$$
由推论知
$$a^m+1 \mid 2^n$$
因此, a^m+1 是 2 的正整数次幂, 设 $a^m+1=2^s$.

因为 $a>1$, 所以 $s \geqslant 2$.
$$a^m = 2^s - 1 \equiv -1 \pmod{4} \qquad ①$$
因为 m 是偶数, 则 a^m 是完全平方数, 于是
$$a^m \equiv 1, 0 \pmod{4} \qquad ②$$
① 和 ② 矛盾. 所以 m 不能为偶数.

当 $a>1$, m 是大于 1 的奇数时, 则 $n>1$.

设 p 是一个整除 m 的奇质数, $m=pr$, $b=a^r$, 因此 r 是奇数.
$$a^m+1 = a^{pr}+1 = (b^p+1) \mid (a+1)^n$$
$$(a+1) \mid (a^r+1) = b+1$$
从而有
$$(a+1)^n \mid (b+1)^n$$
所以有
$$b^p+1 = (a^m+1) \mid (b+1)^n$$
设 $B = \dfrac{b^p+1}{b+1}$, 则 $B \mid (b+1)^{n-1}$.

由推论得
$$B \mid (B, b+1)^{n-1}$$
因为 p 是奇质数, 由二项式定理得
$$B = \frac{b^p+1}{b+1} = \frac{(b+1-1)^p+1}{b+1} \equiv p \pmod{b+1}$$
所以 $(B, b+1) \mid p$. 进而 $(B, b+1) = p$.

故 $B \mid p^{n-1}$. 从而 B 是 p 的整数次幂, $p \mid (b+1)$.

设 $b = kp - 1$. 由二项式定理, 有
$$b^p + 1 = (kp-1)^p + 1 =$$

$$(kp)^p - C_p^{p-1}(kp)^{p-1} + \cdots - C_p^2(kp)^2 \equiv$$
$$kp^2 \pmod{k^2 p^3}$$
$$B = \frac{b^p + 1}{b+1} = \frac{b^p + 1}{kp} \equiv p \pmod{kp^2}$$

这表明 B 可以被 p 整除,但不能被 p^2 整除,又 B 是 p 的整数次幂,所以 $B = p$.

如果 $p \geqslant 5$,则
$$B = \frac{b^p + 1}{b+1} = b^{p-1} - b^{p-2} + \cdots - b + 1 > b^{p-1} - b^{p-2} = (b-1)b^{p-2} \geqslant 2^{p-2} > p$$
与 $B = p$ 矛盾.

所以 $p = 3$.

$B = p$ 等价于 $\frac{b^3 + 1}{b+1} = 3$, $b^2 - b + 1 = 3$,解得 $b = 2$.

由 $a^r = b = 2$ 得 $a = 2, r = 1, m = pr = 3$.

于是三元整数组 $(2,3,n)$ 满足条件. 这里的 $n \geqslant 2$.

综上所述,所求的三元正整数组为 $(1,m,n)$, $(a,1,n)$ 和 $(2,3,n)$,其中第一组 $(1,m,n)$ 中的 m,n 为任意正整数,第二组 $(a,1,n)$ 中的 a,n 为任意正整数,第三组 $(2,3,n)$ 中的 n 为 $\geqslant 2$ 的整数.

12 对于正整数 n,设 $d(n)$ 是 n 的所有正约数的个数.
求所有的正整数 n,使得 $d(n)^3 = 4n$.

(第 41 届国际数学奥林匹克预选题,2000 年)

解 假设 $d(n)^3 = 4n$.
对于每一个质数 p,设 α_p 表示在 n 的质因数分解式中 p 的指数.
因为 $4n$ 是一个立方数,所以有
$$\alpha_2 = 1 + 3\beta_2, \quad \alpha_p = 3\beta_p$$
其中 $p \geqslant 3$,且 $\beta_2, \beta_3, \cdots, \beta_p, \cdots$ 是非负整数.
此时
$$d(n) = (2 + 3\beta_2) \prod_{p \geqslant 3}(1 + 3\beta_p)$$
因此,$d(n)$ 不能被 3 整除.
又因为 $d(n)^3 = 4n$,所以 n 也不能被 3 整除.
因此 $\beta_3 = 0$.
$d(n)^3 = 4n$ 等价于
$$(2 + 3\beta_2)^3 \prod_{p \geqslant 5}(1 + 3\beta_p)^3 = 4 \cdot 2^{1 + 3\beta_2} \prod_{p \geqslant 5} p^{3\beta_p}$$
即

第 2 章 质数、合数与质因数分解
Chapter 2　Prime Number, Composite Number and Prime Factorization

$$\frac{2+3\beta_2}{2^{1+\beta_2}} = \prod_{p \geq 5} \frac{p^{\beta_p}}{1+3\beta_p} \qquad ①$$

对于 $p \geq 5$, 有

$$p^{\beta_p} \geq 5^{\beta_p} = (1+4)^{\beta_p} \geq 1+4\beta_p$$

所以式①的右边大于或等于 1, 等号当且仅当对于质数 $p \geq 5$, $\beta_p = 0$ 成立. 于是

$$\frac{2+3\beta_2}{2^{1+\beta_2}} \geq 1$$

即

$$2+3\beta_2 \geq 2^{1+\beta_2} = 2 \cdot 2^{\beta_2} \geq 2(1+1)^{\beta_2} \geq$$
$$2 \cdot \left[1+\beta_2+\frac{\beta_2(\beta_2-1)}{2}\right] = 2+\beta_2+\beta_2^2$$

于是

$$\beta_2^2 - 2\beta_2 \leq 0, \quad 0 \leq \beta_2 \leq 2$$

即

$$\beta_2 = 0, 1, 2$$

当 $\beta_2 = 0$ 时, $\frac{2+3\beta_2}{2^{1+\beta_2}} = 1$. 故式①的两边都等于 1. 所以 2 是 n 的唯一质因数, $n = 0$.

当 $\beta_2 = 2$ 时, $\frac{2+3\beta_2}{2^{1+\beta_2}} = 1$. 故式①的两边都等于 1, 所以 2 是 n 的唯一质因数, $n = 2^{1+3\times 2} = 2^7 = 128$.

当 $\beta_2 = 1$ 时, $\frac{2+3\beta_2}{2^{1+\beta_2}} = \frac{5}{4}$, 由式①知 $\beta_5 > 0$.

若 $\beta_5 \geq 2$, 则 $\frac{5^{\beta_5}}{1+3\beta_5} > \frac{5}{4}$, 所以 $\beta_5 = 1$.

将 $\frac{5^{\beta_5}}{1+3\beta_5} = \frac{5}{4}$ 代入式①得 $\beta_p = 0$, 其中 $p \geq 7$.

所以 $n = 2^{1+3\times 1} \cdot 5^{3\times 1} = 2^4 \times 5^3 = 2\,000$.

因此, 满足条件的 $n = 2, 128, 2\,000$.

13　求所有正整数 $n \geq 2$, 满足对所有与 n 互质的整数 a 和 b,
$$a \equiv b \pmod{n}, \text{当且仅当 } ab \equiv 1 \pmod{n}$$

(第 41 届国际数学奥林匹克预选题, 2000 年)

解　若 $a \equiv b \pmod{n}$ 等价于 $ab \equiv 1 \pmod{n}$, 则当 $b = a$ 时, 就有 $a^2 \equiv 1 \pmod{n}$.

反之, 若 $a^2 \equiv 1 \pmod{n}$, 对任意满足 $(a, n) = (b, n) = 1$ 的整数 a 和 b, 由

$a \equiv b \pmod{n}$ 可得 $ab \equiv a^2 \equiv 1 \pmod{n}$.

由 $ab \equiv 1 \pmod{n}$ 可得 $a^2 \equiv 1 \equiv ab \pmod{n}$，从而有 $a \equiv b \pmod{n}$.

因此所给的条件等价于满足 $(a,n)=1$ 的每个整数 a，

$$a^2 \equiv 1 \pmod{n} \qquad ①$$

设 $n = p_1^{e_1} p_2^{e_2} \cdots p_l^{e_l} (e_i \geqslant 1)$ 是 n 的质因数分解.

我们证明式 ① 等价于

$$a^2 \equiv 1 \pmod{p_i^{e_i}} \qquad ②$$

其中 $i=1,2,\cdots,l$，且 $(a,p_i)=1$.

若式 ① 成立，我们只对 $i=1$ 给予证明.

假设 $(a,p_1)=1$. 若质数 $p_2,p_3,\cdots,p_l$ 中有若干个整除 a，不妨设 $p_2,p_3,\cdots,p_k$ 整除 a，$p_{k+1},p_{k+2},\cdots,p_l$ 不能整除 a，则

$$(a + p_{k+1}^{e_1} p_{k+2} \cdots p_l, n) = 1$$

由式 ① 有

$$(a + p_{k+1}^{e_1} p_{k+1} \cdots p_l)^2 \equiv 1 \pmod{p_1^{e_1}}$$

从而可得

$$a^2 \equiv 1 \pmod{p_1^{e_1}}$$

反之若 ② 成立，假设 $(a,n)=1$，则 a 与每一个 p_i 互质.

由式 ② 可得

$$a^2 \equiv 1 \pmod{p_i^{e_i}} \quad (i=1,2,\cdots,l)$$

所以

$$a^2 \equiv 1 \pmod{p_1^{e_1} p_2^{e_2} \cdots p_l^{e_l}}$$

即

$$a^2 \equiv 1 \pmod{n}$$

成立.

假设 $n = p_1^{e_1} p_2^{e_2} \cdots p_l^{e_l}$ 满足条件.

如果 $p_i = 2$，由式 ②，因为 $(3,2^{e_i})=1$，则 $3^2 \equiv 1 \pmod{2^{e_i}}$ 所以 $e_i \leqslant 3$.

反之，若对所有奇数 a，有 $a^2 \equiv 1 \pmod{8}$.

如果 $p_j > 2$，由式 ②，因为 $(2, p_j) = 1$，则 $2^2 \equiv 1 \pmod{p_j^{e_j}}$，则 $p_j = 3, e_j = 1$. 并且对所有与 3 互质的整数 a，有 $a^2 \equiv 1 \pmod{3}$.

于是 n 满足所给条件，当且仅当 $n \mid 2^3 \times 3$.

于是所有的 $n = 2, 3, 4, 6, 8, 12, 24$.

14 称正整数为"完全数"，如果它等于自己的所有不包括自身的正约数的和，例如 $6 = 1 + 2 + 3$.

(1) 如果大于 6 的"完全数"可以被 3 整除，证明它必可被 9 整除.

第 2 章 质数、合数与质因数分解
Chapter 2　Prime Number, Composite Number and Prime Factorization

（2）如果大于 28 的"完全数"可以被 7 整除，证明它必可被 49 整除．

（俄罗斯数学奥林匹克，2000 年）

证　（1）设 a 为完全数，且 $a = 3n(n > 2, n \in \mathbf{N}^*)$，且 a 不能被 9 整除，则 n 不是 3 的倍数．

$3n$ 的所有正约数（包括它自己）可以分成若干个形如 d 和 $3d$ 的数对．其中 d 不是 3 的倍数．

于是 $3n$ 的所有正约数的和（它等于 $6n$）是 4 的倍数，则 n 是 2 的倍数．

我们注意到 $\frac{3}{2}n, n, \frac{n}{2}, 1$ 这 4 个数是 $a = 3n$ 的互不相同的约数，它们的和

$$\frac{3}{2}n + n + \frac{n}{2} + 1 = 3n + 1 > 3n$$

从而 $a = 3n$ 不可能是"完全数"，这表明 n 一定是 3 的倍数，即 $a = 3n$ 能被 9 整除．

（2）设 a 为完全数，且 $a = 7n(n > 4, n \in \mathbf{N}^*)$，且 a 不能被 49 整除，则 n 不是 7 的倍数．

于是 $7n$ 的所有正约数（包括它自己）可以分成若干个形如 d 和 $7d$ 的数对，其中 d 不是 7 的倍数．

所以 $a = 7n$ 的所有正约数的和（它等于 $14n$）是 8 的倍数，则 n 是 4 的倍数．

我们注意到 $\frac{7}{2}n, \frac{7}{4}n, n, \frac{n}{2}, \frac{n}{4}, 1$ 这 6 个数是 $a = 7n$ 的互不相同的正约数，它们的和

$$\frac{7}{2}n + \frac{7}{4}n + n + \frac{n}{2} + \frac{n}{4} + 1 = 7n + 1 > 7n$$

从而 $a = 7n$ 不可能是"完全数"，这表明 n 一定是 7 的倍数，即 $a = 7n$ 能被 49 整除．

15　沿着圆周放着 100 个整体互质的正整数．允许将其中任何一个数加上它的两侧相邻的数的最大公约数．

证明：可以借助于这样的操作，使得所有约数全都变为两两互质．

（俄罗斯数学奥林匹克，2000 年）

证　记 $a_{n+100} = a_n$，其中 $n = 1, 2, \cdots, 100$．

先证明一个引理：

设 $a_1, a_2, \cdots, a_n$ 和 d 为正整数，则存在正整数 k，使得对一切 $i = 2, 3, \cdots, n$，均有

$$(a_1 + kd, a_i) \leqslant d$$

引理的证明：存在 $a_2 a_3 \cdots a_n$ 的某个倍数大于 a_1，设这个倍数为 $l a_2 a_3 \cdots a_n$．

最新世界各国数学奥林匹克中的初等数论试题(上)
The Lastest Elementary Number Theory in Mathematical Olympiads in The World

考查使得 $a_1 + kd > la_2a_3\cdots a_n$ 的正整数 k,在这些 k 中一定有一个最小的,设为 k_0,且记 $a'_1 = a_1 + k_0 d$. 于是
$$0 < a'_1 - la_2a_3\cdots a_n \leqslant d$$
从而 a'_1 与每个 a_i 的最大公约数不大于 d. 引理证毕.

下面证明本题.

考查 $a_1, a_2, \cdots, a_n$ 中的两两的最大公约数,设其中最大的一个为 M.

我们证明,借助于题中所述的操作,可以把原来的数组变为这样的数组,它们中的两两的最大公约数都小于 M.

事实上,由于 $a_1, a_2, \cdots, a_{100}$ 整体互质,所以可以找到两个相邻的数 a_i 和 a_{i+1},其中前一个数可被 M 整除,而后一个数不能被 M 整除.

于是 $d = (a_{i-1}, a_{i+1}) < M$.

现在将引理应用于 a_i.

将 a_i 加上 d 的这样一个倍数,使得所得到的 a'_i 与其余的每一个数的最大公约数都不大于 d.

这样一来,在所得到的新的数组中,任何两个数的最大公约数仍同原来那样都不大于 M,而可被 M 整除的数的个数则比原来的少.

重复上面的操作,直到仅剩下一个可被 M 整除的数为止.

于是,任何两个数的最大公约数都变得小于 M.

这表明,只要两两之最大公约数中有大于 l 者,就可以用上面的操作使它减小. 这样就可以一直把它变小,从而可使题中的条件满足.

16 设 $a, b, c, a+b-c, a+c-b, b+c-a, a+b+c$ 是 7 个两两不同的质数,且 a, b, c 中有两数之和是 800,设 d 是这 7 个质数中最大数与最小数之差,求 d 的最大可能值.

(中国数学奥林匹克,2001 年)

解 不妨设 $a < b < c$.

于是,已知的 7 个质数中,$a+b-c$ 最小,$a+b+c$ 最大.

由题设,有
$$d = (a+b+c) - (a+b-c) = 2c$$

这样,问题就转化为求 c 的最大可能值.

因为 $a+b-c > 0$

所以
$$c < a+b < a+c < b+c$$

由已知,$a+b, a+c, b+c$ 中有一个数是 800.

因此 $c < 800$.

第 2 章　质数、合数与质因数分解
Chapter 2　Prime Number, Composite Number and Prime Factorization

由于 $799 = 17 \times 47, 798 = 2 \times 3 \times 133$ 都不是质数,而 797 是质数,所以有
$$c \leqslant 797, \quad d \leqslant 1\ 594$$
当 $a+b=800$ 时,若 $c=797$
$a \neq 3$,否则 $a+b-c, a+c-b, b+c-a, a+b+c$ 中一定有 3 的倍数,不是质数.

$a=5$ 时,$b=795$,b 不是质数;

$a=7$ 时,$b=793 = 13 \times 61$,b 不是质数;

$a=11$ 时,$b=789 = 3 \times 263$,b 不是质数.

$a=13$ 时,$b=787$,a 和 b 都是质数.此时
$$a+b-c=3, \quad a+c-b=23, \quad b+c-a=1\ 571, \quad a+b+c=1\ 597$$
都是质数.

综上可知,d 的最大可能值是 $1\ 594$.

17　设 p_n 是从最小的质数 2 开始递增的第 n 个质数,例如 $p_1=2$,$p_2=3$,$p_3=5$,$\cdots$.

(1) 已知 $n \geqslant 10$,r 是满足 $2 \leqslant r \leqslant n-2$,$n-r+1 < p_r$ 的最小整数.定义
$$N_s = sp_1 p_2 \cdots p_{r-1} - 1$$
其中 $s=1, 2, \cdots, p_r$.

证明:存在 j,$1 \leqslant j \leqslant p_r$,使得 $p_1, p_2, \cdots, p_n$ 均不整除 N_j.

(2) 用(1)的结论,求所有整数 m,使得
$$p_{m+1}^2 < p_1 p_2 \cdots p_m$$

(韩国数学奥林匹克,2001 年)

解　(1) 因为对所有 $k, l (1 \leqslant k < l \leqslant p_r)$,有
$$N_l - N_k = (l-k) p_1 p_2 \cdots p_{r-1}$$
所以 $N_l - N_k$ 的全部质因数均小于 p_r.

因此,$p_r, p_{r+1}, \cdots, p_n$ 均不是 $\{N_1, N_2, \cdots, N_{p_r}\}$ 任两个整数的公因数.

因为 $n-r+1$ 个质数 $p_r, p_{r+1}, \cdots, p_n$ 中每个数均至多是 $N_1, N_2, \cdots, N_{p_r}$ 的一个因数,且 $p_r > n-r+1$.

所以存在 $N_j (1 \leqslant j \leqslant p_r)$,使得 $p_r, p_{r+1}, \cdots, p_n$ 均不整除 N_j.

由 N_j 的定义可知,$p_1, p_2, \cdots, p_{r-1}$ 也均不整除 N_j.

因此,$p_i \nmid N_j = j p_1 p_2 \cdots p_{r-1} - 1$,$i = 1, 2, \cdots, n$　　　①

(2) 由式(1)有
$$p_{n+1} \leqslant j p_1 p_2 \cdots p_{r-1} - 1 < p_1 p_2 \cdots p_r \qquad ②$$
设 $r \leqslant 4$,则有
$$7 \geqslant p_r > n - r + 1 \geqslant n - 3$$

最新世界各国数学奥林匹克中的初等数论试题(上)
The Lastest Elementary Number Theory in Mathematical Olympiads in The World

于是 $n < 10$,矛盾,所以 $r \geqslant 5$.

容易证明,对所有 $r \geqslant 5$, $p_{r-1} \geqslant r+2$,从而有
$$r \leqslant p_{r-1} - 2 \leqslant n-(r-1)+1-2 = n-r$$

因此
$$p_1 p_2 \cdots p_r < p_{r+1} p_{r+2} \cdots p_n \qquad ③$$

由②,③,当 $n \geqslant 10$ 时,得
$$p_{n+1}^2 < (p_1 p_2 \cdots p_r)^2 < p_1 p_2 \cdots p_n \qquad ④$$

当 $n = 4, 5, \cdots, 9$ 时,可以验证 ④ 也成立. 但对 $n = 1, 2, 3$ 时 ④ 不成立.
所以对所有 $m \geqslant 4$,有 $p_{m+1}^2 < p_1 p_2 \cdots p_m$.

18 试找出所有的这样的大于 1 的奇数 n,使得对 n 的任何两个互质的约数 a 和 b, $a+b-1$ 还是 n 的约数.

(俄罗斯数学奥林匹克,2001 年)

解 设 p 是 n 的最小质约数,设 $n = p^m \cdot k$,其中 $p \nmid k$.
由题意 p 和 k 都是 n 的约数,且 $(p, k) = 1$,则 $l = p + k - 1$ 也是 n 的约数.
首先证明 l 与 k 互质.
假设 $(l, k) > 1$,则
$$(p-1, k) = (l, k) > 1$$
从而 k 有某个约数 d,满足
$$2 \leqslant d \leqslant p-1$$
这与 p 是 n 的最小质约数矛盾.
因而 $p + k - 1 = p^\alpha$,且 $\alpha \geqslant 2$.
若 $k > 1$,则 p^2 与 k 都是 n 的互质的约数.
于是由题意, $p^2 + k - 1$ 也是 n 的约数.
$p^2 + k - 1$ 也与 k 互质,否则, k 就与 $p^2 - 1 = 2(p-1) \cdot \dfrac{p+1}{2}$ 有大于 1 的公约数,又与 p 的选取矛盾.
于是 $p^2 + k - 1 = p^\beta$, $\beta \geqslant 3$
进而又有 $p^\beta = p^2 + k - 1 = p^2 + (p + k - 1) - p = p(p + p^{\alpha-1} - 1)$ 不能被 p^2 整除,又有矛盾.
所以必有 $k = 1$.
即 $n = p^m$, p 为奇质数.

19 1 与 0 交替排列,组成下面形式的一串数

第 2 章　质数、合数与质因数分解
Chapter 2　Prime Number, Composite Number and Prime Factorization

$$101, 10\ 101, 1\ 010\ 101, 101\ 010\ 101, \cdots$$

请你回答:在这串数中有多少个质数? 并请证明你的论断.

(中国北京市初二年级数学竞赛, 2001 年)

解　101 是质数.

下面证明, $N = \underbrace{101010\cdots01}_{k\uparrow 1}(k \geqslant 3)$ 都是合数

$$11N = 11 \times \underbrace{101010\cdots01}_{k\uparrow 1} = \underbrace{1111\cdots11}_{2k\uparrow 1} = \underbrace{1111\cdots11}_{k\uparrow 1}(10^k + 1)$$

(1) 当 k 为不小于 3 的奇数时, $11 \nmid \underbrace{11\cdots11}_{k\uparrow 1}$, 又 $11 \mid 11N$, 所以 $11 \mid (10^k + 1)$.

即

$$\frac{10^k + 1}{11} = M_1 > 1$$

故 $N = \underbrace{11\cdots11}_{k\uparrow 1} \cdot \frac{10^k+1}{11} = \underbrace{11\cdots11}_{k\uparrow 1} M_1$

所以 N 是合数.

(2) 当 k 为不小于 3 的偶数时, 易知 $11 \mid \underbrace{11\cdots11}_{k\uparrow 1}$, 即

$$\frac{\overbrace{11\cdots11}^{k\uparrow 1}}{11} = M_2 > 1$$

故

$$N = \frac{\overbrace{11\cdots11}^{k\uparrow 1}}{11} \cdot (10^k + 1) = M_2(10^k + 1)$$

所以 N 是合数.

综上以上, 当 $k \geqslant 3$ 时, $N = \underbrace{101010\cdots01}_{k\uparrow 1}$ 是合数.

所以所给数串中, 只有 101 是质数.

20　设 p 是奇质数, 证明:若存在整数 x, y, 使得 $p = x^5 - y^5$, 则存在奇数 v, 使得

$$\sqrt{\frac{4p+1}{5}} = \frac{v^2 + 1}{2}$$

(爱尔兰数学奥林匹克第一试, 2001 年)

证　若 $x > 0, y < 0$, 则表明存在 $m, n \in \mathbf{N}^*$, 使得

$$p = m^5 + n^5$$

于是

最新世界各国数学奥林匹克中的初等数论试题(上)
The Lastest Elementary Number Theory in Mathematical Olympiads in The World

$$p = (m+n)A \quad (\text{其中 } A = m^4 - m^3n + m^2n^2 - mn^3 + n^4)$$

由于 p 是质数,则 $A=1$,于是有

$$p = m + n = m^5 + n^5$$
$$m = n = 1$$
$$p = 2$$

与 p 是奇质数矛盾.

所以,只能是 $x > 0, y > 0$,或 $x < 0, y < 0$. 这表明存在 $m, n \in \mathbf{N}^*$,使得

$$p = m^5 - n^5$$

故 $m > n$. 由

$$p = (m-n)(m^4 + m^3n + m^2n^2 + mn^3 + n^4)$$

及 p 是质数知 $m - n = 1$,即 $m = n + 1$.

$$p = (n+1)^5 - n^5 = 5n^4 + 10n^3 + 10n^2 + 5n + 1$$

$$\frac{4p+1}{5} = 4n^4 + 8n^3 + 8n^2 + 4n + 1 =$$

$$4(n^2+n)^2 + 4(n^2+n) + 1 = (2n^2 + 2n + 1)^2$$

又

$$2n^2 + 2n + 1 = \frac{4n^2 + 4n + 2}{2} = \frac{(2n+1)^2 + 1}{2}$$

取 $v = 2n + 1$,就有

$$\sqrt{\frac{4p+1}{5}} = \frac{v^2+1}{2}$$

21 设 a, b 是不同的正整数,使得 $ab(a+b)$ 可以被 $a^2 + ab + b^2$ 整除,证明:

$$|a - b| > (ab)^{\frac{1}{3}}$$

(俄罗斯数学奥林匹克,2001 年)

证 设 $(a, b) = d$,则

$$a = a_1 d, \quad b = b_1 d, \quad (a_1, b_1) = 1$$

由题设

$$a_1^2 + a_1 b_1 + b_1^2 \mid (d a_1 b_1 (a_1 + b_1))$$

由 $(a_1, b_1) = 1$ 知 $(a_1 + b_1, a_1) = 1, (a_1 + b_1, b_1) = 1$

因此,由

$$m = a_1^2 + a_1 b_1 + b_1^2 = a_1(a_1 + b_1) + b_1^2 = b_1(a_1 + b_1) + a_1^2$$

可知

$$(m, a_1 + b_1) = 1, \quad (m, a_1) = 1, \quad (m, b_1) = 1$$

第 2 章 质数、合数与质因数分解
Chapter 2 Prime Number, Composite Number and Prime Factorization

所以
$$m \mid d$$
于是 $d \geqslant m > a_1 b_1$，即 $d^3 > d^2 a_1 b_1 = ab$.

从而
$$|a-b| > d > \sqrt[3]{ab}$$

22 给定整系数二次函数 $f(x)$，满足以下条件：
① $f(x)$ 的各系数之和为质数；
② 方程 $f(x)=0$ 有两个不相等的正整数解；
③ 存在正整数 t，使得 $f(t)=-55$.
(1) 求证：方程 $f(x)$ 的较小根为 2；
(2) 求方程 $f(x)=0$ 的较大根.

（加拿大数学奥林匹克，2001 年）

解 (1) 设方程 $f(x)=0$ 的两根分别为 $\alpha,\beta(\alpha>\beta>0)$，则
$$f(x)=a(x-\alpha)(x-\beta)=ax^2-a(\alpha+\beta)x+a\alpha\beta$$
各项系数和
$$a-a(\alpha+\beta)+a\alpha\beta=a(\alpha-1)(\beta-1)$$
由于 $a(\alpha-1)(\beta-1)$ 为质数，则必有
$$a=1, \quad \beta-1=1, \quad \alpha-1 \text{ 为质数}$$
于是 $a=1, \beta=2$.
即方程 $f(x)=0$ 较小根为 2.

(2) 由(1)，$f(x)=(x-\alpha)(x-2)$
又由条件(3)，$f(t)=-55$，则
$$(t-\alpha)(t-2)=-55=-5\times 11$$
有下列 4 种可能.

$\begin{cases} t-\alpha=-55 \\ t-2=1 \end{cases}$，解得 $t=3, \alpha=58, \alpha-1=57$ 不是质数.

$\begin{cases} t-\alpha=-11 \\ t-2=5 \end{cases}$，解得 $t=7, \alpha=18, \alpha-1=17$ 是质数.

$\begin{cases} t-\alpha=-5 \\ t-2=11 \end{cases}$，解得 $t=13, \alpha=18, \alpha-1=17$ 是质数.

$\begin{cases} t-\alpha=-1 \\ t-2=55 \end{cases}$，解得 $t=57, \alpha=58, \alpha-1=57$ 不是质数.

由以上可知 $\alpha=18$，即 $f(x)=0$ 较大根为 18.

最新世界各国数学奥林匹克中的初等数论试题（上）

The Lastest Elementary Number Theory in Mathematical Olympiads in The World

23 集合 S 由整数组成，且满足

(1) 存在 $a,b \in S$，使得 $(a,b)=(a-2,b-2)=1$.

(2) 如果 $x,y \in S$（x,y 可能相等），则有 $x^2-y \in S$.

求证：S 是所有整数组成的集合，则 $S=\mathbf{Z}$.

（美国数学奥林匹克，2001 年）

证 由题意，对所有 $x,c,d \in S$ 均有
$$c^2-x \in S, \quad d^2-x \in S$$
$$\left.\begin{array}{r}c \in S \\ d^2-x \in S\end{array}\right\} \Rightarrow c^2-(d^2-x) \in S \Rightarrow x+(c^2-d^2) \in S$$

同理
$$x+(d^2-c^2) \in S$$

所以 S 中所有元素可写成 $x+n$ 或 $x-n$ 的形式，这里 $n=c^2-d^2, c,d \in S$.

特别地，当 $n=c^2-d^2(c,d \in S)$ 的最大公约数时也成立.

记 m 为 $c^2-d^2(c,d \in S)$ 的最大公约数，下面证明 $m=1$.

用反证法.

假设 $m \neq 1$，令 p 是 m 的质因子，则对 $c,d \in S$，有
$$c^2-d^2 \equiv 0 \pmod{p}$$

则
$$d \equiv c \pmod{p} \quad \text{或} \quad d \equiv -c \pmod{p}$$

又对所有 $c \in S$，由 (2) 有 $c^2-c \in S$，所以
$$c^2-c \equiv c \quad \text{或} \quad -c \pmod{p}$$

所以对所有 $c \in S$，有
$$c \equiv 0 \pmod{p} \quad \text{或} \quad c \equiv 2 \pmod{p} \qquad ①$$

由 (1)，存在 $a,b \in S$，使得 $(a,b)=1$.

即 a,b 中至少有一个数不能被 p 整除，设为 α，则有
$$\alpha \not\equiv 0 \pmod{p}$$

又由 $(a-2,b-2)=1$ 得 p 不能同时被 $a-2$ 与 $b-2$ 整除. 即存在 $\beta \in S$，使得
$$\beta \not\equiv 2 \pmod{p}$$

由式 ① 得
$$\alpha \equiv 2 \pmod{p}, \quad \beta \equiv 0 \pmod{p}$$

由条件 (2) 得
$$\beta^2-\alpha \in S$$

在式 ① 中令 $c=\beta^2-\alpha$ 得

第 2 章　质数、合数与质因数分解
Chapter 2　Prime Number, Composite Number and Prime Factorization

$$-2 \equiv 0 \pmod{p} \quad \text{或} \quad -2 \equiv 2 \pmod{p}$$

所以 $p=2$，从而 S 中的全体元素都是偶数，与条件(1)矛盾.

因此 $m=1$.

从而 S 中的元素可写成 $x+1$ 或 $x-1$ 的形式，又 $0 \in S$，则 S 为所有整数组成的集合.

24　将边长为正整数 m,n 的矩形(图1)划分成若干边长均为正整数的正方形，每个正方形的边均平行于矩形的相应边.

试求这些正方形边长之和的最小值.

（中国高中数学联合竞赛，2001 年）

解　设这些边长之和的最小值为 $f(m,n)$.

首先探求 $f(m,n)$ 的表达式.

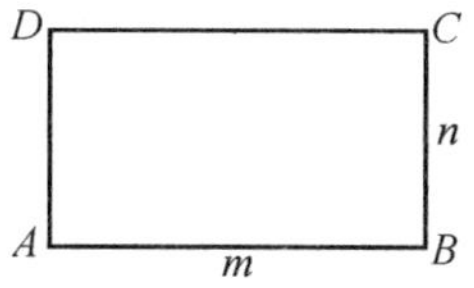

考虑边长为 5 和 3 的矩形，按题意划分为如图 2 的一个边长为 3 的正方形、一个边长为 2 的正方形和两个边长为 1 的正方形，因此

$$f(5,3)=3+2+1+1=5+3-1$$

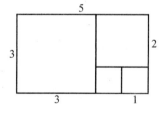

图 1

再考虑边长为 26 和 10 的矩形，按题意划分为如图 3 的两个边长为 10 的正方形、一个边长为 6 的正方形、一个边长为 4 的正方形和两个边长为 2 的正方形，因此

$$f(26,10)=10+10+6+4+2+2= \\ 34=26+10-2$$

由以上两例，可以猜测

$$f(m,n)=m+n-g$$

其中在第一个例子中，$g=1$，在第二个例子中 $g=2$，g 恰好是最后剩下的那个小正方形的边长.

注意到 $(3,5)=1,(26,10)=2$，则 g 可能为 (m,n).

图 2

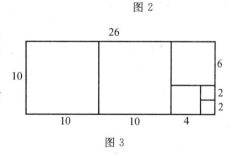

图 3

由此可猜想

$$f(m,n)=m+n-(m,n)$$

证　分两步证明：

第一步证明存在一种合乎题意的分法，使所得各正方形边长之和恰为 $m+n-(m,n)$.

第二步证明边长之和的最小值为 $f(m,n)=m+n-(m,n)$.

不妨设 $m > n$. 这两个证明都采用对 m 归纳.

第一步:(1) 当 $m = 1$ 时,已知 1×1 的正方形,边长之和为 $1 + 1 - 1 = 1$.

(2) 假设当 $m \leqslant k$ 时,结论成立($k \geqslant 1$).

当 $m = k + 1$ 时,若 $n = k + 1$,则命题显然成立;

若 $n < k + 1$,从矩形 $ABCD$ 中切去一个最大的正方形 AA_1D_1D,剩下矩形 A_1BCD_1(如图 4),由于边长 $n \leqslant k, m - n \leqslant k$,则由归纳假设,存在一种分法,使所得正方形边长之和为

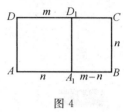

图 4

$$(m - n) + n - (m - n, n) = m - (m, n)$$

再加上正方形 AA_1D_1D(边长为 n),则原矩形 $ABCD$ 有一种分法,使得所得正方形边长之和为

$$m + n - (m, n)$$

从而 $m = k + 1$ 时,命题成立.

于是对所有正整数 m,命题成立.

第二步:(1) 当 $m = 1$ 时,$n = 1$. 最小值为 $f(1, 1) = 1 + 1 - 1 = 1$. 命题成立.

(2) 假设当 $m \leqslant k$ 时,对任意 $1 \leqslant n \leqslant m$,有

$$f(m, n) = m + n - (m, n)$$

当 $m = k + 1$ 时,若 $n = k + 1$,命题显然成立;

若 $n < k + 1$,即 $1 \leqslant n \leqslant k$ 时,设矩形 $ABCD$ 按要求分成了 p 个正方形,其边长为 $a_1, a_2, \cdots, a_p$.

不妨设 $a_1 \geqslant a_2 \geqslant \cdots \geqslant a_p$.

显然 $a_1 = n$ 或 $a_1 < n$.

若 $a_1 < n$,则在 AD 与 BC 之间的与 AD 平行的任一直线至少穿过两个分成的正方形(或其边界),于是 $a_1 + a_2 + \cdots + a_p$ 不小于 AB 与 CD 之和.

故 $a_1 + a_2 + \cdots + a_p \geqslant 2m > m + n - (m, n)$.

若 $a_1 = n$,则一个边长为 $m - n$ 和 n 的矩形,按归纳假设分成边长为 $a_2, a_3, \cdots, a_p$ 且

$$a_2 + a_3 + \cdots + a_p \geqslant (m - n) + n - (m - n, n) = m - (m, n)$$

从而

$$a_1 + a_2 + \cdots + a_p \geqslant m + n - (m, n)$$

于是当 $n = k + 1$ 时,$f(m, n) \geqslant m + n - (m, n)$.

即对所有正整数 m,$f(m, n) = m + n - (m, n)$.

25 已知多项式 $p(n) = n^3 - n^2 - 5n + 2$.

求所有的整数 n,使得 $p^2(n)$ 是一个质数的完全平方.

第 2 章 质数、合数与质因数分解
Chapter 2 Prime Number, Composite Number and Prime Factorization

(澳大利亚国家数学竞赛,2002 年)

解 设 p 是质数,设 $p^2(n)=p^2$.
$$p(n)=n^3-n^2-5n+2=$$
$$n^3+2n^2-3n^2-6n+n+2=$$
$$(n+2)(n^2-3n+1)$$

因为 p 是质数,所以

$\begin{cases} n+2=1, \\ n^2-3n+1=p. \end{cases}$ $\begin{cases} n+2=-1, \\ n^2-3n+1=-p. \end{cases}$ $\begin{cases} n+2=1, \\ n^2-3n+1=-p. \end{cases}$ $\begin{cases} n+2=-1, \\ n^2-3n+1=p. \end{cases}$

解得

$\begin{cases} n=-1, \\ p=5. \end{cases}$ $\begin{cases} n=-3, \\ p=-19. \end{cases}$ $\begin{cases} n=-1, \\ p=-5. \end{cases}$ $\begin{cases} n=-3, \\ p=19. \end{cases}$

或

$\begin{cases} n+2=p, \\ n^2-3n+1=1. \end{cases}$ $\begin{cases} n+2=-p, \\ n^2-3n+1=-1. \end{cases}$ $\begin{cases} n+2=p, \\ n^2-3n+1=-1. \end{cases}$ $\begin{cases} n+2=-p, \\ n^2-3n+1=1. \end{cases}$

解得

$\begin{cases} n=0, \\ p=2. \end{cases}$ $\begin{cases} n=3, \\ p=5. \end{cases}$ $\begin{cases} n=1, \\ p=-3. \end{cases}$ $\begin{cases} n=2, \\ p=-4. \end{cases}$ $\begin{cases} n=1, \\ p=3. \end{cases}$ $\begin{cases} n=2, \\ p=4. \end{cases}$

$\begin{cases} n=0, \\ p=-2. \end{cases}$ $\begin{cases} n=3, \\ p=-5. \end{cases}$

其中 $2,5,19,3$ 为质数,此时 $n=-3,-1,0,1,3$. 所以所求的整数 $n=-3,-1,0,1,3$ 共 5 个.

26 已知 p 为质数,r 为 p 被 210 所除的余数. 若 r 是一个合数,且可以表示为两个完全平方数之和,求 r.

(白俄罗斯数学奥林匹克决赛,2002 年)

解 令 $p=210n+r$,则 $0<r<210$.

如果 $p=2,3,5$ 或 7,则 $r=2,3,5$ 或 7,与 r 是合数矛盾. 故 $p>7$.

令 q 是整除 r 的最小质数,即 $r=qm,q\leqslant m$,可得
$$210>r=qm\geqslant q^2$$

所以 $q\leqslant 13$.

另一方面,r 不能被 $2,3,5,7$ 整除,否则 p 也能被 $2,3,5,7$ 整除,与 p 是质数矛盾.

所以 $q>7$. 故 $q=11$ 或 $q=13$. 这时 $r=a^2+b^2.a,b\in \mathbf{N}^*$.

如果 $q=11$,那么 a^2+b^2 能被 11 整除,注意到
$$t^2\equiv 0,1,4,9,5,3 \pmod{11}$$

最新世界各国数学奥林匹克中的初等数论试题(上)
The Lastest Elementary Number Theory in Mathematical Olympiads in The World

所以若 $11 \mid a^2+b^2$,必须 $11 \mid a^2, 11 \mid b^2$,即 $11 \mid a, 11 \mid b$,于是 $121 \mid a^2$,$121 \mid b^2$,此时
$$r = a^2+b^2 \geqslant 121+121 = 242 > 210$$
出现矛盾.

所以 $q=13, m < \dfrac{121}{q} < 17$,即 $m \leqslant 16$.

由于 m 的最小质因数 $\geqslant 13$,则 $m=13$.

从而 $r = mq = 13 \times 13 = 169$,且满足
$$169 = 12^2 + 5^2$$

27 设 $a_1, a_2, \cdots, a_n$ 是由正整数构成的公差为 2 的等差数列. 试问:n 最大为多少时,可能使得对一切 $k=1,2,\cdots,n$,数 a_n^2+1 都是质数?

(俄罗斯数学奥林匹克,2002 年)

解 注意到,当 $a=5m\pm 2$ 时,$a^2+1 = 5(5m^2 \pm 4m+1)$,则仅当 $m=0$ 时,$a=2, a^2+1=5$ 是质数.

而对于等差数列,$b, b+2, b+4, \cdots$ 至多有两个相邻项不是有 $5m\pm 2$ 的形式,因此,若这个数列中没有 2,则至多有两项是质数,为使项数最多,这个数列应有 2.

若 $a_1=2$,则该数列为
$$2,4,6,8,10,\cdots$$
这时,$8 = 5 \times 2 - 2$,此时 $8^2+1 = 65$ 不是质数.

而 $4^2+1 = 17, 6^2+1 = 37$ 是质数.

所以数列 $2,4,6$ 对应的 a_n^2+1 为 $5,17,37$ 是质数,即 n 的最大值为 3.

28 如果一个首项系数为 1 的整系数二次三项式,在某 3 个相邻整数处的值都是质数,证明这个二次三项式至少还会在一处的值是质数.

(俄罗斯数学奥林匹克,2002 年)

证 设二次三项式为 $f(x) = x^2 + ax + b, a \in \mathbf{Z}, b \in \mathbf{Z}$.

由 $f(x) = (x+\dfrac{a}{2})^2 + b - \dfrac{a^2}{4}$

可知
$$f(-\dfrac{a}{2}+x) = f(-\dfrac{a}{2}-x)$$
即
$$f(x) = f(-a-x)$$

因此,若 $f(x_0)$ 是质数,则 $f(-a-x_0) = f(x_0) =$ 质数(图 5(a)).

第 2 章 质数、合数与质因数分解
Chapter 2 Prime Number, Composite Number and Prime Factorization

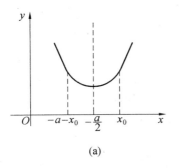
(a)

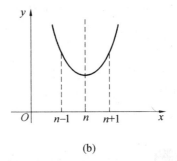
(b)

图 5

当 $M(n,f(n)), N(n-1,f(n-1)), P(n+1,f(n+1))$ 都不是抛物线 $f(x)=x^2+ax+b$ 的顶点时,

则当 $f(n)$ 是质数时,$f(-a-n)$ 也是质数,问题得证.

当 M,N,P 有一个是抛物线 $f(x)=x^2+ax+b$ 的顶点,例如 $M(n,f(n))$ 是抛物线的顶点(图 5(b)),则有 $-\dfrac{a}{2}=n$,且

$$f(n-1)=f(n+1)=(n-1)^2+a(n-1)+b=$$
$$n^2+an+b-2n-a+1=$$
$$n^2+an+b+1=f(n)+1$$

这时 $f(n)$ 与 $f(n+1)$ 是相邻质数,只能有 $f(n)=2, f(n+1)=3$. 此时

$$f(n+3)=(n+3)^2+a(n+3)+b=$$
$$n^2+an+b+6n+3a+9=$$
$$f(n)+9=11$$

于是 $f(n+3)$ 是质数.

由以上,问题得证.

29 如果每一个不超过正整数 n 的正整数都可以写成 n 的不同因子的和,则称 n 为"好数",例如 6 的因子有 $1,2,3,6$,因为
$$1=1, 2=2, 3=3, 4=1+3, 5=2+3, 6=6$$
所以说 6 是"好数".

证明:两个"好数"的乘积也是"好数".

(加拿大数学奥林匹克,2002 年)

证 设 p,q 是好数,故可令
$$a=c_1+c_2+\cdots+c_m$$
$$b=d_1+d_2+\cdots+d_n$$

其中 c_i 是 p 的因子,d_j 是 q 的因子,则
$$k = (c_1 + c_2 + \cdots + c_m)q + (d_1 + d_2 + \cdots + d_n) =$$
$$c_1 q + c_2 q + \cdots + c_m q + d_1 + d_2 + \cdots + d_n$$
这里 $c_i q$ 和 d_i 都是 pq 的因子.

又因为 $d_j < q < c_i q$. 故 $c_i q$ 和 d_j 都是不同的因子.

所以 pq 是好数.

30 设正整数序列 $\{a_n\}$ 满足对于所有 $n \geq 2$,a_{n+1} 是 $a_{n-1} + a_n$ 的最小质因数,实数 x 的小数部分是按 $a_1, a_2, \cdots, a_n, \cdots$ 的次序写出的,证明 x 是有理数.

(罗马尼亚选拔考试,2002 年)

证 由奇偶性可知,开始的 5 个数中,一定有一个是 2.

若 $a_i = a_{i+1} = 2$,则 $a_n = 2, n \geq i$.

若有相邻两数为 2,3 或 3,2,则可得到周期序列:
$$2,3,5,2,7,3,2,5,7,2,3,5,2,7,3,2,5,7,\cdots$$
若 $a_i = 2, a_{i+1}$ 是一个大于 3 的奇质数,则
$$a_{i+1} \equiv 1 \pmod 6 \quad \text{或} \quad a_{i+1} \equiv -1 \pmod 6$$
当 $a_{i+1} \equiv -1 \pmod 6$ 时,有序列
$$2, 6k+1, 3, 2, 5, 7, 2, 3, 5, 2, 7, 3, \cdots$$
当 $a_{i+1} \equiv 1 \pmod 6$ 时,则 a_{i+2} 是 $6k+1$ 的质约数. 若 $a_{i+2} \equiv 1 \pmod 6$,有序列
$$2, 6k-1, 6l+1, 2, 3, 5, 2, 7, 3, \cdots$$
若 $a_{i+2} \equiv -1 \pmod 6$ 时,设 $a_{i+2} = 6l-1$,则由
$$6l - 1 < \frac{6k+1}{2} < 6k - 1$$
得 $l < k$,即 $a_{i+2} < a_{i+1}$,且有 $a_{i+3} = 2$.

若 $a_{i+4} \equiv -1 \pmod 6$,同理可得 $a_{i+4} < a_{i+2} < a_{i+1}$

重复上述过程,假设所有奇质数均模 6 余 -1,则可得一严格递减的质数数列,这是不可能的.

因此,一定存在某个 i,使得 $a_i = 2, a_{i+1} = 6k+1$,从而有周期序列
$$2, 6k+1, 3, 2, 5, 7, 2, 3, 5, 2, 7, 3, 2, 5, 7, \cdots$$
由以上,x 是有理数.

31 求所有有 16 个约数的正整数,且其所有约数的和等于 4 032.

(保加利亚春季数学奥林匹克,2002 年)

第 2 章 质数、合数与质因数分解
Chapter 2 Prime Number, Composite Number and Prime Factorization

解 因为 $16=16\times1=8\times2=4\times4=4\times2\times2=2\times2\times2\times2$
所以如果一个正整数有 16 个约数,只能是下列 5 种情形之一:
$$p^{15}, p^7q, p^3q^3, p^3qr, pqrs$$
其中 p,q,r,s 均为质数.

它们的所有约数之和为

$1+p+p^2+\cdots+p^{15}=(1+p)(1+p^2)(1+p^4)(1+p^8)=4\ 032$ ①

$(1+p+p^2+\cdots+p^7)(1+q)=(1+p)(1+p^2)(1+p^4)(1+q)=4\ 032$

   ②

$(1+p+p^2+p^3)(1+q+q^2+q^3)=(1+p)(1+p^2)(1+q)(1+q^2)=4\ 032$

   ③

$(1+p+p^2+p^3)(1+q)(1+r)=(1+p)(1+p^2)(1+q)(1+r)=4\ 032$

   ④

$(1+p)(1+q)(1+r)(1+s)=4\ 032$ ⑤

由于
$$4\ 032=2^6\times3^2\times7$$

对于式 ①,②,③,④,对于所有质数 p,p^2+1 都不能被 3,4,7 整除,因此 ①,②,③,④ 都无解,因此,只有可能是
$$(1+p)(1+q)(1+r)(1+s)=2^6\times3^2\times7$$

不妨假设 $p<q<r<s$.

对于质数列 2,3,5,7,11,13,17,19,23,29,31,37,41,…,求 3,4,6,8,12,14,18,20,24,30,32,38,42,… 中所有的 4 个数,其乘积为 4 032.

(1) 若 $p+1=3$,则 $(1+q)(1+r)(1+s)=2^6\times3\times7$.

当 $1+q=4$ 时,
$$(1+r)(1+s)=2^4\times3\times7=6\times56=8\times42=$$
$$12\times28=14\times24$$

这时
$$(1+r)(1+s)=8\times42=14\times24$$

符合要求.

所求的数为
$$2\times3\times7\times41=1\ 722 \quad \text{和} \quad 2\times3\times13\times23=1\ 794$$

当 $1+q=6$ 时,$(1+r)(1+s)=2^5\times7=8\times28=14\times16$ 均无解.

当 $1+q=8$ 时,$(1+r)(1+s)=2^3\times3\times7=12\times14$ 满足要求.

所求的数为 $2\times7\times11\times13=2\ 002$.

(2) 若 $p+1=4$,则 $(1+q)(1+r)(1+s)=2^4\times3^2\times7$.

当 $1+q=6$ 时,$(1+r)(1+s)=2^3\times3\times7=12\times14$ 满足要求,所求的数

为
$$3 \times 5 \times 11 \times 13 = 2\,145$$

当 $1+q \geqslant 8$ 时,$(1+q)(1+r)(1+s) \geqslant 8 \times 12 \times 14 > 2^4 \times 3^2 \times 7$,无解.

(3) 当 $p+1 \geqslant 6$ 时,$(1+p)(1+q)(1+r)(1+s) \geqslant 6 \times 8 \times 12 \times 14 > 2^6 \times 3^2 \times 7$,无解.

综上所述,共有 4 个数满足条件,即 $1\,722, 1\,794, 2\,002, 2\,145$.

32 设 n 为大于 1 的整数,全部正因数为 $d_1, d_2, \cdots, d_k$,其中 $1 = d_1 < d_2 < \cdots < d_k = n$,记
$$D = d_1 d_2 + d_2 d_3 + \cdots + d_{k-1} d_k$$

(1) 证明:$D < n^2$;

(2) 确定所有的 n,使得 D 能整除 n^2.

(第 43 届国际数学奥林匹克,2002 年)

解 (1) 若 d 是 n 的一个因数,则 $\dfrac{n}{d}$ 也是 n 的一个因数.

于是
$$D = \sum_{1 \leqslant i \leqslant k-1} d_i d_{i+1} = n^2 \sum_{1 \leqslant i \leqslant k-1} \frac{1}{d_i d_{i+1}} \leqslant$$
$$n^2 \sum_{1 \leqslant i \leqslant k-1} \left(\frac{1}{d_i} - \frac{1}{d_{i+1}}\right) < \frac{n^2}{d_1} = n^2$$

(2) 设 p 是 n 的最小质因数. 则
$$d_2 = p, \quad d_{k-1} = \frac{n}{p}, \quad d_k = n$$

若 $n = p$,则 $k = 2, D = p, D \mid n^2$.

若 n 是合数,则 $k > 2$. $D > d_{k-1} d_k = \dfrac{n^2}{p}$,即 $p > \dfrac{n^2}{D}$.

如果 $D \mid n^2$,则 $\dfrac{n^2}{D}$ 为 n^2 的因数,但是
$$1 < \frac{n^2}{D} < p$$

由于 p 是 n^2 的最小质因数,所以上式不可能成立.

由以上,若 $D \mid n^2$,则 n 是质数.

33 证明:存在无限多个正整数 n,使得和数 $1 + \dfrac{1}{2} + \cdots + \dfrac{1}{n}$ 的既约分数表达式中的分子不是质数的正整数次方幂.

(俄罗斯数学奥林匹克,2002 年)

第 2 章 质数、合数与质因数分解
Chapter 2 Prime Number, Composite Number and Prime Factorization

证 记 $S_n = \sum_{i=1}^{n} \frac{1}{i} = \frac{A_n}{B_n}$，其中 A_n 与 B_n 互质.

因为不超过 n 的最大的 2 的方幂恰好是 $1, 2, \cdots, n$ 中的一个数的约数，因此也是 S_n 的分母的约数. 于是 $B_n > \frac{n}{2}$.

假设命题不成立，即对一切 $n \geqslant n_0$，A_n 都是质数的正整数次方幂.

设 $p > n_0 + 5$ 为质数，则有 $p \mid A_{p-1}$.

这是因为只要把和式 S_{p-1} 中的加项两两配对，每得每一对数的和的分子为 p，就可以得到 $p \mid A_{p-1}$. 于是 $A_{p-1} = p^k, k \in \mathbf{N}$.

我们证明，对一切 n，A_{p^n-1} 都是 p 的倍数，从而 A_{p^n-1} 是 p 的正整数次方幂.

对 n 施用数学归纳法.

$n = 1$ 时，结论已证；

假设 $n-1$ 时结论成立.

$$S_{p^n-1} = \frac{1}{p} S_{p^{n-1}-1} + S'$$

其中 $S' = \sum_{d \leqslant p^n-1, p \nmid d} \frac{1}{d}$

即 S' 是对所有非 p 的倍数的 $d \leqslant p^n - 1$ 的倒数求和.

$\frac{1}{p} S_{p^{n-1}-1}$ 是所有不大于 $p^n - 1$ 的 p 的倍数的倒数之和.

将 S' 表示为 p^{n-1} 个如下形式的和数之和：

$$\sum_{i=1}^{p-1} \frac{1}{pk+i}, \quad k = 0, 1, \cdots, p^{n-1} - 1$$

可以像处理和式 S_{p-1} 那样，证明其中每一个和数的分子都是 p 的倍数.

于是，只须再证明 $\frac{1}{p} S_{p^{n-1}-1}$ 的分子是 p 的倍数.

事实上，根据归纳假设，有

$$A_{p^{n-1}-1} = p^s > p$$
$$B_{p^{n-1}-1} \geqslant \frac{1}{2} p^{n-1} \geqslant \frac{1}{2} p$$
$$S_{p^{n-1}-1} \geqslant S_{n_0+4} \geqslant S_4 > 2$$

令

$$H_p(n) = S_{p^n-p} - S_{p^n-1} = \sum_{i=1}^{p-1} \frac{1}{-p^n+i}$$

如果 $n > k$，则既约分数 $H_p(n)$ 的分子能被 p^k 整除，但不能被 p^{k+1} 整除.

于是分子 A_{p^n-p} 和 A_{p^n-1} 都是 p 的整次方幂. 但其中之一不能被 p^{k+1} 整除.

即

$$\min\{A_{p^n-p}, A_{p^n-1}\} \leqslant p^k$$

又因为

$$B_{p^n-p} > \frac{p^n-p}{2}, \quad B_{p^n-1} > \frac{p^n-1}{2}$$

所以

$$\min\{S_{p^n-p}, S_{p^n-1}\} \leqslant \frac{2p^k}{p^n-p} < 1 \quad (n > k)$$

出现矛盾.

34 求所有质数 p, q, r, 使得 $p^q + p^r$ 为完全平方数.

(澳大利亚国家数学竞赛, 2002 年)

解 若 $q = r$, 则 $p^q + p^r = 2p^q$, 所以 $p = 2$, q 为奇质数, 故满足条件的三元质数组为 $(2, q, q)(q \geqslant 3)$.

若 $q \neq r$, 不失一般性, 设 $q < r$, 则

$$p^q + p^r = p^q(1 + p^s)$$

其中 $s = r - q \geqslant 1$.

由于 p^q 和 $1 + p^s$ 的最大公约数为 1, 所以 p^q 与 $1 + p^s$ 均为平方数, 由 q 是质数, 则 $q = 2$.

当 $1 + p^s$ 为完全平方数时, 设 $1 + p^s = u^2$. 即

$$p^s = u^2 - 1 = (u+1)(u-1)$$

因为 $u + 1$ 与 $u - 1$ 的最大公约数为 1 或 2.

当 $u + 1$ 与 $u - 1$ 的最大公约数是 2 时, p 一定是偶数, 又 p 是质数, 则 $p = 2$. 此时 $u + 1$ 和 $u - 1$ 都是 2 的幂, 于是 $u = 3$, 从而 $p^s = 8, s = 3$. 有 $r = q + s = 2 + 3 = 5$.

故满足条件的三元质数组为 $(2, 2, 5), (2, 5, 2)$.

当 $u + 1$ 与 $u - 1$ 的最大公约数是 1 时, u 为偶数, 则 $u - 1$ 必须等于 1, 因而 $u = 2$.

于是 $u = 2, p^s = (u-1)(u+1) = 3, p = 3, s = 1$.

$$r = q + s = 3$$

故满足条件的三元质数组为 $(3, 2, 3), (3, 3, 2)$.

由以上, 满足条件的三元质数组为

$$(2, 2, 5), (2, 5, 2), (3, 2, 3), (3, 3, 2), (2, q, q) \ (q \geqslant 3)$$

35 已知 $f(x) = x^{2002} - x^{2001} + 1$.

证明: 对任意正整数 m, 都有 $m, f(m), f(f(m)), f(f(f(m))), \cdots$ 两两

第 2 章 质数、合数与质因数分解
Chapter 2 Prime Number, Composite Number and Prime Factorization

互质.

(克罗地亚国家数学奥林匹克,2002 年)

证 设 $p_n(x) = f(f(f(\cdots(x)\cdots)))$,其中 f 出现 n 次.

因为 $f(0) = 1, f(1) = 1$,

所以对所有 $n \in \mathbf{N}^*, p_n(0) = 1$.

因此,$p_k(x)$ 是含有零次项 $p_k(0) = 1$ 的多项式.

于是 $p_n(m)$ 除以 $m > 1$ 的余数是 1.

假设结论不成立,即有整数 $d > 1$ 可整除 $p_k(m)$ 和 $p_{k+l}(m)$.

因为
$$p_{k+l}(m) = p_l(p_k(m))$$
所以当 $p_{k+l}(m)$ 除以 $p_k(m)$ 时余数为 1,即
$$p_{k+l}(m) = Q \cdot p_k(m) + 1$$
此时 $d > 1$ 可以整除 $p_{k+1}(m) - Q p_k(m) = 1$,出现矛盾.

从而,$m, f(f(m)), f(m), \cdots$ 两两互质.

36 证明:对任意六个连续正整数,存在一个质数,使得此质数恰好能被六个数之一整除.

(德国数学奥林匹克,2003 年)

证 记这 6 个数为 $n, n+1, n+2, n+3, n+4, n+5$.

若 $5 \nmid n$,则 $n+1, n+2, n+3, n+4$ 中有一个数能被 5 整除.

若 $5 \mid n$,则 $n+1, n+2, n+3, n+4$ 中有两个数不能被 2,5 整除,其中至少有一个不能被 3 整除,则这个数一定有一个大于 5 的质因数,且该质数不能整除另外 5 个整数.

由以上,对 $n, n+1, n+2, n+3, n+4, n+5$,存在一个质数,该质数只能整除这 6 个数中的一个,而不能整除另外 5 个.

37 设 p 是质数,整数 x, y, z 满足 $0 < x < y < z < p$. 若 x^3, y^3, z^3 除以 p 的余数相等,证明
$$x + y + z \mid (x^2 + y^2 + z^2)$$

(第 54 届波兰数学奥林匹克,2003 年)

证 由已知 $x^3 \equiv y^3 \equiv z^3 \pmod{p}$,所以
$$p \mid (x^3 - y^3)$$
即
$$p \mid (x - y)(x^2 + xy + y^2)$$
又 $0 < x < y < z < p$,p 为质数,所以 $p \nmid (x - y)$. 因此

$$p \mid (x^2 + xy + y^2) \quad \text{①}$$

同理可得
$$p \mid (y^2 + yz + z^2) \quad \text{②}$$
$$p \mid (x^2 + xz + z^2) \quad \text{③}$$

由 ①,② 知
$$p \mid (x^2 + xy + y^2 - y^2 - yz - z^2)$$

即
$$p \mid (x-z)(x+y+z)$$

又 $p \nmid (x-z)$,则 $p \mid (x+y+z)$.

又 $0 < x+y+z < 3p$,则
$$x + y + z = p \quad \text{或} \quad 2p$$

由于 $p > 3$,则 $(2, p) = 1$.

又因为
$$x + y + z \equiv x^2 + y^2 + z^2 \pmod{2}$$

所以只须证
$$p \mid (x^2 + y^2 + z^2)$$

由 ① 得
$$p \mid [x(x+y+z) + y^2 - xz]$$

于是
$$p \mid (y^2 - xz) \quad \text{④}$$

同理
$$p \mid (x^2 - yz) \quad \text{⑤}$$
$$p \mid (z^2 - xy) \quad \text{⑥}$$

由 ①,②,…,⑥,把式 ⑥ 的倍数部分相加,有
$$p \mid 3(x^2 + y^2 + z^2)$$

再由 $p > 3$,则
$$p \mid (x^2 + y^2 + z^2)$$

因此
$$x + y + z \mid (x^2 + y^2 + z^2)$$

38 求所有的正整数 $n > 1$,使得它的任何一个大于 1 的正约数具有 $a^r + 1$ 的形式,这里 a 为正整数,r 为大于 1 的正整数.

(中国国家集训队培训试题,2003 年)

解 设 n 是符合条件的数.

当 $n > 2$ 时,记 $n = a^r + 1 (r > 1, a > 1)$,使得其中的 a 取最小值.

第 2 章 质数、合数与质因数分解
Chapter 2 Prime Number, Composite Number and Prime Factorization

若 r 为奇数,则
$$(a+1) \mid (a^r+1) = n$$
故存在正整数 $b, t(t>1)$,使得 $a+1 = b^t+1$,得 $a = b^t, n = b^{rt}+1$ 与 a 的最小性矛盾.

所以 r 为偶数,即 n 必等于一个完全平方数加上 1.

显然,形如 a^2+1 的质数符合条件.

若 n 为合数,则 n 至少有质因子 p, q(p 和 q 可以相同),则 p, q, pq 都符合条件,即存在正整数 a, b, c,使得
$$p = 4a^2+1, \quad q = 4b^2+1, \quad pq = 4c^2+1$$
于是
$$(4a^2+1)(4b^2+1) = 4c^2+1 \qquad ①$$
不妨设 $a \leqslant b$,则
$$4a^2(4b^2+1) = 4(c-b)(c+b)$$
由 $4b^2+1 = q$ 是质数,则
$$(4b^2+1) \mid (c-b) \quad \text{或} \quad (4b^2+1) \mid (c+b)$$
于是 $c \geqslant 4b^2-b+1$,利用 $a \leqslant b$,易知式 ① 的左边大于右边,矛盾.

又 4 是不符合条件的数,故 $n = 2p$,p 为奇质数,此时存在正整数 a, b,使得
$$2(a^2+1) = b^2+1$$
即 $a^2+1 = (b-a)(b+a)$,由 a^2+1 为质数,则
$$(b-a, b+a) = (1, a^2+1)$$
$$\begin{cases} b-a = 1 \\ b+a = a^2+1 \end{cases}$$
解得 $a = 2, b = 3, p = a^2+1 = 5, n = 10$.

综上,符合条件的数是形如 a^2+1 的质数和合数 10.

39 设数列 $\{a_n\}$ 满足:$a_1 = 3, a_2 = 7, a_n^2+5 = a_{n-1}a_{n+1}, n \geqslant 2$.

证明:若 $a_n+(-1)^n$ 为质数,则必存在某个非负整数 m,使得 $n = 3^m$.

(中国国家集训队测试题,2003 年)

证 由
$$a_n^2+5 = a_{n-1}a_{n+1} \qquad ①$$
$$a_{n-1}^2+5 = a_{n-2}a_n \qquad ②$$
① - ② 得
$$a_n^2 - a_{n-1}^2 = a_{n-1}a_{n+1} - a_{n-2}a_n$$
从而
$$a_n(a_n + a_{n+2}) = a_{n-1}(a_{n+1} + a_{n-1})$$

$$\frac{a_{n+1}+a_{n-1}}{a_n}=\frac{a_n+a_{n-2}}{a_{n-1}}=k \quad (\text{常数})$$

由 $a_1=3, a_2=7$ 得 $a_2^2+5=a_1 a_3, a_3=18$, 从而 $k=3$. 即有
$$a_n = 3a_{n-1} - a_{n-2}$$

特征方程为
$$\lambda^2 - 3\lambda + 1 = 0$$

特征根为
$$\alpha = \frac{3+\sqrt{5}}{2}, \quad \beta = \frac{3-\sqrt{5}}{2}, \quad \alpha+\beta=3, \quad \alpha\beta=1$$

可得
$$a_n = \alpha^n + \beta^n$$

令 $b_n = a_n + (-1)^n$, 则
$$b_n = \alpha^n + \beta^n + (-1)^n$$
$$(\alpha^n + \beta^n - 1)(\alpha^n + \beta^n + 1) = \alpha^{2n} + \beta^{2n} + \alpha^n\beta^n + \alpha^n\beta^n - 1 =$$
$$\alpha^{2n} + \beta^{2n} + 1 = b_{2n}$$

从而
$$b_n \mid b_{2n}$$

对奇数 m 及
$$(\beta^m + \alpha^m - 1)(\alpha^{n+m} + \beta^{n+m} + \alpha^{n+2m} + \beta^{n+2m}) = \alpha^n + \beta^n + \alpha^{n+3m} + \beta^{n+3m}$$

于是
$$b_m \mid b_{n+3m} + b_n$$

若 $b_m \mid b_n$, 则 $b_m \mid b_{n+3m}$.

同理可推出, 对任意正整数 k, 当 m 为奇数时, 若 $b_m \mid b_n$, 则
$$b_m \mid b_{n+(3m)k}$$

取 $m = 3^l = n$, 有
$$b_{3^l} \mid b_{3^l + (3 \cdot 3^l)k} = b_{3^l(1+3k)}$$

又因为 $b_{3^l} \mid b_{2 \cdot 3^l}$, 则
$$b_{3^l} \mid b_{2 \cdot 3^l} + b_{(3 \cdot 3^l)k} = b_{3^l(2+3k)}$$

因此, 如果 n 不能写成 3 的某个幂次, 则能写成 $3^l(1+3k)$ 或 $3^l(2+3k)$, 这时 b_n 就有一个真约数 b_{3^l}, 与 b_n 为质数矛盾, 所以 n 一定能写成 3 的某个幂次, 即存在 $m \in \mathbf{N}$, 使 $n = 3^m$.

40 设整数 $k, k \geq 14, p_k$ 是小于 k 的最大质数, 若 $p_k \geq \frac{3k}{4}, n$ 是一个合数, 证明:

第 2 章　质数、合数与质因数分解
Chapter 2　Prime Number, Composite Number and Prime Factorization

(1) 若 $n = 2p_k$，则 n 不能整除 $(n-k)!$；

(2) 若 $n > 2p_k$，则 n 能整除 $(n-k)!$.

（亚太地区数学奥林匹克，2003 年）

证　(1) 当 $n = 2p_k$ 时，因为 p_k 是小于 k 的最大质数，则 $k > p_k$，且
$$p_k > 2p_k - k = n - k$$
因此
$$p_k \nmid (n-k)!$$
进而 $2p_k \nmid (n-k)!$，即 $n \nmid (n-k)!$.

(2) 当 $n > 2p_k$ 时，因为 n 是合数，所以可设
$$n = ab \quad (2 \leqslant a \leqslant b)$$
若 $a \geqslant 3$，则可分为 $a \neq b$ 和 $a = b$ 讨论.

若 $a \neq b$，则 $n > 2p_k \geqslant \frac{3}{2}k$，从而 $k < \frac{2}{3}n$.

因为 $a \geqslant 3$，所以 $b \leqslant \frac{n}{3}$.
$$n - k > n - \frac{2}{3}n = \frac{1}{3}n \geqslant b > a$$
所以 $a < n-k, b < n-k, n = ab \mid (n-k)!$

若 $a = b$，则 $n = a^2, n - k > \frac{n}{3} = \frac{a^2}{3}$

由 $k \geqslant 14$，则 $p_k \geqslant 13, n \geqslant 26, a \geqslant b$.

从而 $\frac{a^2}{3} \geqslant 2a$，故 $n - k > 2a$，于是 $a < \frac{(n-k)!}{2}$，从而
$$n \mid (n-k)!$$
若 $a = 2$，因 $b_n \geqslant 26$，假设 b 不是质数，则
$$b = b_1 b_2 \quad (b_1 \leqslant b_2)$$
因为 $b \geqslant 13$，则 $b_2 \geqslant 4$.

于是 $ab_1 \geqslant 4$，由 $n = (ab_1)b_2$，则化为 $a \geqslant 3$ 的情形.

若 b 是质数，则 $b = \frac{n}{2} > p_k$，

因为 p_k 是小于 k 的最大质数，则 $b > k$.

从而
$$n - k = 2b - k > b$$
所以
$$n \mid (n-k)!$$
由以上，当 $a > 2p_k$ 时，$n \mid (n-k)!$

最新世界各国数学奥林匹克中的初等数论试题(上)
The Lastest Elementary Number Theory in Mathematical Olympiads in The World

41 对于任意正整数 n,记 n 的所有正约数组成的集合为 S_n. 证明: S_n 中至多有一半元素的个位数是 3.

(中国女子数学奥林匹克,2003 年)

证 考虑如下 3 种情况:

(1) n 能被 5 整除.

设 $d_1, d_2, \cdots, d_m$ 为 S_n 中所有个位数为 3 的元素.

则 $5d_1, 5d_2, \cdots, 5d_m$ 是个位数为 5 的元素.

所以, S_n 中至多有一半元素的个位数是 3, 结论成立.

(2) n 不能被 5 整除, 且 n 的质约数的个位数均为 9 或 1.

则 S_n 中所有元素的个位数均为 9 或 1. 结论成立.

(3) n 不能被 5 整除, 且 n 有个位数是 3 或 7 的质约数 p.

令 $n = p^r q$, 其中 q 和 r 是正整数, p 和 q 互质.

设 $S_q = \{a_1, a_2, \cdots, a_k\}$ 为 q 的所有正约数组成的集合.

将 S_n 中的元素写成如下的方阵:
$$a_1, a_1 p, a_1 p^2, \cdots, a_1 p^r$$
$$a_2, a_2 p, a_2 p^2, \cdots, a_2 p^r$$
$$\vdots$$
$$a_k, a_k p, a_k p^2, \cdots, a_k p^r$$

对于 $d_i = a_j p^t$, 选择 $a_j p^{t-1}$ 或 $a_j p^{t+1}$ 之一与之配对(所选之数必须在 S_n 中).

设 e_i 为所选之数, 我们称 (d_i, e_i) 为一对朋友. 如果 d_i 的个位数是 3, 则由 p 的个位数是 3 或 7 可知 e_i 的个位数不是 3.

假设 d_i 和 d_j 的个位数都是 3, 且有相同的朋友 $e = a_s p^t$. 则
$$\{d_i, d_j\} = \{a_s p^{t-1}, a_s p^{t+1}\}$$

因为 p 的个位数为 3 或 7, 从而 p^2 的个位数是 9, 而 n 不能被 5 整除.

所以 a_s 的个位数不是 0. 因此 $a_s p^{t-1}, a_s \cdot p^{t-1} \cdot p^2 = a_s p^{t+1}$ 的个位数不同, 这与 d_i 和 d_j 的个位数都是 3 矛盾.

因此, 每个个位数为 3 的 d_i 均有不同的朋友.

综上所述, S_n 中每个个位数是 3 的元素, 均与一个 S_n 中个位数不为 3 的元素为朋友, 而且两个个位数是 3 的不同元素的朋友也是不同的.

所以 S_n 中至多有一半元素的个位数为 3.

42 对于每个正整数 $n > 1$. 设 $p(n)$ 为 n 的最大质因子. 求满足下列条件的所有互不相同的正整数 x, y, z.

(1) x, y, z 是等差数列.

(2) $p(xyz) \leq 3$.

第 2 章 质数、合数与质因数分解
Chapter 2 Prime Number, Composite Number and Prime Factorization

(英国数学奥林匹克,2003 年)

解 不妨假设 $x < y < z$.

条件(2)表明,xyz 中只能有质因数 2 和 3,且 x,y,z 均为 $2^a \times 3^b$ 的形式,$a,b \in \mathbf{N}$.

设 $h = (x,y)$,$x' = \dfrac{x}{h}$,$y' = \dfrac{y}{h}$,则 $(x',y') = 1$.

由条件(1)知
$$z = 2y - x$$

令 $z' = \dfrac{z}{h}$,所以 x',y',z' 均为正整数,且仍满足条件(1)(2).

由于 $(x',y') = 1$,$x' + z' = 2y'$,所以 $(y',z') = 1$.

因而 $(x',z') = 1$ 或 2.

如果 y' 既能被 2 整除,又能被 3 整除,则 $x' = z' = 1$,此时与 x,y,z 互不相等矛盾. 所以 y' 只可能有 $y' = 1, y' = 2^\alpha, y' = 3^\alpha (\alpha \in \mathbf{N}^*)$ 这三种可能.

(ⅰ)当 $y' = 1$ 时,又有 $x' = 1, z' = 1$,与 x,y,z 互不相等矛盾;

(ⅱ)当 $y' = 2^\alpha (\alpha \in \mathbf{N}^*)$ 时,由
$$(x',y') = (z',y') = 1$$
则 $x' = 3^k, z' = 3^l$,这时有
$$3^k + 3^l = 2^{\alpha+1}$$

由 $k < l$,故有
$$3^k \mid 2^{\alpha+1}$$

所以 $k = 0, x' = 1$. 从而有
$$3^l = 2^{\alpha+1} - 1$$

于是
$$2^{\alpha+1} \equiv 1 \pmod{3}$$

从而 α 是奇数,设 $\alpha = 2n - 1$,则有
$$3^l = 2^{2n} - 1 = (2^n - 1)(2^n + 1)$$

因为 $(2^n - 1, 2^n + 1) = 1$,则 $2^n - 1 = 3^0 = 1$,即 $n = 1, \alpha = 1, l = 1$.

于是 $x' = 1, y' = 2, z' = 3$.

(ⅲ)当 $y' = 3^\alpha (\alpha \in \mathbf{N}^*)$ 时,设 $x' = 2^k, z' = 2^l$,则
$$2^k + 2^l = 2 \times 3^\alpha$$

即
$$2^{k-1} + 2^{l-1} = 3^\alpha$$

由 $k < l$,得 $k - 1 = 0$,即 $k = 1, x' = 2$.

于是
$$2^{l-1} = 3^\alpha - 1$$

所以 $l \geqslant 2$.

若 $l > 2$，则
$$2^{l-2} = \frac{3^\alpha - 1}{2} = 3^0 + 3^1 + \cdots + 3^{\alpha-1} \equiv \alpha \equiv 0 \pmod{2}$$

所以 α 是偶数，设 $\alpha = 2n$，于是有
$$2^{l-1} = 3^\alpha - 1 = 3^{2n} - 1 = (3^n - 1)(3^n + 1)$$

所以 $3^n - 1 = 2, 3^n + 1 = 4, n = 1, l = 4$.

因此 $x' = 2, y' = 9, z' = 16$.

若 $l = 2$，则 $\alpha = 1, x' = 2, y' = 3, z' = 4$.

综合以上，有
$$(x, y, z) = (h, 2h, 3h), (2h, 3h, 4h), (2h, 9h, 16h)$$

其中 h 是形如 $2^a \times 3^b$ 的整数.

43 求所有使 $p^2 + 2543$ 具有少于 16 个不同正因子的质数 p.

（泰国数学奥林匹克，2003 年）

解 设 $p(p > 3)$ 是一个质数，易证
$$24 \mid (p^2 - 1)$$
$$p^2 + 2543 = p^2 - 1 + 106 \times 24$$

所以 $p^2 + 2543$ 是 24 的倍数，令
$$p^2 + 2543 = 24k \quad (k \in \mathbf{N}, k \geqslant 107)$$

设 $k = 2^r \times 3^s \times k'$，其中 r, s 为非负整数，k' 是使得 $(k', 6) = 1$ 的正整数. 又设 $T(n)$ 是 n 的所有正约数的个数，则
$$T(p^2 + 2543) = T(2^{3+r} \times 3^{1+s} \times k') = (4+r)(2+s)T(k')$$

当 $k' > 1$ 时，$T(k') \geqslant 2$，即
$$T(p^2 + 2543) \geqslant 16$$

当 $k' = 1$ 时，
$$T(p^2 + 2543) = (4+r)(2+s)$$

如果 $T(p^2 + 2543) < 16$，则 $r \leqslant 3, s \leqslant 1$，故 $k = 2^r \times 3^s \leqslant 24$ 与 $k \geqslant 107$ 矛盾.

所以，对所有质数 $p(p > 3)$，有 $T(p^2 + 2543) \geqslant 16$，不合题意.

由于 $T(2^2 + 2543) = T(2547) = T(3^2 \times 283) = 6$，符合题意.

$T(3^2 + 2543) = T(2552) = T(2^3 \times 11 \times 29) = 16$，不合题意.

所以只有 $p = 2$，满足 $T(p^2 + 2543) < 16$.

因此，所求的质数为 2.

第 2 章 质数、合数与质因数分解
Chapter 2 Prime Number, Composite Number and Prime Factorization

44 如果一个正整数的所有正约数之和为其两倍,则称该数为一个完全数. 求所有的正整数 n, 使得 $n-1$ 和 $\dfrac{n(n+1)}{2}$ 都是完全数.

(中国国家集训队培训试题,2003 年)

解 这里需要用到欧拉的一个结论:

n 为偶完全数 $\Leftrightarrow$ 存在质数 p, 使得 2^p-1 为质数, 且 $n=2^{p-1}(2^p-1)$

下面依据这一结论来解本题.

(1) n 为奇数, 则 $n-1$ 为偶完全数, 于是
$$n-1=2^{p-1}(2^p-1)$$
其中 p 与 2^p-1 为质数. 这时
$$\frac{n(n+1)}{2}=\frac{1}{2}(2^{p-1}(2^p-1)+1)(2^{p-1}(2^p-1)+2)=$$
$$(2^{p-1}(2^p-1)+1)(2^{p-2}(2^p-1)+1)$$

当 $p=2$ 时, $n=7$, $\dfrac{n(n+1)}{2}=28$, 此时 $n-1=6$ 与 $\dfrac{n(n+1)}{2}$ 都是完全数.

当 $p\geqslant 3$ 时, 记 $N=\dfrac{n(n+1)}{2}$, 则 N 为奇数.
$$\frac{n+1}{2}=4^{p-1}-2^{p-2}+1=(3+1)^{p-1}-(3-1)^{p-2}+1\equiv$$
$$3\times(p-1)-(p-2)\times 3+1+1+1\equiv$$
$$6\ (\bmod\ 9)$$

从而 $3\mid N$, 但 $3^2\nmid N$.

设 $N=3k, 3\nmid k$, 记 $\sigma(a)$ 为 a 的所有约数之和, 则
$$\sigma(N)=\sigma(3)\cdot\sigma(k)=4\sigma(k)$$

但
$$2N\equiv 2\ (\bmod\ 4)$$

故 $\sigma(N)\neq 2N$, 即 $N=\dfrac{n(n+1)}{2}$ 不是完全平方数.

(2) n 为偶数.

如果 $4\mid n$, 则
$$n-1\equiv -1\ (\bmod\ 4)$$

因而 $n-1$ 不是完全平方数.

此时, 对任意 $d\mid(n-1)$, 由
$$d\times\frac{n-1}{d}=n-1\equiv -1\ (\bmod\ 4)$$

可知 d 与 $\dfrac{n-1}{d}$ 中的一个对模 4 余 -1, 另一个对模 4 余 1, 因为

$$d + \frac{n-1}{d} \equiv 0 \pmod{4}$$

从而 $4 \mid \sigma(n-1)$,但 $2(n-1) \equiv 2 \pmod 4$,故 $n-1$ 不是完全平方数. 所以 $4 \nmid n$,设 $n = 4k+2$,此时

$$N = \frac{n(n+1)}{2} = (2k+1)(4k+3)$$

为奇数.

由于 $(2k+1, 4k+3) = 1$,故

$$\sigma(N) = \sigma(2k+1)\sigma(4k+3)$$

同上可知

$$4 \mid \sigma(4k+3)$$

故若 $\sigma(N) = 2N$,则 $4 \mid 2N$,即 $2 \mid N$,矛盾.

综上,满足条件的 n 只有 $n = 7$.

45 假设正整数 $a_1, a_2, \cdots, a_{30}$ 满足.

$$a_1 + a_2 + \cdots + a_{30} = 2\,002$$

如果 d 是 $a_1, a_2, \cdots, a_{30}$ 的最大公约数,求 d 的最大值.

(新加坡数学奥林匹克,2003 年)

解 设 $a_i = b_i d, b_i \geqslant 1$,则

$$2\,002 = \sum_{i=1}^{30} a_i = \sum_{i=1}^{30} b_i d \geqslant 30d$$

因为 $2\,002 = 2 \times 7 \times 11 \times 13$,则 $2\,002$ 的约数中大于 30 的最小约数为 77,则

$$d = \frac{2\,002}{77} = 26$$

所以 d 的最大值为 26.

46 设 S 是大于 1 的正整数的有限非空集合,并具有以下性质:存在一个数 $x \in S$,满足:对任何正整数 n,或者 $(s, n) = 1$,或者 $(s, n) = s$. 证明:一定存在两个数 $s, t \in S$ (s, t 不一定不同) 使得 (s, t) 是质数.

(斯洛文尼亚国家队选拔赛,2003 年)

证 设 n 是一个与 S 中任何一个数都不互质的最小正整数(这样的数是存在的.事实上,因为 $1 \notin S$,S 中所有数的乘积就与 S 中的任何数都不互质).

在 n 的所有质因子中,每个质数都是一次幂的,否则与 n 的最小性矛盾.

由于 n 与 S 中的任何数都不互质,则由题设,存在 $s \in S$,使得 $(s, n) = s$,因此,$s \mid n$.

第 2 章 质数、合数与质因数分解
Chapter 2　Prime Number, Composite Number and Prime Factorization

设 p 是 S 中的任一质因子,则 $p \mid n$. 再由 n 的选取法可知,数 $\dfrac{n}{p}$ 与某个 $t \in S$ 互质,由

$$(t, \dfrac{n}{p}) = 1 \quad 及 \quad (t, n) > 1$$

可知

$$p \mid t$$

但 t 不能再被 n 的任何其他质因子整除(因为这些质数都整除 $\dfrac{n}{p}$).

由此 $(s, t) = p$ 是质数.

47　证明:从任意 6 个四位数中能选出 5 个数是互质的.

(俄罗斯数学奥林匹克,2003 年)

证　设这 6 个数为 $a_1, a_2, a_3, a_4, a_5, a_6$.
假设结论不成立,即任意 5 个数都不互质,设

$$(a_1, a_2, a_3, a_4, a_5) = d_1$$
$$(a_1, a_2, a_3, a_4, a_6) = d_2$$
$$(a_1, a_2, a_3, a_5, a_6) = d_3$$
$$(a_1, a_2, a_4, a_5, a_6) = d_4$$
$$(a_1, a_3, a_4, a_5, a_6) = d_5$$
$$(a_2, a_3, a_4, a_5, a_6) = d_6$$

其中 $d_1, d_2, \cdots, d_6$ 两两互质,且 $d_i \neq 1 (i = 1, 2, \cdots, 6)$.

不妨设 $d_1 > d_2 > d_3 > d_4 > d_5 > d_6$. 则

$$a_1 = b_1 d_1 d_2 d_3 d_4 d_5 \geqslant b_1 \times 3 \times 5 \times 7 \times 11 \times 13 = 15\ 015 b_1 \geqslant 10\ 000$$

与 a_1 是四位数矛盾.

所以 $d_1, d_2, d_3, d_4, d_5, d_6$ 中必有一个为 1,即有 5 个数互质.

48　(1) 求所有的正整数对 (a, b),使得 a, b 不相等,$b^2 + a$ 是一个质数的幂,且满足 $(b^2 + a) \mid (a^2 + b)$.

(2) 设 a, b 是大于 1 的两个不同的正整数,且 $(b^2 + a - 1) \mid (a^2 + b - 1)$. 求证:数 $b^2 + a - 1$ 至少有两个不同的质因子.

(中国国家集训队培训试题,2003 年)

解　(1) $(a, b) = (5, 2)$. 下面给予证明.

由 $(b^2 + a) \mid (a^2 + b)$,有

$$b^2 + a < a^2 + b, \quad b < a$$

且由 $(b^2 + a) \mid (a^2 + b), (b^2 + a) \mid a^2 + ab^2$,有

199

$$(b^2 + a) \mid b(ab - 1) \qquad ①$$

设 $b^2 + a = p^k$,若 $(a,b) > 1$,则必有 $(a,b) = p^l (l \geq 1)$.

再令 $a = p^l \cdot a_1, b = p^l \cdot b_1, (a_1, b_1) = 1$,代入式 ① 有

$$(a_1 + p^l b_1^2) \mid b_1 \cdot (p^{2l} a_1 b_1 - 1)$$

进而

$$(a_1 + p^l b_1^2) \mid (p^{2l} a_1 b_1 - 1)$$

$$\frac{(a_1 + p^l b_1^2) p^l}{p^l} = \frac{a + b^2}{p^l} = \frac{p^k}{p^l} = p^{k-l} (>1)$$

则 $p \mid (a_1 + p^l b_1^2)$,于是 $p \mid (p^{2l} a_1 b_1 - 1)$,矛盾.

故 $(a,b) = 1$,从而 $(a + b^2, b) = 1$.

此时,式 ① 化为

$$(a + b^2) \mid (ab - 1)$$

又

$$(a + b^2) \mid (ab + b^3)$$

则

$$(a + b^2) \mid (b^3 + 1)$$

即

$$(a + b^2) \mid (b + 1)(b^2 - b + 1)$$

$(b + 1, b^2 - b + 1) = (b + 1, (b+1)^2 - 3b) = (b + 1, 3) = 1$ 或 3

若 $p \neq 3$,则由 $p^k = a + b^2 \mid (b+1)(b^2 - b + 1)$ 可推出

$$p^k \mid (b + 1) \quad \text{或} \quad p^k \mid (b^2 - b + 1)$$

但 $p^k = a + b^2 > b + 1, p^k > b^2 - b + 1$,矛盾.

故必有 $p = 3$,即 $a + b^2 = 3^k$,且可知必有

$$\begin{cases} b + 1 = 3 \cdot t_1 \\ b^2 - b + 1 = 3^{k-1} \cdot t_2 \end{cases} \quad (3 \nmid t_1) \qquad (a)$$

或

$$\begin{cases} b + 1 = 3^{k-1} \cdot t_1 \\ b^2 - b + 1 = 3 \cdot t_2 \end{cases} \quad (3 \nmid t_2) \qquad (b)$$

容易验证 $q \nmid (b^2 - b + 1)$,则只能有 (b).

$$b^2 - b + 1 \leq b^2 + a = 3^k \leq 3^k t_1 = 3b + 3$$

则 $b = 2$.

对 $b = 1$ 和 2 分别讨论,只有解 $(5, 2)$.

(2) 显然 $a > b$,假设 $b^2 + a - 1$ 至多只有一个质因子,设 $a + b^2 - 1 = p^k$,则由

$$(a + b^2 - 1) \mid (a^2 + ab^2 - a)$$

第 2 章 质数、合数与质因数分解
Chapter 2　Prime Number, Composite Number and Prime Factorization

推出
$$(a+b^2-1) \mid (a^2+b-1)$$
$$(a+b^2-1) \mid (b-1)(ab+a-1) \quad ②$$
若 $(a,b-1)>1$，则必有
$$(a,b-1)=p^l \quad (l\geqslant 1)$$
令 $a=p^l \cdot a_1, b-1=p^l \cdot b_1, (a_1,b_1)=1$，代入 ② 得
$$[a_1+b_1(b+1)] \mid b_1[p^l a_1(b+1)-1]$$
$$[a_1+b_1(b+1)] \mid [p^l a_1(b+1)-1] \quad ③$$
注意到 $a_1+b_1(b+1)=p^{k-l}$，而
$$p \mid p^{k-l}=a_1+b_1(b+1)$$
$$p \nmid p^l a_1(b+1)-1$$
矛盾，故 $(a,b-1)=1$.

此时式 ② 等价于
$$(a+b^2-1) \mid a(b+1)-1$$
又
$$(a+b^2-1) \mid a(b+1)+(b^2-1)(b+1)$$
则
$$(a+b^2-1) \mid [(b+1)(b^2-1)+1]$$
即
$$(a+b^2-1) \mid b(b^2+b-1)$$
而 $(b,b^2+b-1)=1, a+b^2-1=p^k$，故必有
$$(a+b^2-1) \mid b \quad \text{或} \quad (a+b^2-1) \mid (b^2+b-1)$$
但显然有 $a+b^2-1>b, a+b^2-1>b^2+b-1$，矛盾.

综上所述，b^2+a-1 只有一个质因子不成立，即至少有两个不同的质因子.

49 求同时满足如下条件的集合 S 的元素个数的最大值：

(1) S 中的每个元素都是不超过 100 的正整数；

(2) 对于 S 中任意两个不同的元素 a,b 都存在 S 中的元素 c，使得 a 与 c 的最大公约数等于 1，并且 b 与 c 的最大公约数等于 1；

(3) 对于 S 中任意两个不同的元素 a,b 都存在 S 中异于 a,b 的元素 d，使得 a 与 d 的最大公约数大于 1，并且 b 与 d 的最大公约数也大于 1.

(中国数学奥林匹克, 2003 年)

解 将不超过 100 的每个正整数 n 表示成
$$n=2^{\alpha_1} \cdot 3^{\alpha_2} \cdot 5^{\alpha_3} \cdot 7^{\alpha_4} \cdot 11^{\alpha_5} \cdot q$$
其中 q 是不能被 2,3,5,7,11 整除的正整数，$\alpha_1,\alpha_2,\alpha_3,\alpha_4,\alpha_5$ 为非负整数.

最新世界各国数学奥林匹克中的初等数论试题(上)
The Lastest Elementary Number Theory in Mathematical Olympiads in The World

我们选取满足条件 a_1, a_2, a_3, a_4, a_5 中恰有 1 个或 2 个非零的那些正整数组成的集合 S,即 S 由下面的几个集合组成.

A_2:50 个偶数 $2,4,6,\cdots,100$ 但除去 $2\times3\times5, 2^2\times3\times5, 2\times3^2\times5, 2\times3\times7, 2^2\times3\times7, 2\times5\times7, 2\times3\times11$ 这 7 个数,共有 $50-7=43$ 个元素;

A_3:3 的奇数倍 $3\times1, 3\times3, 3\times5, \cdots, 3\times33$ 共 17 个元素;

A_5:5 的质数倍及 5×1,即 $5\times1, 5\times5, 5\times7, 5\times11, 5\times13, 5\times17, 5\times19$ 共 7 个数;

A_7:最小质因数为 7 的数,即 $7\times1, 7\times7, 7\times11, 7\times13$ 共 4 个数;

A_{11}:11

$$S = A_2 \cup A_3 \cup A_5 \cup A_7 \cup A_{11}$$

S 有 $43+17+7+4+1=72$ 个元素.

下面证明:如此构造的集合 S 满足条件.

条件(1)显然满足.

对于条件(2),注意到在 $[a,b]$ 的质约数中,至多出现 $2,3,5,7,11$ 中的 4 个数,记某个未出现的质数为 p,且 $p \in S$,并且
$$(p,a) \leqslant (p,[a,b]) = 1$$
$$(p,b) \leqslant (p,[a,b]) = 1$$

于是取 $c=p$ 即可.

对于条件(3),当 $(a,b)=1$ 时,取 a 的最小质因数 p 和 b 的最小质因数 q,易见 $p \neq q$,并且 $p,q \in \{2,3,5,7,11\}$,于是 $pq \in S$,并且
$$(pq, a) \geqslant p > 1, \quad (pq, b) \geqslant q > 1$$

p,q 互质保证了 pq 异于 a,b,从而取 $c=pq$ 即可.

当 $(a,b)=e>1$,取 p 为 e 的最小质因数,q 为满足 $q \nmid [a,b]$ 的最小质数,易见 $p \neq q$,并且 $p,q \in \{2,3,5,7,11\}$,于是 $pq \in S$,并且
$$(pq, a) \geqslant (p,a) = p > 1, \quad (pq, b) \geqslant (p,b) = p > 1$$

$q \nmid [a,b]$ 保证了 pq 异于 a,b,从而取 $d=pq$ 即可.

下面证明任意满足题述条件的集合 S 的元素的数目不会超过 72.

显然,$1 \notin S$.对于任意大于 10 的质数 p,q,因为与 p,q 均不互质的数最小是 pq,这时 $pq > 100$.故据条件(3)知,10 与 100 之间的 21 个质数 $11, 13, \cdots, 89, 97$ 中最多有一个出现在 S 中.

记除去 1 和这 21 个质数外的其余 78 个不超过 100 的正整数构成集合 T,我们断言 T 中至少有 7 个数不在 S 中,从而 S 中最多有 $78-7+1=72$ 个元素.

(i) 当有某个大于 10 的质数 $p \in S$ 时,S 中各数的最小质因数只可能是 $2,3,5,7$ 和 p,运用条件(2)可得出以下结论:

① 若 $7p \in S$,因为 $2\times3\times5, 2^2\times3\times5, 2\times3^2\times5$ 与 $7p$ 包括了所有最小

第 2 章 质数、合数与质因数分解
Chapter 2 Prime Number, Composite Number and Prime Factorization

质因数,故由条件(2)可知 $2\times3\times5, 2^2\times3\times5, 2\times3^2\times5 \notin S$.

若 $7p \notin S$,因为 $2\times7p > 100$,而 $p \in S$,故有条件 $7\times1, 7\times7, 7\times11, 7\times13 \notin S$.

② 若 $5p \in S$,则 $2\times3\times7, 2^2\times3\times7 \notin S$;

若 $5p \notin S$,则 $5\times1, 5\times5 \notin S$.

③ $2\times5\times7$ 与 $3p$ 不同属于 S.

④ $2\times3p$ 与 5×7 不同属于 S.

⑤ 若 $5p, 7p \notin S$,则 $5\times7 \notin S$.

当 $p=11$ 时,由 ①,②,③,④ 可分别得到至少有 $3,2,1,1$ 个 T 中的数不属于 S,即 $3+2+1+1=7$ 个;

当 $p=17$ 或 19 时,由 ①,②,③ 可分别得到至少有 $4,2,1$ 个 T 中的数不属于 S,即 $4+2+1=7$ 个;

当 $p>20$ 时,由 ①,②,③ 可分别得到至少有 $4,2,1$ 个 T 中的数不属于 S,即 $4+2+1=7$ 个.

即当某个大于 10 的质数 p 属于 S 时,T 中至少有 7 个数不属于 S.

(ii) 如果没有大于 10 的质数属于 S,则 S 中的最小质因数只可能是 $2,3,5,7$.

于是,下面 7 对数中,每对都不能同时在 S 中出现:
$$(3, 2\times5\times7), (5, 2\times3\times7), (7, 2\times3\times5), (2\times3, 5\times7)$$
$$(2\times5, 3\times7), (2\times7, 3\times5), (2^2\times7, 3^2\times5)$$

从而 T 中至少有 7 个数不在 S 中.

综上所述,所求的最大值为 72.

50 设 p 为质数,任给 $p+1$ 个不同的正整数,求证:从中可以找出两个数,使得其中较大的数除以它们的最大公因数所得的商不小于 $p+1$.

(中国国家集训队培训试题,2003 年)

证 先证明一个引理.

引理 设 $a, b \in \mathbf{N}^*, a > b, p$ 为质数,$a \equiv b \not\equiv 0 (\bmod\ p)$,则
$$\frac{a}{(a,b)} \geqslant p+1$$

事实上,设 $a = b + pq, q \in \mathbf{N}^*$,则
$$(a,b) \mid pq, \quad p \nmid (a,b)$$

故 $(a,b) \mid q$,从而
$$\frac{a}{(a,b)} = \frac{b}{(a,b)} + \frac{p \cdot q}{(a,b)} \geqslant 1+p$$

引理得证.

最新世界各国数学奥林匹克中的初等数论试题(上)
The Lastest Elementary Number Theory in Mathematical Olympiads in The World

回到原题.

如果所给的 $p+1$ 个数都是 p 的倍数,则对这 $p+1$ 个数都除以 p 再进行讨论.

所以可设这 $p+1$ 个数不全为 p 的倍数,设有 k 个不是 p 的倍数,$p+1-k$ 个是 p 的倍数,即设所给的数为

$$x_1, x_2, \cdots, x_k, x_{k+1} = p^{\alpha_{k+1}} y_{k+1}, \cdots, x_{p+1} = p^{\alpha_{p+1}} y_{p+1}$$

其中 $k \in \mathbf{N}^*$, $x_1, x_2, \cdots, x_k, y_{k+1}, \cdots, y_{p+1}$ 都不是 p 的倍数,$\alpha_{k+1}, \cdots, \alpha_{p+1} \in \mathbf{N}^*$,且 $x_1, x_2, \cdots, x_k$ 两两不同.

(1) 如果 $x_1, x_2, \cdots, x_k, y_{k+1}, \cdots, y_{p+1}$ 中有三个数相同,则有两种可能:

第一种可能:$y_{k+1}, \cdots, y_{p+1}$ 中有三个数相同,则它们对应的 p 的幂次各不相同,从而有两个数的比 $\geqslant p^2 > p+1$,这两个数符合要求.

第二种可能:存在 $r < s < t$,使 $x_r = y_s = y_t$,此时 α_s 与 α_t 中有一个 $\geqslant 2$.不妨设 $\alpha_t \geqslant 2$,则 x_r 与 $x_t = p^{\alpha_t} y_t$ 满足要求.

(2) 数 $x_1, x_2, \cdots, x_k, y_{k+1}, \cdots, y_{p+1}$ 中没有三个数相同.

此时,如果在 $y_{k+1}, \cdots, y_{p+1}$ 中有两对数相同,这两对数中,若有一对数,它们的 p 的幂次之差不小于 2,则结论成立.

若它们每对数的幂次都只差 1,可设这 4 个数为 $c, cp, d, dp (c < d)$.则有

$$\frac{dp}{(c, dp)} \geqslant \frac{dp}{c} > p$$

即

$$\frac{dp}{(c, dp)} \geqslant p+1$$

结论成立.

所以只须考虑 $y_{k+1}, y_{k+2}, \cdots, y_{p+1}$ 中至多有一对相同的情形.这时如果存在 $r \neq t$,使得 $x_r = y_t$ 或 $y_r = y_t$,去掉其中的 x_r 或 x_t 后讨论.

这样,总可以找到 $x_1, x_2, \cdots, x_k, y_{k+1}, \cdots, y_{p+1}$ 中的 p 个数,它们都不是 p 的倍数,从而其中有两个数对模 p 同余,有如下三种可能:

第一种可能:存在 $1 \leqslant r < t \leqslant k$,使 $x_r \equiv x_t \not\equiv 0 \pmod{p}$,由引理知结论成立;

第二种可能:存在 $x_r \equiv y_t \not\equiv 0 \pmod{p}$,利用引理中的证明方法,可证 x_r 与 x_t 满足条件;

第三种可能:存在 $k < r < t \leqslant p+1$,使 $y_r \equiv y_t \not\equiv 0 \pmod{p}$,用引理中的证明方法可证 x_r 与 x_t 满足条件.

综上,命题成立.

51 将数 $\{1, 2, \cdots, 10\}$ 分成两组,使得第一组数的乘积 p_1 能被第二

第 2 章 质数、合数与质因数分解
Chapter 2　Prime Number, Composite Number and Prime Factorization

组数的乘积 p_2 整除. 求 $\dfrac{p_1}{p_2}$ 的最小值.

(新西兰数学奥林匹克,2004 年)

解　在 1,2,3,4,5,6,7,8,9,10 这 10 个数中,注意到质数 7 不能被其他数(1 除外)整除,由题意,7 一定放在第一组,即
$$\frac{p_1}{p_2} \geqslant 7$$
当 $p_1 = 3 \times 5 \times 6 \times 7 \times 8, p_2 = 1 \times 2 \times 4 \times 9 \times 10$ 时
$$\frac{p_1}{p_2} = 7$$
所以,$\dfrac{p_1}{p_2}$ 的最小值为 7.

52　若 2 005!＋2,2 005!＋3,…,2 005!＋2 005,这 2 004 个连续整数构成一个数列,且此数列中无质数. 是否存在一个由 2 004 个连续整数构成的数列,此数列恰有 12 个质数.

(芬兰高中数学奥林匹克,2004 年)

解　考虑数列
$$a, a+1, \cdots, a+2\,003$$
和数列
$$a+1, a+2, \cdots, a+2\,004$$
中质数的个数.

若 a 和 $a+2\,004$ 均为质数或均为合数,那么这两个数列中的质数个数相等.

若 a 和 $a+2\,004$ 中有一个质数,则两个数列中的质数个数差 1.

由于 2,3,5,7,11,13,17,19,23,29,31,37,41 是前 13 个质数,则数列
$$1, 2, 3, \cdots, 2\,004$$
中的质数的个数多于 12 个.

对于数列
$$a, a+1, \cdots, a+2\,003$$
当 $a = 2\,005! + 2$ 时,此数列没有质数.

所以,存在一个 $b(1 < b < a)$,使得数列
$$b, b+1, \cdots, b+2\,003$$
恰有 12 个质数.

53　能否在平面上的每个整点上都写上 1 个正整数,使得三个整点共

线,当且仅当写在它们上面的三个正整数具有大于 1 的公约数?

(俄罗斯数学奥林匹克,2004 年)

解 不能.

假设可以做到,现考查整点 A,假定它上面写着正整数 a,设 a 有 n 个不同的质约数.

在平面上再取一个整点 A_1,显然,在直线 AA_1 上还有别的整点 B_1,例如 B_1 可以取为 A 关于 A_1 的对称点.

由于 A, A_1, B_1 所写的三个正整数有大于 1 的公约数,因而它们都可以被某个质数 p_1 整除.

特别地,有 $p_1 \mid a$.

再在平面上取一整点 A_2,使 A_2 不在直线 AA_1 上.

在直线 AA_2 上还有别的整点 B_2,写在 A, A_2, B_2 上的三个正整数都可以被某个质数 p_2 整除.

特别地有 $p_2 \mid a$.

由于 A, A_1, A_2 不共线,所以 $p_1 \neq p_2$.

把这一过程持续下去,构造出直线 $AA_3, AA_4, \cdots, AA_{n+1}$,每一次都得到一个新的整除 a 的质数,这时质数 $p_1, p_2, \cdots, p_n, p_{n+1}$ 都能整除 a,与 a 有 n 个不同的质约数矛盾.

54 求所有的质数 p,使得存在整数 m, n,满足
$$p = m^2 + n^2, \quad \text{且} \quad p \mid (m^3 + n^3 - 4)$$

(丝绸之路数学奥林匹克,2004 年)

解 当 $|m|, |n| \leqslant 3$ 时,

质数 $p = 2 = 1^2 + 1^2$,且 $p \mid (1^3 + 1^3 - 4)$;

$p = 5 = 1^2 + 2^2$,且 $p \mid (1^3 + 2^3 - 4)$;

$p = 13 = (-3)^2 + (-2)^2$,且 $p \mid ((-3)^3 + (-2)^3 - 4)$.

下面证明仅有这些质数满足条件.

由 $p = m^2 + n^2$,得
$$mn = \frac{(m+n)^2 - p}{2}$$

于是有
$$m^3 + n^3 - 4 = (m+n)^3 - 3(m+n)mn - 4 = \frac{-(m+n)^3 + 3p(m+n) - 8}{2}$$

由 $p \mid (m^3 + n^3 - 4)$,有

第 2 章 质数、合数与质因数分解
Chapter 2 Prime Number, Composite Number and Prime Factorization

$$p \mid [(m+n)^3 + 8]$$

又

$$(m+n)^3 + 8 = (m+n+2)[(m+n)^2 - 2(m+n) + 4]$$

因此或者有 $p \mid (m+n+2)$

或者

$$p \mid [(m+n)^2 - 2(m+n) + 4] = p + 2mn - 2m - 2n - 4$$

于是，两式等价于

$$p \mid (mn - m - n + 2) \quad 或 \quad p \mid (m+n+2)$$

(1) 当 $p \mid (m+n+2)$ 时，由于

$$m^2 + n^2 \leqslant |m+n+2|$$

当 $m^2 + n^2 \leqslant m+n+2$ 时，有

$$(2m-1)^2 + (2n-1)^2 \leqslant 10$$

可得

$$-1 \leqslant m, n \leqslant 2$$

当 $m^2 + n^2 \leqslant -(m+n+2)$ 时，有

$$(2m+1)^2 + (2n+1)^2 \leqslant -6$$

无解.

(2) 当 $p \mid (mn - m - n + 2)$ 时，有

$$m^2 + n^2 \leqslant |mn - m - n + 2|$$

当 $m^2 + n^2 \leqslant mn - m - n + 2$ 时，有

$$(2m - n + 1)^2 + 3(n+1)^2 \leqslant 12$$

可得

$$-3 \leqslant m, \quad n \leqslant 1$$

当 $m^2 + n^2 \leqslant -(mn - m - n + 2)$ 时有

$$(2m + n - 1)^2 + 3(n - \frac{1}{3})^2 \leqslant -\frac{20}{3}$$

无解.

因此，当 $|m|, |n| > 3$ 时，无解.

由以上，所求质数 $p = 2, 5, 13$.

55 设 $n \in \mathbf{N}^*$，用 $d(n)$ 表示 n 的所有正约数的个数，$\varphi(n)$ 表示 $1, 2, \cdots, n$ 中与 n 互质的数的个数，求所有的非负整数 c，使得存在正整数 n，满足

$$d(n) + \varphi(n) = n + c$$

且对这样的每一个 c，求出所有满足上式的正整数 n.

(中国西部数学奥林匹克，2004 年)

解 设 n 的所有正约数组成的集合为 A,又设 $1,2,\cdots,n$ 中与 n 互质的数组成的集合为 B.

由于 $1,2,\cdots,n$ 中恰有一个数 $1 \in A \cap B$.所以
$$d(n)+\varphi(n) \leqslant n+1$$

故 $c=0$ 或 1.

(1) 当 $c=0$ 时,则 $d(n)+\varphi(n)=n$.

这时 $1,2,\cdots,n$ 中恰好有一个不属于 $A \cup B$.

如果 n 为偶数,且 $n>8$,则 $n-2,n-4$ 都不属于 $A \cup B$,此时 n 不满足方程.

如果 n 为奇数,当 n 为质数或 1 时,$d(n)+\varphi(n)=n+1$,将在下面研究;

当 n 为合数时,设 $n=bq, 1<p \leqslant q, p,q$ 都是奇数,若 $q \geqslant 5$,则 $2p,4p$ 不属于 $A \cup B$,此时 n 也不满足方程.

综上可知,只有当 $n \leqslant 8, n$ 为偶数,或 $n \leqslant 9, n$ 为奇合数时,才有
$$d(n)+\varphi(n)=n$$

对 $n=2,4,6,8,9$ 一一检验.

只有 $n=6,8,9$ 满足条件.

(2) 当 $c=1$ 时,则 $d(n)+\varphi(n)=n+1$.

这时,$1,2,\cdots,n$ 中每个数都属于 $A \cup B$.

此时,$n=1$ 或 n 为质数时,都符合要求.

对于 n 为偶数,则 $n \leqslant 4$,若 n 为奇合数,设 $n=pq, 3 \leqslant p \leqslant q, p,q$ 都是奇数,这时 $2p \notin A \cup B$,矛盾.

直接检验,只有 $n=4$ 符合要求.

所以满足 $d(n)+\varphi(n)=n+1$ 的 n 为 $1,4$ 和质数.

由以上,n 为 $1,4,6,8,9$ 和质数.

56 (1) 已知质数集 $M=\{p_1,p_2,\cdots,p_k\}$.证明:分母是 M 的所有元素的幂的积(即分母能被 M 的所有元素整除,但不能被其他任何质数整除)的单位分数(即形如 $\dfrac{1}{n}$ 的分数)的和也是单位分数.

(2) 如果 $\dfrac{1}{2\,004}$ 是和中的单位分数,求这个和;

(3) 如果 $M=\{p_1,p_2,\cdots,p_k\},k>2$.证明:单位分数的和小于 $\dfrac{1}{N}$,其中 $N=2 \times 3^{k-2}(k-2)!$

(澳大利亚数学奥林匹克决赛,2004 年)

第 2 章 质数、合数与质因数分解
Chapter 2 Prime Number, Composite Number and Prime Factorization

解 (1) 考虑在和中作为一个分式的分母出现的每个正整数 n 为 $n = \prod_{j=1}^{k} p_j^{e_j}$, 此处, 对所有 $j, e_j \geqslant 1$.

$$\sum \frac{1}{n} = \sum \frac{1}{\prod_{j=1}^{k} p_j^{e_j}} = \prod_{j=1}^{k} \sum_{e=1}^{\infty} \frac{1}{p_j^e} = \prod_{j=1}^{k} \frac{\frac{1}{p_j}}{1-\frac{1}{p_j}} = \frac{1}{\prod_{j=1}^{k}(p_j-1)}$$

所以这些单位分数的和也是单位分数.

(2) 因为 $2\,004 = 2^2 \times 3 \times 167$.

所以相应的质数集为 $M = \{2, 3, 167\}$.

由此得分式的和为

$$\frac{1}{(2-1)(3-1)(167-1)} = \frac{1}{1 \times 2 \times 166} = \frac{1}{332}$$

(3) 注意到 $p \equiv \pm 1 \pmod{6}$ 对所有大于 3 的质数都成立.

因此, 在任意连续 6 个大于 3 的整数中, 至多有 2 个质数.

考虑质数数列

$$\{\overline{p_i}\} = \{2, 3, 5, 7, 11, 13, \cdots\}$$

用数 $3j + 1$ 替换大于 3 的质数 $\overline{p_{j+1}}, j = 1, 2, \cdots$, 得到数列

$$\{\overline{q_j}\} = \{2, 3, 4, 7, 10, 13, \cdots, 3(j-2)+1, \cdots\}$$

对于所有 j, 有 $q_j \leqslant p_j$.

对于 $k > 2$ 的给定质数集合 $M = \{p_1, p_2, \cdots, p_k\}$. 可得

$$\frac{1}{\prod_{j=1}^{n}(p_j-1)} \leqslant \frac{1}{\prod_{j=1}^{k}(\overline{p_j}-1)} < \frac{1}{\prod_{j=1}^{k}(\overline{q_j}-1)} = \frac{1}{1 \times 2 \times 3 \times 6 \times \cdots \times 3(k-2)} = \frac{1}{2 \times 3^{k-2} \times (k-2)!}$$

57 数 $p_n (n \in \mathbf{N}^*)$ 定义为: $p_1 = 2$; 对于 $n \geqslant 2$, p_n 是 $p_1 p_2 \cdots p_{n-1} + 1$ 的最大质因子. 证明: 对于每一个 $n \in \mathbf{N}^*$, $p_n \neq 5$.

(克罗地亚国家数学奥林匹克, 2004 年)

证 由 $p_1 = 2$ 和 p_2 是 $p_1 + 1$ 的最大质因子, 所以 $p_2 = 3$.

对于所有的 $k(k > 1)$, 数 p_k 是 $p_1 p_2 \cdots p_{k-1} + 1$ 的最大质因子.

因为 $p_1 p_2 \cdots p_{k-1} + 1$ 是一个奇数, 所以 $p_k > 2$.

假设 $p_n = 5$, 则

$$p_1 p_2 \cdots p_{n-1} + 1 = 5^s$$

即 5 是 $p_1p_2\cdots p_{n-1}+1=6p_3p_4\cdots p_{n-1}+1$ 的最大质因子，故有
$$p_1p_2\cdots p_{n-1}=5^s-1=4(5^{s-1}+5^{s-2}+\cdots+5+1) \qquad ①$$
式 ① 右边能被 4 整除，而左边不能被 4 整除. 所以式 ① 不可能成立.
因此，对所有 $n\in \mathbf{N}^*$，$p_n\neq 5$.

58 非负整数数列 $\{x_n\}$ 定义为：
x_1 是小于 204 的非负整数，且
$$x_{n+1}=\left(\frac{n}{2\ 004}+\frac{1}{n}\right)x_n^2-\frac{n^3}{2\ 004}+1 \quad (n>0)$$
证明：数列 $\{x_n\}$ 一定包含无数个质数.

（澳大利亚数学奥林匹克资格赛，2004 年）

证 设 $x_1=a,a<204,a\in\mathbf{N}$. 则
$$x_2=\left(\frac{1}{2\ 004}+1\right)a^2-\frac{1}{2\ 004}+1=$$
$$\frac{2\ 005a^2+2\ 003}{2\ 004}=a^2+1+\frac{a^2-1}{2\ 004}$$

因为数列 $\{x_n\}$ 的所有项都是整数，所以 $x_2\in\mathbf{Z}$.
于是
$$2\ 004\mid(a^2-1)$$
因此 a 一定是奇数. 设 $a=2b+1$，则
$$a^2-1=(a-1)(a+1)=2b(2b+2)=4b(b+1)$$
又
$$2\ 004=2^2\times 3\times 167$$
于是 $b(b+1)$ 一定能被质数 167 整除.
如果 $b>0$，则 b 或 $b+1$ 能被 167 整除，且 $b\geqslant 167$，此时
$$a\geqslant 2\times 167+1=335$$
与 $a<204$ 矛盾.
于是 $b=0,a=x_1=1$.
下面计算数列 $\{x_n\}$ 的前几项.
$$x_2=\left(\frac{1}{2\ 004}+1\right)\times 1^2-\frac{1^3}{2\ 004}+1=2$$
$$x_3=\left(\frac{2}{2\ 004}+\frac{1}{2}\right)\times 2^2-\frac{2^3}{2\ 004}+1=3$$
$$x_4=\left(\frac{3}{2\ 004}+\frac{1}{3}\right)\times 3^2-\frac{3^3}{2\ 004}+1=4$$
由此猜想，$x_n=n$.

第 2 章 质数、合数与质因数分解
Chapter 2 Prime Number, Composite Number and Prime Factorization

下面用数学归纳法证明：

当 $n=1,2,3,4$ 时，$x_n = n$ 成立.

假设对 $k > 3$，$x_k = k$ 成立，于是有

$$x_{k+1} = \left(\frac{k}{2\,004} + \frac{1}{k}\right) \times k^2 - \frac{k^3}{2\,004} + 1 = k+1$$

所以对 $\forall n \in \mathbf{N}^*$，$x_n = n$ 成立.

因此，给定的数列实际是所有正整数的数列，当然包含有无穷多个质数.

59 3 个正整数中的任何两个数之积可以被该两数之和整除，证明：这 3 个正整数具有大于 1 的公约数.

(俄罗斯数学奥林匹克,2004 年)

证 记这 3 个正整数为 a,b,c，并记 $x=(b,c),y=(c,a),z=(a,b)$.

假设 a,b,c 没有大于 1 的公约数，于是 a,b,c 互质.

设 $a = kyz, b = lxz, c = mxy$，其中 k,l,m 为正整数.

由最大公约数定义知，k,l,m 两两互质，并且 ky 也与 lx 互质. 由题设条件有

$$(a+b) \mid ab$$

即

$$(kyz + lxz) \mid (kyz \cdot lxz)$$

则

$$(kyz + lxz) \mid (ky \cdot lx \cdot z^2)$$

则

$$(ky + lx) \mid (ky \cdot lx \cdot z)$$

由于

$$(ky, ky+lx) = (ky, lx) = 1$$
$$(lx, ky+lx) = 1$$

故

$$(ky + lx) \mid z$$

从而

$$z \geqslant ky + lx \geqslant x + y$$

经过类似讨论，有 $x \geqslant y+z$ 和 $y \geqslant z+x$.

但是这三个不等式不能同时成立，引出矛盾.

所以 a,b,c 有大于 1 的公约数.

60 设 $m_1, m_2, \cdots, m_r$（可以有相同的）与 $n_1, n_2, \cdots, n_s$（可以有相同

的）是两组正整数,满足:对任何大于1的正整数 d,数组 $m_1,m_2,\cdots,m_r$ 中能被 d 整除的个数(含重数,如 6,6,3,2 中能被 3 整除的个数为 3)不少于数组 $n_1,n_2,\cdots,n_s$ 中能被 d 整除的个数(含重数).

证明:$\dfrac{m_1 m_2 \cdots m_r}{n_1 n_2 \cdots n_s}$ 为整数.

(中国国家集训队测试题,2004 年)

证 设 p 为质数,$m_1,m_2,\cdots,m_r$ 中恰有 a_i 个能被 p^i 整除,$n_1,n_2,\cdots,n_s$ 中恰有 b_i 个能被 p^i 整除,由题设有
$$a_i \geqslant b_i \quad (i=1,2,\cdots)$$
在 $m_1,m_2,\cdots,m_r$ 中能被 p^i 整除,不能被 p^{i+1} 整除的个数为 $a_i - a_{i+1}$,因而,在 $m_1 m_2 \cdots m_r$ 的标准分解式中,p 的方幂为
$$a_1 - a_2 + 2(a_2 - a_3) + 3(a_3 - a_4) + \cdots = a_1 + a_2 + a_3 + \cdots$$
同理,在 $n_1 n_2 \cdots n_s$ 的标准分解式中,p 的方幂为
$$b_1 - b_2 + 2(b_2 - b_3) + 3(b_3 - b_4) + \cdots = b_1 + b_2 + b_3 + \cdots$$
由 $a_i \geqslant b_i$ 知
$$a_1 + a_2 + a_3 + \cdots \geqslant b_1 + b_2 + b_3 + \cdots$$
所以 $\dfrac{m_1 m_2 \cdots m_r}{n_1 n_2 \cdots n_s}$ 为整数.

61 方程
$$x^n + a_1 x^{n-1} + a_2 x^{n-2} + \cdots + a_{n-1} x + a_n = 0$$
的系数 $a_1, a_2, \cdots, a_{n-1}, a_n$ 皆为非 0 的整数.

证明:如果该方程有 n 个整数根,且它们两两互质,则 a_{n-1} 与 a_n 互质.

(俄罗斯数学奥林匹克,2004 年)

证 假设 a_{n-1} 与 a_n 不互质,且设它们有公共的质约数 p,即
$$a_{n-1} = pm, \quad a_n = pk, \quad m,k \in \mathbf{N}^*$$
设方程的 n 个整数根 $x_1, x_2, \cdots, x_n$. 由
$$x^n + a_1 x^{n-1} + a_2 x^{n-2} + \cdots + a_{n-1} x + a_n = (x-x_1)(x-x_2)\cdots(x-x_n)$$
于是
$$x_1 x_2 \cdots x_n = a_n = \pm pk$$
这表明 $x_1, x_2, \cdots, x_n$ 都不能为 0,且恰有一个是 p 的倍数,不妨设 x_1 是 p 的倍数.

由韦达定理
$$\sum_{j=1}^{n} \dfrac{x_1 x_2 \cdots x_n}{x_j} = \pm a_{n-1} = \pm pm$$

第 2 章 质数、合数与质因数分解
Chapter 2 Prime Number, Composite Number and Prime Factorization

该式除第一项 $x_2x_3\cdots x_n$ 之外,其余各项都是 x_1 的倍数,因此乘积 $x_2x_3\cdots x_n$ 也是 p 的倍数,即 $x_2,x_3,\cdots,x_n$ 中又有 1 个是 p 的倍数,与 n 个根两两互质矛盾.

所以 a_{n-1} 与 a_n 互质.

62 设 $\tau(n)$ 表示正整数 n 的正因数的个数,证明:存在无穷多个正整数 a,使得方程 $\tau(an)=n$ 没有正整数解 n.

(第 45 届国际数学奥林匹克预选题,2004 年)

证 用反证法.

假定存在某个正整数 n,有 $\tau(an)=n$,则 $a=\dfrac{an}{\tau(an)}$.

于是,关于正整数 k 的方程 $\dfrac{k}{\tau(k)}=a$ 有解.

因此,只须证明:若质数 $p\geqslant 5$,则方程 $\dfrac{k}{\tau(k)}=p^{k-1}$ 没有正整数解.

设 n 在区间 $[1,\sqrt{n}]$ 内有 k 个因数,则在区间 $(\sqrt{n},n]$ 内至多有 k 个因数,事实上,如果 d 是一个比 $\sqrt{n}$ 大的因数,则 $\dfrac{n}{d}$ 就是一个比 $\sqrt{n}$ 小的因数,故有

$$\tau(n)\leqslant 2k\leqslant 2\sqrt{n}$$

假设对于某个质数 $p\geqslant 5$,方程 $\dfrac{k}{\tau(k)}=p^{k-1}$ 有正整数解 k,则 k 能被 p^{k-1} 整除.

设 $k=p^\alpha s$,其中 $\alpha\geqslant p-1$,$p\nmid s$. 于是,有

$$\dfrac{p^\alpha s}{(\alpha+1)\tau(s)}=p^{p-1} \qquad ①$$

(1) 若 $\alpha=p-1$,则 $s=p\tau(s)$,这时有 $p\mid s$,与 $p\nmid s$ 矛盾.

(2) 若 $\alpha\geqslant p+1$,则有

$$\dfrac{p^{p-1}(\alpha+1)}{p^\alpha}=\dfrac{s}{\tau(s)}\geqslant\dfrac{s}{2\sqrt{s}}=\dfrac{\sqrt{s}}{2} \qquad ②$$

因为,对于所有 $p\geqslant 5$,$\alpha\geqslant p+1$,有

$$2(\alpha+1)<p^{\alpha-p+1} \qquad ③$$

事实上,当 $\alpha=p+1$ 时,$p^{\alpha-p+1}=p^2>2(p+2)=2(\alpha+1)$,这是因为 $p\geqslant 5$.

假设当 $\alpha=p+k$ 时,$2(\alpha+1)<p^{\alpha-p+1}$ 成立,即 $p^{k+1}>2(p+k+1)$.

那么,当 $\alpha=p+k+1$ 时,

$$p^{\alpha-p+1}=p^{k+2}=p\cdot p^{k+1}>$$
$$2p(p+k+1)=$$

最新世界各国数学奥林匹克中的初等数论试题（上）
The Lastest Elementary Number Theory in Mathematical Olympiads in The World

$$2(p+k+1)+(2p-2)(p+k+1) >$$
$$2(p+k+1)+2 =$$
$$2(p+k+2) =$$
$$2(\alpha+1)$$

于是，由数学归纳法证明了对于所有 $p \geq 5, \alpha \geq p+1$，有
$$2(\alpha+1) < p^{\alpha-p+1}$$
成立.

式 ② 化为 $2(\alpha+1) \geq p^{\alpha-p+1} \cdot \sqrt{s}$，结合式 ③ 有
$$p^{\alpha-p+1} > 2(\alpha+1) \geq p^{\alpha-p+1} \cdot \sqrt{s}$$
由此可得 $s < 1$，与 s 是正整数矛盾.

(3) 若 $\alpha = p$，则由式 ① 有 $ps = (p+1)\tau(s)$，特别地，有 $p \mid s$，于是
$$p \leq \tau(s) \leq 2\sqrt{s} \qquad ④$$
此时有
$$\sqrt{s} = \frac{s}{\sqrt{s}} \leq \frac{2s}{\tau(s)} = \frac{2(p+1)}{p} \qquad ⑤$$
由 ④，⑤ 得
$$p \leq 2\sqrt{s} \leq \frac{4(p+1)}{p}$$
即 $p^2 - 4p - 4 \leq 0, 2 - 2\sqrt{2} \leq p \leq 2 + 2\sqrt{2} < 5$，与 $p \geq 5$ 矛盾.

由 (1),(2),(3) 得，对质数 $p \geq 5$，方程 $\frac{k}{\tau(k)} = p^{k-1}$ 没有正整数解.

取 $a = p^{k-1}$，则存在无穷多个正整数 a，使得方程 $\tau(an) = n$ 没有正整数解 n.

63 (1) 对于每一个整数 $k = 1, 2, 3$，求一个整数 n，使 $n^2 - k$ 的正因数的个数为 10.

(2) 证明：对于所有整数 n，$n^2 - 4$ 的正因数的个数不是 10.

（土耳其数学奥林匹克，2004 年）

证 (1) $k = 1$ 时，由 $2^4 \times 3 + 1 = 7^2$，可取 $n = 7$，
则 $n^2 - 1 = 48 = 2^4 \times 3$ 有 10 个因数；
$k = 2$ 时，由 $7^4 \times 23 + 2 = 235^2$，可取 $n = 235$，
则 $n^2 - 2 = 7^4 \times 23$ 有 10 个因数；
$k = 3$ 时，由 $37^4 \times 13 + 3 = 4\ 936^2$，可取 $n = 4\ 936$，
则 $n^2 - 3 = 37^4 \times 13$ 有 10 个因数.

(2) 假设存在整数 n，使 $n^2 - 4$ 的个数是 10. 由 $10 = 1 \times 10 = 2 \times 5$，所以有下面两种可能：

第 2 章 质数、合数与质因数分解
Chapter 2 Prime Number, Composite Number and Prime Factorization

第一种可能：$n^2 - 4 = n^9$（p 是质数），即 $(n-2)(n+2) = p^9$，设
$$\begin{cases} n-2 = p^i \\ n+2 = p^j \\ i<j, i+j=9 \end{cases}$$
则
$$p^j - p^i = 4$$

① 当 $i=0$ 时，$n=3$，$p^9 = 5$ 无解.

② 当 $i \geqslant 1$ 时，有 $p \mid 4$，只能 $p=2$，而 $p^j - p^i > 4$，同样无解.

第二种可能：$n^2 - 4 = p^4 q$（p, q 是质数），即 $(n-2)(n+2) = p^4 q$.

当 $(n-2, n+2) = 1$ 时，

① 若 $n-2 = 1$，则 $n+2 = 5$，此时 $n^2 - 4 = 5$ 没有 10 个因数；

② 若 $n-2 = p^4$，$n+2 = q$，则 $q - p^4 = 4$.

如果 $p=5$，则 $q = 5^4 + 4 = 629 = 17 \times 37$，此时，$n^2 - 4 = 5^4 \times 17 \times 37$ 有 20 个因数；

如果 $p \neq 5$，由费马小定理有 $p^4 \equiv 1 \pmod 5$，$q = p^4 + 4 \equiv 0 \pmod 5$.

故 $q = 5$，$p^4 = 1$，此时 $n^2 - 4 = 5$ 有 2 个因数；

③ 若 $n-2 = q$，$n+2 = p^4$，有 $p^4 - q = 4$，则 $(p^2 - 2)(p^2 + 2) = q$，

故 $p^2 - 2 = 1$，$p^2 = 3$，无解.

当 $(n-2, n+2) > 1$ 时，由于 $(n+2) - (n-2) = 4$，则 $p=2$，q 为奇数，有 $n^2 = 16q + 4$，从而 n 是偶数.

设 $n = 2m$，则 $m^2 = 4q + 1 \equiv 5 \pmod 8$，而一个平方数不可能被 8 除余 5，于是，当 $(n-2, n+2) > 1$ 时，仍无解.

因此，不存在整数 n，使 $n^2 - 4$ 有 10 个正因数.

64 已知从正整数集 $\mathbf{N}^*$ 到其自身的函数 Ψ 定义为
$$\Psi(n) = \sum_{k=1}^n (k, n) \quad (n \in \mathbf{N}^*)$$
其中 (k, n) 表示 k 和 n 的最大公因数.

(1) 证明：对于任意两个互质的正整数 m, n，有 $\Psi(mn) = \Psi(m)\Psi(n)$.

(2) 证明：对于每一个 $a \in \mathbf{N}^*$，使得方程 $\Psi(x) = ax$ 有一个整数解.

(3) 求所有的 $a \in \mathbf{N}^*$，使得方程 $\Psi(x) = ax$ 有唯一的整数解.

(第 45 届国际数学奥林匹克预选题，2004 年)

证 (1) 设 m, n 是两个互质的正整数，则对于任意一个 $k \in \mathbf{N}^*$，有
$$(k, mn) = (k, m)(k, n)$$
故

最新世界各国数学奥林匹克中的初等数论试题(上)

The Lastest Elementary Number Theory in Mathematical Olympiads in The World

$$\Psi(mn) = \sum_{k=1}^{mn} (k,mn) = \sum_{k=1}^{mn} (k,m)(k,n)$$

对于每一个 $k \in \{1,2,\cdots,mn\}$ 有唯一的有序正整数对 (r,s) 满足

$$r \equiv k(\bmod m), \quad s \equiv k(\bmod n), \quad 1 \leqslant r \leqslant m, 1 \leqslant s \leqslant n$$

这个映射是双射.

事实上,满足 $1 \leqslant r \leqslant m, 1 \leqslant s \leqslant n$ 的数对 (r,s) 的个数为 mn.

如果 $k_1 \equiv k_2(\bmod m), k_1 \equiv k_2(\bmod n)$,其中 $k_1, k_2 \in \{1,2,\cdots,mn\}$,则

$$k_1 \equiv k_2(\bmod mn)$$

所以,有 $k_1 = k_2$.

因为,对于每一个 $k \in \{1,2,\cdots,mn\}$ 和它对应的数对 (r,s),有

$$(k,m) = (r,m), \quad (k,n) = (s,n)$$

则

$$\Psi(mn) = \sum_{k=1}^{mn}(k,m)(k,n) = \sum_{\substack{1 \leqslant r \leqslant m \\ 1 \leqslant s \leqslant n}}(r,m)(s,n) =$$

$$\sum_{r=1}^{m}(r,m)\sum_{s=1}^{n}(s,n) = \Psi(m)\Psi(n)$$

(2) 设 $n = p^a$,其中 p 是质数,α 是正整数.$\sum_{k=1}^{n}(k,n)$ 中的每一个被加数都具有 p^l 的形式,p^l 出现的次数等于区间 $[1, p^a]$ 中能被 p^l 整除但不能被 p^{l+1} 整除的整数的个数.

于是,对于 $l = 0, 1, 2, \cdots, \alpha - 1$.这些整数的个数为 $p^{a-l} - p^{a-l-1}$,所以

$$\Psi(n) = \Psi(p^a) = p^a + \sum_{l=0}^{a-1} p^l(p^{a-l} - p^{a-l-1}) = (\alpha + 1)p^a - \alpha p^{a-1} \quad \text{①}$$

对于任意的 $a \in \mathbf{N}^*$,取 $p = 2, \alpha = 2a - 2$,有 $\Psi(2^{2a-2}) = a \cdot 2^{2a-2}$.

所以,$x = 2^{2a-2}$ 是方程 $\Psi(x) = ax$ 的一个整数解.

(3) 取 $\alpha = p$,可得 $\Psi(p^p) = p^{p+1}$,其中 p 是质数,如果 $a \in \mathbf{N}^*$,有一个奇质因数 p,则 $x = 2^{\frac{2a}{p}-2}p^p$ 满足 $\Psi(x) = ax$.

实际上,由(1) 及式 ① 可得

$$\Psi(2^{\frac{2a}{p}-2}p^p) = \Psi(2^{\frac{2a}{p}-2})\Psi(p^p) =$$

$$\left[\left(\frac{2a}{p}-1\right)2^{\frac{2a}{p}-2} - \left(\frac{2a}{p}-2\right)2^{\frac{2a}{p}-3}\right][(p+1)p^p - pp^{p-1}] =$$

$$\frac{2a}{p} \cdot 2^{\frac{2a}{p}-3} \cdot p^{p+1} = a \cdot 2^{\frac{2a}{p}-2} \cdot p^p$$

由于 p 是奇数,所以,解 $x = 2^{\frac{2a}{p}-2}p^p$ 与 $x = 2^{2a-2}$ 不同,与有唯一的整数解矛盾,因此,要使方程 $\Psi(x) = ax$ 有唯一的整数解,a 不能有奇质因数,即 $a = 2^a$,

第 2 章 质数、合数与质因数分解
Chapter 2 Prime Number, Composite Number and Prime Factorization

$\alpha = 0,1,2,\cdots$.

下面证明,反之结论也是成立的.

考虑 $\Psi(x) = 2^a x$ 的任意整数解 x,设 $x = 2^\beta l$,其中 $\beta \geqslant 0, l$ 是奇数,由(1)及式 ① 可得

$$2^{a+\beta}l = 2^a x = \Psi(x) = \Psi(2^\beta l) = \Psi(2^\beta)\Psi(l) = (\beta+2)2^{\beta-1}\Psi(l)$$

由于 l 是奇数,由 Ψ 的定义,$\Psi(l)$ 是奇数个奇数的和,所以,$\Psi(l) \mid l$.

又由 $\Psi(l) > l(l > 1)$,可得,$1 = \Psi(l)$.

由上面的等式有 $\beta = 2^{a+1} - 2 = 2a - 2$,即 $x = 2^{2a-2}$ 是方程 $\Psi(x) = ax$ 的唯一整数解.

因此,当且仅当 $a = 2^\alpha (\alpha = 0,1,2,\cdots)$ 方程 $\Psi(x) = ax$ 有唯一的整数解.

65 有理数数列 $a_0, a_1, a_2, \cdots$ 满足:$a_0 = a_1 = a_2 = a_3 = 1$,且
$$a_{n-4}a_n = a_{n-3}a_{n-1} + a_{n-2}^2 \quad (n \geqslant 4) \qquad ①$$

证明:这个数列的所有的项都是整数.

(中国国家集训队培训试题,2004 年)

证 由 $a_0 = a_1 = a_2 = a_3 = 1$ 及式 ① 得 $a_4 = 2, a_5 = 3, a_6 = 7$.

这个数列从第一项至第 7 项都是整数.

首先证明 $a_{k-1}, a_{k-2}, a_{k-3}$ 均与 a_k 互质$(3 \leqslant k \leqslant n)$.

若 $(a_{k-1}, a_k) \neq 1$,设 λ 是 a_{k-1} 与 a_k 的一个公共质因子,由式 ① 有
$$\lambda \mid a_{k-2}^2$$

从而 $\lambda \mid a_{k-2}$,再由式 ① 逐步往前推,$\lambda \mid a_0$,而 $a_0 = 1$,不可能.

所以 $(a_{k-1}, a_k) = 1$.

若 $(a_{k-2}, a_k) \neq 1, 2 \leqslant k \leqslant n$,设 λ 是 a_{k-2} 与 a_k 的一个公共质因子,由式 ①,$\lambda \mid a_{k-3}a_{k-1}$,所以 $\lambda \mid a_{k-3}$ 或 $\lambda \mid a_{k-1}$,与 $(a_{k-1}, a_k) = 1$ 矛盾.

若 $(a_{k-3}, a_k) \neq 1, 3 \leqslant k \leqslant n$,设 λ 是 a_{k-3} 与 a_k 的一个公共质因子,由式 ①,$\lambda \mid a_{k-2}^2$,从而 $\lambda \mid a_{k-2}$,与 $(a_{k-1}, a_k) = 1$ 矛盾.

下面证明 a_{n+1} 是整数. 由题设
$$a_{n+1}a_{n-3} = a_n a_{n-2} + a_{n-1}^2$$
$$a_{n+1}a_{n-3}a_{n-4}a_{n-5}^2 a_{n-6} = a_{n-4}a_{n-5}^2 a_{n-6}a_n a_{n-2} + a_{n-4}a_{n-5}^2 a_{n-6}a_{n-1}^2$$

设
$$M = a_{n-4}a_{n-5}^2 a_{n-6}a_n a_{n-2} + a_{n-4}a_{n-5}^2 a_{n-6}a_{n-1}^2$$

则
$$M = (a_{n-4}a_n)(a_{n-6}a_{n-2})a_{n-5}^2 + (a_{n-5}a_{n-1})^2(a_{n-4}a_{n-6}) =$$
$$(a_{n-3}a_{n-1} + a_{n-2}^2)(a_{n-5}a_{n-3} + a_{n-4}^2)a_{n-5}^2 +$$
$$(a_{n-4}a_{n-2} + a_{n-3}^2)^2(a_{n-3}a_{n-7} - a_{n-5}^2) \equiv$$

$$a_{n-2}^2 a_{n-4}^2 a_{n-5}^2 + (a_{n-4} a_{n-2})^2 (-a_{n-5}^2) \equiv 0 \pmod{a_{n-3}}$$

而 $(a_{n-3}, a_{n-4} a_{n-5}^2 a_{n-6}) = 1$，则 $a_{n-3} \mid (a_n a_{n-2} + a_{n-1}^2)$，从而 a_{n+1} 是整数。进而所有项都是整数。

66 若 $n = p_1^{\alpha_1} p_2^{\alpha_2} \cdots p_t^{\alpha_t}$，其中 $p_1, p_2, \cdots, p_t$ 为不相同的质数，$\alpha_1, \alpha_2, \cdots, \alpha_t$ 均为正整数，则称 $p_1^{\alpha_1}, p_2^{\alpha_2}, \cdots, p_t^{\alpha_t}$ 中最大的一个为 n 的最大质数幂因子。

设 $n_1, n_2, \cdots, n_{10\,000}$ 为 10 000 个互不相同的正整数，并且 $n_1, n_2, \cdots, n_{10\,000}$ 的最大质数幂因子均相同。证明：存在整数 $a_1, a_2, \cdots, a_{10\,000}$ 使得 10 000 个等差数列 $\{a_i, a_i + n_i, a_i + 2n_i, a_i + 3n_i, \cdots\}$ $(i = 1, 2, \cdots, 10\,000)$ 两两不相交。

(中国国家集训队测试题，2004 年)

证 对 $n = p_1^{\alpha_1} p_2^{\alpha_2} \cdots p_t^{\alpha_t}$，$p_1, p_2, \cdots, p_t$ 为互不相同的质数，$p_1^{\alpha_1} > p_2^{\alpha_2} > \cdots > p_t^{\alpha_t} > 1$，定义整数 b_n 如下：

$$b_n \equiv p_2^{\alpha_2} \pmod{p_1^{\alpha_1}}$$
$$b_n \equiv p_3^{\alpha_3} \pmod{p_2^{\alpha_2}}$$
$$\vdots$$
$$b_n \equiv p_t^{\alpha_t} \pmod{p_{t-1}^{\alpha_{t-1}}}$$
$$b_n \equiv 0 \pmod{p_t^{\alpha_t}} \quad (0 \leqslant b_n < n)$$

令 $a_i = b_{n_i}$，若
$$a_i + kn_i = a_j + ln_j$$
$$n_i = p_{i_1}^{\alpha_{i_1}} p_{i_2}^{\alpha_{i_2}} \cdots p_{i_t}^{\alpha_{i_t}}, \quad p_{i_1}^{\alpha_{i_1}} > p_{i_2}^{\alpha_{i_2}} \cdots > p_{i_t}^{\alpha_{i_t}}$$
$$n_j = p_{j_1}^{\beta_{j_1}} p_{j_2}^{\beta_{j_2}} \cdots p_{j_s}^{\beta_{j_s}}, \quad p_{j_1}^{\beta_{j_1}} > p_{j_2}^{\beta_{j_2}} > \cdots > p_{j_s}^{\beta_{j_s}}$$

由条件知 $p_{i_1}^{\alpha_{i_1}} = p_{j_1}^{\alpha_{j_1}}$，因此 $a_i \equiv a_j \pmod{p_{i_1}^{\alpha_{i_1}}}$，即
$$p_{i_2}^{\alpha_{i_2}} \equiv p_{j_2}^{\alpha_{j_2}} \pmod{p_{i_1}^{\alpha_{i_1}}}$$

而 $p_{i_2}^{\alpha_{i_2}} < p_{i_1}^{\alpha_{i_1}}$，$p_{j_2}^{\beta_{j_2}} < p_{j_1}^{\beta_{j_1}}$，故 $p_{i_2}^{\alpha_{i_2}} = p_{j_2}^{\alpha_{j_2}}$。这样 $a_i \equiv a_j \pmod{p_{i_2}^{\alpha_{i_2}}}$，同样有 $p_{i_3}^{\alpha_{i_3}} = p_{j_3}^{\alpha_{j_3}}, \cdots$

因此 $n_i = n_j$，与题设条件矛盾。

所以 $\{a_i, a_i + n_i, a_i + 2n_i, \cdots\}$ 两两不相交。

67 设 S 是集合 $\{1, 2, \cdots, 108\}$ 的一个非空子集，满足：

(1) 对 S 中任意两个数 a, b（可以相同），存在 $c \in S$，使得
$$(a, c) = (b, c) = 1$$

(2) 对 S 中任意两个数 a, b（可以相同），存在 $c' \in S$，c' 不同于 a, b，使得
$$(a, c') > 1, \quad (b, c') > 1$$

求 S 中元素个数的最大可能值。

第 2 章 质数、合数与质因数分解
Chapter 2 Prime Number, Composite Number and Prime Factorization

(中国国家集训队测试题,2004 年)

解 答案为 76.

设 S 为一个符合要求的集合,$|S| \geqslant 3$,且 $p_1^{a_1} p_2^{a_2} p_3^{a_3} \in S$,这里 p_1, p_2, p_3 是 3 个不同的质数,且 $p_1 < p_2 < p_3 \leqslant 7, a_1, a_2, a_3 \in \mathbf{N}^*$.

取 $q \in \{2,3,5,7\}, q \notin \{p_1, p_2, p_3\}$,则
$$\{p_1, p_2, p_3, q\} = \{2,3,5,7\}$$

由(1)知,存在 $c_1 \in S$,使得
$$(p_1^{a_1} p_2^{a_2} p_3^{a_3}, c_1) = 1$$

取 c_1 是所有这样数中最小质因数的最小的一个.

再由(1)知,存在 $c_2 \in S$,使得 $(c_2, c_1) = 1, (c_2, p_1^{a_1} p_2^{a_2} p_3^{a_3}) = 1$.

而由(2)知,存在 $c_3 \in S$,使得 $(c_3, c_1) > 1, (c_3, c_2) > 1$.

所以 c_1, c_2 的最小质因数之积 $\leqslant c_3 \leqslant 108$.

从而 $q \mid c_1$.

由 $(c_2, c_1) = 1, (c_2, p_1^{a_1} p_2^{a_2} p_3^{a_3}) = 1, \{p_1, p_2, p_3, q\} = \{2,3,5,7\}$,知 c_2 是大于 10 的质数.

再由 $(c_2, c_3) > 1$,知 $c_2 \mid c_3$,又 $1 < (c_1, \dfrac{c_3}{c_2}) < 10$,且 $(p_1^{a_1} p_2^{a_2} p_3^{a_3}, c_1) = 1$,故
$$(c_1, \dfrac{c_3}{c_2}) = q^\alpha, \quad \alpha \in \mathbf{N}^*$$

由(1)知,存在 $c_4 \in S$,使 $(c_4, p_1^{a_1} p_2^{a_2} p_3^{a_3}) = 1, (c_4, c_3) = 1$.

因此
$$(c_4, p_1 p_2 p_3 q) = 1$$
即
$$(c_4, 2 \times 3 \times 5 \times 7) = 1$$

这表明 c_4 是大于 10 的质数.

由(2)知,存在 $c_5 \in S$,使 $(c_5, c_2) > 1, (c_5, c_4) > 1$,故 $c_2 \mid c_5, c_4 \mid c_5$. 又 $c_2 \mid c_3$,且 $(c_4, c_3) = 1$,所以 $(c_2, c_4) = 1$,进而 $c_2 c_4 \mid c_5$.

但此时,有 $c_5 \geqslant c_2 c_4 \geqslant 11 \times 13 > 108$,矛盾.

因此,$2 \times 3 \times 5, 2^2 \times 3 \times 5, 2 \times 3^2 \times 5, 2 \times 3 \times 7, 2^2 \times 3 \times 7, 2 \times 5 \times 7, 3 \times 5 \times 7$ 都不属于 S.

下面证明:$2 \times 3 \times 11, 2 \times 3 \times 13, 5 \times 7, 7$ 不全属于 S.

否则,由(1)知,存在 $d_1, d_2 \in S$,使得
$$(2 \times 3 \times 11, d_1) = 1, \quad (5 \times 7, d_1) = 1,$$
$$(2 \times 5 \times 13, d_2) = 1, \quad (5 \times 7, d_2) = 1$$

所以 d_1, d_2 都是大于 10 的质数.

由(2)知,$d_1 = d_2 \geqslant 17$.

再由(2)知,存在 $d_3 \in S$,使 $(7, d_3) > 1, (d_2, d_3) > 1$,所以 $7d_2 \mid d_3$,但是,$7d_2 \geqslant 7 \times 17 = 119 > 108$,矛盾.

进一步,$1 \notin S$,且大于 10 的质数中至多有一个属于 S.

于是有大于 10 而小于 108 的质数共有 24 个,则
$$|S| \leqslant 108 - 7 - 1 - 23 - 1 = 76$$

另一方面取

$S_1 = \{1, 2, \cdots, 108\} \setminus (\{1 \text{ 及大于 } 11 \text{ 的质数}\} \cup \{2 \times 3 \times 11, 2 \times 3 \times 5, 2^2 \times 3 \times 5, 2 \times 3 \times 7, 2^2 \times 3 \times 7, 2 \times 5 \times 7, 3 \times 5 \times 7, 2 \times 3^2 \times 5\})$

则 $|S_1| = 76$.

下面证明 S_1 满足条件(1),(2).

对任意 $a, b \in S_1$,分 $a = b$ 及 $a \neq b$ 两种情形讨论.

当 $a = b$ 时,由于 $5, 7, 11$ 中至少有一个数不是 a 的约数,故(1)成立.

对于(2),若 a 为合数,取 a 的最小质因子 p,可知 $p \in S_1$,且 $(p, a) > 1$;若 a 为质数,则 $a \leqslant 11$,此时 $2a \in S_1, (2a, a) > 1$.

当 $a \neq b$ 时,如果 a, b 中有一个数有 3 个不同的质因子,那么这个数只能是 $2 \times 3 \times 13$ 或 $2 \times 3 \times 17$. 不妨设 a 是这样的数.

若 $a = 2 \times 3 \times 13, b \in S_1, b \neq a$,由于 $5, 7, 11$ 中有一个不是 b 的约数,设它为 p,则 $(a, p) = (b, p) = 1$,故(1)成立.

对于(2),设 q_1 为 b 的最小质因数,则 $2q_1 \leqslant 108, 3q_1 \leqslant 108$.

若 $b \neq 2q_1$,则 $2q_1 \in S_1$,且 $(a, 2q_1) > 1, (b, 2q_1) > 1$;

若 $b = 2q_1$,则 $3q_1 \in S_1$,且 $(a, 3q_1) > 1, (b, 3q_1) > 1$.

故(2)成立.

若 $a = 2 \times 3 \times 17, b \in S_1, b \neq 0$,同(1)的讨论.

如果 a, b 中至多含有两个不同的质因子,不妨设 $a < b$.

此时,$2, 3, 5, 7, 11$ 中至少有一个数(记作 p)不能整除 ab,这样有 $p \in S_1$,且 $(p, a) = 1, (p, b) = 1$,故(1)成立.

对于(2),设 a, b 的最小质因子分别为 r_1, r_2,则 $r_1 r_2 \leqslant 108$.

若 $r_1 = r_2 < a$,则 $r_1 \in S_1, (a, r_1) > 1, (b, r_1) > 1$,(2)成立;

若 $r_1 = r_2 = a$,则取 $u \in \{2, 3\}$,使 $b \neq ua$,那么 $ua \in S_1$,有 $(u, a, a) > 1$,$(ua, b) > 1$,(2)成立.

若 $r_1 \neq r_2, r_1 r_2 \notin \{a, b\}$,则 $r_1 r_2 \in S_1, (r_1 r_2, a) > 1, (r_1 r_2, b) > 1$,(2)成立.

若 $r_1 \neq r_2, r_1 r_2 = a$,则 $r_1 < r_2$,取 $u \in \{2, 3, 5\}$,使 $b \neq ur_2, a \neq ur_2$,那么 $ur_2 \in S_1, (ur_2, a) > 1, (ur_2, b) > 1$. (2)成立.

第 2 章 质数、合数与质因数分解
Chapter 2　Prime Number, Composite Number and Prime Factorization

若 $r_1 \neq r_2, r_1 r_2 = b$，则取 $v \in \{2,3,5\}$，使 $a \neq vr_1, b \neq vr_1$，那么 $vr_1 \in S_1$，$(vr_1, a) > 1, (vr_1, b) > 1$，(2) 成立.

由以上，S 中最多有 76 个元素.

68 设 $x = a+b-c, y = a+c-b, z = b+c-a$，其中 a, b, c 是待定的质数. 如果 $x^2 = y, \sqrt{x} - \sqrt{y} = 2$. 试求 abc 的所有可能的值.

（中国初中数学竞赛四川赛区初赛，2005 年）

解 解

$$\begin{cases} x = a+b-c \\ y = a+c-b \\ z = b+c-a \end{cases}$$

得

$$\begin{cases} a = \dfrac{x+y}{2} \\ b = \dfrac{x+z}{2} \\ c = \dfrac{y+z}{2} \end{cases}$$

又因为 $y = x^2$，则

$$\begin{cases} a = \dfrac{1}{2}(x+x^2) & \text{①} \\ b = \dfrac{1}{2}(x+z) & \text{②} \\ c = \dfrac{1}{2}(x^2+z) & \text{③} \end{cases}$$

由 ① 解得

$$x = \frac{-1 \pm \sqrt{1+8a}}{2} \qquad ④$$

因 x 是整数，则 $1+8a$ 是完全平方数，设

$$1+8a = T^2, \quad T \text{ 为奇数}$$

于是

$$2a = \frac{T-1}{2} \cdot \frac{T+1}{2}$$

又 a 是质数，则

$$\begin{cases} \dfrac{T-1}{2} = 2 \\ \dfrac{T+1}{2} = a \end{cases}$$

解得 $T=5, a=3$.

将 $T=5, a=3$ 代入 ④ 得
$$x=2 \quad \text{或} \quad x=-3$$

当 $x=2$ 时，$y=x^2=4, \sqrt{z}-2=2, z=16$. 再代入②③得 $b=9, c=10$，与 b,c 为质数相矛盾.

当 $x=-3$ 时，$y=9, z=25$, 代入②、③得 $b=11, c=17$.

所以 $(a,b,c)=(3,11,17)$.
$$abc=3\times 11\times 17=561$$

69 已知 a, b, c 都是大于 3 的质数，且 $2a+5b=c$.

(1) 求证：存在正整数 $n>1$, 使所有满足题设的三个质数 a, b, c 的和 $a+b+c$ 能被 n 整除；

(2) 求上一问中 n 的最大值.

(中国上海市初中数学竞赛，2005 年)

解　(1) 因为 $c=2a+5b$, 所以
$$a+b+c=2a+5b+a+b=3a+6b=3(a+2b)$$
又 a, b, c 是大于 3 的质数，所以 $a+2b>3$, 即存在 $n=3$, 使 $3 \mid a+b+c$.

(2) 因为 a, b, c 都是大于 3 的质数，所以 a, b, c 都不是 3 的倍数.

若 $a\equiv 1(\bmod 3), b\equiv 2(\bmod 3)$, 则
$$c=2a+5b\equiv 2+10\equiv 0\ (\bmod 3)$$
与 c 是质数矛盾；

若 $a\equiv 2(\bmod 3), b\equiv 1(\bmod 3)$, 则
$$c=2a+5b\equiv 4+5\equiv 0\ (\bmod 3)$$
与 c 是质数矛盾.

所以只能有 $a\equiv b\equiv 1(\bmod 3)$ 或 $a\equiv b\equiv 2(\bmod 3)$

于是
$$a+2b\equiv 3a\equiv 0\ (\bmod 3)$$
从而
$$9\mid(a+b+c)$$

当 $a=7, b=13, c=2\times 7+5\times 13=79$ 是质数，此时
$$a+b+c=99=9\times 11$$
当 $a=7, b=19, c=2\times 7+5\times 19=109$ 是质数，此时
$$a+b+c=135=9\times 15$$

故在所有 $n\mid(a+b+c)$ 中，最大为 9.

70 已知正整数 a, b, c, d, e, f 满足 $S=a+b+c+d+e+f$ 可以整

第 2 章 质数、合数与质因数分解
Chapter 2 Prime Number, Composite Number and Prime Factorization

除 $ab+bc+ca-de-ef-fd$.

证明 S 是合数.

(第 46 届国际数学奥林匹克预选题,2005 年)

证 设 $P(x)=(x+a)(x+b)(x+c)-(x-d)(x-e)(x-f)$,则
$P=(a+b+c+d+e+f)x^2+(ab+bc+ca-de-ef-fd)x+abc+def=$
$Sx^2+(ab+bc+ca-de-ef-fd)x+abc+def$

由题设 $S\mid(abc+def)$,$S\mid(ab+bc+ca-de-ef-fd)$,

所以,二次多项式 $P(x)$ 的系数都是 S 的倍数,

所以,$P(d)=(a+d)(b+d)(c+d)$ 也是 S 的倍数.

即 $(a+d)(b+d)(c+d)=mS$.

则 $a+d,b+d,c+d$ 至少有一个是 S 的约数,由于
$$1<a+d<S,\ 1<b+d<S,\ 1<c+d<S$$
于是,S 是合数.

71 求最小质数 p,使得
$$p^3+2p^2+p$$
恰有 42 个因数.

(斯洛文尼亚数学奥林匹克,2005 年)

解 $p^3+2p^2+p=p(p+1)^2$

因为 $(p,p+1)=1$,则 p 与 $(p+1)^2$ 的因数不同.

p 只有两个因数,则 $(p+1)^2$ 有 21 个因数.

因为 $21=3\times 7$,则为使 p 最小,应有
$$(p+1)^2=2^6\times 3^2=(24)^2$$
于是 $p+1=24,p=23$.

72 确定由 7 个不同质数组成的等差数列中最大项的最小可能值.

(英国数学奥林匹克第一轮,2005 年)

解 设等差数列为
$$p,p+d,p+2d,p+3d,p+4d,p+5d,p+6d$$
若 $p=2$,则 $p+2d$ 不是质数,所以 $p>2$,且 p 为奇数.

因为 p 为奇质数,则 d 为偶数.否则 $p+d$ 不是质数.

若 $p=3$,则 $p+3d$ 不是质数,所以 $p>3$.

当 $p>3$,d 必须是 3 的倍数,否则 $p+d$ 和 $p+2d$ 中一定有一个是 3 的倍数,而不是质数.

同样有 $p>5$,否则 $p=5$ 时,$p+5d$ 不是质数.

当 $p > 5$ 时,d 必须是 5 的倍数,否则 $p+d, p+2d, p+3d, p+4d$ 中一定有一个是 5 的倍数,而不是质数.

由以上分析可知 $p \geqslant 7$,且 $2 \mid d, 3 \mid d, 5 \mid d$,即 $30 \mid d$.

若 $p > 7$,且 d 不是 7 的倍数时,$p+d, p+2d, p+3d, p+4d, p+5d, p+6d$ 这 6 个数中一定有一个是 7 的倍数,而不是质数.

所以 d 又是 7 的倍数,从而 $210 \mid d$.

所以当 $p > 7$ 时,最后项的最小可能值是 $11+6 \times 210 = 1\ 271$.

若 $p = 7$,且 $30 \mid d$.

若 $d = 30$,此时 $p+6d = 7+180 = 187 = 11 \times 17$ 不是质数,所以 $d > 30$.

同样,为使数列中不出现 187,则 $d \neq 60, 90$. 于是 $d \geqslant 120$.

若 $p = 7, d = 120$,则数列中出现
$$p + 2d = 247 = 13 \times 19$$
不是质数.

于是 $d > 120$.

当 $d = 150$ 时,数列为
$$7, 157, 307, 457, 607, 757, 907$$
这 7 个数都是质数.

此时最大项为 907.

由于 $907 < 1\ 271$. 所以 907 是最大项的最小可能值.

73 已知 N 为正整数,恰有 2 005 个正整数有序对 (x, y) 满足
$$\frac{1}{x} + \frac{1}{y} = \frac{1}{N}$$
证明 N 是完全平方数.

(英国数学奥林匹克第二轮,2005 年)

证 由题设等式,一定有 $x, y > N$,否则 $\frac{1}{x} + \frac{1}{y} > \frac{1}{N}$.

题设等式化为
$$\frac{x+y}{xy} = \frac{1}{N}$$
$$N(x+y) = xy$$
$$(x-N)(y-N) = N^2$$
$$y = \frac{N^2}{x-N} + N$$

所以必须有
$$(x-N) \mid N^2$$

另外,N^2 的每个正因子 d 都对应一组唯一解 $(x,y)=(d+N,\dfrac{N^2}{d}+N)$.

所以 (x,y) 与 N^2 的正因子存在一个一一对应.

令 $N=p_1^{q_1}p_2^{q_2}\cdots p_n^{q_n}$,则
$$N^2=p_1^{2q_1}p_2^{2q_2}\cdots p_n^{2q_n}$$
其所有因数的个数为
$$(2q_1+1)(2q_2+1)\cdots(2q_n+1)$$
由题意
$$(2q_1+1)(2q_2+1)\cdots(2q_n+1)=2\,005=5\times 401$$
由于 401 是质数,所以 2 005 的正因子只有 1,5,401,2 005. 这 4 个数都是对 mod 4 余 1 的数,即
$$2q_i+1\equiv 1\,(\bmod\,4)$$
则 $q_i\equiv 0(\bmod\,2)$,即 q_i 是偶数,因而 N 是完全平方数.

74 求正整数 $n(n\geqslant 3)$,使得存在 n 个正整数 $a_1,a_2,\cdots,a_n$,满足任意两个数的最大公约数大于 1,任意三个数的最大公约数等于 1. 若所有的整数 $a_i(i=1,2,\cdots,n)$ 均小于 5 000. 求满足上述条件的 n 的最大值.

(意大利数学奥林匹克,2005 年)

解 对于任意两个整数 i,j 满足 $1\leqslant i<j\leqslant n$. 定义一个质数 p_{ij},使得对于任意的与 i,j 不全相同的 i',j',有 $p_{ij}\neq p_{i'j'}$. 设
$$a_i=\prod_{j<i}p_{ji}\cdot\prod_{i<j}p_{ij}\quad(1\leqslant i\leqslant n)$$
即每个质因数只在两个 a_i 中出现.

当 $n=4$ 时,设
$$a_1=2\times 3\times 5,\quad a_2=2\times 7\times 11,\quad a_3=3\times 7\times 13,\quad a_4=5\times 11\times 13$$
则满足题设条件.

当 $n\geqslant 5$ 时,取 a_1,a_2,a_3,a_4,a_5 是满足条件的 5 个正整数.

对于每一对正整数 a_i,a_j,不妨设 $i<j$,存在质数 p_{ij} 整除 a_i 和 a_j,且所有这些质数互不相同.

所以每个数 a_i 能被 4 个不同的质数整除,每个质数 p_{ij} 最多能整除两个 a_i.

所以至少有一个 a_i 不能被 2 和 3 整除,这个数一定大于
$$5\times 7\times 11\times 13=5\,005>5\,000$$
所以 $n\geqslant 5$ 不合题意.

即 n 的最大值是 4.

75 设 $S=\{1,2,\cdots,2\,005\}$. 若 S 中任意 n 个两两互质的数组成的集

合中都至少有一个质数,试求 n 的最小值.

(西部数学奥林匹克,2005 年)

解 首先,我们有 $n \geq 16$.

事实上,取集合 $A_0 = \{1, 2^2, 3^2, 5^2, \cdots, 41^2, 43^2\}$ 则 $A_0 \subseteq S, |A_0| = 15, A_0$ 中任意两数互质,但其中无质数,这表明 $n \geq 16$.

其次,我们证明:对任意 $A \subseteq S, n = |A| = 16, A$ 中任两数互质,则 A 中必存在一个质数.

利用反证法,假设 A 中无质数.

记 $A = \{a_1, a_2, \cdots, a_{16}\}, a_1 > a_2 > \cdots > a_{16}$. 分两种情况讨论.

(1) 若 $1 \notin A$, 则 $a_1, a_2, \cdots, a_{16}$ 均为合数, 又因为 $(a_i, a_j) = 1 (1 \leq i < j \leq 16)$, 所以 a_i 与 a_j 的质因数两两不同, 设 a_i 的最小质因数为 p_i,

不妨设 $p_1 < p_2 < \cdots < p_{16}$.

则 $a_1 \geq p_1^2 \geq 2^2, a_2 \geq p_2^2 \geq 3^2, \cdots, a_{15} \geq p_{15}^2 \geq 47^2 > 2\,005$, 矛盾.

(2) 若 $1 \in A$, 则不妨设 $a_{16} = 1, a_1, a_2, \cdots, a_{15}$ 均为合数, 同 (1) 所设, 同理有

$$a_1 \geq p_1^2 \geq 2^2, a_2 \geq p_2^2 \geq 3^2, \cdots, a_{15} \geq p_{15}^2 \geq 47^2 > 2\,005$$

矛盾.

由 (1), (2) 知, 反设不成立, 从而 A 中必有质数, 即 $n = |A| = 16$ 时结论成立. 综上, 所求的 n 最小值为 16.

76 求所有的正整数数组 (a, m, n), 满足: $a > 1, m < n$, 且 $a^m - 1$ 的质因子集合与 $a^n - 1$ 的质因子集合相同.

(中国国家集训队测试,2005 年)

解 记 $S(n)$ 为正整数 n 的不同质因子构成的集合.

首先证明一个引理.

引理 若正整数 $b > 1, p$ 为质数, 且 $S(b^p - 1) = S(b - 1)$, 则 $p = 2, b + 1$ 是 2 的方幂.

引理的证明: 设 p 为奇质数, 由于

$$b^{p-1} + b^{p-2} + \cdots + b + 1 = (b^{p-1} - 1) + \cdots + (b - 1) + p$$

若 $p \nmid (b - 1)$, 则

$$(b^{p-1} + b^{p-2} + \cdots + b + 1, b - 1) = (p, b - 1) = 1$$

从而 $S(b^{p-1} + \cdots + b + 1) \nsubseteq S(b - 1)$, 矛盾.

若 $p \mid (b - 1)$, 设 $b - 1 = p^s \cdot t, s, t \in \mathbf{N}^*, p \nmid t$, 则

$$b^p - 1 = (1 + p^s t)^p - 1 = p \cdot p^s t + C_p^2 (p^s t)^2 + \cdots + (p^s t)^p =$$
$$p^{s+1} \cdot t (1 + p^s \cdot t \cdot x) \quad (x \in \mathbf{N}^*)$$

因为

第 2 章 质数、合数与质因数分解
Chapter 2　Prime Number, Composite Number and Prime Factorization

$$(1+p^s \cdot t \cdot x, b-1) = (1+p^s \cdot t \cdot s, p^s \cdot t) = 1$$

所以 $S(b^p-1) \not\subseteq S(b-1)$,矛盾.

所以 $p=2, b^2-1=(b-1)(b+1)$.

若 b 为偶数,则 $(b-1,b+1)=1$,故 $S(b+1) \not\subseteq S(b-1)$,矛盾.

所以 b 为奇数,

$$b^2-1 = 4 \cdot \frac{b-1}{2} \cdot \frac{b+1}{2}$$

因为 $\left(\dfrac{b-1}{2}, \dfrac{b+1}{2}\right)=1$,故 $\dfrac{b+1}{2}$ 没有奇质因子(否则 $S(b+1) \not\subseteq S(b-1)$,矛盾),即 $b+1$ 是 2 的方幂.

引理得证.

回到原题.

设 $(m,n)=d$,可设 $n=kd$,由 $m<n$ 知 $k>1$.

$$(a^m-1, a^n-1) = a^{(m,n)}-1 = a^d-1$$

于是

$$S(a^m-1) = S(a^n-1) = S((a^m-1, a^n-1)) = S(a^d-1)$$

令 $b=a^d$,则 $b>1$,且

$$S(b-1) = S(b^k-1)$$

任取 k 的质因子 p,则

$$(b-1) \mid (b^p-1), \quad (b^p-1) \mid (b^k-1)$$

故

$$S(b^p-1) = S(b-1)$$

由引理知,$p=2, a^d+1 = b+1$ 是 2 的方幂,由 p 的任意性

$$k = 2^r, \quad r \in \mathbf{N}^*$$

若 $r \geqslant 2$,则

$$S(b-1) = S(b^2-1) = S(b^4-1) = \cdots = S(b^{2^r}-1)$$

仍由引理,b^2+1 是 2 的方幂,但

$$b^2+1 \equiv 2 \pmod{4}, \quad b^2+1 > 2$$

矛盾.

所以 $r=1, k=2$.

设 $a^d+1 = 2^l, l \in \mathbf{N}^*, l \geqslant 2$,则 a 为奇数.

若 d 为偶数,则 $a^d+1 \equiv 2 \pmod{4}$,不可能,故 d 为奇数.

若奇数 $d>1$,由于

$$\frac{a^d+1}{a+1} = a^{d-1} - a^{d-2} + \cdots + 1$$

为大于 1 的奇数,这与 $a^d+1 = 2^l$ 矛盾.

227

最新世界各国数学奥林匹克中的初等数论试题(上)
The Lastest Elementary Number Theory in Mathematical Olympiads in The World

所以 $d=1, n=kd=2$. 由 $m<n$ 知 $m=1, a=2^l-1$.
反之,当 $a=2^l-1(l \geqslant 2), m=1, n=2$ 时
$$a^2-1=(a-1)(a+1)=2^l(a-1)$$
知
$$S(a^2-1)=S(a-1)$$
综上,$(a,m,n)=(2^l-1,1,2), l \in \mathbf{N}^*, l>2$.

77 求所有质数 p,使得 p^2-p+1 是完全立方数.
(巴尔干地区数学奥林匹克,2005 年)

解 设 $p^2-p+1=b^3(b \in \mathbf{N})$,即
$$p(p-1)=(b-1)(b^2+b+1)$$
由于 $b^3=p^2-p+1<p^2<p^3$,则 $b<p$.
因此,p 一定是 b^2+b+1 的因数. 从而有
$$\begin{cases} b^2+b+1=kp & \text{①} \\ p-1=k(b-1) \quad (k \in \mathbf{N}) & \text{②} \end{cases}$$
将 ② 代入 ① 得
$$b^2+b+1=k^2b+k-k^2$$
因而有
$$b^2+b<k^2b \quad \text{③}$$
$$k^2(b-1) \leqslant b^2+b-1 \quad \text{④}$$
由 ③ 得
$$b+1<k^2$$
因为 $b>2$,由式 ④ 得
$$k^2 \leqslant \frac{b^2+b-1}{b-1}=b+2+\frac{1}{b-1}<b+3$$
所以,只能有 $k^2=b+2$.
将 $k^2=b+2$ 代入
$$b^2+b+1=k^2b+k-k^2$$
即
$$b^2+b+1=b^2+2b+k-b-2$$
$$k=3$$
从而
$$b=7, \quad p=19$$
满足要求的质数 p 只有 $p=19$.

第 2 章 质数、合数与质因数分解
Chapter 2 Prime Number, Composite Number and Prime Factorization

78 设 $P(x)=a_n x^n+a_{n-1}x^{n-1}+\cdots+a_1 x+a_0$,其中 $a_0,a_1,\cdots,a_n$ 是整数,$a_n>0(n\geqslant 2)$,证明:存在正整数 m,使得 $P(m!)$ 是合数.

(第 46 届国际数学奥林匹克预选题,2005 年)

证 假设 $a_0=\pm 1$,否则,当 $a_0=0$ 及 $a_0\neq 0,\pm 1$ 时,结论成立.

若质数 $p>k\geqslant 1$,则

$$(p-1)!=(p-k)![p-(k-1)][p-(k-2)]\cdots(p-1)\equiv (-1)^{k-1}(p-k)!(k-1)! \pmod p$$

由威尔逊(Wilson)定理知,对质数 p,有

$$(p-1)!\equiv -1 \pmod p$$

所以

$$(p-k)!(k-1)!\equiv (-1)^k \pmod p$$

设 $Q(x)=a_n+a_{n-1}x+\cdots+a_0 x^n$,则有

$$P\left(\frac{(-1)^k}{(k-1)!}\right)=\frac{(-1)^{nk}}{[(k-1)!]^n}Q((-1)^k(k-1)!)$$

若 $k-1>a_n^2$,则 $a_n\mid (k-1)!$,且 $\dfrac{(k-1)!}{a_n}$ 可以被小于或等于 $k-1$ 的所有质数整除.

于是,$Q((-1)^k(k-1)!)=a_n b_k$,其中,

$$b_k=1+\frac{a_{n-1}(-1)^k(k-1)!}{a_n}+\frac{a_{n-2}(-1)^k(k-1)!}{a_n}+\cdots+\frac{a_0(-1)^k(k-1)!}{a_n}$$

中没有小于或等于 $k-1$ 的质因数.

由于 $Q(x)$ 的首项为 $a_0=\pm 1$,所以 $Q(x)$ 不是常数,故当 k 足够大时,$|Q((-1)^k(k-1)!)|$ 也可以足够大,从而 $|b_k|$ 也可以足够大.

特别地,当 k 足够大时,$|b_k|>1$.取这样的偶数 k,任选 b_k 的质因数 p,则有 $p>k$,且 $P((p-k)!)\equiv 0\pmod p$.

为了证明原命题,需要确定 k,使得 $|P((p-k)!)|>p$.

取 $k=m!$,其中 $m=q-1>2$,q 是一个质数,则 $m!$ 是合数,$m!+1$ 也是合数(因为 $m!+1>m+1=q$,由威尔逊定理知 $m!+1\equiv 0\pmod q$,且 $m!+l(l=2,3,\cdots,m)$ 也是合数).

所以,设比 $m!+l$ 大的最小的质数 $p=m!+m+t(t\geqslant 1,t\in \mathbf{N})$.

因此,$p-k=m+t$.

对于足够大的 m,有

$$P((p-k)!)=P((m+t)!)>\frac{(m+t)!}{2}$$

这是因为 $a_n>0$.

当 m 足够大时,$\dfrac{(m+t)!}{2}>m!+m+t$

因此，$P((p-1)!) > p$，且 $P((p-k)!)$ 是 p 的倍数，所以 $P((p-k)!)$ 是合数.

79 求证：存在无穷多个不含平方因子的正整数 n，使得
$$n \mid (2005^n - 1)$$
（中国香港数学奥林匹克，2005 年）

证 首先证明：如果 p 是 $a-1$ 的一个奇因子，那以 $a^p - 1$ 有一个不同于 p 的奇因子 q，设 $a - 1 = kp, k \in \mathbf{N}^*$。
$$a^p - 1 = (a-1)(a^{p-1} + a^{p-2} + \cdots + 1) =$$
$$kp[(kp+1)^{p-1} + (kp+1)^{p-2} + \cdots + 1] =$$
$$kp\{Ap^2 + [(p-1) + (p-2) + \cdots + 1]kp + p\} =$$
$$kp^2[(A + \frac{p-1}{2}k)p + 1] \quad (A \in \mathbf{N}^*)$$

下面证明 $\left(A + \dfrac{p-1}{2}k\right)p + 1$ 有一个奇因子.

如果 a 是一个偶数，则 $a^p - 1$ 是一个奇数，因此，它的所有因数都是奇数.

如果 a 是一个奇数，则 k 是偶数，于是 A 也是偶数（这是因为 Ap^2 是所有形如 $k^s p^s (s \geq 2)$ 的数的和）.

从而 $\left(A + \dfrac{p-1}{2}k\right)p + 1$ 是奇数.

注意到
$$2005 - 1 = 2004 = 2^2 \times 3 \times 167$$

令 $p_1 = 3$，则
$$3 \mid (2005 - 1), \quad 且 \ 3 \mid (2005^3 - 1)$$

由前面的结论，可以找到一个奇质数 $p_2 (p_2 \neq 3)$，使 $p_2 \mid (2005^3 - 1)$，于是
$$p_1 p_2 \mid (2005^{p_1 p_2} - 1)$$

再次使用前面的结论，又有一个奇质数 $p_3 (p_3 \neq p_1, p_2)$，使得
$$p_3 \mid (2005^{p_1 p_2} - 1)$$

于是
$$p_1 p_2 p_3 \mid (2005^{p_1 p_2 p_3} - 1)$$

这样一来，就构造了无穷多个符合条件的 $n: (p_1, p_1 p_2, p_1 p_2 p_3, \cdots)$，使得
$$n \mid (2005^n - 1)$$

显然，它们没有平方因子，且两两不同.

80 设正整数 n 的正因数的个数为 $d(n)$，一个正整数 n 若满足对于

第 2 章 质数、合数与质因数分解
Chapter 2 Prime Number, Composite Number and Prime Factorization

所有正整数 $m(m<n)$，有 $d(n)>d(m)$，称 n 为"高可约的"，两个高可约的整数 $m,n(m<n)$ 若满足对于任意的正整数 $s(m<s<n)$ 都不是高可约的，称 m,n 是"连续的". 证明：

(1) 只有有限多对连续的高可约的整数 a,b 满足 $a\mid b$；

(2) 对于每个质数 p，存在无穷多个高可约的正整数 r，使得 pr 也是高可约的.

（第 46 届国际数学奥林匹克预选题，2005 年）

证 若 n 的质因数分解式为 $n=\prod\limits_{p^{\alpha_p(n)}\parallel n}p^{\alpha_p(n)}$，其中 p 是质数，则

$$\alpha(n)=\prod_{p^{\alpha_p(n)}\parallel n}(\alpha_p(n)+1)$$

由于 $d(n)$ 可以是足够大的值（例如 $d(m!)$，其中 m 足够大），因此，有无穷多个高可约的整数.

若 n 是高可约的，则有

$$n=2^{\alpha_2(n)}\cdot 3^{\alpha_3(n)}\cdot\cdots\cdot p^{\alpha_p(n)}$$

其中 $\alpha_2(n)\geqslant\alpha_3(n)\geqslant\cdots\geqslant\alpha_p(n)$.

于是，若质数 $q<p$，且 $p\mid n$，则 $q\mid n$.

下面证明：对于每个质数 p，除了有限个高可约的整数外，其他所有的高可约的整数都是 p 的倍数.

当 $p=2$ 时，上面的结论显然成立.

当 $p\neq 2$ 时，假设 p 是第 $r(r>1)$ 个质数，n 是最大质因数小于 p 的无穷多个高可约的整数中的一个，则 $(\alpha_2(n)+1)^{r-1}\geqslant d(n)$.

因此，$\alpha_2(n)$ 可以取任意大的值.

设 n 满足 $2^{\alpha_2(n)-1}>p^2$，记 $t=\left[\dfrac{\alpha_2(n)}{2}\right]$，令 $m=\dfrac{np}{2^t}$，则 $m<n$. 而

$$d(m)=2d(n)\frac{\alpha_2(n)-t+1}{\alpha_2(n)+1}>d(n)$$

与 n 是高可约的整数矛盾.

因此，有无穷多个高可约的整数都是 p 的倍数.

接下来证明：对于任意的质数 p 和常数 k，只有有限多个高可约的整数 n，使得 $\alpha_p(n)\leqslant k$.

若结论不正确，设 k 是一个使得有无穷多个高可约的整数 n 满足 $\alpha_p(n)\leqslant k$ 的常数 k，q 是一个满足 $q>p^{2k+1}$ 的质数，除了有限个正整数 n 之外，其他所有的 n 都是 q 的倍数.

设 $m=\dfrac{p^{\alpha_p(n)\alpha_q(n)+\alpha_p(n)+\alpha_q(n)}n}{q^{\alpha_q(n)}}$，通过计算可得 $d(m)>d(n)$，所以 $m>n$.

最新世界各国数学奥林匹克中的初等数论试题(上)

The Lastest Elementary Number Theory in Mathematical Olympiads in The World

于是有,$p^{2\alpha_p(n)\alpha_q(n)+\alpha_q(n)} \geqslant p^{\alpha_p(n)\alpha_q(n)+\alpha_p(n)+\alpha_q(n)} > q^{\alpha_q(n)}$.

从而 $p^{2\alpha_p(n)+1} > q > p^{2k+1}$,即 $\alpha_p(n) > k$ 与 $\alpha_p(n) \leqslant k$ 矛盾.

下面证明本题的两问.

(1) 设 n 是高可约的整数,且有 $\alpha_3(n) \geqslant 8$,即除了有限个高可约的整数外,所有的 n 都具有上述性质.

由于整数 $\frac{8n}{9} < n$,所以 $d\left(\frac{8n}{9}\right) < d(n)$,即

$$(\alpha_2(n)+4)(\alpha_3(n)-1) < (\alpha_2(n)+1)(\alpha_3(n)+1)$$

即

$$3\alpha_3(n) - 5 < 2\alpha_2(n) \quad \text{①}$$

假设 n,m 是连续的高可约的整数且满足 $n \mid m$.

因为 $d(2n) > d(n)$,所以,在区间 $(n, 2n]$ 中一定存在一个高可约的整数.

因此,$m = 2n$,且有 $d\left(\frac{3n}{2}\right) \leqslant d(n)$,否则,在区间 $\left(n, \frac{3}{2}n\right]$ 中一定存在一个高可约的整数,与 n,m 是连续的高可约的整数矛盾.

于是,$\alpha_2(n)(\alpha_3(n)+2) \leqslant (\alpha_2(n)+1)(\alpha_3(n)+1)$,

所以,$\alpha_2(n) \leqslant \alpha_3(n)+1$,代入式 ① 得

$$3\alpha_3(n) - 5 < 2(\alpha_3(n)+1)$$

所以,$\alpha_3(n) < 7$,与 $\alpha_3(n) \geqslant 8$ 矛盾.

因此,只有有限多对连续的高可约的整数 a, b 满足 $a \mid b$.

(2) 设 k 是任意的正整数,则存在最小的高可约的正整数 n,使 $\alpha_p(n) \geqslant k$,且除了有限个高可约的整数外,所有的高可约的整数 n' 均满足 $\alpha_p(n') \geqslant k$.

下面证明:$\frac{n}{p}$ 也是高可约的整数.

用反证法.若 $\frac{n}{p}$ 不是高可约的整数,则存在一个高可约的整数 $m < \frac{n}{p}$,使得 $d(m) \geqslant d\left(\frac{n}{p}\right)$.

由于 $\alpha_p(m) < \alpha_p(n)$,因此有

$$d(mp) = d(m)\frac{\alpha_p(m)+2}{\alpha_p(m)+1} \geqslant d\left(\frac{n}{p}\right)\frac{\alpha_p(n)+1}{\alpha_p(n)} = d(n)$$

其中,不等式用到了 $f(x) = \frac{x+1}{x}$ 是减函数.

又因为 $mp < n$,与 n 是高可约的整数矛盾,因此,$\frac{n}{p}$ 是高可约的整数.

又由于 k 可以足够大,所以,可以得到无穷多个高可约的整数 n,使得 $\frac{n}{p}$ 也

第 2 章 质数、合数与质因数分解
Chapter 2 Prime Number, Composite Number and Prime Factorization

是高可约的整数,其中 p 为任意质数.

81 设 f 是定义在 $\{0,1,2,\cdots,2\,005\}$ 上的函数,取值于非负整数,对任意满足定义域的变数 x,都有
$$f(2x+1)=f(2x),\quad f(3x+1)=f(3x),\quad f(5x+1)=f(5x)$$
问:这个函数最多能取到多少个函数值?

(奥地利数学奥林匹克,2005 年)

证 对任意 $y \in \{0,1,2,\cdots,2\,005\}$,当 y 能被 $2,3,5$ 整除时,就有
$$f(y)=f(y+1)$$
成立.

对于一个变量 y,要使得 $f(y)$ 与 $f(y+1)$ 不相等,则 $(y,30)=1$.

因为 $\varphi(30)=30\left(1-\dfrac{1}{2}\right)\left(1-\dfrac{1}{3}\right)\left(1-\dfrac{1}{5}\right)=8$,

又 $2\,005=30\times 66+25$,故在 $\{0,1,2,\cdots,2\,005\}$ 中与 30 互质的数有
$$66\times 8+7=535(\text{个})$$

这 535 个互质数将 $\{0,1,2,\cdots,2\,005\}$ 分成 536 个部分,每一部分的函数值相等.

由以上,这个函数最多能取到 536 个函数值.

82 确定所有的三元正整数组 (a,b,c),使得 $a+b+c$ 是 a,b,c 的最小公倍数.

(奥地利数学奥林匹克,2005 年)

证 如果三个数相等,则有 $[a,b,c]=a$ 与 $[a,b,c]=a+b+c$ 矛盾.

不失一般性,假设 $a\leqslant b\leqslant c$.则 $a+b<2c$,因此
$$c<a+b+c<3c$$

因为 $[a,b,c]$ 是 c 的倍数,所以 $[a,b,c]=2c$.

于是,有 $a+b+c=2c,a+b=c,[a,b,c]=2a+2b$.

又 $b\mid (2a+2b)$,所以,$b\mid 2a$.

如果 $b=a$,则 $c=a+b=2a$.

因此,$[a,b,c]=[a,a,2a]=2a$,与 $a+b+c=a+a+2a=4a$ 矛盾,

如果 $b=2a$,则
$$c=a+b=a+2a=3a$$

因此
$$[a,b,c]=[a,2a,3a]=6a=a+b+c$$

所以,满足题目要求的三元正整数组 (a,b,c) 的形式为 $(a,2a,3a)$

($a \geq 1$).

83 求所有的正整数 n，满足 n 为合数，且其所有的大于 1 的因数可以放在一个圆上，使得任意两个相邻的因数都不是互质的.

(美国数学奥林匹克,2005 年)

证 若 $n=pq$，其中 p,q 为不同的质数，则其大于 1 的因数 p,q,pq 无论怎样放在一个圆上，p 和 q 总会相邻，且 p 和 q 是互质的. 不满足要求.

若 $n=p^m$，其中 p 为质数，正整数 $m \geq 2$，则无论怎样将 n 的大于 1 的因数放在一个圆上，任意两个相邻的因数都不是互质的.

若 $n = p_1^{m_1} p_2^{m_2} \cdots p_k^{m_k}$，

其中质数 $p_1 < p_2 < \cdots < p_k, m_1, m_2, \cdots, m_k \in \mathbf{N}^*$，且 $k > 2$，或 $k=2$ 时，$\max\{m_1, m_2\} > 1$，设 $D_n = \{d \mid d \mid n, d > 1\}$.

首先，将 $n, p_1p_2, p_2p_3, \cdots, p_{k-1}p_k$ 按顺时针放在圆上，在 n 和 p_1p_2 之间依任意的次序放入 D_n 中所有以 p_1 为最小质因数的正整数（不包括 p_1p_2），在 p_1p_2 和 p_2p_3 之间依任意的次序放入 D_n 中所有以 p_2 为最小质因数的正整数（不包括 p_2p_3），继续以这种方法放置，最后，在 $p_{k-1}p_k$ 和 n 之间依任意的次序放入 p_k，$p_k^2, \cdots, p_k^{m_k}$，于是，D_n 中所有元素恰被放在圆上一次，且任意两个相邻的数有一个公共的质因数.

因此，$n=p^m$ 和 $n = p_1^{m_1} p_2^{m_2} \cdots p_k^{m_k}$ 满足要求.

84 在一个由正整数构成的等差数列 $a_1, a_2, \cdots$ 中，对每个 n，乘积 $a_n a_{n+31}$ 都能被 2 005 整除. 试问：能否断言"数列中的每一项都能被 2 005 整除"？

(俄罗斯数学奥林匹克,2005 年)

解 设数列 $a_1, a_2, \cdots$ 的公差为 d.

若对每个 n，都有 $5 \mid a_{n+31}$，则 $5 \mid d$.

若存在某个 n，使得 $5 \nmid a_{n+31}$，由题设，对每个 n，2 005 $\mid a_n a_{n+31}$，则 $5 \mid a_n$.

又由对每个 n，2 005 $\mid a_n a_{n+31}$，必有 2 005 $\mid a_{n+31} a_{n+62}$，又 $5 \nmid a_{n+31}$ 时，则 $5 \mid a_{n+62}$.

于是，有
$$5 \mid (a_{n+62} - a_n) = 62d$$

由于 $(62, 5) = 1$，则 $5 \mid d$. 因此，在一切情况下，有 $5 \mid d$.

又
$$a_n a_{n+31} - 31 a_n d = a_n(a_{n+31} - 31d) = a_n^2$$

由 $5 \mid a_n a_{n+1}, 5 \mid d$，则 $5 \mid a_n^2$.

第 2 章 质数、合数与质因数分解
Chapter 2　Prime Number, Composite Number and Prime Factorization

由 5 是质数,则 $5 \mid a_n$.

由于 401 是质数,类似上面的推理,也可得 $401 \mid a_n$.

由于 $(5,401)=1, 2\,005 = 5 \times 401$. 则对每个 $n, 2\,005 \mid a_n$.

85　试求所有的正整数对 (a,b),使得对每个正整数 n,数 $a^n + b^n$ 都是某个正整数 c_n 的 $n+1$ 次方幂.

（俄罗斯数学奥林匹克,2005 年）

解　用 (u,v) 表示正整数 u 与 v 的最大公约数.

先证明两个引理.

引理 1　若 $(z,t)=1$,则 t^2+z^2 不能被 3 整除.

引理 1 的证明:完全平方数被 3 除的余数只能是 0 和 1. 因此
$$3 \mid (z^2+t^2)$$
必有
$$3 \mid z, 3 \mid t$$
与 $(z,t)=1$ 矛盾.

引理 2　若 $(z,t)=1$,则 $(z+t, z^2-zt+t^2) = 1$ 或 3.

引理 2 的证明:
$$z^2 - zt + t^2 = (z+t)^2 - 3zt$$
因此
$$(z+t, z^2-zt+t^2) = 1 \text{ 或 } 3$$

下面解答原题.

设 $d=(a,b), x=\dfrac{a}{d}, y=\dfrac{b}{d}$,则 $(x,y)=1$.

先证明 $x=y=1$.

否则,当 $k > m$ 时,
$$x^k + y^k > x^m + y^m$$
特别地,对于 $D_n = x^{2 \times 3^n} + y^{2 \times 3^n}$,有
$$D_{n+1} > D_n \quad (n \in \mathbf{N}^*)$$
$$D_{n+1} = x^{2 \times 3^{n+1}} + y^{2 \times 3^{n+1}} = (x^{2 \times 3^n})^3 + (y^{2 \times 3^n})^3 = D_n[(x^{2 \times 3^n})^2 - (x^{2 \times 3^n})(y^{2 \times 3^n}) + (y^{2 \times 3^n})^2]$$
故
$$\frac{D_{n+1}}{D_n} = (x^{2 \times 3^n})^2 + (y^{2 \times 3^n})^2 - (x^{2 \times 3^n})(y^{2 \times 3^n}) \quad \text{①}$$
$$\frac{D_{n+1}}{D_n} = (x^{2 \times 3^n} + y^{2 \times 3^n})^2 - 3(x^{3^n} y^{3^n}) \quad \text{②}$$

由于
$$D_n = x^{2\times 3^n} + y^{2\times 3^n}$$
则由式 ① 及引理 2
$$\left(D_n, \frac{D_{n+1}}{D_n}\right) = 1 \text{ 或 } 3$$

设 p_n 是 $\frac{D_{n+1}}{D_n}$ 的一个大于 1 的质约数，由式 ② 和引理 1 知 $p_n \neq 3$. 所以 $p_n \nmid D_n$. 于是 $p_n \mid D_{n+1}$，且对任何 $l \geq n+1$，有
$$p_n \mid D_l = D_{n+1} \prod_{j=n+1}^{l-1} \frac{D_{j+1}}{D_j}$$

但对任何 $l \geq n+1$，都有
$$p_n \nmid \frac{D_{l+1}}{D_l}$$

从而，当 $l \geq n+1$ 时，在 D_l 的质因数分解式中，p_n 的次数不变.

这表明，只要 $k \neq n$，就有 $p_k \neq p_n$. 即 $p_1, p_2, \cdots, p_n$ 两两不同.

因此，必能找到 $p = p_{n_0}$，使得 $(p, d) = 1$.

从而，在 $l \geq n_0 + 1$ 时，在 $d^{2\times 3^l} D_l$ 的质约数分解中，p 的次数不变.

而另一方面，由题意，对一切正整数 $l \geq n_0 + 1$，p 的次数能被 $2 \times 3^l + 1$ 整除，矛盾.

我们已经证明了 $a = b = d$，下面求 d.

显然 $d \neq 1$.

设质数 p 在 d 的质约数分解式中的指数为 α，

若 $p \neq 2$，则对一切正整数 n，都有 $(n+1) \mid n\alpha$.

从而
$$(n+1) \mid [(n+1)\alpha - \alpha]$$

故 $(n+1) \mid \alpha$. 这显然是不可能的.

若 $p = 2$，则对一切正整数 n，都有
$$(n+1) \mid (n\alpha + 1)$$

从而
$$(n+1) \mid [(n+1)\alpha + 1 - \alpha]$$

故
$$(n+1) \mid (1-\alpha)$$

因此 $\alpha = 1$，即 $d = 2$.

所以 $a = b = 2$.

即满足题设的正整数对为 $(a, b) = (2, 2)$.

事实上，对每个正整数 n，

第 2 章 质数、合数与质因数分解
Chapter 2 Prime Number, Composite Number and Prime Factorization

$$2^n + 2^n = 2^{n+1}$$

86 已知正整数 a, b, c 满足
$$c(ac+1)^2 = (5c+2b)(2c+b)$$
(1) 若 c 为奇数,证明: c 为完全平方数;
(2) 问: c 是否为偶数?

(克罗地亚数学奥林匹克州赛, 2005 年)

解 (1) 设 $d = (b,c)$, $b = db_0$, $c = dc_0$, 则 $(b_0, c_0) = 1$.
于是,已知等式化为
$$dc_0(adc_0+1)^2 = (5dc_0+2db_0)(2dc_0+db_0)$$
$$c_0(adc_0+1)^2 = d(5c_0+2b_0)(2c_0+b_0) \qquad ①$$
因为
$$(b_0, c_0) = 1$$
则
$$(c_0, 2c_0+b_0) = 1$$
又因为 c_0 是与 b_0 互质的奇数,则
$$(c_0, 5c_0+2b_0) = (c_0, 2b_0) = 1$$
于是由 ①, $c_0 \mid d$.
又
$$(d, (adc_0+1)^2) = 1$$
则
$$d \mid c_0$$
因此 $c_0 = d$, 即 $c = dc_0 = d^2$.
所以 c 为完全平方数.

(2) 假设 c 为偶数,设 $c = 2c_1$.
由已知等式得
$$c_1(2ac_1+1)^2 = (5c_1+b)(4c_1+b)$$
设 $(b, c_1) = d$, 则 $b = db_0$, $c_1 = dc_0$, $(b_0, c_0) = 1$.
上式化为
$$c_0(2adc_0+1)^2 = d(5c_0+b_0)(4c_0+b_0) \qquad ②$$
因为
$$(c_0, 5c_0+b_0) = (c_0, 4c_0+b_0) = 1$$
$$(d, (2ac_0+1)^2) = 1$$
则 $d = c_0$
$$(2adc_0+1)^2 = (5c_0+b_0)(4c_0+b_0) \qquad ③$$

注意到
$$(5c_0+b_0, 4c_0+b_0) = (c_0, 4c_0+b_0) = (c_0, b_0) = 1$$
则 $(5c_0+b_0)$ 与 $(4c_0+b_0)$ 由式②,③可知为完全平方数.
设 $5c_0+b_0 = m^2, 4c_0+b_0 = n^2, m, n \in \mathbf{N}$,
于是 $m > n, m - n \geqslant 1$
$$d = c_0 = m^2 - n^2$$
$$2d^2 a + 1 = 2adc_0 + 1 = mn$$
则
$$mn = 1 + 2ad^2 = 1 + 2a(m^2-n^2)^2 =$$
$$1 + 2a(m-n)^2(m+n)^2 \geqslant$$
$$1 + 2a(m+n)^2 \geqslant$$
$$1 + 8mna \geqslant$$
$$1 + 8mn$$
即有 $7mn \leqslant -1$,矛盾.
因此,c 不能是偶数.

87 设 A 是由首项系数为 1 的实系数三次多项式 $f(x)$ 构成的集合,其中 $f(x)$ 满足下面的性质:

存在一个不能整除 2 004 的质数 p 和与 p,2 004 均互质的正整数 q,使得
$$f(p) = 2\,004, \quad f(q) = 0$$
证明:存在一个无限子集 $B \subseteq A$,使得 B 中的所有多项式的图像都可以通过平移其中的一个多项式的图像得到.

(地中海地区数学奥林匹克,2005 年)

证 先证明一个引理.

引理 存在常数 c,使满足
$$q - p = c, \quad (p, q) = 1, \quad (p, 2\,004) = 1, \quad (q, 2\,004) = 1$$
的 p, q 有无穷多个.

引理的证明:设 p 是大于 2 004 的任意质数.
取 $c = 2\,004, q = 2\,004 + p$
则
$$(p, 2\,004) = 1, \quad (q, 2\,004) = (2\,004+p, p) = (p, 2\,004) = 1$$
故
$$(p, q) = (p, 2\,004+p) = (2\,004, p) = 1$$
于是当 $c = 2\,004$ 时,对一切大于 2 004 的质数 p(有无穷多个),引理成立.

下面证明原题.

第 2 章 质数、合数与质因数分解
Chapter 2 Prime Number, Composite Number and Prime Factorization

设正整数数列$\{p_n\},\{q_n\}$,其中$p_n=q_n-2\,004$,对任意的i,都有p_i,q_i满足引理.

再设$f(x)$是首项系数为1的三次多项式,且
$$f(p_0)=2\,004, \quad f(q_0)=0$$
由题设可知,$f(x)\in A$.

设$f_i(x)$为$f(x)$向右平移p_i-p_0个单位.

由于$q_i-p_i=q_0-p_0$,且$f_i(x)$是首项系数为1的多项式.

于是
$$f_i(p_i)=2\,004, \quad f_i(q_i)=0$$
所以
$$f_i(x)\in A \quad (i=1,2,\cdots)$$
因此,集合
$$B=\{f_i(x)\mid (i=1,2,\cdots)\}$$
为满足题设要求A的子集.

88 设m是一个小于$2\,006$的四位数,已知存在正整数n,使得$m-n$为质数,且mn是一个完全平方数,求满足条件的所有四位数m.

(青少年数学国际城市邀请赛队际赛,2006 年)

解 由题设条件知:$m-n=p$,p是质数,则$m=n+p$.

设$mn=n(n+p)=x^2$,其中x是正整数,那么
$$4n^2+4pn=4x^2$$
即
$$(2n+p)^2-p^2=(2x)^2$$
于是
$$(2n-2x+p)(2n+2x+p)=p^2$$
注意到p为质数,所以
$$\begin{cases}2n-2x+p=1\\2n+2x+p=p^2\end{cases}$$
把两式相加得$n=\left(\dfrac{p-1}{2}\right)^2$,进而$m=\left(\dfrac{p+1}{2}\right)^2$.

结合$1\,000\leqslant m<2\,006$,可得$64\leqslant p+1\leqslant 89$.

于是,质数p只能是$67,71,73,79$或83.

从而,满足条件的m为$1\,156,1\,296,1\,369,1\,600,1\,764$.

89 试找出一个十进制的九位数N,它的各位数码互不相同,并且在

最新世界各国数学奥林匹克中的初等数论试题（上）
The Lastest Elementary Number Theory in Mathematical Olympiads in The World

删去 N 的七位数码所得到的各个不同的整数中（如果删去七位数码之后所得到的数是以 0 为首位数，则 0 也被删去），至多只有一个质数. 证明你所找出的数满足要求.

（俄罗斯数学奥林匹克，2006 年）

解 例如 391 524 680 即可满足要求.

事实上，只要留下最后 6 位数码中的任何一个数码，所得的数都是合数，因为该数或被 2 整除，或被 5 整除.

而如果把最后 6 位数码 524 680 全部删去，剩下的就是要从 391 中删去一个数码，注意到 39 和 91 是合数，而 31 是质数，所以只有一个质数是 31.

90 给定质数 p 和正整数 $n(p \geqslant n \geqslant 3)$，集合 A 由元素取自集合 $\{1, 2, \cdots, p\}$ 的长度为 n 的序列构成. 若对集合 A 中的任意两个序列 $(x_1, x_2, \cdots, x_n)$ 和 $(y_1, y_2, \cdots, y_n)$，均存在三个不同的正整数 k, l, m，使得
$$x_k \neq y_k, \quad x_l \neq y_l, \quad x_m \neq y_m$$
试求集合 A 中的元素个数的最大值.

（波兰数学奥林匹克，2006 年）

解 集合 A 中元素个数的最大值为 p^{n-2}，下面给予证明.

容易知道，A 中的任意两个不同序列的前 $n-2$ 个分量不全相同，否则这两个序列至多有 2 个分量不同，与题设矛盾.

由于每个分量都可以有 $1, 2, \cdots, p$ 共 p 个取值，所以
$$|A| \leqslant p^{n-2}$$

另一方面，令 A 中的某一序列 $(x_1, x_2, \cdots, x_n)$ 中的前 $n-2$ 个分量取遍 p^{n-2} 种不同的值. 并取
$$x_{n-1} \equiv \sum_{i=1}^{n-2} x_i \pmod{p}$$
$$x_n \equiv \sum_{i=1}^{n-2} i x_i \pmod{p}$$

这样，就得到了有 p^{n-2} 个元素的集合 A.

下面证明这样的集合 A 符合要求.

对于 A 中的任意两个不同的序列：
$$X = (x_1, x_2, \cdots, x_n), \quad Y = (y_1, y_2, \cdots, y_n)$$
有
$$(x_1, x_2, \cdots, x_{n-2}) \neq (y_1, y_2, \cdots, y_{n-2})$$

若 $(x_1, x_2, \cdots, x_{n-2})$ 与 $(y_1, y_2, \cdots, y_{n-2})$ 恰有两个对应的分量不同，即存在 $k, l (1 \leqslant k < l \leqslant n-2)$，使得

第 2 章 质数、合数与质因数分解
Chapter 2 Prime Number, Composite Number and Prime Factorization

$$x_k \neq y_k, \quad x_l \neq y_l$$

假设此时有 $x_{n-1} = y_{n-1}, x_n = y_n$，则由 x_{n-1}, x_n 的定义可得

$$x_k + x_l \equiv y_k + y_l (\bmod p) \qquad ①$$
$$kx_k + lx_l \equiv ky_x + ly_l (\bmod p) \qquad ②$$

②$-k \times$① 得

$$(l-k)x_l \equiv (l-k)y_l (\bmod p)$$

由 $1 \leqslant l-k < p$ 知 $(p, l-k) = 1$. 于是

$$x_l \equiv y_l (\bmod p)$$

因而

$$x_l = y_l$$

与 $x_l \neq y_l$ 矛盾.

因此，x, y 至少有 3 个对应的分量不同.

若 $(x_1, x_2, \cdots, x_{n-2})$ 和 $(y_1, y_2, \cdots, y_{n-2})$ 只有 1 个对应分量不同，即存在 $k(1 \leqslant k \leqslant n-2)$，使得

$$x_k \neq y_k$$

于是由 $1 \leqslant |y_k - x_k| < p \ (1 \leqslant k < p)$ 得

$$y_{n-1} - x_{n-1} \equiv y_k - x_k \not\equiv 0 \ (\bmod p)$$
$$y_n - x_n \equiv k(y_k - x_k) \not\equiv 0 \ (\bmod p)$$

因此，$y_{n-1} \neq x_{n-1}, y_n \neq x_n$.

此时，x, y 中也有 3 个对应的分量不同.

由以上，所求集合 A 中元素个数的最大值为 p^{n-2}.

91 数列 $\{a_n\}, \{b_n\}$ 满足：$a_0 = b_0 = 1, a_{n+1} = \alpha a_n + \beta b_n, b_{n+1} = \beta a_n + \gamma b_n$，其中 α, β, γ 为正整数，$\alpha < \gamma$，且 $\alpha \gamma = \beta^2 + 1$.

证明：$\forall n \in \mathbf{N}, a_n + b_n$ 必可表为两个正整数的平方和.

(中国国家集训队培训试题，2006 年)

证 据如下熟知的性质：

性质 1 大于 1 的正整数 a，若没有 $4n-1$ 形状的质因子，则 a 可表示为两个正整数的平方和.

性质 2 若 $x, y, a \in \mathbf{N}^*$，满足 $xy = a^2 + 1$，则 x, y 没有形如 $4n-1$ 形状的质因子.

性质 3 若 $x, y, a, b \in \mathbf{N}^*$，$xy = a^2 + b^2$，且 x, y 无 $4n-1$ 形状的公共质因子，则 x, y 皆可表为两个整数的平方和.

下面证明本题.

记 $S_n = a_n + b_n$，则

最新世界各国数学奥林匹克中的初等数论试题(上)
The Lastest Elementary Number Theory in Mathematical Olympiads in The World

$$S_0 = 2 = 1^2 + 1^2, \quad a_1 = \alpha + \beta,$$
$$b_1 = \beta + \gamma, \quad S_1 = \alpha + 2\beta + \gamma$$

则
$$\alpha\gamma = \beta^2 + 1$$

可化为
$$\alpha(\alpha + \gamma + 2\beta) = (\alpha + \beta)^2 + 1$$

由性质 2 可知 α 与 $\alpha + \gamma + 2\beta$ 无 $4n-1$ 型的质因子.

再由性质 1,可表为两个整数平方和的形式.

即 $S_1 = \alpha + \gamma + 2\beta$ 为两个正整数的平方和.
$$S_2 = a_2 + b_2 = (\alpha a_1 + \beta b_1) + (\beta a_1 + \gamma b_1) =$$
$$(\alpha + \beta)a_1 + (\beta + \gamma)b_1 =$$
$$a_1^2 + b_1^2$$

又由 $a_{n+1} = \alpha a_n + \beta b_n, b_{n+1} = \beta a_n + \gamma b_n$,得
$$a_{n+1} = \alpha a_n + \beta b_n =$$
$$\alpha a_n + \beta^2 a_{n-1} + \beta\gamma b_{n-1} =$$
$$\alpha a_n + (\alpha\gamma - 1)a_{n-1} + \beta\gamma b_{n-1} =$$
$$\alpha a_n + \gamma(\alpha a_{n-1} + \beta b_{n-1}) - a_{n-1} =$$
$$\alpha a_n + \gamma a_n - a_{n-1} =$$
$$(\alpha + \gamma)a_n - a_{n-1}$$

同理
$$b_{n+1} = (\alpha + \gamma)b_n - b_{n-1}$$

于是
$$S_{n+1} = a_{n+1} + b_{n+1} = (\alpha + \gamma)S_n - S_{n-1}$$

下面证明
$$S_{n+1}S_{n-1} = S_n^2 + (\alpha - \gamma)^2$$

记 $f(n) = S_{n+1}S_{n-1} - S_n^2$,由于
$$f(n+1) - f(n) = [S_{n+2}S_n - S_{n+1}^2] - [S_{n+1}S_{n-1} - S_n^2] =$$
$$[((\alpha + \gamma)S_{n+1} - S_n)S_n - S_{n+1}^2] -$$
$$[S_{n+1}((\alpha + \gamma)S_n - S_{n+1}) - S_n^2] = 0$$

则
$$f(n+1) = f(n)$$

于是
$$f(n) = f(n-1) = \cdots = f(1) = S_2S_0 - S_1^2 =$$
$$2(a_1^2 + b_1^2) - (a_1 + b_1)^2 =$$
$$(a_1 - b_1)^2 =$$

第 2 章 质数、合数与质因数分解
Chapter 2　Prime Number, Composite Number and Prime Factorization

$$(α-γ)^2$$
$$S_{n+1}S_{n-1} = S_n^2 + (α-γ)^2$$

又
$$(S_{n+1}, S_{n-1}) = (S_{n+1}, (α+γ)S_n) = (S_{n-1}, (α+γ)S_n)$$

当 $n+1$ 为偶数时，
$$(S_{n+1}, α+γ) = (S_{n-1}, α+γ) = \cdots = (S_0, α+γ) =$$
$$(2, α+γ) = 1 \text{ 或 } 2$$

当 $n+1$ 为奇数时，
$$(S_{n+1}, α+γ) = (S_{n-1}, α+γ) = \cdots = (S_1, α+γ)$$

因此 $S_1 = α+γ+2β$，由于 2 和 $α+γ+2β$ 都没有 $4n-1$ 型的质因子，所以由性质 3，2 与 $α+γ+2β$ 无 $4n-1$ 型的公共质因子.

又由 $(S_{n+1}, S_n) = (S_n, S_{n-1}) = \cdots = (S_1, S_0) = (S_1, 2) = 1$ 或 2，因此 S_{n+1}, S_{n-1} 无 $4n-1$ 型的公共质因子.

从而由性质 3，S_{n+1} 与 S_{n-1} 都可以表为两个正整数的平方和的形式.

因此，$S_n = a_n + b_n$ 可表为两个正整数的平方和.

92　甲、乙两人玩一个猜数游戏. 甲选一个正整数 a，并告诉乙 $a \leqslant 2\,006$. 每次乙告诉甲一个正整数 b，则甲告诉乙 $a+b$ 是否是一个质数. 证明：乙问甲的次数小于 2 006，就能猜出甲选的数.

（澳大利亚数学奥林匹克，2006 年）

证　定义：

数列 $S_n(k) = (k+1, k+2, \cdots, k+n)$

函数 $f(m) = \begin{cases} 1, m \text{ 为质数} \\ 0, m \text{ 为合数} \end{cases}$

$$f(S_n(k)) = (f(k+1), f(k+2), \cdots, f(k+n)).$$

对甲选的正整数 $a(1 \leqslant a \leqslant 2\,006)$，取 $b = 1, 2, \cdots, 2\,005$，得到 $f(S_{2\,005}(a))$.

为确定 a，只须证：对 $1 \leqslant i < j \leqslant 2\,006$.
$$f(S_{2\,005}(i)) \neq f(S_{2\,005}(j))$$

下面用反证法.

假设存在 $k \in \mathbf{N}^*$，使得 $1 \leqslant i < i+k \leqslant 2\,006$，且
$$f(S_{2\,005}(i)) = f(S_{2\,005}(i+k))$$

则对于任意的 $u \in [i, i+2\,005]$，有
$$f(u) = f(u+k)$$

若 $k = 1$，显然，2 003, 2 011 之一必在 $[i, i+2\,005]$ 中.

最新世界各国数学奥林匹克中的初等数论试题(上)

The Lastest Elementary Number Theory in Mathematical Olympiads in The World

注意到 $f(2\,003,2\,011)=(1,1)$,但
$$f(2\,003+1,2\,011+1)=(0,0)$$
矛盾.所以 $k\neq 1$.

若 $2\nmid k$,显然 $2\,003,2\,011$ 之一必在 $[i,i+2\,005]$ 中.

注意到 $f(2\,003,2\,011)=(1,1)$,但
$$f(2\,003+k,2\,011+k)=(0,0)$$
矛盾.所以 $2\mid k$.

若 $3\nmid k$,显然 $\{1\,999,2\,003\},\{2\,007,2\,017\}$ 之一必在 $[i,i+2\,005]$ 中.设为 a,b.

注意到 $f(a,b)=(1,1)$.但 $0\in f(a+k,b+k)$(这是因为 a,b 模 3 余 1,2,故 $a+k,b+k$ 之一模 3 余 0),矛盾.

所以 $3\mid k$.

若 $5\nmid k$,显然 $\{1\,871,1\,873,1\,877,1\,879\},\{2\,003,2\,011,2\,017,2\,029\}$ 之一必在 $[i,i+2\,005]$ 中.设为 a,b,c,d.

注意到 $f(a,b,c,d)=(1,1,1,1)$.但 $0\in f(a+k,b+k,c+k,d+k)$(这是因为 a,b,c,d 模 5 余 1,2,3,4,故 $a+k,b+k,c+k,d+k$ 之一模 5 余 0),矛盾.

所以 $5\mid k$.

于是 $30\mid k$.

所以 $k\geqslant 30,i\leqslant 2\,006-k\leqslant 2\,006-30=1\,976$.

若 $7\nmid k$,显然 $\{1\,987,1\,993,1\,997,1\,999,2\,003\}\subseteq[i,i+2\,005]$,且 $1\,949,2\,089$ 之一必在 $[i,i+2\,005]$ 中,设为 a,b,c,d,e,g.其模 7 余 $1,2,3,4,5,6$.

注意到 $f(a,b,c,d,e,g)=(1,1,1,1,1,1)$

但 $0\in f(a+k,b+k,c+k,d+k,e+k,g+k)$,矛盾.

所以 $7\mid k$.

从而 $210\mid k$.

所以 $k\geqslant 210,i\leqslant 2\,006-k\leqslant 2\,006-210=1\,796$.

若 $11\nmid k$,显然
$\{1\,831,1\,873,1\,879,1\,973,1\,979,1\,987,1\,993,1\,997,1\,999,2\,003\}\subseteq[i,i+2\,005]$
设为 $a_1,a_2,\cdots,a_{10}$,其模 11 分别余 $1,2,\cdots,10$.

注意到 $f(a_1,a_2,\cdots,a_{10})=(1,1,\cdots,1,1)$.

但 $0\in f(a_1+k,a_2+k,\cdots,a_{10}+k)$,矛盾.

所以 $11\mid k$.

从而 $2\,310\mid k$.

所以 $k\geqslant 2\,310$ 与 $k\leqslant 2\,005$ 矛盾.

所以,所证命题成立.

第 2 章 质数、合数与质因数分解
Chapter 2 Prime Number, Composite Number and Prime Factorization

93 设 p 是大于 2 的质数，数列 $\{a_n\}$ 满足
$$na_{n+1}=(n+1)a_n-\left(\frac{p}{2}\right)^4$$
求证：当 $a_1=5$ 时，$16\mid a_{81}$.

(中国北方数学奥林匹克,2006 年)

证 题设的等式可化为
$$\frac{a_{n+1}}{n+1}=\frac{a_n}{n}-\left(\frac{p}{2}\right)^4\cdot\frac{1}{n(n+1)}$$
$$\frac{a_{n+1}}{n+1}=\frac{a_n}{n}-\left(\frac{p}{2}\right)^4\left(\frac{1}{n}-\frac{1}{n+1}\right)$$
$$\frac{a_{n+1}}{n+1}-\left(\frac{p}{2}\right)^4\cdot\frac{1}{n+1}=\frac{a_n}{n}-\left(\frac{p}{2}\right)^4\cdot\frac{1}{n}$$

于是有
$$\frac{a_n}{n}-\left(\frac{p}{2}\right)^4\cdot\frac{1}{n}=\frac{a_{n-1}}{n-1}-\frac{p^4}{16(n-1)}=\cdots=\frac{a_1}{1}-\frac{p^4}{16}$$

于是
$$a_n=na_1-\frac{1}{16}(n-1)p^4$$

当 $a_1=5$ 时，
$$a_{81}=5\times 81-5p^4=5(81-p^4)$$

由于
$$p^4-81=(p^2+9)(p+3)(p-3)$$

由题设，p 是奇质数，则 $p^2+9, p+3, p-3$ 都是偶数.

于是
$$8\mid(p^2+9)(p+3)(p-3)=p^4-81$$

又由 p 是奇质数，则
$$p\equiv 1,3\pmod 4$$

当 $p\equiv 1\pmod 4$ 时，$p+3\equiv 0\pmod 4$

当 $p\equiv 3\pmod 4$ 时，$p-3\equiv 0\pmod 4$

因此
$$4\mid(p+3)(p-3)$$

于是
$$16\mid(p^4-81)$$

即
$$16\mid a_{81}$$

最新世界各国数学奥林匹克中的初等数论试题(上)
The Lastest Elementary Number Theory in Mathematical Olympiads in The World

94 如果正整数 N 满足

(1) N 能被至少 n 个质数整除;

(2) 存在 N 的不同正因子 $1, x_2, x_3, \cdots, x_n$ 满足
$$1 + x_2 + x_3 + \cdots + x_n = N$$

那么就称 N 为一个 n 阶"好数"。

证明:对所有的正整数 $n(n \geqslant 6)$,均存在 n 阶好数.

(韩国数学奥林匹克,2006 年)

证 用数学归纳法.

当 $n=6$ 时,$N_6 = 2 \times 3 \times 7 \times 43 \times 1\,807 = 1\,806 \times 1\,807$

又
$$1\,807 = 13 \times 19$$

则
$$N_6 = 2 \times 3 \times 7 \times 13 \times 19 \times 43$$

N_6 恰被 6 个质数整除.

由于等式
$$\frac{1}{m} = \frac{1}{m+1} + \frac{1}{m(m+1)}$$

则
$$1 = \frac{1}{2} + \frac{1}{2} =$$
$$\frac{1}{2} + \frac{1}{3} + \frac{1}{6} =$$
$$\frac{1}{2} + \frac{1}{3} + \frac{1}{7} + \frac{1}{42} =$$
$$\frac{1}{2} + \frac{1}{3} + \frac{1}{7} + \frac{1}{43} + \frac{1}{1\,806} =$$
$$\frac{1}{2} + \frac{1}{3} + \frac{1}{7} + \frac{1}{43} + \frac{1}{1\,807} + \frac{1}{1\,806 \times 1\,807}$$

即
$$1 = \frac{1}{2} + \frac{1}{3} + \frac{1}{7} + \frac{1}{43} + \frac{1}{1\,807} + \frac{1}{N_6}$$
$$N_6 = 1 + \frac{N_6}{2} + \frac{N_6}{3} + \frac{N_6}{7} + \frac{N_6}{43} + \frac{N_6}{1\,807}$$

所以 N_6 是一个 6 阶好数.

假设存在一个 n 阶好数,则令
$$N_{n+1} = N_n(N_n + 1)$$

于是有

第 2 章　质数、合数与质因数分解
Chapter 2　Prime Number, Composite Number and Prime Factorization

$$N_{n+1} = (1+x_2+x_3+\cdots+x_n)(N_n+1) =$$
$$1+N_n+x_2(N_n+1)+x_3(N_n+1)+\cdots+x_n(N_n+1)$$

因此 N_{n+1} 是它的 $n+1$ 个不同正因子的和.

另一方面,由于 N_n 和 N_{n+1} 互质,则它们没有相同的质因子,因此,N_{n+1} 至少有 $n+1$ 个不同的质因子.

所以对 $n+1$, N_{n+1} 为一个 $n+1$ 阶"好数".

于是由数学归纳法证明了,对所有 $n \geqslant 6, n \in \mathbf{N}^*$,均存在 n 阶好数.

95　求所有的由不同质数组成的三元数组 (p,q,r) 满足
$$p \mid (q+r), \quad q \mid (r+2p), \quad r \mid (p+3q)$$
(捷克和斯洛伐克数学奥林匹克,2006 年)

解　分三种情况讨论.

(1) 若 p 是 p,q,r 中最大的质数.

由 $p \mid (q+r)$ 及 $q+r < 2p$ 得 $q+r = p$.

由 $q \mid (r+2p)$ 得 $q \mid (3r+2q)$,即 $q \mid 3r$.

因为 $q \neq r$,则 $q = 3$.

于是
$$p = q+r = r+3$$
由 $r \mid (p+3q)$ 得 $r \mid (r+12)$,则 $r \mid 12$,于是 $r = 2$ 或 3,由于 $r \neq q$,所以 $r = 2$.

即
$$(p,q,r) = (5,3,2)$$

(2) 若 q 是 p,q,r 中最大的质数.

由 $q \mid (r+2p)$ 及 $r+2p < 3q$,得
$$r+2p = q \quad \text{或} \quad r+2p = 2q$$

若 $r+2p = 2q$,则 r 是偶数,$r = 2$,于是
$$2+2p = 2q, \quad p+1 = q$$
由于 $r = 2, p, q \neq r$,则 p, q 是奇质数,所以 $p+1 = q$ 不可能成立;

若 $r+2p = q$,由 $p \mid (q+r)$ 得 $p \mid (2r+2p)$,即 $p \mid 2r$,所以 $p = 2$.

由 $r \mid (p+3q)$ 得 $r \mid (3r+7p)$,即 $r \mid 7p$,则 $r = 7$.
$$q = r+2p = 7+2\times2 = 11$$
即
$$(p,q,r) = (2,11,7)$$

(3) 若 r 是 p,q,r 中最大质数

由 $r \mid (p+3q)$ 及 $p+3q < 4r$,则

$$p+3q=3r \quad 或 \quad p+3q=2r \quad 或 \quad p+3q=r$$

若 $p+3q=3r$,则 $3\mid p$,即 $p=3$.此时 $r=q+1$,且 $r\neq 3$,此时无解.

若 $p+3q=2r$,由 $p\mid(q+r)$ 得 $p\mid 2(q+r)$,即
$$p\mid(p+5q), \quad p\mid 5q$$

则 $p=5$

此时,由 $q\mid 2(r+2p)$ 即 $q\mid(3q+5p)$,$q\mid 5p$,$q=5$ 与 $p=5$ 矛盾.

若 $p+3q=r$,由 $p\mid(q+r)$ 得 $p\mid(p+4q)$,即 $p\mid 4q$,则 $p=2$.

由 $q\mid(r+2p)$ 得 $q\mid(3q+3p)$,于是 $q\mid 6$,则 $q=3$,
$$r=p+3q=2+3\times 3=11$$

即
$$(p,q,r)=(2,3,11)$$

所以,满足条件的质数组 (p,q,r) 有
$$(5,3,2), \quad (2,11,7), \quad (2,3,11)$$

共三组.

96 对 $a\in \mathbf{N}^*$,设 S_a 是满足如下条件的质数的集合.

对任何 $p\in S_a$,存在奇数 b,使得
$$p\mid\left[(2^{2^a})^b-1\right]$$

求证:对所有的 $a\in \mathbf{N}^*$,存在无穷多个质数没有被包含在 S_a 中.

(韩国数学奥林匹克,2006 年)

证 定义数列 $\{a_n\}$ 满足 $a_n=2^{2^n}+1$,则
$$a_0a_1a_2\cdots a_{n-1}=(2^{2^0}+1)(2^{2^1}+1)(2^{2^2}+1)\cdots(2^{2^{n-1}}+1)=$$
$$(2^{2^0}-1)(2^{2^0}+1)(2^{2^1}+1)(2^{2^2}+1)\cdots(2^{2^{n-1}}+1)=$$
$$(2^{2^1}-1)(2^{2^1}+1)(2^{2^2}+1)\cdots(2^{2^{n-1}}+1)=$$
$$(2^{2^2}-1)(2^{2^2}+1)\cdots(2^{2^{n-1}}+1)=\cdots=$$
$$2^{2^n}-1=$$
$$a_n-2$$

当 $n\neq m$ 时,$(a_n,a_m)=1$.

对所有满足 $n\geqslant a$ 的正整数 n,记 p_n 为 a_n 的任一质因数,则当 $n\neq m$ 时,$p_n\neq p_m$.

假设,对某些正奇数 b,$2^{2^ab}-1$ 能被 p_n 整除.由
$$2^{2^ab}\equiv 1\pmod{p_n}$$
$$2^{2^{n+1}}\equiv 1\pmod{p_n}$$

得

第 2 章　质数、合数与质因数分解
Chapter 2　Prime Number, Composite Number and Prime Factorization

$$2^{2^a} \equiv 1 \pmod{p_n}$$

这与 $2^{2^n} \equiv -1 \pmod{p_n}$ 矛盾.

因此,对 $n \geqslant a$ 的正整数 n, $p_n \notin S_a$.

97 设 p 是质数,且 p^2+71 的不同正因数的个数不超过 10 个,求 p.

(中国高中数学联赛江苏赛区初赛,2006 年)

解 当 $p=2$ 时,$p^2+71=75=3 \times 5^2$,此时共有正因数 $(1+1)(2+1)=6$ 个,故 $p=2$ 满足条件.

当 $p=3$ 时,$p^2+71=80=2^4 \times 5$,此时共有正因数 $(4+1)(1+1)=10$ 个,故 $p=3$ 满足条件.

当 $p>3$ 时,$p \geqslant 5$,$p^2+71=p^2-1+72=(p-1)(p+1)+72$.

质数 p 必为 $3k \pm 1$ 型的奇数,$p-1$,$p+1$ 是相邻的两个偶数,且其中必有一个是 3 的倍数. 所以,$(p-1)(p+1)$ 是 24 的倍数,从而 p^2+71 是 24 的倍数.

设 $p^2+71=24m=2^3 \times 3 \times m$, $m \in \mathbf{N}^*$,且 $m \geqslant 4$.

若 m 有不同于 $2,3$ 的质因数,则 p^2+71 的正因数个数 $\geqslant (3+1)(1+1)(1+1) > 10$;

若 m 中含有质因数 3,则 p^2+71 的正因数个数 $\geqslant (3+1)(2+1) > 10$;

若 m 中仅含有质因数 2,则 p^2+71 的正因数个数 $\geqslant (5+1)(1+1) > 10$;

所以,$p>3$ 时不满足条件. 综上所述,所求得的质数 p 是 2 或 3.

98 求所有自然数 n 和 $k(k>1)$,使得 k 整除 $C_n^1, C_n^2, \cdots, C_n^{n-1}$ 中的每一个数.

(黑山和塞尔维亚选拔考试,2006 年)

解 设 $k = \prod_{i=1}^{m} p_i^{\alpha_i}$,其中 $p_1, p_2, \cdots, p_m$ 为相异的质数,$\alpha_i \in \mathbf{N}^*$,$i=1,2,\cdots,m$.

由 $k \mid C_n^1 = n$ 得

$$p_i^{\alpha_i} \mid n \quad (i=1,2,\cdots,m)$$

若 $p_i^{\alpha_i} \| n$,则

$$p_i^{\alpha_i} \| C_n^{p_i} = \frac{n(n-1)\cdots(n-p_i+1)}{p_i \cdot (p_i-1) \cdot \cdots \cdot 2 \cdot 1}$$

与 $k \mid C_n^{p_i}$ 矛盾.

所以 $p_i^{\alpha_i+1} \mid n$.

此时,$C_n^r = \dfrac{n(n-1)\cdots(n-r+1)}{r \cdot (r-1) \cdot \cdots \cdot 2 \cdot 1}$ 的分子中 p_i 的次数不小于

最新世界各国数学奥林匹克中的初等数论试题(上)
The Lastest Elementary Number Theory in Mathematical Olympiads in The World

$$n + \sum_{j=1}^{\infty}\left[\frac{r}{p_i^j}\right]$$

分母中 p_i 的次数为

$$\sum_{j=1}^{\infty}\left[\frac{r}{p_i^j}\right]$$

于是

$$p_i^{a_i} \mid C_n^r (i=1,2,\cdots,m)$$

因此

$$k \mid C_n^r (r=1,2,\cdots,n-1)$$

99 设自然数 n 的正因子为 $d_1, d_2, \cdots, d_k$,且满足

$$1 = d_1 < d_2 < \cdots < d_k = n$$

若 $d_7^2 + d_{15}^2 = d_{16}^2$,求 d_{17} 的所有可能的值.

(印度国家队选拔考试,2006 年)

解 由熟知的命题:

已知 a,b,c 三个整数满足 $a^2+b^2=c^2$,则 a,b 之一能被 4 整除,a,b 之一能被 3 整除,a,b,c 之一能被 5 整除.

可知,$4, 3, 5$ 是 n 的正因子.

于是

$$n = 2^\alpha \times 3^\beta \times 5^\gamma \times t$$

其中 $\alpha \geqslant 2, \beta, \gamma \in \mathbf{N}^*, t \in \mathbf{N}^*$ 且 t 不能被 $2,3,5$ 整除.

注意到 $\beta, \gamma \geqslant 1$,则

$$d_1 = 1, d_2 = 2, d_3 = 3, d_4 = 4, d_5 = 5, d_6 = 6$$

又 $10 = 2 \times 5$ 也是 n 的一个因子,因此

$$d_7 \in \{7, 8, 9, 10\}$$

(1) 若 $d_7 = 7$,此时

$$d_7^2 = d_{16}^2 - d_{15}^2 = (d_{16} - d_{15})(d_{16} + d_{15}) = 49 = 1 \times 7 \times 7$$

于是 $d_{16} - d_{15} = 1, d_{16} + d_{15} = 49, d_{15} = 24, d_{16} = 25$

由 $d_{15} \mid n$,即 $24 \mid n$,则 $8 \mid n$.

同理 $d_{16} \mid n$,即 $25 \mid n$.

由此得 $\alpha \geqslant 3, \gamma \geqslant 2$.

又 $d_7 = 7$ 也是 n 的一个因子,于是

$$n = 2^\alpha \times 3^\beta \times 5^\gamma \times 7^\delta \times t_1$$

其中 $\alpha \geqslant 3, \beta \geqslant 1, \gamma \geqslant 2, \delta \geqslant 1, t_1 \in \mathbf{N}^*$,且 t_1 不能被 $2,3,5,7$ 整除.

若 $\beta \geqslant 2$,则 $q \mid n$,所以

第 2 章 质数、合数与质因数分解
Chapter 2 Prime Number, Composite Number and Prime Factorization

$$d_1=1, d_2=2, d_3=3, d_4=4, d_5=5, d_6=6, d_7=7, d_8=8,$$
$$d_9=9, d_{10}=10, d_{11} \leqslant 12, d_{12} \leqslant 14, d_{13} \leqslant 15, d_{14} \leqslant 18, d_{15} \leqslant 20.$$

这与 $d_{15}=24$ 矛盾. 于是 $\beta=1$. 从而
$$n = 2^\alpha \times 3 \times 5^\gamma \times 7^\delta t$$

若 $\alpha \geqslant 4$, 则
$$d_1=1, d_2=2, d_3=3, d_4=4, d_5=5, d_6=6, d_7=7, d_8=8, d_9=10,$$
$$d_{10} \leqslant 12, d_{11} \leqslant 14, d_{12} \leqslant 15, d_{13} \leqslant 16, d_{14} \leqslant 20, d_{15} \leqslant 21$$

这与 $d_{15}=24$ 矛盾. 于是 $\alpha=3$, 从而
$$n = 2^3 \times 3 \times 5^\gamma \times 7^\delta \times t_1$$

其中 $\gamma \geqslant 1, \delta \geqslant 1, t_1 \in \mathbf{N}^*$, 且 t_1 不能被 $2,3,5,7$ 整除.

于是有
$$d_1=1, d_2=2, d_3=3, d_4=4, d_5=5, d_6=6, d_7=7, d_8=8, d_9=10,$$
$$d_{10} \leqslant 12, d_{11} \leqslant 14, d_{12} \leqslant 15, d_{13} \leqslant 20, d_{14} \leqslant 21, d_{15} \leqslant 24$$

因为 $d_{15}=24$, 则 t_1 不能有约数 $11,13,17,19$ 和 23, 否则必有 $d_{15}<24$. 又 $d_{16}=25$, 则 $\gamma \geqslant 2$. 且 $d_{17} \neq 26 = 2 \times 13$, $d_{17} \neq 27 = 3^3$, 又 4 和 7 是 n 的因子, 因此, $d_{17}=4 \times 7=28$.

（2）若 $d_7=8$, 则
$$(d_{16}-d_{15})(d_{16}+d_{15}) = d_7^2 = 8^2 = 64 = 2 \times 32 = 4 \times 16$$

从而 $d_{16}=17, d_{15}=15$ 或 $d_{16}=10, d_{15}=6$.

因为 $d_6=6$, 所以 $d_{15} \neq 6$.

如果 $d_{15}=15$, 则
$$8 = d_7 < d_8 < d_9 < \cdots < d_{15} = 15$$

这是不可能的.

所以 $d_7 \neq 8$.

（3）若 $d_7=9$, 则
$$(d_{16}-d_{15})(d_{16}+d_{15}) = 81 = 1 \times 81 = 3 \times 27$$

从而 $d_{16}=41, d_{15}=40$ 或 $d_{16}=15, d_{15}=12$.

如果 $d_{15}=40$, 则 $40 \mid n$, 即 $8 \mid n$. 但 $d_6=6, d_7=9$, 所以 8 不是 n 的一个因子.

所以 $d_7 \neq 9$.

（4）若 $d_7=10$, 则
$$(d_{16}-d_{15})(d_{16}+d_{15}) = 100 = 2 \times 50$$

从而 $d_{16}=25, d_{15}=24$, 又有 $8 \mid n$. 但 $d_6=6, d_7=10$, 同样, 8 不是 n 的一个因子.

所以 $d_7 \neq 10$.

由以上, $d_{17}=28$.

最新世界各国数学奥林匹克中的初等数论试题(上)
The Lastest Elementary Number Theory in Mathematical Olympiads in The World

100 若正整数有 8 个正因数,且这 8 个正因数的和为 3 240,则称这个正整数为"好数". 例如 2 006 是好数. 因为其因数为 1,2,17,34,59,118,1 003,2 006 共 6 个,且和为 3 240.

求好数的最小值.

(巴西数学奥林匹克,2006 年)

解 设 $n=\prod_{i=1}^{k} p_i^{a_i}$,其中 $p_1<p_2<\cdots<p_k$ 为质数,且对 $i\in \mathbf{N}^*$,$a_i \in \mathbf{N}^*$.

依题意
$$\prod_{i=1}^{k}(1+a_i)=8$$

当 $k=1$ 时,$a_1=7$,

当 $k=2$ 时,$a_1=1$,$a_2=3$ 或 $a_1=3$,$a_2=1$.

当 $k=3$ 时,$a_1=a_2=a_3=1$.

当 $k\geqslant 4$ 时无解.

(1) 若 $n=p^7$,p 为质数,则
$$\sum_{i=0}^{7} p^i = 3\ 240$$

如果 $p\geqslant 3$,$\sum_{j=0}^{7} p^j \geqslant \sum_{j=0}^{7} 3^j=\frac{3^8-1}{2}=3\ 280>3\ 240$. 无解.

如果 $p=2$,$\sum_{j=0}^{7} p^j = \sum_{j=0}^{7} 2^j = 2^8-1=511 \neq 3\ 240$. 无解.

(2) 若 $n=p^3q$,p,q 为质数,且 $p\neq q$,则有
$$(1+p+p^2+p^3)(1+q)=3\ 240$$
$$(1+p)(1+p^2)(1+q)=3\ 240=2^3\times 3^4 \times 5$$

因为 $q\geqslant 2$,则 $1+q\geqslant 3$,从而
$$1+p+p^2+p^3 \leqslant 1\ 080$$

即
$$p^3 \leqslant 1\ 080, \quad p\leqslant 10, \quad p=2,3,5,7$$

如果 $p=5$,则 $1+p^2=26 \nmid 3\ 240$,矛盾;

如果 $p=7$,则 $1+p^2=50 \nmid 3\ 240$,矛盾;

如果 $p=2$,则 $1+p+p^2+p^3=15$,$1+q=\frac{3\ 240}{3\times 5}=216$,$q=215$ 不是质数;

如果 $p=3$,则 $1+p+p^2+p^3=40$,$1+q=\frac{3\ 240}{40}=81$,$q=80$ 不是质数;

(3) 若 $n=pqr$,p,q,r 是质数,$p\neq q \neq r$,不妨设 $p<q<r$.

第 2 章 质数、合数与质因数分解
Chapter 2　Prime Number, Composite Number and Prime Factorization

则
$$(1+p)(1+q)(1+r) = 3\ 240 = 2^3 \times 3^4 \times 5$$

若 $p=2$，则
$$(1+q)(1+r) = 2^3 \times 3^3 \times 5$$

为使 pqr 尽量地小，即 qr 尽量地小，则
$$qr = (1+q)(1+r) - (q+1) - (r+1) + 1$$

需使 $(q+1)+(r+1)$ 尽量地大，所以 q 尽量小，r 尽量大，则可取 $q=3, r=269$. 此时
$$n = 2 \times 3 \times 269 = 1\ 614$$

若 $p \geqslant 3$，则 $\dfrac{1+p}{2} \cdot \dfrac{1+q}{2} \cdot \dfrac{1+r}{2} = 3^4 \times 5$，则只可能为

$$\frac{1+p}{2} = 3, \quad \frac{1+q}{2} = 5, \quad \frac{1+r}{2} = 3^3$$

或

$$\frac{1+p}{2} = 3, \quad \frac{1+q}{2} = 3^2, \quad \frac{1+r}{2} = 3 \times 5$$

对应的 $(p,q,r) = (5,9,53), (5,17,29)$.

由于 9 不是质数，则
$$(p,q,r) = (5,17,29)$$
$$n = 5 \times 17 \times 29 = 2\ 465$$

由以上，$n_{\min} = 1\ 614$.

101 设 $A_1, A_2, \cdots, A_n$ 是 n 个等差数列，每个等差数列由 k 项组成，且任两个等差数列至少有 2 个公共元素. 若这些等差数列中有 b 个的公差为 d_1，而其他的等差数列的公差为 d_2. 其中 $0 < b < n$. 证明

$$b \leqslant 2\left(k - \frac{d_2}{(d_1,d_2)}\right) - 1$$

其中记号 (d_1, d_2) 为 d_1, d_2 的最大公约数.

（印度国家队选拔考试，2006 年）

证　记 $[d_1, d_2]$ 为 d_1, d_2 的最小公倍数，p_j 是公差为 $d_j(j=1,2)$ 的等差数列的并，
$$S = p_1 \cap p_2$$

于是，S 是具有公差 $[d_1, d_2]$ 的一个等差数列.

设 y 是 p_1 的最小元素，x 是 S 的最小元素.

注意到公差为 d_1 的任 2 个等差数列至少有 2 个公共元素，故
$$b \leqslant k-1$$

最新世界各国数学奥林匹克中的初等数论试题(上)
The Lastest Elementary Number Theory in Mathematical Olympiads in The World

若 $\dfrac{d_2}{(d_1,d_2)} \leqslant \dfrac{k}{2}$，则从 $b \leqslant k-1$ 得出

$$k - \frac{d_2}{(d_1,d_2)} \geqslant \frac{k}{2}$$

即

$$b \leqslant 2\left(k - \frac{d}{(d_1,d_2)}\right) - 1$$

若 $\dfrac{d_2}{(d_1,d_2)} > \dfrac{k}{2}$，令

$$m_0 = 2 \cdot \frac{d_2}{(d_1,d_2)} - k$$

公差为 d_1 的每一个等差数列至少包含 S 的 2 个元素，且从 $y+md_1(0 \leqslant m \leqslant k-2)$ 开始.

公差为 d_1 的第一项为

$$x+d_1, x+2d_1, \cdots, x+m_0 d_1$$

之一的等差数列只包含 S 的一个元素，即 $x+[d_1,d_2]$.

因此，$b \leqslant k-1-m_0 = 2\left(k - \dfrac{d_2}{(d_1,d_2)}\right) - 1$.

102 设 k,a,b 为正整数，k 被 a^2, b^2 整除所得的商分别为 $m, m+116$.

(1) 若 a,b 互质，证明 a^2-b^2 与 a^2, b^2 都互质；

(2) 当 a,b 互质时，求 k 的值；

(3) 若 a,b 的最大公约数为 5，求 k 的值.

(中国江苏省初中数学竞赛，2006 年)

解 (1) 设 S 为 a^2-b^2 与 a^2 的最大公约数，则

$$a^2-b^2 = Su, \quad a^2 = Sv \quad (u,v \in \mathbf{N}^*)$$

于是

$$a^2 - (a^2-b^2) = S(v-a) = b^2$$

所以 S 也是 b^2 的约数.

因为 a,b 互质，所以 a^2, b^2 也互质.

于是 $S=1$. 即 a^2-b^2 与 a^2 互质，a^2-b^2 与 b^2 也互质.

(2) 由题设，$k = ma^2 = (m+116)b^2$

所以

$$m(a^2-b^2) = 116b^2 \quad (a>b)$$

又因为 $a,b,m \in \mathbf{N}^*$，所以

$$(a^2-b^2) \mid 116b^2$$

第 2 章 质数、合数与质因数分解
Chapter 2　Prime Number, Composite Number and Prime Factorization

又因为 a^2-b^2 与 b^2 互质,所以
$$(a^2-b^2) \mid 116$$
即 $(a+b)(a-b)$ 是 116 的约数,由于 $a+b$ 与 $a-b$ 有相同的奇偶性,且 $116=2^2\times 29$,所以
$$\begin{cases} a+b=29 \\ a-b=1 \end{cases} \text{ 或 } \begin{cases} a+b=2\times 29 \\ a-b=2 \end{cases}$$
解得 $a=15, b=14$ 或 $a=30, b=28$.

又由 $(a,b)=1$,则 $a=15, b=14$.

于是
$$m=\frac{116b^2}{a^2-b^2}=2^4\times 7^2$$
因此
$$k=ma^2=2^4\times 7^2\times 15^2=176\,400$$

(3) 若 a,b 的最大公约数是 5,则可设
$$a=5a_1,\quad b=5b_1,\quad (a_1,b_1)=1$$
由(2) 有
$$m(a^2-b^2)=116b^2$$
即
$$m(25a_1^2-25b_1^2)=116(25b_1^2)$$
所以
$$m(a_1^2-b_1^2)=116b_1^2,\quad (a_1,b_1)=1$$
由(2)
$$m=2^4\times 7^2,\quad a_1=15,\quad b_1=14$$
所以
$$k=ma^2=m(5a_1)^2=25ma_1^2=25\times 2^4\times 7^2\times 15^2=4\,410\,000.$$

103　数列 $\{a_n\}$ 定义如下:
$$a_1=1,\quad a_{n+1}=d(a_n)+c \quad (n=1,2,\cdots)$$
其中,c 是一个确定的正整数,$d(m)$ 表示 m 的正约数的个数.
求证:存在正整数 k,使得数列 $a_k, a_{k+1}, \cdots$ 是周期数列.

(波兰数学奥林匹克,2006 年)

证　先证明如下的引理:

引理　对任意正整数 m,均有
$$d(m)\leqslant \frac{m}{2}+1$$

引理的证明:显然在 $\left[\dfrac{m}{2}\right]+1$ 到 $m-1$ 之间不存在 m 的约数.

所以
$$m-d(m) \geqslant (m-1)-\left(\left[\dfrac{m}{2}\right]+1\right)+1 \geqslant \dfrac{m}{2}-1$$

从而
$$d(m) \leqslant \dfrac{m}{2}+1$$

下面证明:对任意正整数 $n(n \geqslant 2)$,均有
$$a_n \leqslant 2c+1$$

用反证法.

假设 $t(t \geqslant 2)$ 是使得 $a_n \geqslant 2c+2$ 成立的最小正整数. 则
$$d(a_{t-1})+c \geqslant 2c+2$$

即
$$d(a_{t-1}) \geqslant c+2$$

又因为
$$d(a_{t-1}) \leqslant \dfrac{a_{t-1}}{2}+1$$

则
$$\dfrac{a_{t-1}}{2}+1 \geqslant c+2$$

即 $a_{t-1} \geqslant 2c+2$,与 t 的最小性矛盾.

从而,对任何正整数 i,均有 $a_i \in \{1,2,\cdots,2c+1\}$.

于是,必存在 $i,j(i \neq j)$,使得
$$a_i = a_j$$

因此数列 $\{a_n\}$ 必从某一项起是周期数列.

104 若一个正整数的各位数码之积为 $18\,900$,问:这样的数是否存在最大值和最小值? 若存在,请求出.

(克罗地亚数学奥林匹克,2007 年)

解 $18\,900 = 2^2 \times 3^3 \times 5^2 \times 7$.

下面求符合题意的最小值.

从质因子 $2,2,3,3,3,5,5,7$ 中挑选合适的数乘在一起,使总的数位最小,由于
$$2 \times 2 = 4, 3 \times 3 = 9 \text{ 或 } 2 \times 3 = 6, 3 \times 2 = 6, \text{ 或 } 3 \times 2 = 6, 3 \times 3 = 9$$

所以得到 3 个六元数组

第2章 质数、合数与质因数分解
Chapter 2 Prime Number, Composite Number and Prime Factorization

$\{3,4,5,5,7,9\}$, $\{3,5,5,6,6,7\}$, $\{2,5,5,6,7,9\}$

观察上述六元数组,可看出数 255 679 最小.

又可将 1 添加到一个数的各个数位,都不影响各位数码之积为 18 900,所以没有最大数.

105 若 $n \in \mathbf{N}$,求 $(5n+6, 8n+7)$.

(克罗地亚国家集训队考试,2007 年)

解
$$(5n+6, 8n+7) = (5n+6, 3n+1) =$$
$$(2n+5, 3n+1) =$$
$$(2n+5, n-4) =$$
$$(n+9, n-4) =$$
$$(n-4, 13)$$

由于 13 是质数,故 $(n-4, 13) = 1$ 或 13.

当 $n=1$ 时,$(5n+6, 8n+7) = (11, 15) = 1$

当 $n=4$ 时,$(5n+6, 8n+7) = (26, 39) = 13$

所以 $(5n+6, 8n+7) = 1$ 或 13.

106 求出所有的质数 p, q,满足
$$p \mid (q+6) \quad 且 \quad q \mid (p+7)$$

(爱尔兰数学奥林匹克,2007 年)

解 若 $p=2$,则由 $2 \mid (q+6)$,得 $q+6$ 为偶数,则质数 $q=2$.
但此时 $2 \nmid (2+7)$.所以 $p \neq 2$.

若 $q=2$,由 $p \mid (q+6) = 8$,得质数 $p=2$.
但此时 $2 \nmid (2+7)$,所以 $q \neq 2$.

因此,p, q 均为奇质数.

于是 $p+7$ 为偶数,又 $q \mid (p+7)$,则
$$q \leqslant \frac{p+7}{2} \leqslant \frac{q+6+7}{2}$$

所以 $q \leqslant 13$.

即 $q = 3, 5, 7, 11, 13$.

当 $q=3$ 时,由 $p \mid (3+6) = 9$,则 $p=3$,此时 $3 \nmid (3+7)$,故 $q \neq 3$.

当 $q=5$ 时,由 $p \mid (5+6) = 11$,则 $p=11$,此时 $5 \nmid (11+7)$,故 $q \neq 5$.

当 $q=7$ 时,由 $p \mid (7+6) = 13$,则 $p=13$,此时 $7 \nmid (13+7)$,故 $q \neq 7$.

当 $q=11$ 时,由 $p \mid (11+6) = 17$,则 $p=17$,此时 $11 \nmid (17+7)$,故 $q \neq 11$.

当 $q=13$ 时,由 $p \mid (13+6) = 19$,则 $p=19$,此时 $13 \mid (19+7) = 26$.

所以，所求的质数 p,q 为 $p=19, q=13$.

107 设 x,y,z 是正整数，且
$$\frac{x+1}{y}+\frac{y+1}{z}+\frac{z+1}{x}$$
也是整数，d 是 x,y,z 的最大公因数. 证明
$$d \leqslant \sqrt[3]{xy+yz+zx}$$

（波罗的海地区数学奥林匹克，2007 年）

证 设 $x=dx_1, y=dy_1, z=dz_1$，则
$$S = \frac{x+1}{y}+\frac{y+1}{z}+\frac{z+1}{x} =$$
$$\frac{d^3(x_1 y_1^2 + y_1 z_1^2 + z_1 x_1^2) + d^2(x_1 y_1 + y_1 z_1 + z_1 x_1)}{d^3 x_1 y_1 z_1}$$

因此 S 是整数，所以
$$d \mid (x_1 y_1 + y_1 z_1 + z_1 x_1)$$
即
$$d \leqslant x_1 y_1 + y_1 z_1 + z_1 x_1 = \frac{xy+yz+zx}{d^2}$$
于是
$$d^3 \leqslant xy+yz+zx$$
$$d \leqslant \sqrt[3]{xy+yz+zx}$$

108 已知 n 为正整数，满足 $24 \mid (n+1)$，证明
(1) n 有偶数个因数；
(2) n 的所有因数之和能被 24 整除.

（克罗地亚国家集训队考试，2007 年）

证 (1) 因为 $(n+1) \equiv 0 \pmod{24}$
所以
$$n \equiv 3 \pmod{4}$$
由于一个平方数对模 4 余 0 或 1，所以 n 不是完全平方数.

对 n 的质因数分解式 $n = \prod_{i=1}^{m} p_i^{\alpha_i}$（$p_i$ 是质数，$\alpha_i \in \mathbf{N}^*$），则 α_i 为奇数，因此其因数个数 $\prod_{i=1}^{m}(1+\alpha_i)$ 是偶数.

(2) 只要证明对 n 的任意一个因数 d，有 $24 \mid (d+\frac{n}{d})$ 即可.

第 2 章 质数、合数与质因数分解
Chapter 2 Prime Number, Composite Number and Prime Factorization

由于 $n = 24k - 1$,则 $(d, 24) = 1$.

又因为 $d + \dfrac{n}{d} = \dfrac{d^2 + n}{d}$,则只须证 $24 \mid (d^2 + n)$,即 $24 \mid (d^2 - 1)$.

因 $(d, 24) = 1$,所以 d 为奇数,因此 $8 \mid (d^2 - 1)$.

又因 $(d, 24) = 1$,则 $3 \nmid d$,因此 $3 \mid (d^2 - 1)$.

再因 $(3, 8) = 1$,则 $24 \mid (d^2 - 1)$.

因而 $24 \mid (d + \dfrac{n}{d})$,即 24 能整除 n 的全部因数之和.

109 是否存在正整数数列 $a_0, a_1, \cdots$,使得对任意 $i \neq j$,$(a_i, a_j) = 1$,及对所有的正整数 n,多项式 $\sum_{i=1}^{n} a_i x^i$ 为 $Z[x]$ 中不可约多项式?

(伊朗数学奥林匹克,2007 年)

解 设 p_0 为某个质数,质数数列 $\{p_n\}$ 满足
$$p_n > p_{n-1} + p_{n-2} + \cdots + p_0 \quad (n \geqslant 1)$$
令 $a_n = p_n$.

下面证明:对任意的正整数 n,$\sum_{i=1}^{n} p_i x^i$ 是不可约的.

假设 $p(x) = \sum_{i=1}^{n} p_i x^i = f(x) g(x)$.其中 $f(x), g(x) \in \mathbf{Z}[x]$,且 f 和 g 之一的首项为 1.

于是,f 或 g 有一个根 z,满足 $|z| \geqslant 1$.从而
$$|p(z)| = \left| \sum_{i=1}^{n} p_i x^i \right| \geqslant p_n |z|^n - \sum_{i=1}^{n-1} p_i |z|^i \geqslant$$
$$|z|^n (p_n - p_{n-1} - \cdots - p_0) > 0$$

这与 z 是 $p(x)$ 的根矛盾.

所以 $p(x)$ 不可约.

110 证明:对于所有的非负整数 n,$7^{7^n} + 1$ 是 $2n + 3$ 个质数(不一定互不相同)的乘积.

(美国数学奥林匹克,2007 年)

证 对 n 用数学归纳法.

(1) 当 $n = 0$ 时,$7^{7^0} + 1 = 7^1 + 1 = 8 = 2^3$,结论成立;

(2) 假设当 $n = k$ 时,结论成立,即 $7^{7^k} + 1$ 至少是 $2k + 3$ 个质数的乘积.

当 $n = k + 1$ 时,只须证明,对 $m \in \mathbf{N}^*$,记 $x = 7^{2m-1}$

$$\frac{x^7+1}{x+1}$$

是一个合数(这样,x^7+1 除 $x+1$ 之外,还有两个因子,因此 $7^{7^{k+1}}+1$ 至少有 $2k+3+2=2(k+1)+3$ 个质数的乘积).

$$\frac{x^7+1}{x+1} = \frac{(x+1)^7-[(x+1)^7-(x^7+1)]}{x+1} =$$
$$(x+1)^6 - \frac{7x(x^5+3x^4+5x^3+5x^2+3x+1)}{x+1} =$$
$$(x+1)^6 - 7x(x^4+2x^3+3x^2+2x+1) =$$
$$(x+1)^6 - 7^{2m}(x^2+x+1)^2 =$$
$$[(x+1)^3 - 7^m(x^2+x+1)][(x+1)^3 + 7^m(x^2+x+1)]$$

上式右端的两个因式都大于1,这是因为 $\sqrt{7x} \leqslant x$.

$$(x+1)^3 - 7^m(x^2+x+1) = (x+1)^3 - \sqrt{7x}(x^2+x+1) \geqslant$$
$$x^3 + 3x^2 + 3x + 1 - x(x^2+x+1) =$$
$$2x^2 + 2x + 1 \geqslant 113 > 1$$

而
$$(x+1)^3 + 7^m(x^2+x+1) > (x+1)^3 - 7^m(x^2+x+1) > 1$$

所以 $\frac{x^7+1}{x+1}$ 是合数.

因而 $n=k+1$ 时结论成立.

由以上,对所有 $n \in \mathbf{N}$,结论成立.

111 对于每个正整数 n,定义 a_n 为一位数,且对于 $n > 2\,007$,n 的正因数的数目若为偶数,则 $a_n=0$,n 的正因数的数目若为奇数,则 $a_n=1$. 问:$\alpha = 0.a_1 a_2 \cdots a_k \cdots$ 是有理数吗?

(保加利亚冬季数学奥林匹克,2007 年)

解 若 α 是有理数,则存在 $k_0, T \in \mathbf{N}^*$,使得对任意的正整数 $k > T_0$,有
$$\alpha_k = \alpha_{k+T}$$

取正整数 m,使得 $mT > k_0$,且 mT 是一个完全平方数. 即若设 $T = p_1^{\alpha_1} p_2^{\alpha_2} \cdots p_s^{\alpha_s}$,则取 $m = p_1^{\beta_1} p_2^{\beta_2} \cdots p_s^{\beta_s}$,使 $\alpha_i + \beta_i (i=1,2,\cdots,s)$ 为偶数,且 β_i 是一个足够大的正数.

选一个质数 $p > 2\,007$,且 $p \neq p_i (i=1,2,\cdots,s)$.

因为 pmT mT 是 T 的倍数,所以
$$a_{mT} = a_{pmT}$$

设 $\tau(k)$ 为 k 的正因数的数目,$f(k)$ 为大于 $2\,007$ 的 k 的正因数的数目,则
$$f(pmT) = f(mT) + \tau(mT)$$

第 2 章 质数、合数与质因数分解
Chapter 2 Prime Number, Composite Number and Prime Factorization

因为 $\tau(mT)$ 为奇数,而 $f(pmT)$ 和 $f(mT)$ 的奇偶性相同,则上式不成立,矛盾.

所以 α 是无理数.

112 设 n 为正整数,$A \subseteq \{1,2,\cdots,n\}$,$A$ 中任两个数的最小公倍数都不超过 n,求证:
$$|A| \leqslant 1.9\sqrt{n}+5$$

(中国国家集训队选拔考试,2007 年)

证 对于 $a \in (\sqrt{n},\sqrt{2n}]$,有
$$[a,a+1]=a(a+1)>n$$

因此
$$|A \cap (\sqrt{n},\sqrt{2n}]| \leqslant \frac{1}{2}(\sqrt{2}-1)\sqrt{n}+1$$

对于 $a \in (\sqrt{2n},\sqrt{3n}]$,有
$$[a,a+1]=a(a+1)>n$$
$$[a+1,a+2]=(a+1)(a+2)>n$$
$$[a,a+2] \geqslant \frac{1}{2}a(a+2)>n$$

因此
$$|A \cap (\sqrt{2n},\sqrt{3n}]| \leqslant \frac{1}{3}(\sqrt{3}-\sqrt{2})\sqrt{n}+1$$

同理
$$|A \cap (\sqrt{3n},2\sqrt{n}]| \leqslant \frac{1}{4}(\sqrt{4}-\sqrt{3})\sqrt{n}+1$$

所以
$$|A \cap [1,2\sqrt{n}]| \leqslant \sqrt{n}+\frac{1}{2}(\sqrt{2}-1)\sqrt{n}+\frac{1}{3}(\sqrt{3}-\sqrt{2})\sqrt{n}+$$
$$\frac{1}{4}(\sqrt{4}-\sqrt{3})\sqrt{n}+3=$$
$$\left(1+\frac{1}{6}\sqrt{2}+\frac{1}{12}\sqrt{3}\right)\sqrt{n}+3$$

对于正整数 k,设 $a,b \in \left(\frac{n}{k+1},\frac{n}{k}\right]$,$a>b$

令 $[a,b]=as=bt$,则
$$\frac{a}{(a,b)}s=\frac{b}{(a,b)}t$$

由 $\left(\dfrac{a}{(a,b)}, \dfrac{b}{(a,b)}\right)=1$ 知 s 为 $\dfrac{b}{(a,b)}$ 的倍数,

从而
$$[a,b]=as \geqslant \dfrac{ab}{(a,b)} \geqslant \dfrac{ab}{a-b} = b + \dfrac{b^2}{a-b} >$$
$$\dfrac{n}{k+1} + \dfrac{\left(\dfrac{n}{k+1}\right)^2}{\dfrac{n}{k} - \dfrac{n}{k+1}} = n$$

由此
$$\left| A \cap \left(\dfrac{n}{k+1}, \dfrac{n}{k}\right] \right| \leqslant 1$$

取正整数 T,使 $\dfrac{n}{T+1} \leqslant 2\sqrt{n} < \dfrac{n}{T}$,则
$$\left| A \cap (2\sqrt{n}, n] \right| \leqslant \sum_{k=1}^{T} \left| A \cap \left(\dfrac{n}{k+1}, \dfrac{n}{k}\right] \right| \leqslant T < \dfrac{1}{2}\sqrt{n}$$

综上
$$|A| \leqslant \left(\dfrac{3}{2} + \dfrac{1}{6}\sqrt{2} + \dfrac{1}{12}\sqrt{3}\right)\sqrt{n} + 3 < 1.9\sqrt{n} + 5$$

113 设 b,n 是大于 1 的整数,若对每一个大于 1 的正整数 k,都存在一个整数 a_k,使得 $k \mid (b - a_k^n)$.

证明:存在整数 A,使得 $b = A^n$.

(第 48 届国际数学奥林匹克预选题,2007 年)

证 设 b 的质因数分解式为
$$b = p_1^{\alpha_1} p_2^{\alpha_2} \cdots p_s^{\alpha_s}$$
其中 $p_1, p_2, \cdots, p_s$ 是互不相同的质数,$\alpha_1, \alpha_2, \cdots, \alpha_s$ 是正整数.

下面证明所有的指数 α_i 都能被 n 整除.

设 $A = p_1^{\frac{\alpha_1}{n}} p_2^{\frac{\alpha_2}{n}} \cdots p_s^{\frac{\alpha_s}{n}}$,则 $b = A^n$.

对于 $k = b^2$,应用条件有
$$b^2 \mid (b - a_k^n)$$

于是,对于每一个 $i (1 \leqslant i \leqslant s)$,有
$$p_i^{2\alpha_i} \mid (b - a_k^n)$$

又因为
$$p_i^{\alpha_i} \mid b$$

所以
$$a_k^n \equiv b \equiv 0 \pmod{p_i^{\alpha_i}}$$

第 2 章 质数、合数与质因数分解
Chapter 2 Prime Number, Composite Number and Prime Factorization

且
$$a_k^n \equiv b \not\equiv 0 \pmod{p_i^{\alpha_i+1}}$$
即有
$$p_i^{\alpha_i} \parallel a_k^n$$
从而由 p_i 是质数，α_i 是 n 的倍数，即 $\dfrac{\alpha_i}{n}$ 为整除．从而 $b = A^n$．

114 已知集合 S 由 9 个最大质因子不超过 3 的整数组成．求证：S 中存在三个互不相同的元素，它们的乘积是一个完全立方数．

（亚太地区数学奥林匹克，2007 年）

证 不失一般性，不妨设 S 中只含有正整数．设
$$S = \{2^{a_i} 3^{b_i} \mid a_i, b_i \in \mathbf{Z}, a_i, b_i \geqslant 0, 1 \leqslant i \leqslant 9\}$$
只须证明存在 $1 \leqslant i_1, i_2, i_3 \leqslant 9$，使得
$$a_{i_1} + a_{i_2} + a_{i_3} \equiv b_{i_1} + b_{i_2} + b_{i_3} \equiv 0 \pmod{3}$$
对 $n = 2^a 3^b \in S$，称 $(a \pmod 3, b \pmod 3)$ 为 n 的类型，则共有 9 种类型：
$$(0,1),(0,1),(0,2),(1,0),(1,1),(1,2),(2,0),(2,1),(2,2)$$
记 S 中类型 (i, j) 的元素个数为 $N(i, j)$．

当 $N(i, j)$ 满足以下四个条件之一时，可得到乘积为完全立方数的 3 个不同的整数：

(1) 存在 (i, j)，使得 $N(i, j) \geqslant 3$；
(2) 存在 $i \in \{1, 2, 3\}$，使得 $N(i, 0), N(i, 1), N(i, 2) \neq 0$；
(3) 存在 $j \in \{1, 2, 3\}$，使得 $N(0, j), N(1, j), N(2, j) \neq 0$；
(4) $N(i_1, j_1), N(i_2, j_2), N(i_3, j_3) \neq 0$，其中 $\{i_1, i_2, i_3\} = \{j_1, j_2, j_3\} = \{0, 1, 2\}$．

假设条件 (1)，(2)，(3) 均不满足．

由于对所有的 (i, j)，均有 $N(i, j) \leqslant 2$，因此，存在至少 5 个非零的 $N(i, j)$，此外，对这些非零的 $N(i, j)$，不存在三个的 i 值或 j 值相同．

根据这些条件，易知条件 (4) 必定满足（这是因为在 3×3 方阵中，行和列均按 0, 1, 2 标记，将所有的非零的 $N(i, j)$ 填入第 i 行第 j 列，那么，总可以找到该方阵的三个元素，它们的行和列都不同，这就是 (4))．

115 设 m 为正整数，如果存在某个正整数 n，使得 m 可以表示为 n 和 n 的正约数个数（包括 1 和自身）的商，则称 m 是"好数"．求证：

(1) $1, 2, \cdots, 17$ 都是好数；
(2) 18 不是好数．

最新世界各国数学奥林匹克中的初等数论试题(上)

The Lastest Elementary Number Theory in Mathematical Olympiads in The World

(中国女子数学奥林匹克,2007 年)

证 记 $d(n)$ 为正整数 n 的正约数的个数.

(1) 若 $p=3,5,7,11,13,17$,则 $8p=2^3 \cdot p, d(8p)=8$.

于是 $p = \dfrac{8p}{d(8p)}$.

$$1 = \dfrac{2}{d(2)},\quad 2 = \dfrac{8}{d(8)},\quad 3 = \dfrac{24}{d(24)},\quad 4 = \dfrac{36}{d(36)}$$

$$5 = \dfrac{40}{d(40)},\quad 6 = \dfrac{72}{d(72)},\quad 7 = \dfrac{56}{d(56)},\quad 8 = \dfrac{96}{d(96)}$$

$$9 = \dfrac{108}{d(108)},\quad 10 = \dfrac{180}{d(180)},\quad 11 = \dfrac{88}{d(88)},\quad 12 = \dfrac{240}{d(240)}$$

$$13 = \dfrac{104}{d(104)},\quad 14 = \dfrac{252}{d(252)},\quad 15 = \dfrac{360}{d(360)},\quad 16 = \dfrac{128}{d(128)},\quad 17 = \dfrac{136}{d(136)}$$

(2) 假设存在正整数 n,使得

$$\dfrac{n}{d(n)} = 18 \qquad ①$$

设 $n = 2^{\alpha_0} \cdot 3^{\beta_0} \cdot p_1^{\alpha_1} \cdot p_2^{\alpha_2} \cdots p_k^{\alpha_k}$,其中 $p_i(i=1,2,\cdots,k)$ 是大于 3 的相异质数,$\alpha_0 \geqslant 1, \beta_0 \geqslant 2, \alpha_i \geqslant 1 (i=1,2,\cdots,k)$.

令 $\alpha_0 - 1 = a, \beta_0 - 2 = b$,显然 $a \geqslant 0, b \geqslant 0$.

由式 ①,$n = 18 d(n)$ 有

$$2^a 3^b p_1^{\alpha_1} p_2^{\alpha_2} \cdots p_k^{\alpha_k} = (a+2)(b+3)(\alpha_1+1)(\alpha_2+1)\cdots(\alpha_k+1) \qquad ②$$

对于任意质数 p,都有 $p_i^{\alpha_i} \geqslant \alpha_i + 1$.

从而有

$$(a+2)(b+3) \geqslant 2^a 3^b$$

如果 $b \geqslant 3$,则 $3^b > 3(b+3)$.

而 $a \geqslant 0$ 时,$2^a \geqslant \dfrac{1}{2}(a+2)$,则

$$2^a 3^b > \dfrac{3}{2}(a+2)(b+3)$$

与 $2^a 3^b \leqslant (a+2)(b+3)$ 矛盾.

所以 $b \leqslant 2$.

因此 $b=2, a=0; b=1, a=0,1,2; b=0, a=0,1,2,3,4$.

(i) 当 $b=2, a=0$ 时,式 ② 为

$$3^2 p_1^{\alpha_1} p_2^{\alpha_2} \cdots p_k^{\alpha_k} = 10(\alpha_1+1)(\alpha_2+1)\cdots(\alpha_k+1)$$

此式不可能成立.

(ii) 当 $b=1, a=0,1,2$ 时,式 ② 为

$$3 \cdot 2^a \cdot p_1^{\alpha_1} \cdot p_2^{\alpha_2} \cdots \cdot p_k^{\alpha_k} = 2^2(a+2)(\alpha_1+1)(\alpha_2+1)\cdots(\alpha_k+1)$$

264

第 2 章 质数、合数与质因数分解
Chapter 2 Prime Number, Composite Number and Prime Factorization

此式不可能成立.

(iii) 当 $b=0, a=0,1,2,3,4$ 时,式 ② 为
$$2^a p_1^{a_1} p_2^{a_2} \cdots p_k^{a_k} = 3(a+2)(\alpha_1+1)(\alpha_2+1)\cdots(\alpha_k+1)$$
此式也不可能成立.

所以 18 不是好数.

116 试求满足下列条件的质数三元组 (a,b,c):

(1) $a<b<c<100, a,b,c$ 为质数;

(2) $a+1, b+1, c+1$ 组成等比数列.

(中国东南地区数学奥林匹克,2007 年)

解 由
$$(a+1)(c+1) = (b+1)^2 \qquad ①$$
设 $a+1 = n^2 x, c+1 = m^2 y$,其中 x,y 不含大于 1 的平方因子,则必有 $x=y$. 这是因为,由 ①
$$m^2 n^2 xy = (b+1)^2 \qquad ②$$
则 $mn \mid (b+1)$,设 $b+1 = mn \cdot w$,于是 ② 化为
$$xy = w^2 \qquad ③$$
若 $w>1$,则有质数 $p_1 \mid w$,即 $p_1^2 \mid w^2$,又 x,y 皆含大于 1 的平方因子,因此 $p_1 \mid x, p_1 \mid y$,设
$$x = p_1 x_1, \quad y = p_1 y_1, \quad w = p_1 w_1$$
则 ③ 化为
$$x_1 y_1 = w_1^2 \qquad ④$$
若仍有 $w_1 > 1$,则又有质数 $p_2 \mid w_1$,即 $p_2^2 \mid w_1^2, p_2 \mid x_1, p_2 \mid y_2$,设
$$x_1 = p_2 x_2, \quad y_1 = p_2 y_2, \quad w_1 = p_2 w_2$$
则 ④ 化为
$$x_2 y_2 = w_2^2$$
如此下去,由于式 ③ 中 w 的质因子个数有限,必有 r,使 $w_r = 1$. 从而有
$$x_r y_r = w_r^2$$
则 $x_r = y_r = 1$,逆推回去有 $x = y$.

记 $x = y = k$,则有
$$\begin{cases} a = kn^2 - 1 \\ b = kmn - 1 \\ c = km^2 - 1 \end{cases} \qquad ⑤$$
其中
$$1 \leqslant n < m, \quad a < b < c < 100 \qquad ⑥$$

最新世界各国数学奥林匹克中的初等数论试题(上)
The Lastest Elementary Number Theory in Mathematical Olympiads in The World

k 无大于 1 的平方因子,且 $k \neq 1$.

若 $k=1$,则 $c=m^2-1$,又 c 大于第三个质数 5,则 $m^2-1>5, m \geqslant 3$.
得
$$c = m^2 - 1 = (m-1)(m+1)$$
而 $m-1>1, m+1>1, c$ 为合数,矛盾.

因此,k 或为质数,或为若干个互异质数之积,即 k 大于 1,且没有大于 1 的平方因子. 我们将其简称"k 具有性质 p".

(1) 由式 ⑥,$m \geqslant 2$.

当 $m=2$ 时,$n=1$,有
$$\begin{cases} a = k-1 \\ b = 2k-1 \\ c = 4k-1 \end{cases}$$

因 $c<100$,则 $k<25$.

若 $k \equiv 1 \pmod{3}$,则 $3 \mid c, c$ 为合数;

若 $k \equiv 2 \pmod{3}$,在 k 为偶数时,具有性质 p 的 $k=2, 14$,当 $k=2$ 时,$a=1$,不是质数,当 $k=14$ 时,$b=27$ 不是质数;

在 k 为奇数时,具有性质 p 的 $k=5, 11, 17, 23$. 此时 $a=4, 10, 16, 22$ 不是质数;

若 $k \equiv 0 \pmod{3}$,具有性质 p 的 $k=3, 6, 15, 21$.

当 $k=3$ 时,给出解 $f_1 = (a, b, c) = (2, 5, 11)$,

当 $k=6$ 时,给出解 $f_2 = (a, b, c) = (5, 11, 23)$,

当 $k=15, 21$ 时 $a=k-1=14, 20$ 不是质数.

(2) 当 $m=3$ 时,则 $n=2$ 或 1.

在 $m=3, n=2$ 时,有
$$\begin{cases} a = 4k-1 \\ b = 6k-1 \\ c = 9k-1 \end{cases}$$

因质数 $c \leqslant 97$,则 $k \leqslant 10$.

具有性质 p 的 $k=2, 3, 5, 6, 7, 10$. 而 $k=3, 5, 7$ 时,$c=9k-1$ 为合数,$k=6$ 时,$b=6k-1=35, k=10$ 时,$a=4k-1=39$ 都为合数. $k=2$ 时,给出解 $f_3 = (a, b, c) = (7, 11, 17)$.

在 $m=3, n=1$ 时,有
$$\begin{cases} a = k-1 \\ b = 3k-1 \\ c = 9k-1 \end{cases}$$

第 2 章 质数、合数与质因数分解
Chapter 2 Prime Number, Composite Number and Prime Factorization

同样有 $k \leqslant 10$，具有性质 p 的 $k=2,3,5,6,7,10$. 而当 $k=3,5,7$ 时，$b=3k-1$ 为合数；

$k=2$ 和 10 时，$a=k-1=1,9$ 不是质数.

$k=6$ 时给出解 $f_4=(a,b,c)=(5,17,53)$.

(3) 当 $m=4$ 时，由 $c=16k-1 \leqslant 97$ 得 $k \leqslant 6$，具有性质 p 的 $k=2,3,5,6$. 在 $k=6$ 时，$c=16k-1=95$ 为合数.

在 $k=5$ 时，$\begin{cases} a=5n^2-1 \\ b=20n-1 \end{cases}$，因 $n < m=4$，则 $n=1,2,3$.

$n=1$ 时，$a=4$ 不是质数，$n=2$ 时，$b=39$ 不是质数，$n=3$ 时，$a=44$，不是质数.

在 $k=3$ 时，$c=48-1$，$\begin{cases} a=3n^2-1 \\ b=12n-1 \end{cases}$，因 $n < m=4$，则 $n=1,2,3$.

$n=3$ 时，$b=35$ 不是质数，

在 $n=2$ 时，给出解 $f_5=(a,b,c)=(11,23,47)$；

在 $n=1$ 时，给出解 $f_6=(a,b,c)=(2,11,47)$.

在 $k=2$ 时，$c=32-1=31$，$\begin{cases} a=2n^2-1 \\ b=8n-1 \end{cases}$，因 $n < m=4$，则 $n=1,2,3$.

$n=1$ 时，$a=1$ 不是质数；$n=2$ 时，$b=15$ 不是质数.

在 $n=3$ 时，给出解 $f_7=(a,b,c)=(17,23,31)$.

(4) 当 $m=5$ 时，$c=25k-1 \leqslant 97$，$k \leqslant 3$，且有性质 p 的 $k=1,2,3$. $k=1$ 时，$c=24$ 不是质数，$k=2,3$ 时，$c=49,74$ 不是质数.

(5) 当 $m=6$ 时，$c=36k-1$，$k \leqslant 2$，$k=1$ 时，$c=35$ 不是质数，$k=2$ 时，$c=71$. 这时 $\begin{cases} a=2n^2-1 \\ b=12n-1 \end{cases}$，$n < m=6$.

$n=1$ 时，$a=1$，$n=3$ 时，$b=35$，$n=5$ 时，$a=49$ 不是质数.

在 $n=2$ 时，给出解 $f_8=(a,b,c)=(7,23,71)$；

在 $n=4$ 时，给出解 $f_9=(a,b,c)=(31,47,71)$.

(6) 当 $m=7$ 时，$c=49k-1 \leqslant 97$，$k \leqslant 2$，$k=1$ 时 $c=48$ 不是质数.

$k=2$ 时，$c=97$，而 $n < m=7$

$$\begin{cases} a=2n^2-1 \\ b=14n-1 \end{cases}$$

$n=1$ 时，$a=1$，$n=2$ 时，$b=27$，$n=4$ 时，$b=55$，$n=5$ 时，$a=49$ 都不是质数.

在 $n=3$ 时，给出解 $f_{10}=(a,b,c)=(17,41,97)$；

在 $n=6$ 时，给出解 $f_{11}=(a,b,c)=(71,83,97)$.

(7) 在 $m \geqslant 8$ 时，$c=64k-1 \leqslant 97$，具有性质 p 的 k 值不存在.

由以上,满足条件的解有 $f_1, f_2, \cdots, f_{11}$ 共 11 组.

117 求所有的正整数对 (a,b),满足: a^2+b+1 是一个质数的幂, a^2+b+1 整除 b^2-a^3-1,且 a^2+b+1 不整除 $(a+b-1)^2$.

(中国国家集训队测试,2007 年)

解 由已知,
$$\frac{(b+1)(a+b-1)}{a^2+b+1} = \frac{b^2-a^3-1}{a^2+b+1} + a$$
也是整数.

设 $p^k = m = a^2+b+1, k \in \mathbf{N}^*$,则
$$p^k \mid (b+1)(a+b-1)$$
若 p 不整除 $b+1, a+b-1$ 之一,则 p^k 必整除另一个. 但
$$p^k = a^2+b+1 > \max\{b+1, a+b-1\}$$
矛盾,故
$$b+1 \equiv a+b-1 \equiv 0 \pmod{p}$$
$$a^2 = p^k - b - 1 \equiv 0 \pmod{p}$$
由于 p 是质数,有
$$a \equiv 0 \pmod{p}$$
$$0 \equiv (b+1) - (a+b-1) + a \equiv 2 \pmod{p}$$
从而 $p=2$.

设
$$\begin{cases} a^2+b+1 = 2^k \\ b+1 = 2^{k_1} t_1 \\ a+b-1 = 2^{k_2} t_2 \\ k_1 + k_2 \geq k \\ k > 2k_2 \end{cases}$$

其中, t_1, t_2 为奇数, $k_1, k_2 \in \mathbf{N}^*, k > k_2$ 是由 $m \nmid (a+b-1)^2$ 得到.

由于
$$2^k = a^2+b+1 > b+1 = 2^{k_1} t_1$$
所以,还有
$$k > k_1$$

(1) 当 $k_1 \geq 3$ 时,因为
$$a^2 = 2^k - 2^{k_1} t_1 \equiv 0 \pmod{2^3}$$
所以
$$a \equiv 0 \pmod 4$$

第 2 章 质数、合数与质因数分解
Chapter 2 Prime Number, Composite Number and Prime Factorization

$$a+b-1 \equiv 0-1-1 \equiv 2 \pmod{4}$$

必有 $k_2=1$. 由 $k_1+k_2 \geqslant k > k_1$ 知 $k=k_1+1$, 此时

$$2^{k_1}t_1 = b+1 < a^2+b+1 = 2^k = 2^{k_1+1}$$

所以 $t_1=1$. 于是

$$\begin{cases} b+1 = 2^{k_1} \\ a^2+b+1 = 2^{k_1+1} \end{cases}$$

推出

$$\begin{cases} a = 2^x \\ b = 2^{2x}-1 \end{cases}$$

这里由于出现了 $a^2+b+1=2^{k_1+1}$, 仅当 k_1 为偶数时, 才有对应解, 故设 $k_1=2x$, 得到上面的一组通解 $(a,b)=(2^x, 2^{2x}-1)$.

当 $x=1$ 时, $(a,b)=(2,3)$, 但此时

$$\frac{(a+b-1)^2}{a^2+b+1} = \frac{16}{8} = 2$$

与题设 $(a^2+b+1) \nmid (a+b-1)^2$ 矛盾, 故 $x \neq 1$.

于是通解 $(a,b)=(2^x, 2^{2x}-1)$, 当 $x \geqslant 2$ 时满足要求.

(2) 当 $k_1=2$ 时, 由 $k > k_1$ 知 $k \geqslant 3$.

由 $k_1+k_2 \geqslant k$ 及 $k > 2k_2$ 知 $2k_2 < k \leqslant k_2+2$, 即 $k_2 < 2$.

继而有 $k \leqslant 3$. 故 $k=3$, 但是

$$\begin{cases} b+1 = 2^2 t_1 \\ a^2+a+1 = 8 \end{cases}$$

又得到 $(a,b)=(2,3)$, 舍去.

(3) 当 $k_1=1$ 时, $2k_2 < k \leqslant k_2+1$, 即 $k_2 < 1$, 矛盾.

综上, 所求数组 $(a,b)=(2^x, 2^{2x}-1)$ $(x=2,3,4,\cdots)$.

118 试证明:

(1) 若 $2n-1$ 为质数, 则对于任意 n 个互不相同的正整数 $a_1, a_2, \cdots, a_n$, 都存在 $i, j \in \{1,2,\cdots,n\}$, 使得

$$\frac{a_i+a_j}{(a_i,a_j)} \geqslant 2n-1$$

(2) 若 $2n-1$ 为合数, 则存在 n 个互不相同的正整数 $a_1, a_2, \cdots, a_n$, 使得对任意的 $i,j \in \{1,2,\cdots,n\}$, 都有

$$\frac{a_i+a_j}{(a_i,a_j)} < 2n-1$$

其中 (x,y) 表示正整数 x,y 的最大公约数.

(中国数学奥林匹克, 2007 年)

证 （1）设 $2n-1=p$，p 是质数．

不妨设 $(a_1,a_2,\cdots,a_n)=1$．

若存在 $i(1 \leqslant i \leqslant n)$，使得 $p \mid a_i$，必然存在 $j \neq i$，使得 $p \nmid a_j$，由于 $p \nmid (a_i,a_j)$，则有

$$\frac{a_i+a_j}{(a_i,a_j)} \geqslant \frac{a_i}{(a_i,a_j)} \geqslant p = 2n-1$$

若不存在 $p \mid a_i$，可考虑 $(a_i,p)=1(i=1,2,\cdots,n)$，则对任意 $i \neq j$，都有 $p \nmid (a_i,a_j)$．

将 $1,2,\cdots,p-1$ 分成 $n-1$ 类：

$$\{1,p-1\},\{2,p-2\},\cdots,\{n-1,n\}$$

由抽屉原理可知，存在 $i \neq j$，使得

$$a_i \equiv a_j \pmod{p} \quad \text{或者} \quad a_i+a_j \equiv 0 \pmod{p}$$

当 $a_i \equiv a_j \pmod{p}$ 时

$$\frac{a_i+a_j}{(a_i,a_j)} > \frac{a_i-a_j}{(a_i,a_j)} \geqslant p = 2n-1$$

当 $a_i+a_j \equiv 0 \pmod{p}$ 时

$$\frac{a_i+a_j}{(a_i,a_j)} \geqslant p = 2n-1$$

于是(1)得证．

（2）下面构造一个命题存在的例子．

由于 $2n-1$ 为合数，则存在两个大于1的正整数 p,q 使得 $2n-1=pq$．

构造如下：

$$a_1=1, a_2=2, \cdots, a_p=p, a_{p+1}=p+1, a_{p+2}=p+3, \cdots, a_n=pq-p$$

其中，前面 p 个连续的整数，从 $p+1$ 到 $pq-p$ 为 $n-p$ 个连续的偶数．

当 $1 \leqslant i \leqslant j \leqslant p$ 时，显然有

$$\frac{a_i+a_j}{(a_i,a_j)} \leqslant a_i+a_j \leqslant 2p < 2n-1$$

当 $p+1 \leqslant i \leqslant j \leqslant n$ 时，因为 $2 \mid (a_i,a_j)$，所以，有

$$\frac{a_i+a_j}{(a_i,a_j)} \leqslant \frac{a_i+a_j}{2} \leqslant pq-p < 2n-1$$

当 $1 \leqslant i \leqslant p, p+1 \leqslant j \leqslant n$ 时，可分两种情况：

若 $i \neq p$ 或 $j \neq n$ 时，显然有

$$\frac{a_i+a_j}{(a_i,a_j)} \leqslant pq-1 < 2n-1$$

若 $i=p$ 且 $j=n$ 时，由 $(p,pq-p)=p$，则有

$$\frac{a_p+a_n}{(a_p,a_n)} = \frac{pq}{p} = q < 2n-1$$

第 2 章 质数、合数与质因数分解
Chapter 2 Prime Number, Composite Number and Prime Factorization

于是,所构造的一组数 $a_1,a_2,\cdots,a_n$ 满足题设条件.

119 对于一个质数 p 和一个正整数 n,设 $V_p(n)$ 表示 $n!$ 的质因数分解中质数 p 的次数. 已知正整数 d 和一个有限的质数集 $\{p_1,p_2,\cdots,p_t\}$.

证明:有无穷多个正整数 n,使得对于所有的 $i(1\leqslant i\leqslant k)$,有 $d\mid V_{p_i}(n)$.

(第 48 届国际数学奥林匹克预选题,2007 年)

证 对于任意的质数 p 和正整数 n,设 $ord_p(n)$ 为 n 的质因数分解中质数 p 的次数.

于是

$$V_p(n) = ord_p(n!) = \sum_{i=1}^{n} ord(i)$$

先证明一个引理:

引理 设 p 是一个质数,q 是一个正整数,正整数 k,r 满足 $p^k > r$,则

$$V_p(qp^k + r) = V_p(qp^k) + V_p(r)$$

引理的证明:下面证明对于所有整数 $i(0 < i < p^k)$,有

$$ord_p(qp^k + i) = ord_p(i)$$

实际上,如果 $d = ord_p(i)$,则 $d < k$.

因此

$$p^d \mid (qp^k + i)$$

而 $p^{d+1} \mid qp^k$,则 $p^{d+1} \nmid (qp^k + i)$.

于是有

$$V_p(qp^k + r) = \sum_{i=1}^{qp^k} ord_p(i) + \sum_{i=qp^k+1}^{qp^k+r} ord_p(i) =$$
$$\sum_{i=1}^{qp^k} ord_p(i) + \sum_{i=1}^{r} ord_p(i) =$$
$$V_p(qp^k) + V_p(r)$$

引理得证.

现在回到原题.

对于任意的整数 a,设 $\bar{a}$ 是 a 模 d 的剩余. 两个剩余的和也是在 $\mod d$ 意义下的,即

$$\bar{a} + \bar{b} \equiv a + b \pmod{d}$$

对于任意的正整数 n,设

$$f(n) = (f_1(n), f_2(n), \cdots, f_t(n))$$

其中,$f_i(n) = \overline{V_{p_i}(n)}$.

定义数列 $n_1 = 1, n_{l+1} = (p_1 p_2 \cdots p_t)^{n_l}$.

最新世界各国数学奥林匹克中的初等数论试题(上)

The Lastest Elementary Number Theory in Mathematical Olympiads in The World

下面证明:对于任意的 $l_1 < l_2 < \cdots < l_m$,有
$$f(n_{l_1} + n_{l_2} + \cdots + n_{l_m}) = f(n_{l_1}) + f(n_{l_2}) + \cdots + f(n_{l_m})$$

当 $m=1$ 时,显然成立.

假设 $m>1$,且 $m-1$ 时结论成立.

由于对于所有的 $i(1 \leq i \leq t)$,有 $p_i^{n_{l_1}} > n_{l_1}$,由数列的定义得
$$p_i^{n_{l_1}} \mid (n_{l_2} + n_{l_3} + \cdots + nl_m).$$

在引理中,设 $p=p_i, k=r=n_{l_1}, qp^k = n_{l_2} + n_{l_3} + \cdots + n_{l_m}$.

则对于所有的 $i(1 \leq i \leq k)$,有
$$f_i(n_{l_1} + n_{l_2} + \cdots + n_{l_m}) = f_i(n_{l_1}) + f_i(n_{l_2} + n_{l_3} + \cdots + n_{l_m})$$

于是,由归纳假设有
$$f(n_{l_1} + n_{l_2} + \cdots + n_{l_m}) = f(n_{l_1}) + f(n_{l_2} + n_{l_3} + \cdots + n_{l_m}) = f(n_{l_1}) + f(n_{l_2}) + \cdots + f(n_{l_m})$$

因为 $f(n_1), f(n_2), \cdots$ 只有有限个可能的值,所以,存在无穷多个下标 $l_1 < l_2 < \cdots$,使得
$$f(n_{l_1}) = f(n_{l_2}) = \cdots$$

于是,对所有正整数 m,有
$$f(n_{l_{m+1}} + n_{l_{m+2}} + \cdots + n_{l_{m+d}}) = f(n_{l_{m+1}}) + f(n_{l_{m+2}}) + \cdots + f(n_{l_{m+d}}) = df(n_{l_1}) = (0,0,\cdots,0)$$

因此,存在无穷多个正整数
$$n_{l_{m+1}} + n_{l_{m+2}} + \cdots + n_{l_{m+d}}$$
使得 $d \mid V_{p_i}(n_{l_{m+1}} + n_{l_{m+2}} + \cdots + n_{l_{m+d}})$ 对于所有的 $i(1 \leq i \leq t)$ 成立.

120 将 $1 \sim 100$ 这 100 个正整数任意地写在一个 10×10 的方格表中,每个方格写一个数. 每一次操作可以交换任何两个数的位置. 证明:只须经过 35 次操作,就能使得写在任何两个有公共边的方格中的两个数的和都是合数.

(俄罗斯数学奥林匹克,2007 年)

解 用一条竖直的直线 m 将方格表分成两半. 由于共有 50 个偶数,所以在其中一半中有不多于 25 个偶数,不妨设右半部表中有不多于 25 个偶数,则在左半部表中有同样数目的奇数.

第一步操作是逐一将右半部表中的偶数与左半部表中的奇数交换位置,经过不多于 25 次操作,就可以使右半部表中全是奇数,左半部表中全是偶数. 此时,位于同一半表中的任何两个有公共边的方格中的两个数的和都是偶数,因而是合数.

问题还剩下在分界线 m 两侧相邻两数的和,这样的数有 10 对,如果这 10 对数每一对的和是合数,问题已经解决,如果有质数,则最多有 10 对的和是

第 2 章　质数、合数与质因数分解
Chapter 2　Prime Number, Composite Number and Prime Factorization

质数.

第二步操作是对在分界线 m 两侧相邻数的操作. 我们的操作只须在右半部表中进行.

右半部表中的数 u_i 全是奇数, 即 $1,3,5,\cdots,99$ 共 50 个奇数, 分别有不少于 16 个对 mod 3 余 $0,1,2$, 这时观察直线 m 左半部的 10 个数 r_i,

若 $r_i \equiv a \pmod 3$, 则在右半部用一个 $u_i \equiv 3-a \pmod 3$ 交换到与 r_i 相邻的位置, 这时这两个数的和是 3 的倍数, 因而是合数. 这样的交换最多有 10 次.

于是, 最多经过 $25+10=35$ 次操作, 就能使得写在任何两个有公共边的方格中的两个数的和都是合数.

121　证明: 任意 10 个小于或等于 840 的合数中, 至少有两个不互质.

（克罗地亚数学奥林匹克, 2008 年）

证　由于 $29^2 = 841$, 故每个小于或等于 840 的合数, 必含有小于或等于 23 的质因数.

小于或等于 23 的质数有 $2,3,5,7,11,13,17,19,23$ 共 9 个.

所以由抽屉原理得, 10 个小于或等于 840 的合数中, 至少有两个含有这 9 个质数中的同一个, 这两个合数不互质.

122　证明: 存在无穷多个正整数 n, 使得 n^2+1 有一个大于 $2n+\sqrt{2n}$ 的质因数.

（第 49 届国际数学奥林匹克, 2008 年）

证　设 $m(m \geqslant 20)$ 是整数, p 是 $(m!)^2+1$ 的一个质因数, 则
$$p > m \geqslant 20$$

令整数 n 满足 $0 < n < \dfrac{p}{2}$, 且
$$n \equiv \pm m! \pmod p$$

于是 $0 < n < p-n < p$, 且
$$n^2 \equiv -1 \pmod p \quad ①$$

所以
$$(p-2n)^2 = p^2 - 4np + 4n^2 \equiv -4 \pmod p$$

则
$$(p-2n)^2 \geqslant p-4$$
$$p \geqslant 2n + \sqrt{p-4} \geqslant 2n + \sqrt{2n+\sqrt{p-4}-4} > 2n+\sqrt{2n} \quad ②$$

由 ①, ② 知, 命题成立.

123 设 p_1, p_2, p_3, p_4 是 4 个互不相同的质数,且满足

$$\begin{cases} 2p_1 + 3p_2 + 5p_3 + 7p_4 = 162 & \text{①} \\ 11p_1 + 7p_2 + 5p_3 + 4p_4 = 162 & \text{②} \end{cases}$$

求所有乘积 $p_1 p_2 p_3 p_4$ 的可能值.

(爱尔兰数学奥林匹克,2008 年)

解 由于 p_1, p_2, p_3, p_4 互不相同,则其中至多有一个为偶质数.

若 p_1, p_2, p_3, p_4 全为奇质数,则方程①的左边为奇数,矛盾.

又 $p_1 \neq 2$,否则①的左边也为奇数,因此,p_2, p_3, p_4 中有一个是偶质数 2.

由②可知 $p_4 \neq 2$,否则②的左边为奇数,因此,p_2, p_3 中有一个是 2.

(1) 当 $p_2 = 2$ 时,方程组化为

$$\begin{cases} 2p_1 + 5p_3 + 7p_4 = 156 & \text{③} \\ 11p_1 + 5p_3 + 4p_4 = 148 & \text{④} \end{cases}$$

③-④得 $-9p_1 + 3p_4 = 8$,不成立.

(2) 当 $p_3 = 2$ 时,方程组化为

$$\begin{cases} 2p_1 + 3p_2 + 7p_4 = 152 & \text{⑤} \\ 11p_1 + 7p_2 + 4p_4 = 152 & \text{⑥} \end{cases}$$

⑤-⑥得

$$9p_1 + 4p_2 - 3p_4 = 0$$

则

$$4p_2 = 3p_4 - 9p_1 \equiv 0 \pmod{3}$$

于是

$$p_2 = 3$$

再把 $p_2 = 3$ 代入⑤、⑥得

$$\begin{cases} 2p_1 + 7p_4 = 143 \\ 11p_1 + 4p_4 = 131 \end{cases}$$

解得

$$p_1 = 5, \quad p_4 = 19$$

因此,方程有唯一一组解

$$(p_1, p_2, p_3, p_4) = (5, 3, 2, 19)$$
$$p_1 p_2 p_3 p_4 = 570$$

124 魔法六角星的每条直线边上的四个数字之和都相等,图 6 中的魔法六角星中的 12 个数都是质数,其中所给出的 5 个数中包含了其中的最大数和最小数,请完成此魔法六角星.

(青少年数学国际城市邀请赛,2008 年)

第 2 章 质数、合数与质因数分解
Chapter 2　Prime Number, Composite Number and Prime Factorization

解　图 6 中最大的质数为 73,最小的质数为 29,在 29 和 73 之间的所有质数为:
$$29,31,37,41,43,47,53,59,61,67,71,73$$
共 12 个,恰好是 12 个质数填入 12 个位置.

这 12 个质数的总和为 612.

由于每一个质数都位于两条直线上,即被使用两次,所以,每条直线的四个数之和为
$$\frac{612 \times 2}{6} = 204$$

如图 7 所标的字母,则
$$29 + r + 67 + 47 = 204$$
$$73 + u + 41 + 47 = 204$$
于是
$$r = 61, \quad u = 43$$

还剩下 5 个质数分别填在 p, q, s, t, v 上.
$$s + v = 204 - (41 + 67) = 96$$
所剩下的 5 个质数 31,37,53,59,71 中,只有 $37 + 59 = 96$.

此时还剩下 3 个质数 31,53 和 71,需填在 p, q, t 上.

若 $s = 37, v = 59$,则
$$p + q = 204 - (61 + 37) = 106$$
而 31,53,71 中任两数之和都不等于 106.

若 $s = 59, v = 37$,则
$$p + q = 204 - (61 + 59) = 84$$
此时 p, q 可取 31 和 53,于是 $t = 71$.

由此 $p = 204 - (71 + 43 + 37) = 53$
于是 $q = 31$.

综合以上,每个位置的填法如图 8 所示.

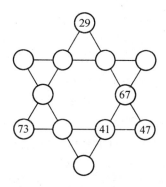

图 6

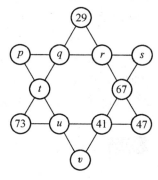

图 7

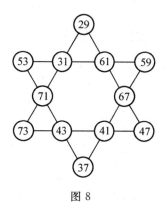

图 8

125　是否对于任意的正整数数列 $1 \leqslant a_1 < a_2 < a_3 < \cdots$,都存在某个整数 n,使得集合
$$\{a_n + n \mid k = 1, 2, \cdots\}$$
中包含无穷多个质数.

（罗马尼亚国家队选拔考试,2008 年）

解　考虑数列

$$a_k = [(2k)!\ ]! + k! \quad (k=1,2,\cdots)$$

(1) 对于满足 $|n| \geqslant 2$ 的整数 n,当 $k \geqslant |n|$ 时,有 $n|(a_k+n)$,且 $a_k+n > 2|n|$,则 $|n|$ 是 a_k+n 的真因数.

因此,集合 $\{a_k+n \mid k \in \mathbf{N}^*\}$ 中只包含有限个质数.

(2) 对于 $n=0$,当 $k \geqslant 2$ 时,有 $k|a_k$,且 $a_k > k$,则 k 是 a_k+n 的真因数,因此,集合 $\{a_k+n \mid k \in \mathbf{N}^*\}$ 中只包含有限个质数.

(3) 对于 $n=1$,当 $k \geqslant 1$ 时,有

$$(k!+1)|(a_k+1) \quad \text{且} \quad a_k+1 > k!+1$$

则 $k!+1$ 是 a_k+n 的真因数.

因此,集合 $\{a_k+n \mid k \in \mathbf{N}^*\}$ 中只包含有限个质数.

(4) 对于 $n=-1$,当 $k \geqslant 3$ 时,有

$$(k!-1)|(a_k-1) \quad \text{且} \quad a_k-1 > k!-1$$

则 $k!-1$ 是 a_k+n 的真因数.

因此,集合 $\{a_k+n \mid n \in \mathbf{N}^*\}$ 中包含有限个质数.

综合(1),(2),(3),(4)原命题不成立.

126 设 a,b,c,d 为正整数,且 $a>b>c>d$,$(a+b-c+d)|(ac+bd)$.

证明:对任意的正整数 m 和正奇数 n,$a^n b^m + c^m d^n$ 均不是质数.

(蒙古国家队选拔考试,2008 年)

证 设 $N=a+b-c+d$,显然 $N>1$. 由于

$$a+b \equiv c-d \pmod{N}$$

则

$$ac+bd = c(a+b) - b(c-d) \equiv$$
$$(a+b)(c-b) \pmod{N}$$

由

$$ac+bd \equiv 0 \pmod{N}$$

则

$$(a+b)(c-b) \equiv 0 \pmod{N}$$

由于

$$a+b-N = c-d > 0$$
$$a+b-2N = 2c-b-a-2d < 0$$

则

$$(N, b-c) > 1$$

设 p 是 N 与 $b-c$ 的一个公共质因数,由于

第 2 章 质数、合数与质因数分解
Chapter 2　Prime Number, Composite Number and Prime Factorization

$$a + d \equiv c - b \pmod{N}$$

则

$$N \nmid (a + b)$$

则

$$p \mid (a + d)$$

于是

$$b \equiv c \pmod{p}, \quad a \equiv -d \pmod{p}$$

故

$$b^m \equiv c^m \pmod{p}, \quad a^n \equiv -d^n \pmod{p}$$

因此

$$a^n b^m + c^m d^n \equiv 0 \pmod{p}$$

且有

$$p \leqslant b - c < a^n b^m + c^m d^n$$

所以 $a^n b^m + c^m d^n$ 不是质数.

127 证明:存在一个 $n \in \mathbf{N}^*$,满足对任意 $k \in \mathbf{Z}, k^2 + k + n$ 没有小于 2 008 的质因数.

(捷克－斯洛伐克－波兰数学奥林匹克,2008 年)

证 设 p 为小于 2 008 的某个质数.则存在 $r = r(p)$,使得对任何整数 k,都有

$$k^2 + k \not\equiv r \pmod{p}$$

事实上,当 $k \equiv v$ 或 $(p-1) \pmod{p}$ 时,

$$k^2 + k \equiv 0 \pmod{p}$$

故

$$A = \{(k^2 + k)(\bmod p) \mid k \equiv 0, 1, \cdots, (p-1), (\bmod p)\}$$

不是 p 的完全剩余系.

从而,存在 $r \notin A$,使得对任意整数 k,都有

$$k^2 + k \not\equiv r \pmod{p}$$

设集合 $\{p_1, p_2, \cdots, p_m\}$ 为所有小于 2 008 的质数组成的集合,取 n 满足

$$n \equiv p_j - r(p_j) \pmod{p_j} \quad (j = 1, 2, \cdots, m)$$

由中国剩余定理知,这样的 n 存在.

显然,这样的 n 满足题意.

128 令 P 是一个由有限个质数组成的集合.证明:存在正整数 x,使得 x 可以表示为两个正整数的质数次幂的和,当且仅当这个质数属于 P.

最新世界各国数学奥林匹克中的初等数论试题(上)
The Lastest Elementary Number Theory in Mathematical Olympiads in The World

(俄罗斯数学奥林匹克,2008 年)

证 首先证明如下引理:

引理 设 p 是一个质数,n 为一个正整数,则存在正整数 a,b,使得 $2^n = a^p + b^p$,当且仅当 $p \mid (n-1)$.

引理的证明:如果 $n-1=kp$,则
$$2^n = 2^{n-1} + 2^{n-1} = (2^k)^p + (2^k)^p$$

反之,若 $2^n = a^p + b^p$,设 $a=2^s k, b=2^t l, k,l$ 为奇数,如果 $s>t$,则
$$2^n = a^p + b^p = (2^s)^p k^p + (2^t)^p l^p = 2^{pt}[2^{p(s-t)} k^p + l^p]$$

由于 $2^{p(s-t)} k^p + l^p$ 是一个大于1的奇数,所以上式不可能成立;如果 $s=t$,则
$$2^n = a^p + b^p = 2^{pt}(k^p + l^p)$$

如果 $p=2$,则 $k^p + l^p \equiv 2 \pmod{4}$,所以只要 $k^p + l^p > 2$,2^n 就有一个大于1的奇因数 $\dfrac{k^p + l^p}{2}$,出现矛盾.

因此 $k=1, l=1, 2^n = 2 \times 2^{pt}$,于是 $pt = n-1, p \mid (n-1)$.

如果 $p>2$,则
$$k^p + l^p = (k+l)(k^{p-1} - k^{p-2}l + \cdots + l^{p-1})$$

上式等号右边的第二个因式是一个奇数,故必须等于1,于是
$$k^p + l^p = k + l$$

因此 $k=l=1, n = pt+1, p \mid (n-1)$.

对于原题,由引理,只要设 $p=\{p_1, p_2, \cdots, p_n\}$,令 $x=2^{p_1 p_2 \cdots p_n + 1}$ 就能够满足题设要求.

129 是否可以将 $51 \sim 150$ 这 100 个整数放在 10×10 的数表中,使得对任意两个相邻小方格(即它们有公共边)中的数 a,b,方程
$$x^2 - ax + b = 0 \quad \text{和} \quad x^2 - bx + a = 0$$
中至少有一个有两个整数根.

(俄罗斯数学奥林匹克,2008 年)

解 不可以,证明如下:

假设有一种方法满足要求.

设 $77 < a < 150$ 是一个质数,b 是一个与 a 相邻的数.

若方程 $x^2 - bx + a = 0$ 有两个整数根,则由韦达定理,它们的积等于 a,和等于 $b > 0$,这表明 1 和 a 是方程的根,$b = 1 + a$.

若方程 $x^2 - ax + b = 0$ 有两个整数根 x_1, x_2,则
$$x_1 + x_2 = a, \quad x_1 x_2 = b$$

若还有 $x_1, x_2 \geq 2$,则

第 2 章 质数、合数与质因数分解
Chapter 2 Prime Number, Composite Number and Prime Factorization

$$b = x_1(a - x_1) \geqslant 2(a-2)$$

即 $b \geqslant 2a - 4 > 150$,矛盾.

所以 1 是方程的根.

$$b = 1 \times (a-1) = a-1$$

这表明,对于这样的质数 a 只有两个数可以和它相邻,即 $b = a-1$ 和 $b = a+1$.

这样,a 只能在表格的角上,但是从 71 到 150 之间的质数多于 4 个,它们不可能都放在表格的角上,矛盾.

所以不可能满足题目要求.

130 求出正整数 n 可以表示为两个互质的整数的平方和的充要条件.

(中国国家集训队培训试题,2008 年)

解 一个正整数 n 可以表示为两个互质的整数的平方和的充要条件是:4 不整除 n,并且 n 没有模 4 余 3 的质因子.

必要性 若 n 是 4 的倍数,则若 $n = a^2 + b^2 \pmod 4$,则只能有

$$a^2 \equiv b^2 \pmod 4$$

即 $2 \mid (a,b)$,矛盾. 所以 $4 \nmid n$.

若 q 是 n 的一个质因子,且 $q \equiv 3 \pmod 4$,则若 $n = a^2 + b^2$,必有 $q \mid (a,b)$. 否则,设 $q \nmid a$,则由 $q \mid n$ 若 $n \nmid b$. 所以

$$1 = \left(\frac{a^2}{q}\right) = \left(\frac{n-b^2}{q}\right) = \left(\frac{-b^2}{q}\right) = \left(\frac{-1}{q}\right) = -1 \quad (\text{Legrende 符号})$$

矛盾.

所以 n 不是 4 的倍数,且 q 不是模 4 余的质因子.

充分性 设 n 为奇数,只考虑 $n > 1$.

设 $n = p_1^{a_1} p_2^{a_2} \cdots p_k^{a_k}$($p_1 < p_2 < \cdots < p_k$,且 $p_j \equiv 1 \pmod 4$,$\alpha_j \in \mathbf{N}^*$,$j = 1, 2, \cdots, k$).

对 $p_j \equiv 1 \pmod 4$,由一个熟知的性质,必存在 $a_j, b_j \in \mathbf{N}^*$,使

$$p_j = a_j^2 + b_j^2 = (a_j + b_j \mathrm{i})(a_j - b_j \mathrm{i}) \quad (\text{i 为虚数单位})$$

于是

$$n = \prod_{j=1}^k (a_j + b_j \mathrm{i})^{\alpha_j} \prod_{j=1}^k (a_j - b_j \mathrm{i})^{\alpha_j}$$

令 $x, y \in \mathbf{Z}$,使

$$x + y\mathrm{i} = \prod_{j=1}^k (a_j + b_j \mathrm{i})^{\alpha_j}$$

$$x - y\mathrm{i} = \prod_{j=1}^k (a_j - b_j \mathrm{i})^{\alpha_j}$$

所以
$$n = (x+y\mathrm{i})(x-y\mathrm{i}) = x^2 + y^2$$

下面证明：x 和 y 互质．

若 x 和 y 不互质，则存在质数 $p \mid (x, y)$，即 $p \mid n$，即 $p = p_l$ 对某个 $1 \leqslant l \leqslant k$ 成立．

因此，在 $Z[\mathrm{i}]$ 中，$p_l \mid (x \pm y\mathrm{i})$，从而可知 $(a_l + b_l\mathrm{i}) \mid \prod_{j=1}^{k}(a_j - b_j\mathrm{i})^{a_j}$，

从而 $a_l + b_l\mathrm{i}$ 为 $Z[\mathrm{i}]$ 中的质数，故 $(a_l + b_l\mathrm{i}) \mid (a_t - b_t\mathrm{i})$ 对某个 t 成立．
但在 $Z[\mathrm{i}]$ 中两个不同质数不互相整除，矛盾．
所以 x 和 y 互质．

当 n 为偶数时，$\frac{n}{2}$ 为奇数（否则 $4 \mid n$），令 $\frac{n}{2} = a^2 + b^2$，$(a, b) = 1$，则
$$n = (a+b)^2 + (a-b)^2 \quad \text{且} \quad (a+b, a-b) = 1$$
充分性获证．

131 设一个正整数满足下列性质：其所有模 4 不余 2 的正因数之和等于 1 000．求满足上述性质的所有正整数．

（日本数学奥林匹克预赛，2008 年）

解 对正整数 n，设 $S(n)$ 为 n 的所有模 4 不余 2 的正因数之和．

设 $n = 2^m p_1^{m_1} p_2^{m_2} \cdots p_k^{m_k}$（$p_1, p_2, \cdots, p_k$ 为互不相同的奇质数，$m \in \mathbf{N}$，$m_1, m_2, \cdots, m_k \in \mathbf{N}^*$）．

因为一个整数模 4 余 2，等价于这个整数恰好被 2 整除．

所以 $S(n)$ 是所有形如 $2^l p_1^{l_1} p_2^{l_2} \cdots p_k^{l_k}$（$0 \leqslant l \leqslant m, l \neq 1, l_1, l_2, \cdots, l_k \in \mathbf{N}$）的和，从而

$$S(n) = \sum_{\substack{l=0 \\ l \neq 1}}^{m} 2^l \sum_{l_1=0}^{m_1} p_1^{l_1} \cdots \sum_{l_k=0}^{m_k} p_k^{l_k}$$

为简单起见，对于每个非负整数 m，设
$$f(2, m) = \sum_{\substack{l=0 \\ l \neq 1}}^{m} 2^l, \quad f(p, m) = \sum_{l=0}^{m} p^l$$

其中 p 是奇质数．

因此，当 $n = 2^m p_1^{m_1} p_2^{m_2} \cdots p_k^{m_k}$ 时
$$S(n) = f(2, m) f(p_1, m_1) \cdots f(p_k, m_k)$$

为求 $S(n) = 1\,000$ 的 n 的值，先求数对 (p, m)（p 是质数），且 $f(p, m)$ 是 $1\,000$ 的因数．

当 $p = 2$ 时，若 $m \geqslant 9$，则

第 2 章 质数、合数与质因数分解
Chapter 2　Prime Number, Composite Number and Prime Factorization

$$f(2,m) \geqslant f(2,9) = 1\,021$$

所以只须考虑 $m \leqslant 8$ 的情形.

经计算

$$f(2,1) = 1, \quad f(2,2) = 5, \quad f(2,6) = 125$$

满足 $f(2,m) \mid 1\,000$.

当 $3 \leqslant p \leqslant 31$ 时,类似地可以验证.

$$f(3,1) = 4, \quad f(3,3) = 40, \quad f(7,1) = 8, \quad f(19,1) = 20$$

满足 $f(p,m) \mid 1\,000$.

当 $p \geqslant 32$ 时,若 $m \geqslant 2$,则

$$f(p) \geqslant f(p,2) = 1 + p + p^2 \geqslant 1 + 32 + 32^2 > 1\,000$$

因此,只须验证 $m = 1$ 的情形.

经计算

$$f(199,1) = 200, \quad f(499,1) = 500$$

满足 $f(p,m) = 1\,000$.

下面只须考虑上面这些结果的组合,使其积为 $1\,000$.

于是研究 $1,5,125,4,40,8,20,200,500$ 的组合只有

$$8 \times 125 = 1\,000, \quad 5 \times 200 = 1\,000$$

于是 $n = 2^6 \times 7^1 = 448$ 和 $n = 2^2 \times 199^1 = 796$ 满足条件.

132　设整数 $n(n > 1)$,对于整数 $n+1$ 的每一个正约数 d,别佳都用 n 除以 d,并将所得的部分商写在黑板上,所得的余数写在本子上(例如,17 除以 6,所得部分商为 2,余数为 5).

证明:黑板上的数集与本子上的数集相同.

（俄罗斯数学奥林匹克,2008 年）

证　设 $n + 1 = kd$,则

$$n = (k-1)d + d - 1$$

故别佳在黑板上写 $(k-1)$,在本子上写 $(d-1)$.

若记 $n+1$ 的正约数集合为 D,则黑板上写的数集为

$$A = \left\{ \frac{n+1}{d} - 1 \mid d \in D \right\}$$

本子上写的数集为

$$B = \{d - 1 \mid d \in D\}$$

而当 d 取遍 D 时,$\dfrac{n+1}{d}$ 也取遍 D,所以有

$$A = B$$

133 设 a,b 都是正有理数,二次三项式 $x^2 - ax + b$ 有一个根为既约分数 $\dfrac{m}{n}$,证明:a,b 中至少有一个的既约分母不小于 $n^{\frac{2}{3}}$.

(俄罗斯数学奥林匹克,2008 年)

解 设 $a = \dfrac{c}{u}, b = \dfrac{d}{v} (c,d,u,v \in \mathbf{N}^*, (u,c) = 1, (v,d) = 1)$.

将 a,b 的值及根 $x = \dfrac{m}{n}$ 的值都代入方程

$$x^2 - ax + b = 0$$

$$\dfrac{m^2}{n^2} - \dfrac{c}{u} \cdot \dfrac{m}{n} + \dfrac{d}{v} = 0$$

$$m^2 uv = mcvn - dun^2$$

设 p^k 是 n 的质因数分解的一个质数幂.

由 $(m,n) = 1$,则 $p \mid uv$.

设 u,v 含质因子 p 的方次分别为 r,s.则

$$r + s \geqslant \min\{s + k, r + 2k\}$$

若 $s \geqslant k$,则

$$s + k \geqslant 2k$$

若 $s < k$,则 $r + s \geqslant s + k$,有 $r \geqslant k$

于是,总有

$$2r + s \geqslant 2k$$

因此,$n^2 \mid u^2 v$,从而 $u^2 v \geqslant n^2$.

所以,设 $\max\{u,v\} = t$,有 $t^3 \geqslant u^2 v \geqslant n^2$,

即

$$t \geqslant n^{\frac{2}{3}}$$

从而 a,b 中有一个分母 u 或 v,不小于 $n^{\frac{2}{3}}$.

134 已知 $\mathbf{N}^*$ 是所有正整数构成的集合.对于每个 $n \in \mathbf{N}^*$,设 n 的所有正因数的数目为 $d(n)$.求满足下列性质的所有函数 $f(f: \mathbf{N}^* \to \mathbf{N}^*)$.

(1) 对于 $\forall x \in \mathbf{N}^*$,有 $d(f(x)) = x$;

(2) 对于 $\forall x, y \in \mathbf{N}^*$,有

$$f(xy) \mid (x-1)y^{xy-1}f(x)$$

(第 49 届国际数学奥林匹克预选题,2008 年)

解 存在唯一的一个函数 $f: \mathbf{N}^* \to \mathbf{N}^*$ 满足条件

$$f(1) = 1, \quad f(n) = \prod_{i=1}^{k} p_i^{p_i^{\alpha_i}-1} \qquad ①$$

282

第 2 章 质数、合数与质因数分解
Chapter 2 Prime Number, Composite Number and Prime Factorization

其中 $n = \prod_{i=1}^{k} p_i^{a_i}$ 是 $n(n>1)$ 的质因式分解.

直接验证可知,式 ① 定义的函数满足条件.

反之,设 $f:\mathbf{N}^* \to \mathbf{N}^*$ 满足条件.

在条件(1) 中,令 $x=1$,可得
$$d(f(1))=1$$
于是 $f(1)=1$.

下面证明:对于所有的正整数 n,式 ① 成立.

由条件(1) 知,若 $f(m)=f(n)$,则 $m=n$.

由 n 的正约数个数公式有
$$d\left(\prod_{i=1}^{k} p_i^{b_i}\right) = \prod_{i=1}^{k}(b_i+1)$$
其中 $p_1, p_2, \cdots, p_k$ 是互不相同的质数,$b_1, b_2, \cdots, b_k$ 是正整数,$k \geqslant 1$.

设 p 是一个质数,因为 $d(f(p))=p$,所以存在一个质数 q,使得 $f(p)=q^{p-1}$,特别地 $f(2)=q$ 是一个质数.

下面证明:对所有质数 p,有 $f(p)=p^{p-1}$.

假设 p 是一个奇质数,且存在质数 q,使 $f(p)=q^{p-1}$.

由条件(2),取 $x=2, y=p$ 有
$$f(2p) \mid (2-1)p^{2p-1}f(2) = p^{2p-1}f(2) \qquad ②$$
再取 $x=p, y=2$,有
$$f(2p) \mid (p-1)2^{2p-1}f(p) = (p-1)2^{2p-1}q^{p-1} \qquad ③$$
若 $q \neq p$,则奇质数 $p \nmid (p-1)2^{2p-1}q^{p-1}$.

于是由 ②,③,$p^{2p-1}f(2)$ 和 $(p-1)2^{2p-1}q^{p-1}$ 的最大公因数是 $f(2)$ 的因数.

因此 $f(2p)$ 是质数 $f(2)$ 的因数.

因为 $f(2p) > 1$,所以 $f(2p)=f(2)$,矛盾.

所以 $q=p$,即 $f(p)=p^{p-1}$.

若 $p=2$,由条件(2),取 $x=2, y=3$ 有
$$f(6) \mid 3^5 f(2)$$
取 $x=3, y=2$,有
$$f(6) \mid 2^6 f(3) = 2^6 \times 3^2$$
如果质数 $f(2)$ 是奇数,则 $f(6) \mid 3^2 = 9$,即 $f(6) \in \{1,3,9\}$,则由条件(1)
$$6 = d(f(6)) \in \{d(1), d(3), d(9)\} = \{1, 2, 3\}$$
出现矛盾.

所以 $f(2)$ 不是奇数,又 $f(2)$ 是质数,所以 $f(2)=2$.

再证明:对于每个 $n>1, f(n)$ 的质因数是 n 的质因数.

事实上,设 p 是 n 的最小质因数.由条件(2),取 $x=p, y=\dfrac{n}{p}$,则
$$f(n) \mid (p-1)y^{n-1}f(p) = (p-1)y^{n-1} \cdot p^{p-1}$$
设 $f(n)=lp$,其中 $(l,n)=1$,p 是整除 n 的质数的乘积.

因为 $l \mid (p-1)y^{n-1}p^{p-1}$,且 l 与 $y^{n-1}p^{p-1}$ 互质,所以 $l \mid (p-1)$,且 $d(l) \leqslant l < p$.

由条件(1)可得
$$n = d(f(n)) = d(lp)$$
由 l,p 互质,有
$$d(lp) = d(l)d(p)$$
于是,$d(l)$ 是 n 的小于 p 的因数,这意味着 $l=1$.

设 p 是一个质数,$\alpha \geqslant 1$,由前面的结论,$f(p^\alpha)$ 的质因数只有 p.因此,存在正整数 b,使得
$$f(p^\alpha) = p^b$$
由条件(1)
$$p^\alpha = d(f(p^\alpha)) = d(p^b) = b+1$$
于是
$$f(p^\alpha) = p^{p^\alpha - 1}$$

下面证明对 $n > 1$,n 的质因数分解为 $n = \prod_{i=1}^{k} p_i^{a_i}$,式 ① 成立.

注意到 $f(n)$ 的质因数分解形如
$$f(n) = \prod_{i=1}^{k} p_i^{b_i}$$
对 $i=1,2,\cdots,k$,由条件(2),取 $x = p_i^{a_i}, y = \dfrac{n}{x}$,则
$$f(n) \mid (p_i^{a_i} - 1)y^{n-1}f(p_i^{a_i})$$
于是
$$p_i^{b_i} \mid (p_i^{a_i} - 1)y^{n-1}f(p_i^{a_i})$$
因为 $p_i^{b_i}$ 与 $(p_i^{a_i}-1)y^{n-1}$ 互质,所以
$$p_i^{b_i} \mid f(p_i^{a_i}) = p_i^{a_i} - 1$$

由条件(1)可得
$$\prod_{i=1}^{n} p_i^{a_i} = n = d(f(n)) = d\left(\prod_{i=1}^{k} p_i^{b_i}\right) = \prod_{i=1}^{k}(b_i + 1) \leqslant \prod_{i=1}^{k} p_i^{a_i}$$
于是
$$b_i = p_i^{a_i} - 1 \quad (i=1,2,\cdots,k)$$
从而式 ① 成立.

第 2 章 质数、合数与质因数分解
Chapter 2 Prime Number, Composite Number and Prime Factorization

135 已知正整数 d,u,v,w 满足 u,v,w 互不相同,且
$$d^3 - d(uv+vw+wu) - 2uvw = 0$$
证明:d 不是一个质数,且求 d 的最小值.

(印度国家队选拔考试,2008 年)

解 当 $u=1,v=1,w=3$ 时
$$d^3 - 11d - 12 = 0$$
没有正整数解 d,所以 $uvw \geqslant 8$.

于是
$$uv+vw+wu > 3(uvw)^{\frac{2}{3}} \geqslant 12$$
$$d^3 = d(uv+vw+wu) + 2uvw > 12d + 16$$

从而 $d \geqslant 5$.

如果 d 是一个质数,则 d 是奇质数.

设 $d = p$. 由
$$p^3 = p(uv+vw+wu) + 2uvw \qquad ①$$
可知
$$p \mid uvw$$

不妨假设 $p \mid u$. 且设 $u = pu_1$.

若 p 整除 vw,则 $p \mid v$ 或 $p \mid w$,从而
$$p(uv+vw+wu) > pu(v+w) > p^2(p+1) > p^3$$
与式 ① 矛盾.

因此
$$p \nmid vw$$

于是原方程化为
$$p^2 = pu_1(v+w) + uv(1+2u_1)$$
则
$$p \mid (1+2u_1)$$

故 $1+2u_1 \geqslant p$,即 $u_1 \geqslant \dfrac{p-1}{2}$.

又 $v+w \geqslant 3$(v,w 不同),则
$$p(uv+vw+wu) > pu(v+w) \geqslant 3p^2 u_1 \geqslant \frac{3p^2(p-1)}{2} > p^3$$

与式 ① 矛盾.

所以 d 不是一个质数.

下面求 d 的最小值.

如果 $d=6$，原方程化为
$$6^3 - 6(uv+vw+wu) - 2uvw = 0 \qquad ②$$
于是 $3 \mid uvw$.
不妨假设 $3 \mid u$，且设 $u=3u_1$，则原方程 ② 化为
$$36 = 3u_1(v+w) + vw(1+u_1) \qquad ③$$
从而
$$3 \mid vw(1+u_1)$$
因为 $3u_1(v+w) < 36, v+w \geqslant 3$，所以 $u_1 < 4$.
因此 $3 \mid vw$ 或 $u_1 = 2$.
若 $u_1 = 2$，则化 ③ 为
$$12 = 2(v+w) + vw$$
这时 $v=w=2$ 与 v,w 不同矛盾.
若 $3 \mid vw$，不妨设 $3 \mid v$，且设 $v=3v_1$，则 ③ 化为
$$12 = 3u_1 v_1 + w(u_1+v_1) + u_1 v_1 w \qquad ④$$
由 $u_1 v_1(3+w) < 12$，则 $u_1 v_1 < 3$.
此时 $(u_1, v_1) = (1,2)$ 或 $(2,1)$.
因为 $u_1 + v_1 = 3, u_1 v_1 = 2$，则 ④ 化为
$$12 = 6 + 5w$$
无解.
于是 $d \geqslant 8$.
如果 $d=8$，则 $(u,v,w)=(2,4,7)$ 满足原方程.
因此，d 的最小值是 8.

136 求所有的质数 p，使得
$$p^3 \mid (C_p^1)^2 + (C_p^2)^2 + \cdots + (C_p^{p-1})^2$$
（捷克－斯洛伐克－波兰数学奥林匹克，2008 年）

解 显然，$p \neq 2, 3$.
对于 $k=1, 2, \cdots, p$，有
$$C_{p-1}^{k-1} \equiv \pm 1 \pmod{p}$$
这是因为
$$p-1 \equiv -1 \pmod{p}$$
$$p-2 \equiv -2 \pmod{p}$$
$$\vdots$$
$$p-k \equiv -k \pmod{p}$$
从而

第 2 章 质数、合数与质因数分解
Chapter 2 Prime Number, Composite Number and Prime Factorization

$$-\frac{(p-1)!}{(k-1)!} \equiv \pm(p-k)! \pmod{p}$$

故

$$C_{p-1}^{k-1} \equiv \pm 1 \pmod{p}$$

从而

$$(C_{p-1}^{k-1})^2 \equiv 1 \pmod{p}$$

因此,若 $p^3 \mid \sum_{k=1}^{p-1}(C_p^k)^2$,则

$$p \mid \sum_{k=1}^{p-1}\frac{(C_{p-1}^{k-1})^2}{k^2} \quad (\text{这是因为 } kC_p^k = pC_{p-1}^{k-1})$$

由完全剩余系的知识,对任何 $k \in \{1, 2, \cdots, p-1\}$ 都有一个 $l_k, l_k \in \{1, 2, \cdots, p-1\}$,使 $kl_k \equiv 1 \pmod{p}$,且 $l_i \neq l_j (i \neq j)$,从而

$$\sum_{k=1}^{p-1}\frac{(C_{p-1}^{k-1})^2}{k^2} \equiv \sum_{k=1}^{p-1}\frac{(C_{p-1}^{k-1})^2}{k^2} \cdot (kl_k)^2 \equiv \sum_{k=1}^{p-1}(C_{p-1}^{k-1})^2 l_k^2 \equiv \sum_{k=1}^{p-1}k^2 \pmod{p}$$

而 $\sum_{k=1}^{p-1}k^2 = \dfrac{p(p-1)(2p-1)}{6}$,

所以对任何 $\geqslant 5$ 的质数 p,均有 $p \mid \sum_{k=1}^{p-1}k^2$.

因而,满足本题条件的 p 为大于或等于 5 的所有质数.

137 求所有的函数 $f: \mathbf{Z}_+ \to \mathbf{Z}_+$,使得对于所有的正整数 n 和所有的质数 p,均有

$$f^p(n) \equiv n \pmod{f(p)}$$

(加拿大数学奥林匹克,2008 年)

解 取 $n = p$(p 是一个质数)
于是

$$p \equiv f^p(p) \equiv 0 \pmod{f(p)}$$

因此

$$f(p) \mid p$$

从而,对每一个 p,都有 $f(p) = 1$ 或 $f(p) = p$.
设 $S = \{p \mid p \text{ 是质数},\text{且 } f(p) = p\}$.
(1) 若 S 是无限集,则有无穷多个质数 p,满足

$$f^p(n) \equiv n \pmod{p}$$

由费马小定理得

$$n \equiv f^p(n) \equiv f(n) \pmod{p}$$

因此，$f(n) - n$ 可以被无穷多个质数 p 整除.

从而，对于每一个正整数 n，有
$$f(n) = n$$

经验证，$f(n) = n$ 是满足条件的一个解.

(2) 若 S 是空集，则 $f(p) = 1$（p 是质数）.

经验证，任意的函数 $f: \mathbf{Z}_+ \to \mathbf{Z}^*$，且对于任意质数 p，$f(p) = 1$，均是满足条件的解.

(3) 若 S 是非空有限集，设 q 是 S 中最大的质数，如果 $q \geq 3$，则对于任意的质数 $p(p > q)$，有 $f(p) = 1$. 于是
$$p \equiv f^q(p) \equiv 1 \pmod{f(q)}$$
即
$$p \equiv 1 \pmod{q}$$

设不超过 q 的奇质数的乘积为 Q，则 $Q + 2$ 的所有质因数都大于 q，且均模 q 与 1 同余.

故 $Q + 2$ 也模 q 与 1 同余，这与 $Q + 2 \equiv 2 \pmod{q}$ 矛盾.

因此，$S = \{2\}$，从而 $f(2) = 2$，且对于每一个奇质数 p，有 $f(p) = 1$.

因为 $f^2(n) \equiv n \pmod{2}$，所以 $f(n)$ 与 n 有相同的奇偶数.

经验证，任意满足 $f(n) \equiv n \pmod{2}$，$f(2) = 2$，且对于任意奇质数 p，有 $f(p) = 1$ 的函数均是满足条件的解.

因此，满足本题条件的 f 有且只有以下三种：

(1) $f(n) = n$ ($n \in \mathbf{N}^*$)

(2) $f(n) = \begin{cases} 1, n \text{ 为质数} \\ \text{任意值}, n \text{ 为非质数} \end{cases}$

(3) $f(n) = \begin{cases} 2, n = 2 \\ 1, n \text{ 为奇质数} \\ \text{与 } n \text{ 同奇偶的任意值}, n \text{ 为非质数} \end{cases}$

138 求四个不同的一位数的最小公倍数的最大值.

（日本数学奥林匹克预赛，2008 年）

解 注意到一位质数恰有 4 个：$2, 3, 5, 7$.

而 $2^3 = 8$ 是一位数，$2^4 = 16$ 是两位数，$3^2 = 9$ 是一位数，$3^3 = 27$ 是两位数，5^2 和 7^2 是两位数，

因此，4 个不同的一位数的最小公倍数不超过 $2^3 \times 3^2 \times 5 \times 7 = 2\,520$，而一位数 $5, 7, 8, 9$ 的最小公倍数

第 2 章 质数、合数与质因数分解
Chapter 2　Prime Number, Composite Number and Prime Factorization

$$[5,7,8,9]=2\,520$$

于是最大值为 $2\,520$.

139 求 $2^{561}-2, 3^{561}-3, \cdots, 561^{561}-561$ 的最大公约数.

(罗马尼亚国家队选拔考试, 2008 年)

解 我们研究更一般的命题, 求 $2(2^{n-1}-1), 3(3^{n-1}-1), \cdots, n(n^{n-1}-1)$ 的最大公约数.

设 p 是一个质数, 且能整除 $2(2^{n-1}-1), 3(3^{n-1}-1), \cdots, n(n^{n-1}-1)$.

若 $p > n$, 则

$$p \mid (1^{n-1}-1), p \mid (2^{n-1}-1), \cdots, p \mid (n^{n-1}-1)$$

因此, 多项式 $x^{n-1}-1$ 在 $\bmod p$ 的意义下有 n 个根, 这是不可能的. 若 $p \leqslant n$, 则

$$p \mid (1^n-1), p \mid (2^n-1), \cdots, p \mid (n^n-1)$$

于是

$$p \mid (a^{n-1}-1) \quad (a=1,2,\cdots,p-1)$$

因此, 多项式 $x^{n-1}-1$ 在 $\bmod p$ 的意义下有 $p-1$ 个根.

由费马小定理知, $x^{p-1}-1$ 在 $\bmod p$ 意义下, 也有 $p-1$ 个根. 从而

$$(x^{p-1}-1) \mid (x^{n-1}-1)$$

进而有 $(p-1) \mid (n-1)$. 这是因为若设 $n-1=q(p-1)+r(0 \leqslant r < p-1)$, 则

$$x^{n-1}-1 = x^r[x^{q(p-1)}-1] + x^r - 1$$

则 $(x^{p-1}-1) \mid (x^r-1)$, 则 $r=0$.

对于 $(p-1) \mid (n-1)$, 由费马小定理知, 对于任意整数 a, 均有 $p \mid (a^p-a)$, 从而 $p \mid (a^n-a)$.

因此, p 整除条件中的数, p 是 $2^n-2, 3^n-3, \cdots, n^n-n$ 的公约数.

因为 $p^2 \nmid p(p^{n-1}-1)$, 所以 p^2 不是 $2^n-2, 3^n-3, \cdots, n^n-n$ 的公约数.

因此, 所求的最大公约数的因数中不包含任一个质数的平方.

故所求的最大公约数是

$$\prod_{\substack{p \text{ 是质数} \\ (p-1) \mid (n-1)}} p$$

当 $n=561$ 时, $n-1=2^4 \times 5 \times 7$, 所求最大公约数为 $2 \times 3 \times 5 \times 11 \times 17 \times 29 \times 41 \times 71 \times 113 \times 281$.

140 证明: 对于每个正整数 n, 存在大于 1 且两两互质的整数 k_0, $k_1, \cdots, k_n$, 使得

$$k_0 k_1 \cdots k_n - 1$$

是两个连续整数的积.

(美国数学奥林匹克,2008年)

证 当 $n=1$ 时,取 $k_0=3, k_1=7$,则 $(k_0,k_1)=(3,7)=1$,且
$$k_0 k_1 - 1 = 3\times 7 - 1 = 20 = 4\times 5$$
所以 $n=1$ 命题成立.

假设对 n 命题成立,即存在两两互质的整数 $k_0, k_1, \cdots, k_n$ 满足 $1 < k_0 < k_1 < \cdots < k_n$,使得
$$k_0 k_1 \cdots k_n - 1 = a_n(a_n - 1) \quad (a_n \in \mathbf{N}^*)$$
对 $n+1$,取 $k_{n+1} = a_n^2 + a_n + 1$,则由
$$k_0 k_1 \cdots k_n = a_n(a_n - 1) + 1 = a_n^2 - a_n + 1,\text{有}$$
$$k_0 k_1 \cdots k_n k_{n+1} = (a_n^2 - a_n + 1)(a_n^2 + a_n + 1) = a_n^4 + a_n^2 + 1$$
即
$$k_0 k_1 \cdots k_n k_{n+1} - 1 = a_n^4 + a_n^2 = a_n^2(a_n^2 + 1)$$
即 $k_0 k_1 \cdots k_n k_{n+1} - 1$ 是连续整数 a_n^2 和 $a_n^2 + 1$ 的积,又
$$(k_0, k_1, \cdots, k_n, k_{n+1}) = (a_n^2 - a_n + 1, a_n^2 + a_n + 1) = 1$$
所以 $k_0, k_1, \cdots, k_{n+1}$ 两两互质.

因而对 $n+1$ 命题成立.

因此结论成立.

141 求所有满足下列性质的整数 $n(n \geqslant 2\,007)$:对于任意不超过 n 的不同正整数 x, y, z,若 $(x,n) = (y,n) = (z,n) = 1$,则 $(x+y+z, n) = 1$.

(匈牙利数学奥林匹克,2007—2008年)

解 $n = 2^m (m \geqslant 11)$.

先证明两个引理.

引理 1 若 $(n,2) = 1$,则对任意的 $m(m \leqslant n, m \in \mathbf{N}^*)$,有 $(n,m) = 1$.

引理 1 的证明:$(n,1) = (n,2) = 1$.

若 $(n,m) = 1$,且 $m \neq 1, 2$,则由题设有
$$(n, 1+2+m) = (n, m+3) = 1$$
故只须证
$$(n,3) = (n,4) = (n,5) = 1$$
事实上,由 $(n,2) = 1$,有
$$(n, 1+2^2+2^4) = (n, 21) = 1$$
则
$$(n,3) = 1$$
$$(n, 2^2) = (n, 4) = 1$$

第 2 章 质数、合数与质因数分解
Chapter 2 Prime Number, Composite Number and Prime Factorization

$$(n, 1+2+2^5) = (n, 35) = 1$$

则

$$(n, 5) = 1$$

引理 1 得证.

引理 2 若 $(n,3) = 1$,则对任意的正奇数 $m(m \leqslant n)$,有 $(n, m) = 1$.

引理 2 的证明:$(n, 1) = (n, 3) = 1$

若 $(n, m) = 1$,且 $m \neq 1, 3$,则由题设有

$$(n, 1+3+m) = (n, m+4) = 1$$

故只须证 $(n, 5) = (n, 7) = 1$

事实上,由 $(n, 3) = 1$,有

$$(n, 1+3+3^4) = (n, 85) = 1, 即 (n, 5) = 1$$
$$(n, 1+3^2+3^4) = (n, 91) = 1, 即 (n, 7) = 1$$

现在回到原题:

由 $n \geqslant 2\,007$ 知,存在 $m \in \mathbf{N}^*$,且 $m \neq 1$,使 $m \mid n$.

由引理 1 知,$2 \mid n$.

假设存在奇数 $m \in \mathbf{N}^*$ 且 $m \neq 1$,使 $m \mid n$.

由引理 2 知,$3 \mid n$.

所以可设 $n = 6k (k > \dfrac{2\,007}{6}, k \in \mathbf{N}^*)$.

(1) 若 $k \equiv 0 \pmod 6$,取 $1, k+1, 2k+1$,均与 n 互质,但其和 $3k+3$ 与 n 不互质,与题设矛盾;

(2) 若 $k \equiv 1 \pmod 6$,取 $k-2, k+4, 3k-2$,均与 n 互质,但其和 $5k$ 与 n 不互质;

(3) 若 $k \equiv 2 \pmod 6$,取 $k+3, 2k+1, 3k-1$,均与 n 互质,但其和 $6k+3$ 与 n 不互质;

(4) 若 $k \equiv 3 \pmod 6$,取 $1, k-2, 2k+1$,均与 n 互质,但其和 $3k$ 与 n 不互质;

(5) 若 $k \equiv 4 \pmod 6$,取 $1, k-3, 2k-1$,均与 n 互质,但其和 $3k-3$ 与 n 不互质;

(6) 若 $k \equiv 5 \pmod 6$,取 $1, k-4, 2k+3$,均与 n 互质,但其和 $3k$ 与 n 不互质.

由 $(1), (2), \cdots, (6)$ 知,$3 \nmid n$.

故 n 只有质因数 2,即

$$n = 2^m \quad (m \in \mathbf{N}^*, m > [\log_2 2\,007] = 10)$$

经检验 $n = 2^m (m \geqslant 11, m \in \mathbf{N}^*)$ 满足条件.

最新世界各国数学奥林匹克中的初等数论试题(上)
The Lastest Elementary Number Theory in Mathematical Olympiads in The World

142 设正整数数列 $a_0, a_1, \cdots$ 满足任意相邻的两项的最大公因数大于它们前面的一项,即 $(a_i, a_{i+1}) > a_{i-1}$.

证明:对于所有的非负整数 n,有 $a_n \geq 2^n$.

(第 49 届国际数学奥林匹克预选题,2008 年)

证 因为 $a_i \geq (a_i, a_{i+1}) > a_{i-1}$,所以数列 $\{a_n\}$ 是严格递增的,特别地,$a_0 \geq 1, a_1 \geq 2$.

对于每个 $i \geq 1$,有
$$a_{i+1} - a_i \geq (a_i, a_{i+1}) > a_{i-1}$$

于是
$$a_{i+1} \geq a_i + a_{i-1} + 1$$

故
$$a_2 \geq 4, \quad a_3 \geq 7$$

若 $a_3 = 7$,由 $(a_2, a_3) = (4, 7) = 1 > a_1 = 2$,出现矛盾,因此 $a_3 \geq 8$.

下面用数学归纳法证明 $a_n \geq 2^n$.

当 $n = 0, 1, 2, 3$ 时结论成立.

假设当 $n \geq 3$ 时,有
$$a_i \geq 2^i \quad (i = 0, 1, 2, \cdots, n)$$

下面证明
$$a_{n+1} \geq 2^{n+1}$$

设 $(a_n, a_{n+1}) = d$,则 $d > a_{n-1}$.

若 $a_n \geq 4d$,则
$$a_{n+1} > 4a_{n-1} \geq 4 \times 2^{n-1} = 2^{n+1}$$

若 $a_n \geq 3d$,则
$$a_{n+1} \geq a_n + d \geq 4d > 4a_{n-1} \geq 4 \times 2^{n-1} = 2^{n+1}$$

若 $a_n = d$,则
$$a_{n+1} \geq a_n + d = 2a_n \geq 2 \times 2^n = 2^{n+1}$$

若 $a_n = 2d$,且 $a_{n+1} = 3d$,于是 $a_{n+1} = \frac{3}{2} a_n$.

设 $(a_{n-1}, a_n) = d'$,则 $d' > a_{n-2}$.

设 $a_n = md' \ (m \in \mathbf{N}^*)$.

由 $d' \leq a_{n-1} < d$,及 $a_n = 2d$,可得 $m \geq 3$.

因为 $a_{n-1} < d = \frac{a_n}{2} = \frac{md'}{2}$,$a_{n+1} = \frac{3}{2} md'$. 所以,可得下面的结论.

若 $m \geq 6$,则 $a_{n+1} = \frac{3}{2} md' \geq 9d' > 9 a_{n-2} \geq 9 \times 2^{n-2} > 8 \times 2^{n-2} = 2^{n+1}$;

第 2 章　质数、合数与质因数分解
Chapter 2　Prime Number, Composite Number and Prime Factorization

若 $3 \leqslant m \leqslant 4$，则 $a_{n-1} < \frac{1}{2}md' \leqslant \frac{1}{2} \times 4d' = 2d'$.

于是 $a_{n-1} = d'$.

$$a_{n+1} = \frac{3}{2}ma_{n-1} \geqslant \frac{3}{2} \times 3a_{n-1} \geqslant \frac{9}{2} \times 2^{n-1} > 4 \times 2^{n-1} = 2^{n+1}$$

若 $m = 5$，由 $a_n = 5d'$，$a_{n+1} = \frac{15}{2}d'$，$a_{n-1} < d = \frac{5}{2}d'$.

最后一个不等式表明 a_{n-1} 或者等于 d'，或者等于 $2d'$，因此
$$a_{n-1} \mid 2d'$$

设 $(a_{n-2}, a_{n-1}) = d''$，则 $d'' > a_{n-3}$.

因为 d'' 是 a_{n-1} 的因数，a_{n-1} 又是 $2d'$ 的因数. 所以，设 $2d' = m'd''(m' \in \mathbf{N}^*)$.

由 $d'' \leqslant a_{n-2} < d'$，可得 $m' \geqslant 3$. 于是，
$$a_{n-2} < d' = \frac{m'd''}{2}, \quad a_{n+1} = \frac{15}{2}d' = \frac{15}{4}m'd''$$

若 $m' \geqslant 5$，则
$$a_{n+1} = \frac{15}{4}m'd'' \geqslant \frac{75}{4}d'' > \frac{75}{4}a_{n-3} \geqslant \frac{75}{4} \times 2^{n-3} > 16 \times 2^{n-3} > 2^{n+1}$$

若 $3 \leqslant m' \leqslant 4$，则
$$a_{n-2} < \frac{1}{2}m'd'' \leqslant \frac{1}{2} \times 4d'' = 2d''$$

于是 $a_{n-2} = d''$.

$$a_{n+1} = \frac{15}{4}m'a_{n-2} \geqslant \frac{15}{4} \times 3a_{n-2} \geqslant \frac{45}{4} \times 2^{n-2} > 8 \times 2^{n-2} = 2^{n+1}$$

综上，总有 $a_{n+1} \geqslant 2^{n+1}$.

因此，对于所有的非负整数 n，有 $a_n \geqslant 2^n$.

143　设 $f(x)$ 是周期函数，T 和 1 是 $f(x)$ 的周期且 $0 < T < 1$. 证明：

(1) 若 T 为有理数，则存在质数 p，使 $\frac{1}{p}$ 是 $f(x)$ 的周期；

(2) 若 T 为无理数，则存在各项均为无理数的数列 $\{a_n\}$ 满足 $1 > a_n > a_{n+1} > 0 (n = 1, 2, \cdots)$，且每个 $a_n(n = 1, 2, \cdots)$ 都是 $f(x)$ 的周期.

(中国高中数学联合竞赛，2008 年)

证　(1) 若 T 是有理数，则存在正整数 m, n 使得 $T = \frac{n}{m}$ 且 $(m, n) = 1$，从而存在整数 a, b，使得
$$ma + nb = 1$$

于是
$$\frac{1}{m} = \frac{ma+nb}{m} = a + bT = a \cdot 1 + b \cdot T$$
是 $f(x)$ 的周期.

又因 $0 < T < 1$,从而 $m \geqslant 2$. 设 p 是 m 的质因数,则 $m = pm', m' \in \mathbf{N}^*$,从而
$$\frac{1}{p} = m' \cdot \frac{1}{m}$$
是 $f(x)$ 的周期.

(2) 若 T 是无理数,令 $a_1 = 1 - \left[\frac{1}{T}\right]T$,

则 $0 < a_1 < 1$,且 a_1 是无理数,令
$$a_2 = 1 - \left[\frac{1}{a_1}\right]a_1$$
$$\vdots$$
$$a_{n+1} = 1 - \left[\frac{1}{a_n}\right]a_n$$
$$\vdots$$

由数学归纳法易知 a_n 均为无理数且 $0 < a_n < 1$. 又 $\frac{1}{a_n} - \left[\frac{1}{a_n}\right] < 1$. 故 $1 < a_n + \left[\frac{1}{a_n}\right]a_n$,即 $a_{n+1} = 1 - \left[\frac{1}{a_n}\right]a_n < a_n$. 因此 $\{a_n\}$ 是递减数列.

最后证:每个 a_n 是 $f(x)$ 的周期. 事实上,因 1 和 T 是 $f(x)$ 的周期,故 $a_1 = 1 - \left[\frac{1}{T}\right]T$ 也是 $f(x)$ 的周期.

假设 a_k 是 $f(x)$ 的周期,则 $a_{k+1} = 1 - \left[\frac{1}{a_k}\right]a_k$ 也是 $f(x)$ 的周期.

由数学归纳法,可证得 a_n 均是 $f(x)$ 的周期.

144 (1) 是否存在整系数多项式 $p(x)$,满足对任意的 $2\,008$ 的因数 d,有 $p(d) = \frac{2\,008}{d}$;

(2) 求所有的正整数 n,使得存在一个整系数多项式 $p(x)$,对 n 的任意因数 d,均有 $p(d) = \frac{n}{d}$.

(澳大利亚数学奥林匹克,2008 年)

解 (1) 若存在这样的整系数多项式 $p(x)$,则

第 2 章 质数、合数与质因数分解

Chapter 2 Prime Number, Composite Number and Prime Factorization

$$p(2) = \frac{2\,008}{2} = 1\,004 \equiv 0 \pmod{2}$$

因此，$p(x)$ 的常数项 a_0 必为偶数.

另一方面有

$$p(8) = \frac{2\,008}{8} = 251 \equiv 1 \pmod{2}$$

因此，$p(x)$ 的常数项 a_0 为奇数，矛盾.

所以不存在这样的多项式 $p(x)$.

(2) 若 n 的某一个质因子的次数大于 1，设 $n = a^s b (s > 1, (a,b) = 1)$.

则

$$p(a) = a^{s-1} b \equiv 0 \pmod{a}$$

即 $p(x)$ 的常数项 $a_0 \equiv 0 \pmod{a}$.

而

$$p(a^s) = \frac{a^s b}{a^s} = b \equiv b \pmod{a}$$

则

$$a_0 \equiv b \pmod{a}$$

又 $(a,b) = 1$，则 $b \not\equiv 0 \pmod{a}$，矛盾.

因此，n 不能含有次数大于 1 的质因子.

若 n 含有两个不同的质因子 $p, q (p < q)$，则

$$p(n) = \frac{n}{n} = 1$$

即

$$a_0 \equiv 1 \pmod{q}$$

而由 $p\left(\dfrac{n}{p}\right) = \dfrac{n}{\frac{n}{p}} = p$，又有

$$a_0 \equiv p \pmod{q}$$

矛盾.

所以 n 不能有两个不同的质因子.

于是 n 必为 1 或质数，此时取

$$p_n(x) = n + 1 - x$$

则

$$p_n(1) = n, \quad p_n(n) = 1$$

均满足 n 的因数 d，有 $p(d) = \dfrac{n}{d}$.

因此，所求的 n 为 1 或质数.

145 一个最简分数等于分母分别为 600 和 700 的两个最简分数的和. 求这样的最简分数分母的最小可能值.

（俄罗斯数学奥林匹克，2009 年）

解 设两个最简分数分别为 $\dfrac{a}{600}, \dfrac{b}{700}$，则
$$(a,6)=1, \quad (b,7)=1$$
由
$$\dfrac{a}{600}+\dfrac{b}{700}=\dfrac{7a+6b}{4\,200}$$
则分子 $7a+6b$ 与 $6,7$ 互质.

由于 $4\,200=2^3\times 3\times 7\times 5^2$，且 $7a+6b$ 与 $6,7$ 互质，则可约去公分母 5^2，其分母应不小于 $2^3\times 3\times 7=168$.

于是
$$\dfrac{a}{600}+\dfrac{b}{700}=\dfrac{7a+6b}{4\,200}=\dfrac{25}{168\times 25}$$
即 $7a+6b=25, a=1, b=3$ 是一组解.

所以有
$$\dfrac{1}{600}+\dfrac{3}{700}=\dfrac{1}{168}$$

146 能否用 2 009 种颜色将所有的正整数如下染色：
(1) 每种颜色的数都有无穷多个；
(2) 不存在三个两两不同色的正整数 a,b,c 满足 $a=bc$.

（俄罗斯数学奥林匹克，2009 年）

解 能.

取 2 008 个质数 $p_1, p_2, \cdots, p_{2\,008}$，且 $p_1<p_2<\cdots<p_{2\,008}$.

构造正整数集合 $A_1, A_2, \cdots, A_{2\,008}, A_{2\,009}$ 如下：

A_1 表示所有 p_1 倍数所组成的集合；

A_2 表示所有 p_2 倍数且不是 p_1 倍数所组成的集合；

……

$A_{2\,008}$ 表示所有 $p_{2\,008}$ 的倍数且不是 $p_1, p_2, \cdots, p_{2\,007}$ 的倍数所组成的集合；

$A_{2\,009}$ 表示所有其余正整数的集合.

则 $A_1, A_2, \cdots, A_{2\,008}, A_{2\,009}$ 两两不相交且其并集为全体正整数集合.

由集合的构造，若 $x\in A_k, y\in A_n, k<n$，则 $xy\in A_k$.

因此，对这 2 009 个集合各染上 2 009 种颜色的一种即符合题目要求.

第 2 章　质数、合数与质因数分解
Chapter 2　Prime Number, Composite Number and Prime Factorization

147　设 k,l 是给定的两个正整数. 证明：有无穷多个正整数 $m(m \geqslant k)$，使得 C_m^k 与 l 互质.

(中国高中数学联合竞赛, 2009 年)

证 1　要使 $(C_m^k, l) = 1$，可以构造 $C_m^k = ql + 1, q \in \mathbf{N}^*$.

由于

$$C_m^k = \frac{m!}{k!(m-k)!} = \frac{(m-k+1)(m-k+2)\cdots(m-k+k)}{k!}$$

设 $m - k = a$，则

$$C_m^k = \frac{(a+1)(a+2)\cdots(a+k)}{k!} = \frac{Ma + k!}{k!}$$

其中 $M \in \mathbf{N}^*$.

于是需使 $\dfrac{Ma+k!}{k!} = ql+1$，即 $Ma = qlk!, a = \dfrac{q}{M}l \cdot k!$.

于是对任意正整数 t，可令

$$m = k + tl(k!)$$

下面证明 $(C_n^k, l) = 1$.

设 p 是 l 的任一质因子，我们只要证明 $p \nmid C_m^n$.

若 $p \nmid k!$，由

$$k! \, C_m^k = \prod_{i=1}^k (m-k+i) \equiv$$
$$\prod_{i=1}^n [i + tl(k!)] \equiv$$
$$\prod_{i=1}^n i \equiv k! \pmod p$$

所以

$$p \nmid C_m^k$$

若 $p \mid k!$，设 $\alpha \geqslant 1$，使 $p^\alpha \mid k!$，但 $p^{\alpha+1} \nmid k!$，则
$$p^{\alpha+1} \mid l(k!)$$

由

$$k! \, C_m^k = \prod_{i=1}^k (m-k+i) \equiv$$
$$\prod_{i=1}^n [i + tl(k!)] \equiv$$
$$\prod_{i=1}^k i \equiv$$
$$k! \pmod{p^{\alpha+1}}$$

297

及 $p^{\alpha} \mid k!, p^{\alpha+1} \nmid k!$ 可知 $p^{\alpha} \mid k! \, \mathrm{C}_m^k$ 但 $p^{\alpha+1} \nmid k! \, \mathrm{C}_m^k$.

从而 $p \nmid \mathrm{C}_m^k$.

于是 $(\mathrm{C}_m^k, p) = 1$，进而 $(\mathrm{C}_m^k, l) = 1$.

证 2 设 $l = p_1^{\alpha_1} p_2^{\alpha_2} \cdots p_n^{\alpha_n}$，其中 $p_1, p_2, \cdots, p_n$ 为质数，$\alpha_1, \alpha_2, \cdots, \alpha_n$ 为正整数，则 $(\mathrm{C}_m^k, l) = 1$，等价于 $(\mathrm{C}_m^k, p_i) = 1, i = 1, 2, \cdots, n$.

即证 $(\mathrm{C}_m^k, p_i) = 1$ 对无穷多个正整数 $m \geqslant k$ 成立.

在 $\mathrm{C}_m^k = \dfrac{m!}{k!(m-k)!}$ 中 p_i 的幂次为

$$S = \sum_{j=1}^{\infty} \left[\frac{m}{p_i^j}\right] - \sum_{j=1}^{\infty} \left[\frac{k}{p_i^j}\right] - \sum \left[\frac{m-k}{p_i^j}\right]$$

只要证明 $S = 0$ 对无穷多个正整数 $m \geqslant k$ 成立，就可以证明 $(\mathrm{C}_m^k, p_i) = 1$.

不妨设 $p_i^{x_i-1} \leqslant k < p_i^{x_i} (x_i \in \mathbf{N}^*)$，其中 x_i 由 p_i 和 k 唯一确定.

取任意的 y_i，使其满足 $y_i \geqslant x_i (y_i \in \mathbf{N}^*)$，令

$$m_i = p_i^{y_i}, \quad m = c m_1 m_2 \cdots m_n + k \quad (c \in \mathbf{N})$$

下面证明，对任意的 m，均有 $S = 0$.

当 $j \leqslant y_i$ 时，$p_i^j \mid (m-k)$，则 $\dfrac{m-k}{p_i^j} \in \mathbf{N}$，即有

$$\left[\frac{m}{p_i^j}\right] = \left[\frac{k}{p_i^j} + \frac{m-k}{p_i^j}\right] = \left[\frac{k}{p_i^j}\right] + \frac{m-k}{p_i^j} = \left[\frac{k}{p_i^j}\right] + \left[\frac{m-k}{p_i^j}\right]$$

所以

$$\left[\frac{m}{p_i^j}\right] - \left[\frac{k}{p_i^j}\right] - \left[\frac{m-k}{p_i^j}\right] = 0$$

当 $j > y_i$ 时，$k < p_i^{x_i} \leqslant p_i^{y_i} < p_i^j$.

显然，$0 < \dfrac{k}{p_i^j} < 1, \left[\dfrac{k}{p_i^j}\right] = 0$.

不妨设 $j = y_i + a$，且 $m - k = (b p_i^a + \alpha) p_i^{y_i}$，其中 $0 \leqslant \alpha \leqslant p_i^a - 1, 1 \leqslant b \leqslant p_i - 1, (\alpha, a, b \in \mathbf{N})$，所以有

$$b p_i^j \leqslant m - k < m = (b p_i^a + \alpha) p_i^{y_i} + k <$$
$$b p_i^{a+y_i} + (\alpha+1) p_i^{y_i} \leqslant$$
$$(b+1) p_i^j$$

于是

$$b \leqslant \frac{m-k}{p_i^j} < \frac{m}{p_i^j} < b+1$$

即

$$\left[\frac{m}{p_i^j}\right] = \left[\frac{m-k}{p_i^j}\right] = b$$

从而

第 2 章 质数、合数与质因数分解
Chapter 2 Prime Number, Composite Number and Prime Factorization

$$\left[\frac{m}{p_i^j}\right] - \left[\frac{k}{p_i^j}\right] - \left[\frac{m-k}{p_i^j}\right] = 0$$

由以上，对任意 $m, s = 0$，因此，$m = cm_1 m_2 \cdots m_n + k (c \in \mathbf{N})$ 满足题意. 显然，$m \geqslant k$，且 m 有无穷多个.

148 求所有的整数 $n \geqslant 2$，具有下述性质：对任意 k 个模 n 互不同余的整数 $a_1, a_2, \cdots, a_k$，存在一个整系数多项式 $f(x)$，使同余方程
$$f(x) \equiv 0 \pmod{n} \qquad ①$$
恰有 k 个解
$$x \equiv a_1, a_2, \cdots, a_k \pmod{n} \qquad ②$$

（中国国家集训队测试，2009 年）

解 所求的 $n = 4$ 或 n 为质数.

当 $n = 4$ 或 n 为质数时，对于任意 k 个模 n 互不同余的整数 $a_1, a_2, \cdots, a_k$，设整系数多项式
$$f(x) = (x - a_1)(x - a_2) \cdots (x - a_k)$$
则同余方程 $f(x) \equiv 0 \pmod{n}$ 有解 ②，即
$$x \equiv a_1, a_2, \cdots, a_k \pmod{n}$$

当 $k = n$ 时，该同余方程显然只有这些解.

当 $k < n$ 时，对于任何一个与 $a_1, a_2, \cdots, a_k$ 均模 n 不同余的数 a，由于 $n = 4$ 或 n 为质数，则 $n \nmid (n-1)!$，故
$$n \nmid (a - (a-1))(a - (a-2)) \cdots (a - (a-n+1))$$
即 $n \nmid f(a)$，故同余方程 $f(x) \equiv 0 \pmod{n}$ 恰有 k 个解 ②，即
$$x \equiv a_1, a_2, \cdots, a_k \pmod{n}$$

当 n 为不等于 4 的合数时，我们证明存在模 n 互不同余的整数 $a_1, a_2, \cdots, a_k$，使得不存在一个整系数多项式 $f(x)$，相应的同余方程 ① 恰有 k 个解 ②.

下面分情况讨论.

若 n 至少有两个不同的质因子，则可设 $n = ab, (a, b) = 1, a > 1, b > 1$. 显然 $a \not\equiv b \pmod{n}$.

令 $a_1 = a, a_2 = b$. 若存在整系数多项式 $f(x)$，使得
$$f(a) \equiv f(b) \equiv 0 \pmod{n}$$
则由
$$(x - y) \mid (f(x) - f(y))$$
得
$$a \mid (f(a) - f(0))$$
又由

299

故
$$a \mid f(a)$$
$$a \mid f(0)$$
同理
$$b \mid f(0)$$
又由 $(a,b)=1$, 则
$$ab \mid f(0)$$
即
$$f(0) \equiv 0 \pmod{n}$$

从而 $f(x) \equiv 0 \pmod{n}$ 不能恰有解 $x \equiv a_1, a_2 \pmod{n}$.

若合数 n 只有一个质因子, 设 $n = p^k$, 其中 p 是质数, $k \geq 2, k \in \mathbf{N}^*$.

那么, $0, p^{k-1}, p^{k-1}+p$ 三个数显然两两模 n 不同余 ($n \neq 4$).

令 $a_1 = 0, a_2 = p^{k-1}+p$, 若存在一个整系数多项式 $f(x)$, 使得
$$f(a_1) \equiv f(a_2) \equiv 0 \pmod{n}$$

我们证明:必有 $f(p^{k-1}) \equiv 0 \pmod{n}$.

否则设
$$f(x) = c_m x^m + c_{m-1} x^{m-1} + \cdots + c_1 x + c_0$$

由 $f(0) \equiv 0 \pmod{n}$ 得 $n \mid c_0$, 由
$$f(p^{k-1}) \not\equiv 0 \pmod{n}$$

则 $p \nmid c_1$, 那么
$$f(a_2) = f(p^{k-1}+p) \equiv c_1(p^{k-1}+p) + c_0 \equiv pc_1 \not\equiv 0 \pmod{p^2}$$

这与 $f(a_2) \equiv 0 \pmod{p^k}$ 矛盾.

综上, 满足题目的 n 为 4 以及所有质数.

149 设 n 是一个合数. 证明存在正整数 m, 满足 $m \mid n, m \leq \sqrt{n}$, 且 $d(n) \leq d^3(m)$. 这里 $d(k)$ 表示正整数 k 的正约数的个数.

(中国国家集训队测试, 2009 年)

证 若 n 有一个质因子 p 满足 $p > \sqrt{n}$.

令 $m = \dfrac{n}{p}$, 则有 $m < \sqrt{n}$.

由 $p > \sqrt{n}$ 知 $(m, p) = 1$. 因此
$$d(n) = d(p)d(m) = 2d(m)$$

又由 n 是合数, $m > 1$. 即 $d(m) \geq 2$. 因此 $d(n) \leq d^3(m)$.

现在设 n 的所有质因子都不大于 $\sqrt{n}$.

第 2 章　质数、合数与质因数分解

Chapter 2　Prime Number, Composite Number and Prime Factorization

取 m_1 为 n 的不超过 $\sqrt{n}$ 的最大因子，再取 m_2 为 $\dfrac{n}{m_1}$ 的不超过 $\sqrt{n}$ 的最大因子.

我们证明 $m_2 > 1$.

否则，$\dfrac{n}{m_1}$ 没有大于 1 的且不超过 $\sqrt{n}$ 的因子，但若 $\dfrac{n}{m_1}$ 是合数，则它在区间 $\left(1, \sqrt{\dfrac{n}{m_1}}\right]$ 内至少有一个质因子，矛盾！

因此，$\dfrac{n}{m_1}$ 是质数.

由假设 n 的所有质因子都不大于 $\sqrt{n}$，又

$$\frac{n}{m_1} \geqslant \frac{n}{\sqrt{n}} = \sqrt{n}$$

故只有 $\dfrac{n}{m_1} = \sqrt{n}$，且是质数，此时有 $m_2 = \sqrt{n}$ 与假设 $m_2 = 1$ 矛盾，所以有 $m_2 > 1$.

由 $m_2 > 1$ 知 $m_1 m_2 > m_1$，且 m_1, m_2 是 n 的因子，由 m_1 的选取可知 $m_1 m_2 > \sqrt{n}$，因此令 $m_3 = \dfrac{n}{m_1 m_2}$，则有 $m_i \leqslant \sqrt{n} (i = 1, 2, 3)$. 因此

$$d(n) = d(m_1, m_2, m_3) \leqslant d(m_1) d(m_2) d(m_3) \leqslant \max\{d^3(m_1), d^3(m_2), d^3(m_3)\}$$

故取 m_1, m_2, m_3 中因子最多的一个为 m 即可.

150　称自然数 n 为"好数"，应在十进制下满足以下几个条件：
(1) n 是四位数；
(2) n 的第一位与第三位数字相同；
(3) n 的第二位与第四位数字相同；
(4) n 的各位数字的乘积是 n^2 的约数.
试求所有的好数.

（意大利数学奥林匹克，2009 年）

解　由条件 (1),(2),(3)，一个好数 n 一定具有

$$n = 101(10a + b) \quad (a, b \in \{1, 2, \cdots, 9\})$$

的形式.

由条件 (4) $(ab)^2 \mid n^2$，则 $(ab) \mid n^2$.

因为 101 是质数，则 $ab \mid 101, ab \mid (10a + b)$.

所以 $a \mid b, b \mid 10a$.

(1) 当 $b = a$ 时，$a^2 \mid 11a$，于是 $a \mid 11$，则 $a = 1, b = 1$.

此时 $n = 1111$.

(2) 当 $b = 2a$ 时，则 $2a^2 \mid 12a$，即 $a \mid 6$. 则 $a = 1, 2$ 或 3.
$$(a, b) = (1, 2), (2, 4), (3, 6)$$
此时 $n = 101 \times 12 = 1212, n = 101 \times 24 = 2424, n = 101 \times 36 = 3636$

(3) 当 $b = 5a$ 时，则 $5a^2 \mid 15a$，即 $a \mid 3$, 则 $a = 1, b = 5$.
此时 $n = 101 \times 15 = 1515$

于是，所求的"好数"有 $1111, 1212, 2424, 3636, 1515$.

151. 设 M 为一个无限的有理数集，满足：M 的任意一个 2009 元子集的元素之积为一个整数，且这个整数不能被任何质数的 2009 次幂整除.

证明：M 的元素均为整数.

（保加利亚国家队选拔考试，2009 年）

证 设 $a_1, a_2, \cdots, a_{2008} \in M, \Lambda = a_1 a_2 \cdots a_{2008} = \dfrac{p}{q}, (p, q) = 1$.

假设 M 中有无限多个数 α_i 不是整数，设 $\alpha_i = \dfrac{p_i}{q_i}, (p_i, q_i) = 1, q_i > 1$，且 $\alpha_i \neq a_1, a_2, \cdots, a_{2008}$.

由题设 $\alpha_i \cdot \dfrac{p}{q}$ 是整数，因此 $q_i \mid p$. 因此有无限多个相等的 q_i.

所以这些 q_i 对应的 α_i 所构成的集合，必有 2009 个元素的乘积不是整数，这与题设矛盾.

所以 M 中包含无限多个整数.

假设有非整数的有理数 $\dfrac{a}{b} \in M, (a, b) = 1, b > 1$.

若 p 是 b 的一个质因子，则易由上面的论证推知，p 整除 M 中无限多个整数，于是这些整数中的任意 2009 个数的乘积可以被 p^{2009} 整除，与题设不能被任何质数的 2009 次幂整除矛盾.

所以 M 中的所有元素都是整数.

152 已知 n 为任意的正整数，设 $c(n)$ 是 n 的不大于 $\sqrt{n}$ 的最大约数.
$$S(n) = \min\{x \mid y \mid nx, n < y < x, x, y \in \mathbf{N}\}$$
证明：对于每个 n，有
$$S(n) = (c(n) + 1)\left(\dfrac{n}{c(n)} + 1\right)$$

（爱沙尼亚国家队选拔考试，2009 年）

证 令 $y = c(n)\left(\dfrac{n}{c(n)} + 1\right)$，则

第 2 章 质数、合数与质因数分解
Chapter 2 Prime Number, Composite Number and Prime Factorization

$$n = c(n) \cdot \frac{n}{c(n)} < y < (c(n)+1)\left(\frac{n}{c(n)}+1\right)$$

$$y \mid c(n)\frac{n}{c(n)}(c(n)+1)\left(\frac{n}{c(n)}+1\right)$$

即

$$y \mid n\left[(c(n)+1)\left(\frac{n}{c(n)}+1\right)\right]$$

所以

$$S(n) \leqslant (c(n)+1)\left(\frac{n}{c(n)}+1\right)$$

选取 x,使得

$$n < x < (c(n)+1)\left(\frac{n}{c(n)}+1\right)$$

则只须证明在 (n,x) 之间不存在任何能整除 nx 的整数.

设 y 是 n 与 x 之间的任意整数

$$d = (y,n), \quad y' = \frac{y}{d}, \quad n' = \frac{n}{d}$$

则 $(y',n') = 1$.

因为 $c(n)$ 和 $\frac{n}{c(n)}$ 都是 n 的约数,所以

$$c(n) + \frac{n}{c(n)} \leqslant d + \frac{n}{d} \qquad ①$$

注意到函数 $f(z) = z + \frac{n}{z}(n>0)$ 在区间 $(0,\sqrt{n})$ 单调递减,且

$$\min\left(d,\frac{n}{d}\right) \leqslant c(n) \leqslant \sqrt{n}$$

所以

$$c(n) + \frac{n}{c(n)} \leqslant d + \frac{n}{d}$$

在式 ① 的两边都加上 $n+1$,再分解得

$$(c(n)+1)\left(\frac{c}{c(n)}+1\right) \leqslant (d+1)\left(\frac{n}{d}+1\right) \qquad ②$$

由 $d \mid y, d \mid (y-n)$,得 $d \leqslant y-n$,即

$$n + d \leqslant y \qquad ③$$

于是

$$\frac{n}{d} + 1 \leqslant \frac{y}{d} = y'$$

由 ②,③ 得

最新世界各国数学奥林匹克中的初等数论试题(上)
The Lastest Elementary Number Theory in Mathematical Olympiads in The World

$$dy' = y < x < (c(n)+1)\left(\frac{n}{c(n)}+1\right) \leqslant (d+1)\left(\frac{n}{d}+1\right) \leqslant (d+1)y'$$

所以 x 是 dy' 与 $(d+1)y'$ 之间的一个整数.

所以 $y' \nmid x$.

若 $y \mid nx$,则由 $y' = \dfrac{y}{d}, n' = \dfrac{n}{d}$ 得
$$y' \mid n'x$$

又 $(y', n') = 1$,所以 $y' \mid x$,矛盾!

因此
$$S(n) \leqslant (c(n)+1)\left(\frac{n}{c(n)}+1\right)$$

应取等号,即
$$S(n) = (c(n)+1)\left(\frac{n}{c(n)}+1\right)$$

153 设 a 为一个给定的正整数. 证明:存在无穷多个质数,使得对于这些质数中的每一个,至少存在一个 $n \in \mathbf{N}^*$,满足 $2^{2^n} + a$ 被这个质数整除.

(伊朗国家队选拔考试,2009 年)

解 用反证法.

假设只有有限个质数,设为 $p_1, p_2, \cdots, p_k$. 即 $p_1, p_2, \cdots, p_k$ 为能整除形如 $2^{2^n} + a$ 至少其中之一的全部质数.

考虑 $k+1$ 个数 $2^{2^i} + a (1 \leqslant i \leqslant k+1, i \in \mathbf{Z})$.

由于这些数都是有限数,故存在一个自然数 r,使得这些数中的任何一个均不能被 $p_j^r (j = 1, 2, \cdots, k)$ 整除.

由于 $2^{2^n} + a$ 随着 n 而单调递增. 故在某一时刻必将大于 p^{rk}. 其中 $p = \max\{p_1, p_2, \cdots, p_k\}$.

对于这个足够大的 $2^{2^n} + a$,将其进行质因数分解后,由抽屉原理,必存在某一个 p_j 的指数大于 r.

考虑这个足够大的 $2^{2^n} + a$ 及相继的 k 个数,共 $k+1$ 个数
$$2^{2^n} + a, 2^{2^{n+1}} + a, 2^{2^{n+2}} + a, \cdots, 2^{2^{n+k}} + a$$

由于它们每一个均能被某个 p_j^r 整除,而 p_j 仅有 k 个. 故由抽屉原理知,这 $k+1$ 个数中必有两个被同一个 p_j^r 整除(设为 p_1^r),即
$$p_1^r \mid (2^{2^{n+s}} + a) \quad 及 \quad p_1^r \mid (2^{2^{n+m}} + a)$$

其中 $0 \leqslant s < m \leqslant k$. 因此
$$-a \equiv 2^{2^{n+m}} \equiv (2^{2^{n+s}})^{2^{m-s}} \equiv a^{2^{m-s}} \pmod{p_1^r}$$

第 2 章 质数、合数与质因数分解
Chapter 2 Prime Number, Composite Number and Prime Factorization

从而 $p_1^r \mid (2^{2^{m-s}}+a)$，与 r 的选择矛盾.

154 已知质数 $p(p>3), k,n \in \mathbf{N}^*$. 设 $S_p(k,n)$ 表示所有形如 $\dfrac{m}{p}$ 的既约分数的和. 其中 $\dfrac{m}{p}$ 满足 $k<\dfrac{m}{p}<n$. 求所有的 p,k,n，使得 $S_p(k,n)=2\,009$.

(白俄罗斯数学奥林匹克,2009 年)

解 满足条件的既约分数可表示为
$$t+\frac{i}{p} \quad (k \leqslant t \leqslant n-1, i=1,2,\cdots,p-1)$$
$$S_p(k,n)=\sum_{i=1}^{p-1}(k+\frac{i}{p})+\sum_{i=1}^{p-1}(k+1+\frac{i}{p})+\cdots+\sum_{i=1}^{p-1}(n-1+\frac{i}{p})=$$
$$[k+(k+1)+\cdots+(n-1)](p-1)+$$
$$(n-k)(\frac{1}{p}+\frac{2}{p}+\cdots+\frac{n-1}{p})=$$

$$(n-k)(\frac{1}{p}+\frac{2}{p}+\cdots+\frac{p-1}{p})=$$
$$\frac{(n+k-1)(n-k)(p-1)}{2}+(n-k)\cdot\frac{p(p-1)}{2p}=$$
$$\frac{(p-1)(n^2-k^2)}{2}=$$

$2\,009$

于是
$$(p-1)(n^2-k^2)=4\,018$$
由 $n, k \in \mathbf{N}^*$，所以 $n^2-k^2 \geqslant 1$.

于是
$$p-1 \leqslant 4\,018 = 2 \times 7^2 \times 41$$
又 $p>3$ 是质数，则 $p-1$ 是偶数，则
$$p-1=2 \times 7^0 \times 41^1=82 \quad 或 \quad p-1=2 \times 7^1 \times 41^0=14$$
或 $p-1=2 \times 7^1 \times 41^1=574 \quad 或 \quad p-1=2 \times 7^2 \times 41^0=98$

于是
$$p=15, 83, 99 \text{ 或 } 575$$
因为 p 是质数，则 $p=83$.

当 $p=83$ 时，$(n-k)(n+k)=\dfrac{4\,018}{82}=49$

于是 $n-k=1, n+k=49, n=25, k=24$.

由以上 $p=83, k=24, n=25$.

155 已知 $p, 3p+2, 5p+4, 7p+6, 9p+8, 11p+10$ 均为质数，求证：

最新世界各国数学奥林匹克中的初等数论试题(上)
The Lastest Elementary Number Theory in Mathematical Olympiads in The World

$6p+11$ 是合数.

(捷克和斯洛伐克数学奥林匹克,2009 年)

证 (1) 当 $p=5k(k \in \mathbf{N}^*)$ 时

因为 p 是质数,则 $k=1, p=5$,此时 $11p+10=65$ 不是质数;

(2) 当 $p=5k+1$ 时

若 $3p+2=3(5k+1)+2=15k+5$ 是质数,则 $k=0$,此时 $p=1$ 不是质数;

(3) 当 $p=5k+2$ 时
$$7p+6=7(5k+2)+6=35k+20=5(7k+4)$$
为合数;

(4) 当 $p=5k+3$ 时,
$$9p+8=9(5k+3)+8=45k+35=5(9k+7)$$
为合数;

(5) 由(1),(2),(3),(4) 必有 $p=5k+4$. 此时
$$6p+11=6(5k+4)+11=30k+35=5(6k+7)$$
为合数.

156 对于正整数 n,如果恰好存在 4 个正整数 k,使得 $n+k^2$ 被 $n+k$ 整除,则称 n 为"好数". 证明:

(1) $n=58$ 是好数. 并求出相应的 4 个 k;

(2) 当且仅当 $p(p \geqslant 3)$ 和 $2p+1$ 均为质数时, $n=2p$ 才是好数.

(捷克和斯洛伐克数学奥林匹克,2009 年)

证 由 $n+k^2=(k+n)(k-n)+n^2+n=(k+n)(k-n)+n(n+1)$ 可知
$$(n+k) \mid (n+k^2)$$
等价于
$$(n+k) \mid n(n+1)$$
于是,满足这一条件 k 的个数等于 $n(n+1)$ 的因子中大于 n 的因子的个数.

记 $D=n(n+1)$.

(1) 当 $n=58$ 时,
$$D=58 \times 59=2 \times 29 \times 59$$
故 D 的因子中大于 $n=58$ 的因子为 $59,2 \times 59,29 \times 59,2 \times 59 \times 29$ 四个. 分别令它们为 $58+k$.

由 $58+k=59,2 \times 59,29 \times 59,2 \times 59 \times 29$ 得
$$k=1,60,1\ 653,3\ 364$$

(2) 当 $n=2p$ 时

第 2 章 质数、合数与质因数分解
Chapter 2 Prime Number, Composite Number and Prime Factorization

$$D = 2p(2p+1)$$

大于 $2p$ 的 D 的四个因子是

$$2p+1 < 2(2p+1) < p(2p+1) < 2p(2p+1) \qquad ①$$

若 p 和 $2p+1$ 均为质数,则易知 D 不再有其他的大于 n 的因子.

因此 $n=2p$ 为好数.

若 p 与 $2p+1$ 中至少有一个为合数,分两种情形证明 D 中还有 ① 的四个数之外的大于 n 的因子.

(i) 若 p 为合数,则存在 p 的因子,使得 $2 \leqslant q \leqslant \frac{1}{2}p$. 故 D 有因子 $2q(2p+1)$.

若 $q \neq \frac{1}{2}p$,则

$$2(2p+1) < 2q(2p+1) < p(2p+1)$$

若 $q = \frac{1}{2}p$,则 p 是唯一非平凡因子,则 $p=4$,故 $2p+1=q$ 也是合数.

(ii) 若 $2p+1$ 为合数,则存在 $2p+1$ 的因子 q,使得 $3 \leqslant q < p$. 此时 D 有因子 $2pq$.

由 $q > 2+\frac{1}{p}$ 及 $q < p+\frac{1}{2}$ 得

$$2(2p+1) < 2pq < p(2p+1)$$

即 D 还有式 ① 之外的大于 n 的因子 $2pq$.

从而本题得证.

157 已知正整数 $a>b>1$,且方程

$$\frac{a^x-1}{a-1} = \frac{b^y-1}{b-1} \quad (x>1, y>1) \qquad ①$$

至少有两个不同的正整数解 (x,y). 求证 a 与 b 互质.

(保加利亚数学奥林匹克,2009 年)

证 用反证法.

假设 a,b 不互质,设质数 p 为它们的一个公因数.

设 $(x_1,y_1),(x_2,y_2)$ 为方程 ① 的两组不同的正整数解,不妨设 $x_1 > x_2 > 1$,则

$$ba^{x_1} - ab^{y_1} + a - b = a^{x_1} - b^{y_1}$$

于是 a,b 中 p 的最高次幂相等.

将 $\frac{a^{x_1}-1}{a-1} = \frac{b^{y_1}-1}{b-1}$ 与 $\frac{a^{x_2}-1}{a-1} = \frac{b^{y_2}-1}{b-1}$ 作差得

$$a^{x_2} \cdot \frac{a^{x_1-x_2}-1}{a-1} = b^{y_2} \cdot \frac{b^{y_1-y_2}-1}{b-1} \qquad ②$$

对正整数 $n>1$,有
$$\left(n, \frac{n^l-1}{n-1}\right) = 1$$

则由式 ②,x_2 与 a 中 p 的最高次幂之积等于 y_2 与 b 中 p 的最高次幂之积. 于是 $x_2 = y_2$.

而由 $\frac{a^{x_2}-1}{a-1} = \frac{b^{x_2}-1}{b-1}$ 易知 $a=b$,与题设 $a>b$ 矛盾.

所以 $(a,b)=1$.

158 设 $p_k = p_k(a_1, a_2, \cdots, a_n)(1 \leqslant k \leqslant n, n>1, k, n \subset \mathbf{N}^*)$ 表示从 $a_1, a_2, \cdots, a_n$ 中任取 k 项相乘所有可能乘积的和.

设 $p = p(a_1 a_2 \cdots a_n)$ 表示所有 $k(k \leqslant n)$ 取奇数时,p_k 的和.

问:$\{a_j\}$ 可以有多少种不同的取值,使得 $a_j(1 \leqslant j \leqslant n)$ 和 p 都是质数?

(奥地利数学奥林匹克,2009 年)

解 定义 $p_0 = 1$.

考虑多项式
$$Q(x) = (x-a_1)(x-a_2)\cdots(x-a_n) = \sum_{k=0}^{n}(-1)^k p_n x^{n-k}$$

令 $x=1$ 和 $x=-1$,则
$$Q(1) = \sum_{k=0}^{n} p_x (-1)^k$$
$$Q(-1) = (-1)^n \sum_{k=1}^{n} p_k$$

所以
$$p = \sum_{k\text{为奇数}} p_k = \frac{1}{2}[(-1)^n Q(-1) - Q(1)] =$$
$$\frac{1}{2}\left[\prod_{j=1}^{n}(1+a_j) - \prod_{j=1}^{n}(1-a_j)\right]$$

一方面,如果 a_j 取两个或两个以上的奇数,则
$$4 \mid \prod_{j=1}^{n}(1+a_j), \quad 4 \mid \prod_{j=1}^{n}(1-a_j)$$

所以 p 是偶数,这与 $n>1$ 时,$p>2$,因为 p 是正奇质数矛盾.

因此 a_j 只能取一个奇数,其他的值取 2.

另外,a_j 不能全取 2,如果 a_j 全取 2,则全部 p_k 都是偶数,则 p 也是偶数,矛盾.

第 2 章 质数、合数与质因数分解
Chapter 2 Prime Number, Composite Number and Prime Factorization

综上,$\{a_j\}$ 有两种不同取值.

159 以 $[a,b,c]$ 表示正整数 a,b,c 的最小公倍数,试问:能否将下式中的六个 $*$ 取为六个相连的正整数(不一定按大小顺序排列),使得
$$[*,*,*]-[*,*,*]=2\,009$$
成立?

(欧拉数学奥林匹克,2009 年)

解 不可能.

假设能找到这样相连的六个正整数.

由于若干个正整数的最小公倍数可以被它们中的每个正整数整除,因而,也可被这些正整数的每个约数整除.

于是,当这些正整数中有偶数时,它们的最小公倍数应为偶数,当这些正整数都是奇数时,它们的最小公倍数才是奇数.

因为 2 009 是奇数,所以,它只能表示为一奇一偶两个数的差.

这表明,在已知的等式中,有一个 $[*,*,*]$ 中的三个 $*$ 都是奇数,从而另一个 $[*,*,*]$ 中的三个 $*$ 都是偶数.

另一方面,在任何相邻的三个奇数中都有一个 3 的倍数,在任何相邻的偶数中也都有一个 3 的倍数,从而,式中的两个 $[*,*,*]$ 都是 3 的倍数,但是 2 009 不是 3 的倍数,矛盾.

第3章

奇数、偶数和完全平方数

第 3 章 奇数、偶数和完全平方数
Chapter 3 Odd, Even and Perfect Square Number

1 圆周上写着从 1 到 n 的 n 个整数,任何两个相邻的整数之和都能被它(顺时针方向)后面的那个整数整除,求 n 的所有可能的值.

(世界城市数学竞赛,1999 年)

解 因为奇数加偶数均不能被偶数整除,所以顺时针排列的三个数若为偶、奇、偶或奇、偶、偶,均不满足条件.

于是在圆周上两个相邻数之间至少有两个奇数.

所以偶数的个数 k 比奇数的个数至少要少 k 个.

而从 1 到 n 的 n 个整数,偶数比奇数最多多一个,于是 $k=1,n=3$.

即 $1+3=4$ 能被 2 整除,$1+2=3$ 能被 3 整除,$2+3=5$ 能被 1 整除.

2 已知有 100 个整数 $1,2,\cdots,100$,将这 100 个整数分为 50 对,每一对中的两数之差称为这一对的编号,请问这 50 对全部编号是否恰好为 1 至 50?

(世界城市数学竞赛,1999 年)

解 1 从 1 到 50 的编号中,有 25 个奇数和 25 个偶数.

对于 25 个奇数,则需要有 25 个偶数和 25 个奇数组成的数对求差而得.

对于 25 个偶数,则需要有 50 个偶数或 50 个奇数组成的数对求差而得.

而 $1,2,\cdots,100$ 中共有 50 个奇数和 50 个偶数,所以不可能.

解 2 由于任意两个整数的和与差具有相同的奇偶性,因此,每一对中的二数之和与它的编号具有相同的奇偶性.

于是 50 对整数相加之和 $(1+2+\cdots+100=5\ 050)$ 与 50 对编号全部相加之和 $(1+2+\cdots+25=1\ 275)$ 应具有相同的奇偶性,但这是不可能的.

3 是否存在 10 个不同的整数,其中任何 9 个数的和都是完全平方数?

(俄罗斯数学奥林匹克,1999 年)

解 存在.

设 10 个不同的正整数 $x_1,x_2,\cdots,x_{10}$,记 $S=\sum_{i=1}^{10} x_i$.

若所求的 $x_i (i=1,2,\cdots,10)$ 满足题目要求,则
$$S-x_1 = n_1^2$$
$$S-x_2 = n_2^2$$
$$\vdots$$
$$S-x_{10} = n_{10}^2$$

于是

313

$$10S - (x_1 + x_2 + \cdots + x_{10}) = n_1^2 + n_2^2 + \cdots + n_{10}^2$$
$$9S = n_1^2 + n_2^2 + \cdots + n_{10}^2$$

因此，若 $n_k = 3k$，则
$$n_k^2 = 9k^2 \quad (k = 1, 2, \cdots, 10)$$

于是
$$S = 1^2 + 2^2 + \cdots + 10^2$$

于是 $x_i = S - n_i^2, i = 1, 2, \cdots, 10$ 即为所求。

如上所述，$x_1, x_2, \cdots, x_{10}$ 依次为
$$376, 349, 304, 241, 160, 61, -56, -291, -344, -515$$

4 是否存在一个 2 000 位的整数，它是某个整数的平方，且在十进制中至少有 1 999 个数字是 5？

（乌克兰数学奥林匹克，1999 年）

解 若 2 000 位的整数，各位数字全是 5，则此数不是完全平方数。

若 2 000 位的整数有 1 999 位的数字是 5，且有一个数字不是 5，设这个 2 000 位整数为 n。

(1) 若非 5 的数字不是个位数字，则存在一个奇数 $k = 2t + 1$，于是
$$n = (5k)^2 = [5(2t+1)]^2 = (10t+5)^2 = 100t(t+1) + 25$$

于是，非 5 的数字一定是 2，且 2 是十位数字，此时百位及百位以上的 1 998 位数是 $t(t+1)$，这是一个偶数，与 1 998 个 5 相矛盾。

(2) 若非 5 的数字是个位数字，则这个数字一定是 0, 1, 4, 9, 6 中的一个，若为
$$\underbrace{55\cdots5}_{1999\text{个}}0 \quad 或 \quad \underbrace{55\cdots5}_{1999\text{个}}4$$

则该数为 $4m + 2$ 型，它不是完全平方数，若为
$$\underbrace{55\cdots5}_{1999\text{个}}1 \quad 或 \quad \underbrace{55\cdots5}_{1999\text{个}}9$$

则该数为 $4m + 3$ 型，它也不是完全平方数，若为
$$\underbrace{55\cdots5}_{1999\text{个}}6$$

则该数为 $3m + 2$ 型，它不是完全平方数。

综合以上，不存在满足题设条件的整数。

5 由给定的正整数 a_0 开始，按如下法则构造数列 $\{a_n\}$.
$$a_{n+1} = \begin{cases} a_n^2 - 5 & \text{若 } a_n \text{ 为奇数} \\ \dfrac{a_n}{2} & \text{若 } a_n \text{ 为偶数} \end{cases}$$

①

第 3 章 奇数、偶数和完全平方数
Chapter 3 Odd, Even and Perfect Square Number

证明:对任何奇数 $a > 5$,在数列 $\{a_n\}$ 中都会出现任意大的正整数.

(俄罗斯数学奥林匹克,2000 年)

证 我们只须证明,在数列 $\{a_n\}$ 中,由奇数组成的子数列是一个严格递增数列.

设 a_n 为奇数,且设 $a_n = 2k+1$,由 ①
$$a_{n+1} = a_n^2 - 5 = (2k+1)^2 - 5 = 4k^2 + 4k - 4$$
为偶数,则
$$a_{n+2} = \frac{a_{n+1}}{2} = 2k^2 + 2k - 2$$
为偶数,则
$$a_{n+3} = \frac{a_{n+2}}{2} = k^2 + k - 1$$
为奇数,比较奇数 a_n 和 a_{n+3}
$$a_{n+3} - a_n = k^2 + k - 1 - (2k+1) =$$
$$k^2 - k - 2 =$$
$$(k-2)(k+1)$$

由 $a_0 > 5$ 知 $a_n = 2k+1 > 5, k > 2$.

所以 $a_{n+3} > a_n$,a_{n+3} 与 a_n 是相邻奇数项,所以 $\{a_n\}$ 中所有等于奇数的项组成一个严格递增数列,即满足
$$a_0 < a_3 < a_6 < \cdots < a_{3n}$$

6 证明:可以把全体正整数分成 100 个非空子集,使得对任何 3 个满足关系式 $a + 99b = c$ 的正整数 a, b, c,都可以从中找出两个数属于同一个子集.

(俄罗斯数学奥林匹克,2000 年)

证 把所有偶数分到下面的 99 个集合中
$$A_i = \{x_i \mid 2 \mid x_i, x_i \equiv i \pmod{99}, x_i \in \mathbf{N}^*\}$$
$$i = 1, 2, \cdots, 98$$
把所有奇数放入集合 A_{99} 中,即
$$A_{99} = \{x_i \mid 2 \nmid x_i, x_i \in \mathbf{N}^*\}$$
这时 $A_0, A_1, A_2, \cdots, A_{98}, A_{99}$ 符合题目要求.

这是因为等式
$$a + 99b = c$$
中偶数的个数或为 1 个或为 3 个.

如果 a, b, c 中有两个奇数,一个偶数,则此两个奇数必属于 A_{99}.

如果 a,b,c 中都是偶数,由 $a-c=-99b$ 可知
$$a \equiv c \pmod{99}$$
于是 a,c 属于 $A_0,A_1,\cdots,A_{98}$ 中的同一个集合.

7 设 a_j,b_j,c_j 为整数,这里 $1 \leqslant j \leqslant N$,且对任意的 j,数 a_j,b_j,c_j 中至少有一个数为奇数.

证明:存在整数 r,s,t,使得集合
$$\{ra_j+sb_j+tc_j \mid 1 \leqslant j \leqslant N\}$$
中至少有 $\dfrac{4}{7}N$ 个数为奇数.

(普特南数学竞赛,2000 年)

证 考虑不全为零的 7 个数组 (x,y,z),其中 $x,y,z \in \{0,1\}$.

容易证明:若 a_j,b_j,c_j 不全是偶数,则集合
$$A_j = \{xa_j+yb_j+zc_j \mid x,y,z \in \{0,1\}\}$$
中恰有 4 个偶数和 4 个奇数,且在 $x=y=z=0$ 时为偶数.

由此结论可知
$$\{xa_j+yb_j+zc_j \mid x,y,z \in \{0,1\}, x,y,z \text{ 不全为零}, 1 \leqslant j \leqslant N\}$$
中恰有 $4N$ 个奇数.

于是,由抽屉原则,可知存在一组数 (x,y,z),$x,y,z \in \{0,1\}$,x,y,z 不全为零,使得
$$\{xa_j+yb_j+zc_j \mid 1 \leqslant j \leqslant N\}$$
中至少有 $\dfrac{4}{7}N$ 个奇数.

8 设 N 是正整数,如果存在大于 1 的正整数 k,使得 $N-\dfrac{k(k-1)}{2}$ 是 k 的正整数倍,则称 N 为一个"千禧数".

试确定在 $1,2,3,\cdots,2\,000$ 中"千禧数"的个数,并说明理由.

(我爱数学初中生夏令营数学竞赛,2000 年)

解 若 N 是"千禧数",则存在正整数 m,使得
$$N-\dfrac{k(k-1)}{2} = km$$
即
$$2N = k(2m+k-1)$$
显然,k 与 $2m+k-1$ 的奇偶性不同,且 $k>1$,$2m+k-1>1$.

所以 $2N$ 有大于 1 的奇约数.

· 316 ·

第 3 章 奇数、偶数和完全平方数
Chapter 3 Odd, Even and Perfect Square Number

从而 N 有大于 1 的奇约数.

反过来,若 N 有大于 1 的奇约数,可设 $2N = AB$,其中 A,B 的奇偶性不同,且 $A < B, A > 1$.

$$N - \frac{A(A-1)}{2} = \frac{AB}{2} - \frac{A(A-1)}{2} = A \cdot \frac{B-A+1}{2}$$

其中 $\frac{B-A+1}{2}$ 是整数.

所以 N 是"千禧数".

综上所述,只要 N 有大于 1 的奇约数,则 N 就是"千禧数".

在 $1, 2, \cdots, 2\,000$ 中,只有

$$1, 2, 2^2, \cdots, 2^{10}$$

不是"千禧数".

所以"千禧数"共有 $2\,000 - 11 = 1\,989$(个).

9 设 $f(x)$ 是整系数多项式,并且 $f(x) = 1$ 有整数根,约定将所有满足上述条件的 f 组成的集合记为 F.

对于任意给定的整数 $k > 1$,求最小的整数 $m(k) > 1$,要求能保证存在 $f \in F$,使得

$$f(x) = m(k)$$

恰有 k 个互不相同的整数根.

(中国国家集训队选拔考试,2000 年)

解 假设存在满足条件的 $f \in F$,使得 $m(k)$ 恰有 k 个互不相同的整数根,设这 k 个整数根为 $\beta_1, \beta_2, \cdots, \beta_k$.

则存在整系数多项式 $g(x)$,使得

$$f(x) - m(k) = (x - \beta_1)(x - \beta_2) \cdots (x - \beta_k) g(x) \quad \text{①}$$

由于 $f \in F$,则存在整数 α,使得 $f(\alpha) = 1$.

将 α 代入式①,并在等式两边取绝对值,得

$$m(k) - 1 = |\alpha - \beta_1| \cdot |\alpha - \beta_2| \cdot \cdots \cdot |\alpha - \beta_k| \cdot |g(\alpha)| \quad \text{②}$$

依题设,$\alpha - \beta_1, \alpha - \beta_2, \cdots, \alpha - \beta_k$ 是互不相同的整数,又由 $m(k) > 1$,即 $m(k) - 1 > 0$,则由式②,$\alpha - \beta_1, \alpha - \beta_2, \cdots, \alpha - \beta_k$ 均不等于零.

为保证 $m(k)$ 最小,由式②,显然有 $|g(\alpha)| = 1$,且 $\alpha - \beta_1, \alpha - \beta_2, \cdots, \alpha - \beta_k$ 应取绝对值最小的 k 个非零整数.因而,应从 $\pm 1, \pm 2, \pm 3, \cdots$ 中选取.

下面对 k 分为奇偶数讨论.

当 k 为偶数时,$\alpha - \beta_1, \alpha - \beta_2, \cdots, \alpha - \beta_k$ 应从 $\pm 1, \pm 2, \cdots, \pm \frac{k}{2}$ 共 k 个值,

其中有 $\frac{k}{2}$ 个负数，由式①，$g(\alpha)$ 必等于 $(-1)^{\frac{k}{2}+1}$，于是

$$m(k) = \left[\left(\frac{k}{2}\right)!\right]^2 + 1$$

相应的 f 可取

$$f(x) = (-1)^{\frac{k}{2}+1} \prod_{i=1}^{\frac{k}{2}} (x^2 - i^2) + \left[\left(\frac{k}{2}\right)!\right]^2 + 1$$

当 k 为奇数时，$\alpha - \beta_1, \alpha - \beta_2, \cdots, \alpha - \beta_k$ 应取 $\pm 1, \pm 2, \cdots, \pm \frac{k-1}{2}, \frac{k+1}{2}$，$g(\alpha)$ 应等于 $(-1)^{\frac{k-1}{2}+1}$，从而

$$m(k) = \left(\frac{k-1}{2}\right)! \left(\frac{k+1}{2}\right)! + 1$$

相应的 f 可取

$$f(x) = (-1)^{\frac{k+1}{2}} \prod_{i=1}^{\frac{k-1}{2}} (x^2 - i^2)\left(x + \frac{k+1}{2}\right) + \left(\frac{k-1}{2}\right)! \left(\frac{k+1}{2}\right)! + 1$$

10 设 $p_1, p_2, \cdots, p_n$ 是 n 个不同的质数，用这些质数作为项（允许重复），任意组成一个数列，使这个数列不存在某些相邻项的积是完全平方数．

证明：这种数列的项数有最大值（记为 $L(n)$），并求 $L(n)$ 的表达式.

（中国上海市高中数学竞赛，2000 年）

证 设 $a_1, a_2, \cdots, a_m$ 是一个以 $p_1, p_2, \cdots, p_n$ 为项的数列．
考虑数列

$$b_0 = 1, b_1 = a_1, b_2 = a_1 a_2, b_3 = a_1 a_2 a_3, \cdots, b_m = a_1 a_2 \cdots a_m$$

则每个 b_i 都可以写成

$$p_1^{\alpha_1^{(i)}} \cdot p_2^{\alpha_2^{(i)}} \cdot \cdots \cdot p_n^{\alpha_n^{(i)}} \quad (\alpha_k^{(i)} \in \mathbf{N})$$

$m+1 (\geqslant 2^n + 1)$ 个 n 元有序数组 $(\alpha_1^{(i)}, \alpha_2^{(i)}, \cdots, \alpha_n^{(i)})$，按 $\alpha_k^{(i)}$ 的奇偶性考虑，至多有 2^n 个不同的有序数组，因此，必有两个有序数组

$$(\alpha_1^{(i)}, \alpha_2^{(i)}, \cdots, \alpha_n^{(i)}), (\alpha_1^{(j)}, \alpha_2^{(j)}, \cdots, \alpha_n^{(j)})$$
$$(0 \leqslant i < j \leqslant n)$$

使

$$\alpha_k^{(i)} \equiv \alpha_k^{(j)} \pmod{2} \quad (k = 1, 2, \cdots, n)$$

于是 $\frac{b_j}{b_i} = p_1^{\alpha_1^{(j)} - \alpha_1^{(i)}} p_2^{\alpha_2^{(j)} - \alpha_2^{(i)}} \cdots p_n^{\alpha_n^{(j)} - \alpha_n^{(i)}}$ 是完全平方数．即 $a_{i+1} a_{i+2} \cdots a_{ij} = \frac{b_j}{b_i}$ 是完全平方数．

这表明，当 $m \geqslant 2^n$ 时，这个数列存在某些相邻项的积是完全平方数，所以

第 3 章 奇数、偶数和完全平方数
Chapter 3　Odd,Even and Perfect Square Number

$L(n) < 2^n$,即
$$L(n) \leqslant 2^n - 1 \qquad ①$$

设 $a_1, a_2, \cdots, a_{L(n)}$ 是以 $p_1, p_2, \cdots, p_n$ 为项的数列,且满足题设条件时,则如下构造的数列

$$a_1, a_2, \cdots, a_{L(n)}, p_{n+1}, a_1, a_2, \cdots, a_{L(n)}$$

是以 $p_1, p_2, \cdots, p_n, p_{n+1}$ 为项的数列,也满足题设条件,这个数列的项数是 $2L(n) + 1$,于是

$$L(n+1) \geqslant 2L(n) + 1$$

即
$$L(n) + 1 \geqslant 2(L(n-1) + 1) \geqslant$$
$$2^2(L(n-2) + 1) \geqslant \cdots \geqslant 2^{n-1}(L(1) + 1)$$

因为 $L(1) = 1$,则
$$L(n) + 1 \geqslant 2^n, \quad L(n) \geqslant 2^n - 1 \qquad ②$$

由 ①,② $L(n) = 2^n - 1$.

11 已知正整数集合 A 中的元素不能表示为若干个不同的完全平方数之和. 证明:A 中的元素只有有限个.

(第 41 届国际数学奥林匹克预选题,2000 年)

证 假设存在正整数 N,满足
$$N = a_1^2 + a_2^2 + \cdots + a_m^2, \quad 2N = b_1^2 + b_2^2 + \cdots + b_n^2$$

其中 $a_1, a_2, \cdots, a_m, b_1, b_2, \cdots, b_n$ 是正整数,且对于所有 $\alpha, \beta, \gamma, \delta$,当 $\alpha \neq \beta, \gamma \neq \delta$ 时,$\dfrac{a_\alpha}{a_\beta}, \dfrac{a_\alpha}{b_\delta}, \dfrac{b_\gamma}{a_\beta}, \dfrac{b_\gamma}{b_\delta}$ 都不是 2 的整数次幂(包括 $2^0 = 1$).

下面证明:对于每一个整数 $p > \sum\limits_{k=0}^{4N-2}(2kN+1)^2$,均能表示为若干个不同的完全平方数之和.

设 $p = 4Nq + \gamma$,其中 $0 \leqslant \gamma \leqslant 4N - 1$,因为
$$\gamma \equiv \sum_{k=0}^{\gamma-1}(2kN+1)^2 \pmod{4N}$$

且
$$\sum_{k=0}^{\gamma-1}(2kN+1)^2 < p$$

所以,当 $\gamma \geqslant 1$ 时,存在正整数 t,使得
$$p = \sum_{k=0}^{\gamma-1}(2kN+1)^2 + 4Nt$$

当 $\gamma = 0$ 时,$p = 4Nt$,此时 $t = q$,设

最新世界各国数学奥林匹克中的初等数论试题(上)

The Lastest Elementary Number Theory in Mathematical Olympiads in The World

则
$$t = \sum_i 2^{2u_i} + \sum_j 2^{2v_j+1}$$

$$4Nt = 4N\sum_i 2^{2u_i} + 4N\sum_j 2^{2v_j+1} = \sum_{i,\alpha}(2^{u_i+1}a_\alpha)^2 + \sum_{j,\gamma}(2^{v_j+1}b_\gamma)^2$$

所以有

$$p = \begin{cases} \sum_{k=0}^{\gamma-1}(2kN+1)^2 + 4Nt, & \gamma \geq 1 \\ 4Nt, & \gamma = 0 \end{cases}$$

容易验证,上式中的所有完全平方数互不相同.

最后证明这样的正整数 N 是存在的,$N=29$,因为
$$29 = 2^2 + 5^2, \quad 58 = 3^2 + 7^2$$

12 设 m,n 为给定的正整数,且 $mn \mid (m^2+n^2+m)$. 证明:m 是一个完全平方数.

(波兰数学奥林匹克,2000 年)

证 因为 $mn \mid (m^2+n^2+m)$,则存在整数 k,满足
$$m^2 + n^2 + m = kmn$$

即
$$n^2 - kmn + m^2 + m = 0$$

这是一个关于 n 的一元二次方程
$$\Delta = k^2m^2 - 4m^2 - 4m$$

应为一个完全平方数.

设 $(m, k^2m - 4m - 4) = d$

若 $d=1$,由 Δ 为完全平方数可知 m 为完全平方数.

若 $d>1$,由 $d=(m,k^2m-4m-4)=(m,4)$ 知 $d\mid 4$,于是由 $d>1$,则 d 为偶数,进而 m 为偶数,再由
$$mn \mid (m^2+n^2+m)$$

可知,n 是偶数,于是
$$4 \mid mn$$

因而有
$$4 \mid (m^2+n^2+m)$$

于是
$$4 \mid m$$

第 3 章 奇数、偶数和完全平方数
Chapter 3　Odd,Even and Perfect Square Number

这时有 $d=4$,于是 $\dfrac{\Delta}{16}$ 为完全平方数,所以 $\dfrac{m}{4}$ 为完全平方数,所以 m 为完全平方数.

13 设数列 $\{a_n\}$ 和 $\{b_n\}$ 满足 $a_0=1, b_0=0$,且
$$\begin{cases} a_{n+1}=7a_n+6b_n-3 \\ b_{n+1}=8a_n+7b_n-4 \end{cases} (n=0,1,2,3,\cdots)$$
证明:$a_n(n=0,1,2,\cdots)$ 是完全平方数.

(中国高中数学联赛,2000 年)

证 1　$a_1=7a_0+6b_0-3=4, b_1=8a_0-7b_0-4=4$.
当 $n \geqslant 1$ 时,设
$$(pa_{n+1}-q)+(rb_{n+1}-s)=\alpha[(pa_n-q)+(rb_n-s)]$$
则
$$pa_{n+1}+rb_{n+1}=\alpha pa_n+\alpha rb_n+(1-\alpha)(q+s)$$
由题设,有
$$7pa_n+6pb_n-3p+8ra_n+7rb_n-4r=\alpha pa_n+\alpha rb_n+(1-\alpha)(q+s)$$
于是
$$\begin{cases} 7p+8r=\alpha p & ① \\ 6p+7r=\alpha r & ② \\ 3p+4r=(\alpha-1)(q+s) & ③ \end{cases}$$

由①,②得
$$\frac{7p+8r}{6p+7r}=\frac{p}{r}$$
于是
$$3p^2=4r^2 \qquad ④$$
不妨设 $q+s=1$,则由③
$$3p+4r=\alpha-1 \qquad ⑤$$
由① $\alpha=\dfrac{7p+8r}{p}$,于是
$$3p+4r=\frac{7p+8r}{p}-1$$
$$3p^2+4rp=6p+8r$$
$$p(3p+4r)=2(3p+4r)$$

设 $3p+4r \neq 0$,则 $p=2$,代入④,则 $r=\sqrt{3}$ 或 $r=-\sqrt{3}$,把 $p=2, r=\sqrt{3}$ 代入⑤得
$$\alpha=7+4\sqrt{3}$$

· 321 ·

不妨再设 $q=1, s=0$，则有
$$(2a_{n+1}-1)+\sqrt{3}b_{n+1}=(7+4\sqrt{3})[(2a_n-1)+\sqrt{3}b_n]$$
于是数列 $\{(2a_n-1)+\sqrt{3}b_n\}$ 是等比数列，且
$$2a_0-1+\sqrt{3}b_0=1$$
$$(2a_n-1)+\sqrt{3}b_n=(7+4\sqrt{3})^n$$
把 $p=2, r=-\sqrt{3}$ 代入 ⑤ 得 $\alpha=7-4\sqrt{3}$，于是又有
$$(2a_n-1)-\sqrt{3}b_n=(7-4\sqrt{3})^n$$
从而有
$$a_n=\frac{(7+4\sqrt{3})^n+(7-4\sqrt{3})^n}{4}+\frac{1}{2}$$
又 $7\pm 4\sqrt{3}=(2\pm\sqrt{3})^2$，则
$$a_n=\frac{1}{4}[(2+\sqrt{3})^{2n}+2+(2-\sqrt{3})^{2n}]=$$
$$\left[\frac{1}{2}(2+\sqrt{3})^n+\frac{1}{2}(2-\sqrt{3})^n\right]^2$$
下面证明 $c_n=\frac{1}{2}(2+\sqrt{3})^n+\frac{1}{2}(2-\sqrt{3})^n$ 是整数.
$$c_n=\frac{1}{2}(2+\sqrt{3})^n+\frac{1}{2}(2-\sqrt{3})^n=\sum_{0\leqslant 2k\leqslant n}C_n^{2k}\cdot 3^k\cdot 2^{n-2k}$$
因此 c_n 为整数，$a_n=c_n^2$，于是 a_n 为完全平方数.

证2 由已知得
$$a_{n+1}=7a_n+6b_n-3=7a_n+6(8a_{n-1}+7b_{n-1}-4)-3=$$
$$7a_n+48a_{n-1}+42b_{n-1}-27$$
由 $a_n=7a_{n-1}+6b_{n-1}-3$ 得
$$42b_{n-1}=7a_n-49a_{n-1}+21$$
于是
$$a_{n+1}=7a_n+48a_{n-1}+7a_n-49a_{n-1}+21-27=$$
$$14a_n-a_{n-1}-6$$
由 $a_0=1=1^2, a_1=4=2^2$，
$$a_2=14a_1-a_0-6=56-1-6=49=7^2$$
设 $c_{n+1}=4c_n-c_n-1, c_0=1, c_1=2, c_2=7$.
令 $d_n=c_n^2$，则
$$d_{n+1}=c_{n+1}^2=(4c_n-c_{n-1})^2=16c_n^2-8c_nc_{n-1}+c_{n-1}^2=$$
$$14c_n^2-c_{n-1}^2-6-2(4c_nc_{n-1}-c_n^2-c_{n-1}^2-3)$$
$$4c_nc_{n-1}-c_n^2-c_{n-1}^2-3=4c_nc_{n-1}-c_n(4c_{n-1}-c_{n-2})-c_{n-1}^2-3=$$

第 3 章 奇数、偶数和完全平方数
Chapter 3 Odd, Even and Perfect Square Number

$$c_n c_{n-2} - c_{n-1}^2 - 3 =$$
$$(4c_{n-1} - c_{n-2})c_{n-2} - c_{n-1}(4c_{n-2} - c_{n-3}) - 3 =$$
$$c_{n-1} c_{n-3} - c_{n-2}^2 - 3 = \cdots =$$
$$c_2 c_0 - c_1^2 - 3 =$$
$$7 \times 1 - 4 - 3 = 0$$

于是
$$d_{n+1} = 14c_n^2 - c_{n-1}^2 - 6$$

另一方面
$$a_{n+1} = 14a_n - a_{n-1} - 6$$

于是
$$a_n = d_n = c_n^2 \quad (n = 0, 1, 2, \cdots)$$

即 a_n 为完全平方数.

证 3 由证法 2 得
$$a_{n+2} - 14a_{n+1} + a_n + 6 = 0$$

即
$$(a_{n+2} - \frac{1}{2}) - 14(a_{n+1} - \frac{1}{2}) + (a_n - \frac{1}{2}) = 0$$

设 $A_n = a_n - \frac{1}{2}$,则
$$A_{n+2} - 14A_{n+1} + A_n = 0$$

其特征方程为
$$\lambda^2 - 14\lambda + 1 = 0$$

特征根为
$$\lambda_{1,2} = 7 \pm 4\sqrt{3}$$

设 $A_n = C_1 \lambda_1^n + C_2 \lambda_2^n$,当 $n = 0, 1$ 时有
$$A_0 = a_0 - \frac{1}{2} = \frac{1}{2} = C_1 \lambda_1^0 + C_2 \lambda_2^0 = C_1 + C_2$$
$$A_1 = a_1 - \frac{1}{2} = \frac{7}{2} = C_1 \lambda_1^1 + C_2 \lambda_2^1 = 7(C_1 + C_2) + 4\sqrt{3}(C_1 - C_2)$$

于是
$$C_1 = C_2 = \frac{1}{4}$$

$$A_n = \frac{1}{4}(7 + 4\sqrt{3})^n + \frac{1}{4}(7 - 4\sqrt{3})^n = \frac{1}{4}(2+\sqrt{3})^{2n} + \frac{1}{4}(2-\sqrt{3})^{2n}$$

从而
$$a_n = A_n + \frac{1}{2} = \frac{1}{4}\left[(2+\sqrt{3})^{2n} + 2 + (2-\sqrt{3})^{2n}\right] =$$

$$\left[\frac{1}{2}(2+\sqrt{3})^n+\frac{1}{2}(2-\sqrt{3})^n\right]^2$$

因为 $\frac{1}{2}(2+\sqrt{3})^n+\frac{1}{2}(2-\sqrt{3})^n$ 是整数(见证法1). 所以 a_n 是完全平方数.

14 在黑板上依次写出 $a_1=1,a_2,a_3,\cdots$,法则如下:

如果 a_n-2 为正整数,且前面未写过,则写 $a_{n+1}=a_n-2$,如果 a_n-2 不是正整数,或者前面已经写过,就写 $a_{n+1}=a_n+3$.

证明:所有出现在该序列中的完全平方数都是由写在它前面的那个数加 3 得到的.

(俄罗斯数学奥林匹克,2000年)

证 我们用数学归纳法证明如下的引理:

引理 按题设要求构造的序列 $\{a_n\}$,当 $n=5m$ 时,由 1 到 n 的所有正整数全都会被写出,且 $a_{5m}=5m-2$,而对于任何 $k\leqslant 5m$,都必有 $a_{k+5}=a_k+5$.

引理的证明:当 $n=5(m=1)$ 时,按法则有 $1\to 4\to 2\to 5\to 3\to 6$,则前 5 个数 1,2,3,4,5 全部写出,且 $a_5=5-2=3,a_6=a_5+5=3+6$.

$n=5$ 时引理成立.

假设当 $n=5m$ 时,由 1 到 $5m$ 的所有正整数已全部写出,且满足 $a_{5m}=5m-2$. 于是接下来的 5 个数是: $a_{5m+1}=5m-2+3=5m+1, a_{5m+2}=5m+4,$
$a_{5m+3}=5m+2, a_{5m+4}=5m+5, a_{5m+5}=5m+3.$

从而满足 $a_{5m+5}=a_{5m}+5=(5m-2)+5=5m+3$,且从 1 到 $5m+5$ 的全部正整数已全部写出.

从而引理对 $m\in \mathbf{N}^*$ 都成立.

由上面引理的证明可以看出:凡是出现在序列中被5除余4,1,0的数,都是由它前面的数加 3 得到的.

由于按此法则,正整数全部写出,且完全平方数被 5 除余 4,1,0,所以序列中的完全平方数都是它前面的数加 3 得到的.

15 求所有的正整数 N,使得 N 仅含有两个质因子 2 与 5,且 $N+25$ 是一个完全平方数.

(奥地利－波兰数学奥林匹克,2000年)

解 设 $N+25=(x+5)^2, x\in \mathbf{N}^*$.

则 $N=x(x+10)$,依题设有

$$\begin{cases} x=2^{\alpha_1}5^{\beta_1} \\ x+10=2^{\alpha_2}5^{\beta_2} \end{cases}$$

第 3 章 奇数、偶数和完全平方数
Chapter 3 Odd, Even and Perfect Square Number

其中 $\alpha_i, \beta_i \in \mathbf{N}, i = 1, 2$,于是
$$2^{\alpha_2} 5^{\beta_2} - 2^{\alpha_1} 5^{\beta_1} = 10 \qquad ①$$

如果 $\alpha_1 = \alpha_2 = 0$,则 $5^{\beta_2} - 5^{\beta_1} = 10 = 5 \times 2$,这是不可能的;

故 α_1, α_2 中至少有一个大于 0,从而 x 为偶数.

当 $\alpha_1 \geqslant 2$ 时,由
$$2^{\alpha_2} 5^{\beta_2} = 10 + 2^{\alpha_1} 5^{\beta_1} = 2(5 + 2^{\alpha_1 - 1} 5^{\beta_1})$$

可知 $\alpha_2 = 1$.

同样,当 $\alpha_2 \geqslant 2$ 时,$\alpha_1 = 1$.

因此,α_1, α_2 中至少有一个为 1.

类似地讨论,β_1, β_2 中至少有一个为 1.

(1) 当 $\alpha_1 = 1$ 时,若 $\beta_1 = 1$,则 $x = 10, x + 10 = 20 = 2^2 \times 5$,于是
$$N = x(x+10) = 200 = 2^3 \times 5^2$$

由 $200 + 25 = 225 = 15^2$,符合题设条件.

(2) 当 $\alpha_2 = 1$ 时,若 $\beta_2 = 1$,则由 ① 有
$$2^{\alpha_2 - 1} - 5^{\beta_1 - 1} = 1$$

这要求 $\alpha_2 - 1 \geqslant 3$,则对 mod 4 有 $-1 \equiv 1 \pmod{4}$,矛盾.

(3) 当 $\alpha_2 = 1$ 时,则 $\beta_2 > 1$,故 $\beta_1 = 1$,则由 ① 有
$$5^{\beta_2 - 1} - 2^{\alpha_1 - 1} = 1 \qquad ②$$

两边取 mod 5,可知 $\alpha_1 - 1$ 为偶数,设 $\alpha_1 - 1 = 2m$.

当 $m = 1$ 时,$\alpha_1 = 3$,有
$$5^{\beta_2 - 1} - 4 = 1$$

于是 $\beta_2 = 2$,此时
$$x = 2^{\alpha_1} 5^{\beta_1} = 40$$
$$x + 10 = 2^{\alpha_2} 5^{\beta_2} = 50$$
$$n = 2\,000 = 2^4 \times 5^3$$
$$N + 25 = 2\,025 = 45^2$$

符合题设条件.

当 $m > 1$ 时,对式 ② 两边取 mod 8,可知 $\beta_2 - 1$ 为偶数.

设 $\beta_2 - 1 = 2n$,则有
$$(5^n - 5^m)(5^n + 5^m) = 1$$

此式显然不能成立.

所以,满足条件的 $N = 200$ 和 $2\,000$.

16 设 n, m 是具有不同奇偶性的正整数,且 $n > m$.

求所有的整数 x, 使得 $\dfrac{x^{2^n}-1}{x^{2^m}-1}$ 是一个完全平方数.

(中国西部数学奥林匹克, 2001 年)

解 记 $\dfrac{x^{2^n}-1}{x^{2^m}-1} = A^2, A \in \mathbf{N}$, 则

$$A^2 = \prod_{i=m}^{n-1}(x^{2^i}+1)$$

注意到对 $i \ne j$, $(x^{2^i}+1, x^{2^j}+1) = \begin{cases} 1, & 2 \mid x \\ 2, & 2 \nmid x \end{cases}$

(1) 当 x 是偶数时, 可知, 对所有 $m \le i \le n-1$, 数 $x^{2^i}+1$, 若都是完全平方数, 只能是 $x=0$;

(2) 当 x 是奇数时, 则

$$A^2 = 2^{n-m}\prod_{i=m}^{n-1}\left(\dfrac{x^{2^i}+1}{2}\right)$$

由于 $\left(\dfrac{x^{2^i}+1}{2}, \dfrac{x^{2^j}+1}{2}\right)=1$, 若 A^2 成立, 必须 $2 \mid n-m$, 与 n 和 m 具有不同的奇偶性矛盾.

由以上, 符合条件的整数只有 $x=0$.

17 证明: 存在 8 个连续的正整数, 它们中的任何一个都不能表示为 $|7x^2+9xy-5y^2|$ 的形式, 其中 $x, y \in \mathbf{Z}$.

(保加利亚数学奥林匹克, 2001 年)

证 设 $f(x,y) = 7x^2+9xy-5y^2$, 易知
$f(1,0)=7, |f(0,1)|=5, f(1,1)=11, |f(0,2)|=20, f(2,0)=28, \cdots$
由此猜测 $12, 13, 14, \cdots, 19$ 这 8 个连续正整数不能表示成 $|f(x,y)|$ 的形式.

设 $f(x,y) = \pm k, k \in \{12, 13, 14, \cdots, 19\}$. $x, y \in \mathbf{Z}$.

若 k 为偶数, 由 $A=f(x,y)=7x^2+9xy-5y^2=\pm k$, 知 x, y 同为偶数 (因为 x, y 同为奇, 或一奇一偶, 则 $f(x,y)=7x^2+9xy-5y^2$ 是奇数)

不妨设 $x=2x_1, y=2y_1$, 则 $4f(x_1,y_1)=\pm k$, 因此 $k \ne 14, k \ne 18$.

当 $k=12$ 时, $f(x_1,y_1)=\pm 3$.

当 $k=16$ 时, $f(x_1,y_1)=\pm 4$, 从而 x_1, y_1 同为偶数, 令 $x_1=2x_2, y_1=2y_2$, 则 $f(x_2,y_2)=\pm 1$.

因此, 下面只须证明 $f(x,y)=k, k \in \{1,3,13,15,17,19\}$ 无整数解即可.

而

$$f(x,y)=\pm k \Rightarrow 4\times 7^2 x^2+4\times 66y-4\times 35y^2=\pm 28k \Rightarrow$$
$$(14x+9y)^2-221y^2=\pm 28k \Rightarrow$$

第 3 章 奇数、偶数和完全平方数
Chapter 3 Odd, Even and Perfect Square Number

$$(14x+9y)^2 - 13 \times 17y^2 = \pm 28k \qquad (*)$$

设 $t=(14x+9y)^2$,则

$$t^2 = 13 \times 17 y^2 \pm 28k$$

当 $k=1$ 时,$t^2 \equiv \pm 2 \pmod{13} \Rightarrow t^6 \equiv 2^6 \equiv -1 \pmod{13}$,由费马定理知,此式不成立,所以 $k \neq 1$.

同理可证,当 $k=3,13,15,17,19$ 时亦不成立(取模 13 或 17 即可).

18 关于 x 的方程,$kx^2-(k-1)x+1=0$ 有有理根,求整数 k 的值.

(中国山东省初中数学竞赛,2001 年)

解 (1)当 $k=0$ 时,方程化为 $x+1=0$,$x=-1$,方程有有理根.

(2)当 $k \neq 0$ 时,因为方程有有理根,所以若 k 为整数,则

$$\Delta = (k-1)^2 - 4k = k^2 - 6k + 1$$

为完全平方数.

则必存在整数 $m \geq 0$,使

$$k^2 - 6k + 1 = m^2$$

即

$$(k-3)^2 - m^2 = 8$$
$$(k+m-3)(k-m-3) = 8$$

由于 $k+m-3$ 与 $k-m-3$ 是奇偶性相同的整数,且乘积为 8,则 $k+m-3$ 与 $k-m-3$ 均为偶数,又 $k+m-3 \geq k-m-3$,则有

$$\begin{cases} k+m-3=4 \\ k-m-3=2 \end{cases} \quad \begin{cases} k+m-3=-2 \\ k-m-3=-4 \end{cases}$$

解得 $k=6$,或 $k=0$(因为 $k \neq 0$,故舍去).

综合(1),(2),方程 $kx^2-(k-1)x+1=0$ 有有理根,则 $k=0$ 或 $k=6$.

19 设 p 和 n 是正整数,且 p 是质数,$1+np$ 是完全平方数.
证明:$n+1$ 可表示成 p 个完全平方数的和.

(伊朗数学奥林匹克,2001 年)

证 设 $np+1=k^2$,则 $np=k^2-1=(k-1)(k+1)$.
(1)若 $p \mid (k-1)$,设 $k=pl+1$,则

$$np+1=k^2=(pl+1)^2=p^2l^2+2pl+1$$
$$n=pl^2+2l$$
$$n+1=pl^2+2l+1=(p-1)l^2+(l+1)^2=$$
$$\underbrace{l^2+l^2+\cdots+l^2}_{p-1 \text{ 个}}+(l+1)^2$$

327

(2) 若 $p \mid (k+1)$，设 $k = pl - 1$，则
$$np + 1 = k^2 = (pl-1)^2 = p^2l^2 - 2pl + 1$$
$$n = pl^2 - 2l$$
$$n + 1 = pl^2 - 2p + 1 = (p-1)l^2 + (l-1)^2 = \underbrace{l^2 + l^2 + \cdots + l^2}_{p-1 \text{个}} + (l-1)^2$$

于是，$n+1$ 可表示为 p 个完全平方数之和．

20 (1) 证明存在非零整数对 (x, y)，使代数式 $11x^2 + 5xy + 37y^2$ 的值为完全平方数；

(2) 证明存在六个非零整数 $a_1, b_1, c_1, a_2, b_2, c_2$，其中 $\dfrac{a_1}{a_2} \neq \dfrac{b_1}{b_2}$，使得对于任意正整数 n，当 $x = a_1n^2 + b_1n + c_1, y = a_2n^2 + b_2n + c_2$ 时，代数式 $11x^2 + 5xy + 37y^2$ 的值都是完全平方数．

(我爱数学初中生夏令营数学竞赛，2001 年)

解 (1) 设 $y = x + k$，k 为整数，则
$$11x^2 + 5xy + 37y^2 = 11x^2 + 5x(x+k) + 37(x+k)^2 = 53x^2 + 79kx + 37k^2$$

当 $k = x$ 时，有
$$11x^2 + 5xy + 37y^2 = 53x^2 + 79x^2 + 37x^2 = 169x^2 = (13x)^2$$

所以只要取 $x = 1, y = 2$，$11x^2 + 5xy + 37y^2 = 13^2$ 为完全平方数．

即存在非零整数对 $(1, 2)$，使代数式 $11x^2 + 5xy + 37y^2$ 为完全平方数．

(2) 设 $x_0 = t + 1, y_0 = 2t + 1$，有
$$11x_0^2 + 5x_0y_0 + 37y_0^2 = 11(t+1)^2 + 5(t+1)(2t+1) + 37(2t+1)^2 = 169t^2 + 185t + 53$$

令
$$11x_0^2 + 5x_0y_0 + 37y_0^2 = (13t + n)^2$$

则
$$(185 - 26n)t = n^2 - 53$$

令 $x = (185 - 26n)x_0$，则
$$x = (185 - 26n)t + 185 - 26n = n^2 - 26n + 132$$

令 $y = (185 - 26n)y_0$，则
$$y = 2(185 - 26n)t + 185 - 26n = 2n^2 - 106 + 185 - 26n = 2n^2 - 26n + 79$$

第 3 章 奇数、偶数和完全平方数
Chapter 3 Odd, Even and Perfect Square Number

这时
$$11x^2 + 5xy + 37y^2 = [(185 - 26n)(13t + n)]^2 =$$
$$[13(185 - 26n)t + 185n - 26n^2]^2 =$$
$$(13n^2 - 689 + 185n - 26n^2)^2 =$$
$$(13n^2 - 185n + 689)^2$$

所以,存在 $a_1 = 1, b_1 = -26, c_1 = 132, a_2 = 2, b_2 = -26, c_2 = 79$,满足题目要求.

21 萨沙在黑板上写了一个非 0 数字,再在它的右边补上一个非 0 数字,并一直如此补下去,直到一共写了 1 000 000 个非 0 数字,证明:在此过程中,黑板上至多有 100 次出现完全平方数.

(俄罗斯数学奥林匹克,2001 年)

证 设 $x_1^2, x_2^2, \cdots$ 是黑板上先后出现的由偶数个数字组成的完全平方数,并设它们分别含有 $2n_1, 2n_2, \cdots (n_1 < n_2 < \cdots)$ 个数字.

设 $y_1^2, y_2^2, \cdots$ 是黑板上先后出现的由奇数个数字组成的完全平方数,并设它们分别含有 $2m_1 - 1, 2m_2 - 1, \cdots (m_1 < m_2 < \cdots)$ 个数字.

由于 x_k^2 是由 $2n_k$ 个非零数字组成的 $2n_k$ 位数,则
$$x_k^2 > 10^{2n_k - 1}$$
即
$$x_k > 10^{n_k - 1}$$

考虑下一个完全平方数 x_{k+1}^2, x_{k+1}^2 是由 x_k^2 的右侧添上了 $2a$ 个非零数字得到的,所以
$$10^{2a} x_k^2 < x_{k+1}^2 < 10^{2a} x_k^2 + 10^{2a}$$

因而有
$$10^a x_n + 1 \leqslant x_{n+1}^2$$

于是
$$10^{2a} x_k^2 + 2 \cdot 10^a x_k + 1 \leqslant x_{k+1}^2 < 10^{2a} x_k^2 + 10^{2a}$$

由此得
$$2 \cdot 10^a x_k + 1 < 10^{2a}$$
$$x_k < 10^a$$

这表明 x_k 由不多于 a 个数字组成,即 $n_k \leqslant a$,且
$$a + n_k \leqslant n_{k+1}, \quad 2n_k \leqslant n_{k+1}$$

所以
$$n_k \geqslant 2^k$$

同理

$$m_k \geqslant 2^k$$

由于 $2^{50} > 1\,000\,000$,则 n_k, m_k 均不会出现 50 个.

所以黑板上至多有 100 次出现完全平方数.

22 夏令营有 $3n$(n 为正整数)位女同学参加,每天都有 3 位女同学担任值勤工作. 夏令营结束时,发现这 $3n$ 位女同学中的任何两位,在同一天担任值勤工作恰好是 1 次.

(1) 问:当 $n=3$ 时,是否存在满足题意的安排?证明你的结论.

(2) 求证:n 是奇数.

(中国女子数学奥林匹克,2002 年)

解 (1) 当 $n=3$ 时,存在满足题意的安排.

记这 9 位女同学为 1,2,3,4,5,6,7,8,9. 具体安排如下:

$(1,2,3),(1,4,5),(1,6,7),(1,8,9),$

$(2,4,6),(2,7,8),(2,5,9),(3,4,8),$

$(3,5,7),(3,6,9),(4,7,9),(5,6,8).$

(2) 任选一位女同学,因为她和其他每一位女同学恰好值勤一次,并且每天有 3 人值勤,所以,其余 $3n-1$ 位女同学两两成对. 所以有 $2 \mid (3n-1)$,于是 n 是奇数.

23 已知一个凸多边形有偶数条边,证明:可以给每条边定义一个方向,使得对于每个顶点,指向该顶点的边数为偶数.

(德国数学奥林匹克,2002 年)

证 从任意方向开始,计算到达顶点的方向数.

由于有偶数条边,故这些数之和必是偶数.

所以,有奇数个方向到达该顶点(简称奇顶点)数必为偶数.

若无奇顶点,则本题得证.

若有奇顶点,则进行如下操作,使奇顶点个数减少 2:

选择两个奇顶点,用一条沿着某些凸多边形的边的折线连接,改变折线每一条边的方向,那么,折线内任一顶点的方向数的变化或增加 2,或减少 2,或不改变,而两个端点的方向数变化只能增减 1,从而使奇顶点变为偶顶点,而折线内的偶顶点的为偶顶点.

24 设 m 和 n 是正整数,且满足

$$2\,001m^2 + m = 2\,002n^2 + n$$

证明 $m-n$ 是完全平方数.

第3章 奇数、偶数和完全平方数
Chapter 3 Odd, Even and Perfect Square Number

(澳大利亚数学奥林匹克,2002年)

证 由已知方程可知 $m > n$.

设 $m = n + k$,其中 k 为正整数,则原方程化为
$$2001(n+k)^2 + (n+k) = 2002n^2 + n$$
$$n^2 - 4002kn - 2001k^2 - k = 0 \qquad ①$$

方程 ① 可以看成关于 n 的二次方程,则该方程有整数根 n,于是其判别式是完全平方数,即存在整数 D,使得
$$D^2 = (4002k)^2 + 4(2001k^2 + k)$$
$$\frac{D^2}{4} = k[(2001^2 + 2001)k + 1]$$

因为
$$(k, (2001^2 + 2001)k + 1) = 1$$

所以 k 和 $(2001^2 + 2001)k + 1$ 均为完全平方数.

于是 $m - n = k$ 是完全平方数.

25 证明:对于任何正整数 $n > 10000$,都可以找到正整数 m,其中 m 可以表示为两个完全平方数的和,并且满足条件 $0 < m - n < 3\sqrt[4]{n}$.

(俄罗斯数学奥林匹克,2002年)

证 设 x 是其平方不超过 n 的最大整数,即
$$x^2 \leqslant n < (x+1)^2$$

由于 n 是整数,则
$$n - x^2 \leqslant 2x \leqslant 2\sqrt{n}$$

再设 y 是其平方大于 $n - x^2$ 的最小正整数,则
$$(y-1)^2 \leqslant n - x^2 < y^2$$

则
$$y = (y-1) + 1 \leqslant \sqrt{n-x^2} + 1 \leqslant \sqrt{2\sqrt{n}} + 1 = \sqrt{2}\sqrt[4]{n} + 1$$

由 $x^2 + y^2 > n$,设 $m = x^2 + y^2$,即 m 可以表示为两个完全平方数之和,并且有
$$0 < m - n = x^2 + y^2 - n = y^2 - (n - x^2) \leqslant y^2 - (y-1)^2 =$$
$$2y - 1 \leqslant 2\sqrt{2}\sqrt[4]{n} + 1$$

注意到 $n > 10000$ 时,有 $2\sqrt{2}\sqrt[4]{n} + 1 < 3\sqrt[4]{n}$.

所以
$$0 < m - n < 3\sqrt[4]{n}$$

最新世界各国数学奥林匹克中的初等数论试题(上)

The Lastest Elementary Number Theory in Mathematical Olympiads in The World

26 能否在 $9 \times 2\,002$ 的方格表中每一个方格中都填入正整数,使得每一列数的和与每一行数的和都是质数.

(俄罗斯数学奥林匹克,2002 年)

解 答案是不可能.

设 $a_1, a_2, \cdots, a_9$ 为 9 行中各行正整数之和,$b_1, b_2, \cdots, b_{2\,002}$ 为 2 002 列中各列正整数之和.

因为每个方格的数都是正整数,则 a_i, b_j 都大于 $2(i=1,2,\cdots,9; j=1, 2,\cdots,2\,002)$.

如果满足题意的填法能实现,则 a_i, b_j 都是质数,又 $a_i > 2, b_j > 2(i=1, 2,\cdots,9; j=1,2,\cdots,2\,002)$,则 a_i, b_j 都是正奇质数,所以

$$a_1 + a_2 + \cdots + a_9 \text{ 为奇数}$$
$$b_1 + b_2 + \cdots + b_{2\,002} \text{ 为偶数}$$

而 $a_1 + a_2 + \cdots + a_9$ 与 $b_1 + b_2 + \cdots + b_{2\,002}$ 都是 $9 \times 2\,002$ 方格中所有数的和,应有

$$a_1 + a_2 + \cdots + a_9 = b_1 + b_2 + \cdots + b_{2\,002}$$

这样就出现奇数 = 偶数,矛盾.

所以题设的要求不能满足.

27 证明:一个正整数可以被写作连续正整数之和,当且仅当这个数不是 2 的正整数次幂.

(克罗地亚国家数学奥林匹克,2002 年)

证 设 n 可以写成若干个连续正整数之和,即存在正整数 m, k,使得

$$n = m + (m+1) + \cdots + (m+k)$$

则

$$n = (k+1)m + 1 + 2 + \cdots + k =$$
$$(k+1)m + \frac{k(k+1)}{2} = (k+1)\left(m + \frac{k}{2}\right)$$

首先证明 n 不是 2 的正整数次幂.

若 k 是偶数,则 $k+1$ 是奇数,n 有 $k+1$ 为约数,则 $k+1 \geqslant 3$,n 不是 2 的正整数次幂.

若 k 为奇数,设 $k = 2l - 1$,l 是正整数,则

$$n = 2l\left(m + \frac{2l-1}{2}\right) = l[2(m+l) - 1]$$

此时 n 可被奇数 $2(m+l) - 1 \geqslant 3$ 整除,所以 n 不是 2 的正整数次幂.

再证明 n 不是 2 的正整数次幂时,一定能被写成若干个连续正整数之和.

332

第 3 章 奇数、偶数和完全平方数
Chapter 3 Odd, Even and Perfect Square Number

设 n 不是 2 的整数次幂,则存在非零整数 m 和正整数 k,有
$$n = 2^m(2k+1)$$
则
$$n = 2^{m+1}k + 2^m = (k-2^m+1)+(k-2^m+2)+\cdots+(k-2^m+2^{m+1}) \quad ①$$
于是 n 是 2^{m+1} 个连续整数之和.

若 $k \geqslant 2^m$,则上式中各项均为正数,命题成立;

若 $k < 2^m$,则式 ① 的一些项是负数,则可将 $n = 2^{m+1}k + 2^m$ 写成
$$n = (2^m - k) + (2^m - k + 1) + \cdots + (2^m + k)$$
由以上,n 可以写成连续正整数之和.

28 当 m 为整数时,关于 x 的方程
$$(2m-1)x^2 - (2m+1)x + 1 = 0$$
是否有有理根?如果有,求出 m 的值,如果没有,请说明理由.

(中国江苏省数学竞赛,2002 年)

解 因为 m 是整数,所以 $2m-1 \neq 0$,已知方程为关于 x 的二次方程.
$$\Delta = (2m+1)^2 - 4(2m-1) = 4m(m-1) + 5$$
因为 $m(m-1)$ 是偶数,则
$$4m(m-1) + 5 \equiv 5 \pmod 8 \quad ①$$
若方程有有理根,则 Δ 应为完全平方数,由于 Δ 是奇数,所以 Δ 应为奇数的平方,即
$$\Delta = (2k+1)^2 = 4k(k+1) + 1 \equiv 1 \pmod 8 \quad ②$$
① 与 ② 矛盾.

所以判别式 Δ 不是完全平方数,即原方程没有有理根.

29 已知 p 是质数,使二次方程
$$x^2 - 2px + p^2 - 5p - 1 = 0$$
的两根都是整数,求出 p 的所有可能值.

(中国上海市初中数学竞赛,2002 年)

解 因为整系数二次方程有整数根,所以
$$\Delta = 4p^2 - 4(p^2 - 5p - 1) = 4(5p+1)$$
为完全平方数,从而 $5p+1$ 为完全平方数.

设 $5p+1 = n^2$,因为 $p \geqslant 2$,所以 $n \geqslant 4$.
$$5p = (n-1)(n+1)$$
则 $n+1, n-1$ 中至少有一个是 5 的倍数,即
$$n = 5k \pm 1 \,(k \text{ 是正整数})$$

因此
$$5p+1 = n^2 = (5k \pm 1)^2 = 25k^2 \pm 10k + 1$$
$$p = k(5k \pm 2)$$
由于 p 是质数，$5k \pm 2 > 1$，可知必有 $k=1$.
于是
$$5k+2 = 7, \quad 5k-2 = 3$$
即
$$p = 3 \text{ 或 } 7$$

此时方程分别化为 $x^2 - 6x - 7 = 0$，有整数根 $x_1 = -1, x_2 = 7$，和 $x^2 - 14x + 13 = 0$，有整数根 $x_1 = 1, x_2 = 13$.

30 (1) 正整数 p, q, r, a 满足 $pq = ra^2$，且 r 是质数，p, q 互质.
证明：p, q 中有一个是完全平方数.
(2) 是否存在质数 p，使得 $p(2^{p+1} - 1)$ 是完全平方数？

（第 19 届希腊数学奥林匹克，2002 年）

解 (1) 设 $p = p_1^{k_1} p_2^{k_2} \cdots p_m^{k_m}, q = q_1^{s_1} q_2^{s_2} \cdots q_n^{s_n}, a = a_1^{t_1} a_2^{t_2} \cdots a_l^{t_l}$. 其中 p_i, q_j, a_k 均为质数，且 $(p_i, q_j) = 1$，则有
$$p_1^{k_1} p_2^{k_2} \cdots p_m^{k_m} q_1^{s_1} q_2^{s_2} \cdots q_n^{s_n} = r a_1^{2t_1} a_2^{2t_2} \cdots a_l^{2t_l}$$
由于 r 是质数，则 p, q 中不被 r 整除的那个数一定是完全平方数.

(2) 设 $p(2^{p+1} - 1) = b^2$.
当 $p = 2$ 时，$p(2^{p+1} - 1) = 2 \cdot (2^3 - 1) = 14 = b^2$ 不可能；
当 $p > 2$ 时，设 $p = 2q + 1$.
由于 $p \mid b^2$，所以 $p \mid b$. 设 $b = p\alpha$，则有
$$p(2^{p+1} - 1) = p^2 \alpha^2$$
$$(2^{p+1} - 1) = p\alpha^2$$
$$(2^{q+1})^2 - 1 = p\alpha^2$$
$$(2^{q+1} - 1)(2^{q+1} + 1) = p\alpha^2$$

由于 p 是质数，且 $(2^{q+1} - 1, 2^{q+1} + 1) = 1$，由 (1) 得 $2^{q+1} - 1$ 和 $2^{q+1} + 1$ 中有一个是完全平方数.

若 $2^{q+1} - 1 = c^2$，则 $2^{q+1} = c^2 + 1$，由于 $q \geqslant 1$，则 $4 \mid 2^{q+1}$，即 $4 \mid c^2 + 1$，而 $c^2 + 1 \equiv 2 \pmod 4$，所以 $4 \mid c^2 + 1$ 不可能.

若 $2^{q+1} + 1 = c^2$，则 $2^{q+1} = c^2 - 1 = (c-1)(c+1)$.
于是
$$\begin{cases} c - 1 = 2^{q_1} \\ c + 1 = 2^{q_2} \end{cases} \quad (q_1 < q_2, q_1 + q_2 = q + 1)$$

第 3 章 奇数、偶数和完全平方数
Chapter 3 Odd, Even and Perfect Square Number

所以有
$$2^{q_2} - 2^{q_1} = 2 = 2^{q_1}(2^{q_2-q_1} - 1) = 2$$

若 $2^{q_1} = 1$,则 $q_1 = 0, 2^{q_2-q_1} - 1 = 2$,这不可能;

若 $2^{q_1} = 2$,则 $q_1 = 1, 2^{q_2-q_1} - 1 = 1, q_2 - q_1 = q_2 - 1 = 1, q_2 = 2$,于是 $q = 2$, $p = 5, p(2^{p+1} - 1) = 5(2^6 - 1) = 5 \times 63$ 不是完全平方数.

由以上,不存在正整数 p,使得 $p(2^{p+1} - 1)$ 是完全平方数.

31 如果对一切 x 的整数值, x 的二次三项式 $ax^2 + bx + c$ 都是平方数(即整数的平方),证明:

(1) $2a, 2b$ 都是整数;

(2) a, b, c 都是整数,并且 c 是平方数.

反过来,如果(2)成立,是否对一切 x 的整数值, $ax^2 + bx + c$ 的值都是完全平方数.

(中国初中数学竞赛,2002 年)

证 (1) 令 $x = 0, c = l^2$ (l 为整数)

令 $x = \pm 1$,得
$$\begin{cases} a + b + c = m^2 \\ a - b + c = n^2 \end{cases} \quad (m, n \text{ 都是整数})$$

所以
$$2a = m^2 + n^2 - 2c, \quad 2b = m^2 - n^2$$

因为 $m, n, 2c = 2l^2$ 都是整数,则 $2a, 2b$ 是整数.

(2) 如果 $2b$ 是奇数,设 $2b = 2k + 1$ (k 是整数).

令 $x = 4$,则
$$16a + 4b + c = h^2$$

即
$$16a + 4k + l^2 + 2 = h^2$$

因为 $2a$ 是整数,则
$$16a + 4k + 2 \equiv 2 \pmod{4}$$

即
$$h^2 - l^2 = 16a + 4k + 2 \equiv 2 \pmod{4} \qquad ①$$

由于 $h + l$ 与 $h - l$ 的奇偶性相同,则
$$h^2 - l^2 = (h + l)(h - l) \equiv 1, 3 \text{ 或 } 0 \pmod{4}$$

所以式 ① 不成立.

因此 $2b$ 不是奇数, $2b$ 是偶数,则 b 是整数,进而 $a = m^2 - c - b$ 也是整数,由(1), $c = l^2$ 是平方数.

反过来,如果(2)成立,不一定对 x 的整数值都是平方数.

例如 $a=2, b=2, c=4$ 时,关于 x 的二次三项式为 $2x^2+2x+4$,当 $x=1$ 时,$2x^2+2x+4=8$ 就不是平方数.

(2) 的证法 2.

令 $x=\pm 2$,得
$$\begin{cases} 4a+2b+c=h^2 \\ 4a-2b+c=k^2 \end{cases} \quad (h,k \text{ 都是整数})$$

两式相减得
$$4b=h^2-k^2=(h+k)(h-k)$$

由于 $2b$ 是整数,则 $4b=2(2b)$ 是偶数,又由于 $h+k$ 与 $h-k$ 有相同的奇偶性,则 $h+k, h-k$ 都是偶数.

于是 $4b=(h+k)(h-k)$ 是 4 的倍数,所以 b 是整数.

又 $a=m^2-b-c$ 为整数.

所以 a,b 都是整数.

32 试求出这样的四位数,它的前两位数码与后两位数码分别组成的两位数之和的平方,恰好等于这个四位数.

(中国初中数学联合竞赛,2003 年)

解 设前后的二位数分别为 x,y,$10 \leqslant x, y \leqslant 99$.

由题意,有
$$(x+y)^2=100x+y$$
即
$$x^2+2(y-50)x+(y^2-y)=0$$

该方程有实根,所以
$$\Delta=4(y-50)^2-4(y^2-y) \geqslant 0$$

解得
$$y \leqslant 25$$
$$x=50-y \pm \sqrt{2\,500-99y}$$

由于 $2\,500-99y$ 必为完全平方数,而完全平方数的个位数码仅为 $0,1,4,5,6,9$.

所以 y 仅可取 25.

此时 $x=30$ 或 20.

故所求的四位数是 $2\,025$ 或 $3\,025$.

33 设 m,n 均为正整数,证明:当且仅当 $n-m$ 是偶数时,5^n+5^m 可以表示为两个完全平方数的和.

第3章 奇数、偶数和完全平方数
Chapter 3　Odd, Even and Perfect Square Number

(第54届罗马尼亚数学奥林匹克,2003年)

解 （1）若 m,n 均为偶数,不妨设 $m=2k,n=2l$,则
$$5^n+5^m=5^{2l}+5^{2k}=(5^l)^2+(5^k)^2$$
（2）若 m,n 均为奇数,不妨设 $m=2k+1,n=2l+1$,则
$$5^n+5^m=5^{2l+1}+5^{2k+1}=(5^k+2\times 5^l)^2+(5^l-2\times 5^k)^2$$
（3）若 m,n 一为奇数,一为偶数,不妨设 $m=2k+1,n=2l$,则
$$5^m+5^n=5^{2k+1}+5^{2l}\equiv (25)^k\cdot 5+(25)^l\equiv$$
$$(3\times 8+1)^k\cdot 5+(3\times 8+1)^l\equiv$$
$$5+1\equiv 6 \pmod 8$$

由于一个数的平方对 mod 8,只有 $0,1,4$,其平方和不可能为 6.
所以 m,n 不可能为一奇数,一偶数.
由以上,当且仅当 $n-m$ 是偶数时,5^n+5^m 可以表示为两个完全平方数之和.

34 我们将一些石头放入 10 行 14 列的矩形棋盘内,允许在每个单位正方形内放入石头的数目多于 1 块,然后发现在每一行每一列上均有奇数块石头,如果将棋盘上的单位正方形相间地染为黑色和白色,证明:在黑色正方形上石头的数目共有偶数块.

(北欧数学奥林匹克,2003年)

证 将 14 列依次编号为 $1,2,\cdots,14$,将编号为奇数的列称为奇列,编号为偶数的列称为偶列,对各行也类似处理.

由对称性,不妨设黑格是奇行奇列格和偶行偶列格.
用反证法,假设在黑色正方形上石头的数目为奇数.
设奇行奇列格中有 k_1 个格放有奇数块石头,偶行偶列格中有 k_2 个格放有奇数块石头,奇行偶列格中有 k_3 个格放有奇数块石头.
则奇行中有奇数块石头,有
$$k_1+k_3\equiv 1 \pmod 2$$
偶列中有奇数块石头,有
$$k_2+k_3\equiv 1 \pmod 2$$
由假设
$$k_1+k_2\equiv 1 \pmod 2$$
三式相加得
$$2(k_1+k_2+k_3)\equiv 1 \pmod 2$$
这是不可能的.

所以在黑色正方形上石头的数目是偶数块.

35 数列 $\{y_n\}$ 定义如下：
$$y_1 = y_2 = 1, y_{n+2} = (4k-5)y_{n+1} - y_n + 4 - 2k, n = 1, 2, \cdots$$
求所有的整数 k，使得数列 $\{y_n\}$ 中的每一项都是完全平方数.

（保加利亚数学奥林匹克，2003 年）

证 从特殊情形入手.

设 k 是满足条件的整数.
$$y_3 = 2k - 2, \quad y_4 = 8k^2 - 20k + 13$$
令 $2k - 2 = (2a)^2$，则 $k = 2a^2 + 1 (k \geqslant 1)$，

令 $a = 0$，则 $k = 1$；

若 $a > 0$，则
$$y_4 = 32a^4 - 8a^2 + 1 = (4a^2 - 1)^2 + (4a^2)^2$$

令
$$(4a^2 - 1)^2 + (4a^2)^2 = b^2 \quad (b \geqslant 0)$$

由于
$$(4a^2 - 1, 4a^2) = 1$$

所以 $4a^2 - 1, 4a^2, b$ 为一组本原勾股数组，即存在 $m, n \in \mathbf{N}^*$，使得
$$\begin{cases} 4a^2 - 1 = n^2 - m^2 \\ 4a^2 = 2mn \\ b = n^2 + m^2 \end{cases}$$

两边取 mod 2 和 mod 4 可知，n 为偶数，m 为奇数，且 $(m, n) = 1$.

结合 $mn = 2a^2$，令 $n = 2t^2$，则
$$(n + m)^2 - 2n^2 = 1$$

即
$$2n^2 = 8t^4 = (n + m - 1)(n + m + 1)$$

所以
$$2t^4 = \frac{n + m - 1}{2} \cdot \frac{n + m + 1}{2}$$

所以
$$2t^4 = u(u + 1) \quad (u \in \mathbf{N})$$

因此 $u, u + 1$ 必为 $c^4, 2d^4 (c, d \in \mathbf{N})$，所以
$$c^4 - 2d^4 = \pm 1$$

(1) 若 $c^4 - 2d^4 = 1$，则
$$d^8 + 2d^4 + 1 = d^8 + c^4$$

第3章 奇数、偶数和完全平方数
Chapter 3 Odd,Even and Perfect Square Number

所以
$$(d^4+1)^2 = (d^2)^4 + c^4$$
因为不定方程 $x^4+y^4=z^2$ 没有 $xyz \neq 0$ 的整数解,所以 d^4+1, d^2, c^2 中必有一个为零,因为
$$d^4+1 \neq 0$$
所以
$$d^2 = 0, \quad c = \pm 1$$
所以 $u=0, t=0, n=0, a=0$ 与 $a>0$ 矛盾.

(2) 若 $c^4 - 2d^4 = -1$,则
$$d^8 - 2d^4 + 1 + c^4 = d^8$$
即
$$(d^4-1)^2 = (d^2)^4 - c^4 \qquad ①$$
因为不定方程 $x^4-y^4=z^2$ 没有 $xyz \neq 0$ 的整数解,所以 d^4-1, d^2, c^2 中至少有一个为零,若 $d^2=0$ 或 $c^2=0$,则式 ① 不成立,故只有
$$d^4 - 1 = 0$$
所以
$$d = \pm 1, \quad c = \pm 1$$
因为 $u, u+1$ 必为 $c^4, 2d^4 (c,d \in \mathbf{N})$,所以
$$u = 1, \quad t = 1, \quad n = 2$$
因为
$$(n+m)^2 - 2n^2 = 1$$
所以
$$m = 1$$
由 ② 知
$$a = 1, \quad k = 2a^2 + 1 = 3$$
综上可知,$k=1$ 或 $k=3$.

即 $k=1$ 或 $k=3$ 时 y_3, y_4 是平方数.

下面证明 $k=1$ 或 $k=3$ 时,任意 y_n 均是平方数:

当 $k=1$ 时
$$y_{n+2} = -y_{n+1} - y_n + 2$$
$\{y_n\}: 1,1,0,1,1,0,\cdots$ 各项都是完全平方数.

当 $k=3$ 时
$$y_{n+2} = 7y_{n+1} - y_n - 2$$
构造数列 $\{f_n\}$:
$$f_1 = f_2 = 1, \quad f_{n+2} = f_{n+1} + f_n \quad (n=1,2,\cdots)$$
这是斐波那契数列,具有

性质 1:当 n 为奇数时

最新世界各国数学奥林匹克中的初等数论试题(上)
The Lastest Elementary Number Theory in Mathematical Olympiads in The World

$$f_{n+2} \cdot f_{n-2} - f_n^2 = 1$$

左边 $= f_n f_{n-4} - f_{n-2}^2 = \cdots = f_5 f_1 - f_3^2 = 1$

性质 $2: f_{n+2} = 3f_n - f_{n-2}$.

$$\{f_n\}: 1,1,2,3,5,8,13,21,34,55,\cdots,$$

计算:

$$y_1 = 1, y_2 = 1, y_3 = 4 = 2^2, y_4 = 5^2, y_5 = 13^2, \cdots$$

猜测:

$$y_n = f_{2n-3}^2 \quad (n \geqslant 3) \tag{④}$$

下面用数学归纳法证明,由

$$(f_{n+2} - f_{n-2})^2 = 9f_n^2$$

所以,由 n 为奇数及性质 1 得

$$f_{n+2}^2 = 9f_n^2 - 2f_{n+2}f_{n-2} - f_{n-2}^2 = 9f_n^2 - 2(f_n^2 + 1) - f_{n-2}^2 = 7f_n^2 - f_{n-2}^2 - 2$$

所以

$$f_{2n+1}^2 = 7f_{2n-1}^2 - f_{2n-3}^2 - 2$$

又因为 $y_{n+2} = 7y_{n+1} - y_n - 2$,所以 $y_n = f_{2n-3}^2 (n \geqslant 3)$ 得证.

于是当 $k = 3$ 时,任意 y_n 均是平方数.

由以上,对 $k = 1$ 或 $k = 3$,数列 $\{y_n\}$ 中的每一项都是完全平方数.

36 设 $p(x) = (x+1)^p (x-3)^q = x^n + a_1 x^{n-1} + a_2 x^{n-2} + \cdots + a_{n-1} x + a_n$,其中 p,q 是正整数.

(1) 若 $a_1 = a_2$,证明 $3n$ 是完全平方数.

(2) 证明:存在无穷多个由正整数 p,q 组成的数对 (p,q),使得多项式 $p(x)$ 满足 $a_1 = a_2$.

(白俄罗斯数学奥林匹克,2003 年)

证 (1) 比较多项式

$$(x+1)^p (x-3)^q = x^n + a_1 x^{n-1} + a_2 x^{n-2} + \cdots + a_{n-1} x + a_n$$

则

$$n = p + q$$

$$(x+1)^p (x-3)^q = \left(x^p + px^{p-1} + \frac{p(p-1)}{2} x^{p-2} + \cdots\right) \cdot$$

$$\left(x^q - 3qx^{q-1} + \frac{9q(q-1)}{2} x^{q-2} + \cdots\right) =$$

$$x^n + (p - 3q) x^{n-1} +$$

$$\left(\frac{p(p-1)}{2} + \frac{9q(q-1)}{2} - 3pq\right) x^{n-2} + \cdots$$

故

第 3 章 奇数、偶数和完全平方数
Chapter 3 Odd, Even and Perfect Square Number

$$a_1 = p - 3q, \quad a_2 = \frac{p(p-1)}{2} + \frac{9(q-1)}{2} - 3pq$$

由 $a_1 = a_2$ 得

$$2(p - 3q) = p(p-1) + 9q(q-1) - 6pq$$

即

$$2(p - 3q) = (p^2 + 9q^2 - 6pq) - p - 9q$$
$$(p - 3q)^2 = 3(p + q) = 3n$$

所以 $3n$ 是完全平方数.

(2) 因为 $a_1 = a_2$ 等价于

$$3n = (p - 3q)^2 = 3(p + q)$$

即

$$p^2 - (6q + 3)p + 9q^2 - 3q = 0 \qquad ①$$

因此,只要证明方程 ① 有无穷多组正整数解即可.

由于

$$\Delta = (6q + 3)^2 - 4(9q^2 - 3q) = 48q + 9$$

所以 $48q + 9$ 应为完全平方数,且

$$p = \frac{6q + 3 \pm \sqrt{\Delta}}{2}$$

是整数.

设 $48q + 9 = 9(8k + 1)^2$,k 为任意正整数.

即

$$48q = 64 \times 9k^2 + 2 \times 8 \times 9k$$
$$q = 12k^2 + 3k$$
$$p = \frac{6q + 3 + 3(8k + 1)}{2} = \frac{72k^2 + 18k + 3 + 24k + 3}{2} = 36k^2 + 21k + 3$$

于是存在 $(p, q) = (36k^2 + 21k + 3, 12k^2 + 3k)$,$k \in \mathbf{N}^*$,使 $a_1 = a_2$.

37 设 n 是大于 2 的整数,a_n 是最大的 n 位数,且 a_n 既不是两个完全平方数的和,又不是两个完全平方数的差.

(1) 求 a_n(表示成 n 的函数);

(2) 求 n 的最小值,使得 a_n 的各位数码的平方和是一个完全平方数.

(匈牙利数学奥林匹克,2003 年)

解 (1) $a_n = 10^n - 2$.

先证最大性,在 n 位十进制整数中,只有 $10^n - 1 > 10^n - 2$.

然而

$$10^n - 1 = 9 \times \frac{10^n - 1}{9} = \left[\frac{\frac{10^n-1}{9}+9}{2} - \frac{\frac{10^n-1}{9}-9}{2}\right]\left[\frac{\frac{10^n-1}{9}+9}{2} + \frac{\frac{10^n-1}{9}-9}{2}\right] = \left[\frac{\frac{10^n-1}{9}+9}{2}\right]^2 - \left[\frac{\frac{10^n-1}{9}-9}{2}\right]^2$$

因为 $\frac{10^n-1}{9}$ 为奇数,所以 $\frac{\frac{10^n-1}{9}+9}{2}$ 和 $\frac{\frac{10^n-1}{9}-9}{2}$ 均为整数.

因此, $10^n - 1$ 可以表示为两个完全平方数之差,不合题目要求.

再证 $a_n = 10^n - 2$,不能表示为两个完全平方数之和,也不能表示为两个完全平方数之差.

由于
$$10^n - 2 \equiv 2 \pmod{4} \quad (n > 2)$$

而一个完全平方数满足 $a^2 \equiv 0, 1 \pmod 4$,故两个完全平方数的差对 $\mod 4$,只能为 $0, 1, 3$,而不能为 2.

所以 $10^n - 2$ 不能表示为两个完全平方数之差.

由于
$$10^n - 2 \equiv 6 \pmod{8} \quad (n > 2)$$

而一个完全平方数满足 $a^2 \equiv 0, 1, 4 \pmod 8$,故两个完全平方数的和对 $\mod 8$,只能为 $0, 1, 2, 4, 5$,而不能为 6.

所以 $10^n - 2$ 不能表示为两个完全平方数之和.

即 $a_n = 10^n - 2$ 符合题目要求.

(2) 由于 $a_n = 10^n - 2 = 99\cdots98$,则其各位数码的平方和 $s(a_n)$ 为
$$s(a_n) = (n-1) \cdot 9^2 + 8^2$$

设
$$(n-1) \cdot 9^2 + 8^2 = k^2$$

则
$$9^2(n-1) = (k-8)(k+8)$$

因为 $n \geq 3$,且 $-8 \not\equiv 8 \pmod 9$,所以
$$81 \mid (k+8) \quad \text{或} \quad 81 \mid (k-8)$$

若 $81 \mid (k+8)$,则 $k_{\min} = 73, n = 66$.

若 $81 \mid (k-8)$,则 $k_{\min} = 89, n = 98$.

所以 n 的最小值为 66.

第 3 章　奇数、偶数和完全平方数
Chapter 3　Odd, Even and Perfect Square Number

38　在一个正六边形的顶点上写着 6 个和为 2 003 的非负整数，伯特可以做如下操作：

他可以选出一个顶点，把它上面的数擦去，然后写上相邻两个顶点上数的差的绝对值．

证明：伯特可以进行一系列操作，使得最后每个顶点的数都为 0．

（美国数学奥林匹克，2003 年）

证　用 $A \begin{smallmatrix} B-C \\ \\ F-E \end{smallmatrix} D$ 表示操作过程中的某个状态，其中 A,B,C,D,E,F 为 6 个顶点上所写的非负整数．

用 $A \begin{smallmatrix} B-C \\ \\ F-E \end{smallmatrix} D$ (mod 2) 表示所写的数 mod 2 的结果．

用 S 表示某一状态时所有数的和，M 表示这 6 个数中的最大值．

由于 6 个非负整数的和为 2 003 是奇数，我们证明更为一般的情形：从任何 S 为奇数的状态出发，都可以变到各顶点的数都为 0 的状态．

为了实现这一目标，构造下面两个操作步骤，交替进行：

(1) 从一个 S 为奇数的状态变到只有一个奇数的状态；

(2) 从只有一个奇数的状态变到 S 为奇数且 M 变小或 6 个数全为 0 的状态．

由于任何操作都不会增加 M，而每次操作 (2) 都使得 M 至少减少 1，所以，上面的步骤一定会结束，且只能结束在各顶点数全为 0 的状态．

下面给出每一步操作．

操作 (1)：首先对某个 S 为奇数的状态：$A \begin{smallmatrix} B-C \\ \\ F-E \end{smallmatrix} D$，$A+C+E$ 和 $B+D+F$ 有一个是奇数．

不妨设 $A+C+E$ 是奇数．

若 A,C,E 中只有一个奇数，比如 A 是奇数，可按下面的顺序操作：

$1 \begin{smallmatrix} B-0 \\ \\ F-0 \end{smallmatrix} D \xrightarrow{\text{对} B,D,F \text{操作}} 1 \begin{smallmatrix} 1-0 \\ \\ 1-0 \end{smallmatrix} 0 \xrightarrow{\text{对左顶点操作}} 0 \begin{smallmatrix} 1-0 \\ \\ 1-0 \end{smallmatrix} 0 \xrightarrow{\text{对左下顶点操作}} 0 \begin{smallmatrix} 1-0 \\ \\ 0-0 \end{smallmatrix} 0 \ (\bmod 2)$

因此，可以变到只有一个奇数的状态．

若 A,C,E 都是奇数，可按下面顺序操作：

$1 \begin{smallmatrix} B-0 \\ \\ F-0 \end{smallmatrix} D \xrightarrow{\text{对} B,D,F \text{操作}} 1 \begin{smallmatrix} 0-1 \\ \\ 0-1 \end{smallmatrix} 0 \xrightarrow{\text{对右上、右下顶点操作}} 1 \begin{smallmatrix} 0-0 \\ \\ 0-0 \end{smallmatrix} 0 \ (\bmod 2)$

因此，可变到只有一个奇数的状态．

操作(1)能够实现.

对操作(2),不妨考虑只有 A 是奇数,B,C,D,E,F 都是偶数的状态,我们的目的是变到使 M 更小的状态.

记 M_0 为该状态的 M,根据 M_0 的奇偶性,分两种情况讨论.

(1) M_0 是偶数,即 B,C,D,E,F 中的某一个是最大值,且 $A < M$.

我们可以按 B,C,D,E,F 的顺序操作,使 S 为奇数,且 M_0 变小,即 $M < M_0$.

称这一状态为 A' $\begin{matrix} B'-C' \\ F'-E' \end{matrix}$ D',则 S 为奇数,且 A',B',C',D',E' 都小于 M_0(这是因为它们是奇数,而 M_0 是偶数).同时 $F' = |A' - E'| \leqslant \max |A', E'| < M_0$.

所以 M 变小了.

(2) M_0 是奇数,即 $M_0 = A$,其余的数都小于 M_0,若 $C > 0$,则按照 B,F,A,F 的顺序操作:

称这一状态为 A' $\begin{matrix} B'-C' \\ F'-E' \end{matrix}$ D',则 S 为奇数,而 M 只在 $B' = A$ 时才不减少,但这是不可能的,因为 $B' = |A - C| < A$,而 $0 < C < M_0 = A$,这样又变到了一个 S 为奇数,而 M 较小的状态.

若 $E > 0$,因为 E 和 C 是对称的,所以和上面的讨论相同.

若 $C = E = 0$,可以按照下面的顺序操作,把数全变为 0 的状态.

其中(0) 表示数 0,而无括号的 0 表示偶数.

操作(2)得以实现.

因为 2 003 是一个奇数,当然满足结论.

39 是否存在一个直角三角形,每条边的长度都是整数,且两条直角边的长度都是质数?

(斯洛文尼亚数学奥林匹克初赛,2004 年)

第 3 章 奇数、偶数和完全平方数
Chapter 3 Odd, Even and Perfect Square Number

解 设 a,b 分别是两条直角边的长度, c 是斜边的长度.

显然, a,b 中必有一个偶数,否则若 a,b 都是奇数,则
$$a^2 \equiv b^2 \equiv 1 \pmod 4$$
$$a^2 + b^2 \equiv 2 \pmod 4$$
而一个平方数不能被 4 除余 2.

a,b 不可能都是偶质数,因为 $2^2 + 2^2$ 不是平方数.

由于 a,b 一为奇质数,一为偶质数,则斜边 c 为奇数.

设 $a = 2$,则
$$4 = c^2 - b^2 = (c+b)(c-b) \geqslant 2 \times 8 = 16$$
出现矛盾.

所以 a,b 不可能都是质数.

40 按如下规则构造数列 $1,2,3,4,0,9,6,9,4,8,7,\cdots$,从第 5 个数字开始,每 1 个数字是前 4 个数字和的末位数码.问:

(1) 数字 $2,0,0,4$ 会出现在所构造的数列中吗?

(2) 开头的数字 $1,2,3,4$ 会出现在所构造的数列中吗?

(克罗地亚国家数学奥林匹克,2004 年)

解 (1) 在数列中,用 P 代表偶数数码,N 代表奇数数码,于是,所给数列相当于
$$NPNPPNPNPP\cdots$$
此数列的奇偶性以 5 为周期排列.此外,任何四个依次相连的数码中至少有一个是奇数码.

由于 $2,0,0,4$ 都是偶数码,所以不可能出现在所构造的数列之中.

(2) 因为数列中连续四个数码的情况是有限的(少于 10 000),所以必然在有限项后按周期排列.

显然,数列能从任意连续四个数字向前或向后延伸.

因此,数列从后向前也是周期排列,故 $1,2,3,4$ 会周期性出现.

41 在 $n \times n (n \geqslant 3)$ 的方格表的每个格中填入一个确定的整数.已知任意 3×3 的单元中所有整数的和为偶数,同时,任意 5×5 的单元中所有整数的和也为偶数.求使得此方格表中所有整数的和为偶数的全部 n.

(白俄罗斯数学奥林匹克,2004 年)

解 $n = 3k, n = 5k, k \in \mathbf{N}^*$.

显然,当 $n = 3k(5k), k \in \mathbf{N}^*$ 时, $n \times n$ 的方格表能分成 k^2 个 $3 \times 3(5 \times 5)$ 的单元.

最新世界各国数学奥林匹克中的初等数论试题(上)
The Lastest Elementary Number Theory in Mathematical Olympiads in The World

因为任一单元中所有整数的和为偶数,所以 $n\times n$ 的方格表中所有整数的和一定为偶数.

下面举例证明:若 n 既不是3的倍数,也不是5的倍数.那么,方格表中所有整数的和可能为奇数.

考虑数列:
$$101101101101\cdots \qquad ①$$
和
$$100011000110001\cdots \qquad ②$$

以上两个数列分别以三位和五位为周期.

设 A_k,B_k 分别是数列①,②的前 k 项的和.

显然,对任意的 $k,m \in \mathbf{N}^*$,有
$$A_{k+15m} \equiv A_k \pmod 2 \qquad B_{k+15m} \equiv B_k \pmod 2$$

将0和1按以下规则填入 $n\times n$ 的方格表中:

若①的第 k 项是1,就在方格表的第 k 列填入②的前 n 项;

若①的第 k 项是0,就在方格表的第 k 列全填0;

易证方格表中所有整数的和等于 $A_n B_n$.

$A_1=1, A_2=1, A_4=3, A_7=5, A_8=5, A_{11}=7, A_{13}=9, A_{14}=9$,

$B_1=1, B_2=1, B_4=1, B_7=3, B_8=3, B_{11}=5, B_{13}=5, B_{14}=5$.

因此,若 n 既不是3的倍数,也不是5的倍数,则方格表中所有整数的和为奇数.

检验知,任一 3×3 的单元中所有整数的和为偶数,同时,任意 5×5 的单元中所有整数的和也为偶数.

下表所示的是 7×7 的方格表的例子.

1	0	1	1	0	1	1
0	0	0	0	0	0	0
0	0	0	0	0	0	0
0	0	0	0	0	0	0
1	0	1	1	0	1	1
1	0	1	1	0	1	1
0	0	0	0	0	0	0

42 在 $n\times n(n\geqslant 3)$ 的方格表的每个格中填入一个确定的整数,已知

第3章 奇数、偶数和完全平方数
Chapter 3 Odd, Even and Perfect Square Number

任意 2×2 的单元中所有数之和为偶数,同时任意 3×3 的单元中所有数之和也为偶数,求使得此方格表中所有数之和为偶数的全部 n.

(白俄罗斯数学奥林匹克,2004 年)

解 $n=2k$ 和 $n=3k(k\in \mathbf{N}^*)$.

显然,当 $n=2k$ 时,$n\times n$ 的方格能分成 k^2 个 2×2 的单元,因为任何的 2×2 单元中所有数之和为偶数,所以 $n\times n(n=2k)$ 的方格表中所有数之和也是偶数.

同样,当 $n=3k$ 时,$n\times n$ 的方格能分成 k^2 个 3×3 的单元,因为任何的 3×3 单元中所有数之和为偶数,所以 $n\times n(n=3k)$ 的方格表中所有数之和也是偶数.

当 $n\neq 2k$ 且 $n\neq 3k$ 时,可以找出所有数之和为奇数的反例.

若 $n=6k+1$ 和 $6k-1(n\in \mathbf{N}^*)$.

将 0 填入第 $2,5,8,\cdots$ 行,直至第 $6k-1$ 行的所有格,其他格填 1.

这时,任一个 2×2 和 3×3 单元中均有偶数个 1,所以每一个这样的单元中所有数的和为偶数.

但表中所有数的和为 $n^2-2kn=n(n-2k)$ 为奇数.

43 求所有正整数 n,使得 $n\cdot 2^{n-1}+1$ 是完全平方数.

(斯洛文尼亚 IMO 国家队选拔测试题,2004 年)

解 设 $n\cdot 2^{n-1}+1=m^2$,其中 $m\in \mathbf{N}^*$,则
$$n\cdot 2^{n-1}=(m+1)(m-1)$$
而当 $n=1,2,3,4$ 时,$n\cdot 2^{n-1}+1$ 均不是完全平方数.

故 $n\geqslant 5$,$8\mid (m+1)(m-1)$.

而 $m+1$,$m-1$ 奇偶性相同.

故 $m+1$,$m-1$ 都是偶数,m 为奇数.

设 $m=2k-1$,其中 $k\in \mathbf{N}^*$,则
$$n\cdot 2^{n-1}=2k(2k-2)$$
从而
$$n\cdot 2^{n-3}=k(k-1)$$
而 k 与 $k-1$ 具有不同奇偶性,故 2^{n-3} 只能是其中之一的约数.

又 $n\cdot 2^{n-3}=k(k-1)\neq 0$,因此 $2^{n-3}\leqslant k$.进而 $n\geqslant k-1$.

故
$$2^{n-3}\leqslant k\leqslant n+1$$
由函数性质或数学归纳法,易得 $n\geqslant 6$ 时,$2^{n-6}>n+1$.

因此 $n\leqslant 6$.而 $n\geqslant 5$,故 $n=5$.

此时，$n \cdot 2^{n-1}+1=81$ 是完全平方数，满足要求．

综上，所求所有正整数 $n=5$．

44 证明：不存在正整数 n，使得
$$2n^2+1, 3n^2+1, 6n^2+1$$
都是完全平方数．

（日本数学奥林匹克决赛，2004 年）

证 假定存在 n，使 $2n^2+1, 3n^2+1, 6n^2+1$ 是完全平方数，则
$$36n^2(6n^2+1)(3n^2+1)(2n^2+1)$$
也是完全平方数．

然而
$$36n^2(6n^2+1)(3n^2+1)(2n^2+1)=(36n^4+18n^2+1)^2-1$$
不可能为完全平方数，矛盾．

所以，不存在 $n \in \mathbf{N}^*$，使 $2n^2+1, 3n^2+1, 6n^2+1$ 都是完全平方数．

45 证明：存在无限正整数序列 $\{a_n\}$，使得 $\sum_{k=1}^{n} a_k^2$ 对任意正整数 n 是一个完全平方数．

（澳大利亚数学奥林匹克决赛，2004 年）

证 记 $S_n = \sum_{k=1}^{n} a_k^2$．

从勾股数组 (a,b,c) 开始，取 a 为奇数，b 为偶数（例如 $3,4,5$），且设奇数 a 为 a_1，偶数 b 为 a_2．

于是 $S_1=a^2, S_2=a^2+b^2=c^2$ 是完全平方数．

设 $S_{n+1}=S_n+a_{n+1}^2=(a_{n+1}+1)^2$，我们证明这个等式能够成立．
$$S_{n+1}-a_{n+1}^2=S_n \Leftrightarrow (a_{n+1}+1)^2-a_{n+1}^2=(a_n+1)^2 \Leftrightarrow$$
$$2a_{n+1}+1=(a_n+1)^2 \Leftrightarrow$$
$$a_{n+1}=\frac{(a_n+1)^2-1}{2}=\frac{a_n(a_n+2)}{2}$$

可选择 a_n 为偶数，则 $\frac{a_n(a_n+2)}{2}=a_{n+1}$ 也是偶数．

由 a_{n+1} 是偶数，又可得 $a_{n+2}=\frac{a_{n+1}(a_{n+1}+2)}{2}$．

例如取 $a_1=3, a_2=4$，则 $a_3=12, a_4=84, a_5=3\,612, \cdots$ 从而保证 $\sum_{k=1}^{n} a_k^2$ 对所有 $n \in \mathbf{N}^*$ 是一个完全平方数．

第3章 奇数、偶数和完全平方数
Chapter 3 Odd, Even and Perfect Square Number

46 求所有正整数 n,使得 $n = p_1^2 + p_2^2 + p_3^2 + p_4^2$,其中 p_1, p_2, p_3, p_4 是 n 的不同的 4 个最小的正整数约数.

(中国吉林省高中数学竞赛,2004 年)

解 若 n 是奇数,则其所有的约数都是奇数,于是 p_1, p_2, p_3, p_4 是奇数,但
$$p_i^2 \equiv 1 \pmod 4 \quad (i = 1, 2, 3, 4)$$
则
$$p_1^2 + p_2^2 + p_3^2 + p_4^2 \equiv 0 \pmod 4$$
而
$$n \equiv 1 \text{ 或 } 3 \pmod 4$$
此时,无解,所以 n 是偶数.

则 $p_1 = 1, p_2 = 2$.

若 $4 \mid n$,则 $n = 1 + 0 + p_3^2 + p_4^2 \not\equiv 0 \pmod 4$,矛盾.

所以 $4 \nmid n$. 考虑最小约数的集合 $\{p_1, p_2, p_3, p_4\}$.

由于
$$p_3^2 + p_4^2 \equiv 0, 2, 1 \pmod 4$$
$$1 + 4 + p_3^2 + p_4^2 \equiv 1, 3, 2 \pmod 4$$
而
$$n \equiv 2 \pmod 4$$
于是 p_3, p_4 一个为奇数,一个为偶数,即 $p_4 = 2p_3$,所以 n 最小的 4 个约数集合只可能是 $\{1, 2, p_3, 2p_3\}$.

即 $n = 5 + 5p_3^2$,于是 $p_3 = 5$.

所以
$$n = 1^2 + 2^2 + 5^2 + 10^2 = 130$$

47 求所有的整数 n,使得
$$n^4 + 6n^3 + 11n^2 + 3n + 31$$
是完全平方数.

(中国西部数学奥林匹克,2004 年)

解 设 $A = n^4 + 6n^3 + 11n^2 + 3n + 31$,则
$$A = (n^2 + 3n + 1)^2 - 3(n - 10)$$
当 $n > 10$ 时,有
$$A < (n^2 + 3n + 1)^2$$
即
$$A \leqslant (n^2 + 3n)^2$$

于是
$$(n^2+3n+1)^2-3n+30 \leqslant (n+3n)^2$$
$$2n^2+6n+1-3n+30 \leqslant 0$$
$$2n^2+3n+31 \leqslant 0$$

而
$$2n^2+3n+31=2\left(n+\frac{3}{4}\right)^2+31 \cdot \frac{9}{8} > 0$$

出现矛盾. 所以 $n \leqslant 10$.

当 $n=10$ 时, $A=(n^2+3n+1)^2=(100+30+1)^2=131^2$ 是完全平方数.

当 $n<10$ 时, $A > (n^2+3n+1)^2$.

当 $n \leqslant -3$ 或 $n \geqslant 0$ 时, $n^2+3n \geqslant 0$, 因为有
$$A \geqslant (n^2+3n+2)^2$$

即
$$(n^2+3n+1)^2-3n+30 \geqslant (n^2+3n+2)^2$$
$$2n^2+9n-27 \leqslant 0$$

解得
$$-7 < \frac{-3(\sqrt{33}+3)}{4} \leqslant n \leqslant \frac{3(\sqrt{33}-3)}{4} < 3$$

所以 $n=-6,-5,-4,-3,0,1,2$, 经检验 A 都不是完全平方数, 而当 $n=-2,-1$ 时, $A=37,34$ 也不是完全平方数.

所以只有 $n=10$ 时是完全平方数.

48 求所有的两位正数 a,b, 使 $100a+b$ 和 $201a+b$ 均为四位数, 且均为完全平方数.

(西班牙数学奥林匹克, 2005 年)

解 设 $100a+b=m^2$, $201a+b=n^2$, 则
$$101a=n^2-m^2=(n-m)(n+m) \quad m,n<100$$

由
$$n-m<100, \quad n+m<200$$

及
$$101 \mid (m+n)$$

从而
$$m+n=101$$

于是
$$a=n-m=2n-101$$

第3章 奇数、偶数和完全平方数
Chapter 3 Odd,Even and Perfect Square Number

即
$$201a + b = 201(2n-101) + b = n^2$$
即
$$n^2 - 402n + 20\ 301 = b, \quad b \in (9, 100)$$
经验证
$$n = 59, \quad m = 101 - n = 42$$
从而
$$a = 59 - 42 = 17$$
$$b = n^2 - 402n + 20\ 301 = 64$$
即
$$(a, b) = (17, 64)$$

49 求所有正整数对(m, n),使得 $m^2 - 4n$ 和 $n^2 - 4m$ 均是完全平方数.

(斯洛文尼亚国家队选拔考试,2005 年)

解 显然,$m^2 - 4n < m^2$.

若 $m^2 - 4n = (m-1)^2$,则 $2m - 1 = 4n$,矛盾.

所以
$$m^2 - 4n \leqslant (m-2)^2$$
即
$$4m \leqslant 4n + 4, \quad m \leqslant n + 1$$
同理
$$n \leqslant m + 1$$
于是
$$n - 1 \leqslant m \leqslant n + 1$$

(1) 若 $m = n - 1$,则
$$n^2 - 4m = n^2 - 4(n-1) = n^2 - 4n + 4 = (n-2)^2$$
$$m^2 - 4n = m^2 - 4(m+1) = (m-2)^2 - 8 = t^2 \quad (t \in \mathbf{N}^*)$$
从而
$$(m - 2 + t)(m - 2 - t) = 8$$
由于 $m - 2 + t$ 与 $m - 2 - t$ 有相同的奇偶性,且 $m - 2 + t > m - 2 - t$,则
$$\begin{cases} m - 2 + t = 4 \\ m - 2 - t = 2 \end{cases}$$
解得 $m = 5, t = 1, n = 6$.

(2) 若 $m = n$,则

最新世界各国数学奥林匹克中的初等数论试题(上)
The Lastest Elementary Number Theory in Mathematical Olympiads in The World

$$m^2 - 4n = n^2 - 4m = m^2 - 4m = (m-2)^2 - 4 = t^2 (t \in \mathbf{N}^*)$$

即有
$$(m-2+t)(m-2-t) = 4$$

从而
$$m-2 = 2, t = 0, m = n = 4$$

(3) 若 $m = n+1$,则
$$m^2 - 4n = (n+1)^2 - 4n = (n-1)^2$$
$$n^2 - 4m = n^2 - 4(n+1) = (n-2)^2 - 8 = t^2$$

仿(1)得 $n = 5, m = 6$.

由以上 $(m,n) = (5,6), (4,4), (6,5)$ 满足要求.

50 (1) 是否存在正整数 a,b 使得对任何正整数 n,数 $2^n a + 5^n b$ 是完全平方数?

(2) 是否存在正整数 a,b,c 使得对任何正整数 n,数 $2^n a + 5^n b + c$ 是完全平方数?

(白俄罗斯数学奥林匹克,2005 年)

解 (1) 不存在,用反证法.

假设存在符合题目要求的 a,b,即存在正整数数列 $\{x_n\}$,使得
$$x_n^2 = 2^n a + 5^n b \quad (n \in \mathbf{N}^*)$$

令 $a = 5^k c$,其中 $k \in \mathbf{N}, 5 \nmid c$.

当 $n > k$ 时
$$x_n^2 = 5^k (2^n c + 5^{n-k} b)$$

因为 $5 \nmid (2^n c + 5^{n-k} b)$,$x_n^2$ 为完全平方数,则 k 为偶数.

设 $k = 2m, m \in \mathbf{N}$.

首先证明:对于 $n > k$,数
$$\left(\frac{x_n}{5^m}\right)^2 = \frac{x_n^2}{5^k} = 2^n c + 5^{n-k} b \qquad ①$$

是完全平方数,即 $\frac{x_n}{5^m}$ 是整数.

由于 $\frac{x_n}{5^m}$ 是有理数,设 $\frac{x_n}{5^m} = \frac{p}{q}$. $(p,q) = 1$.

若 $q > 1$,因为 $(p^2, q^2) = 1$,则 $\left(\frac{x_n}{5^m}\right)^2$ 不是整数,与式①矛盾. 因此 $q = 1$,从而 $\frac{x_n}{5^m} \in \mathbf{Z}$.

考虑数列 $\{y_n\}, y_n = \frac{x_n}{5^m}$,其中 $n > 2m$.

第 3 章 奇数、偶数和完全平方数
Chapter 3 Odd, Even and Perfect Square Number

注意到式 ①,有
$$y_n^2 \equiv 2^n c \pmod 5$$
所以
$$y_{n+1}^2 \equiv 2 y_n^2 \pmod 5$$
由于 $5 \nmid c$,则
$$y_{n+1}^2 \equiv 1 \text{ 或 } 4 \pmod 5 \quad (n=0,1,2,\cdots) \qquad ②$$
当 $y_n^2 \equiv 1 \pmod 5$ 时
$$y_{n+1}^2 \equiv 2 \times 1 \equiv 2 \pmod 5$$
与 ② 矛盾.

当 $y_n^2 \equiv 4 \pmod 5$ 时
$$y_{n+1}^2 = 2 \times 4 \equiv 3 \pmod 5$$
与 ② 矛盾.

因此,不存在满足要求的 a,b.

(2) 不存在,用反证法.

假设存在符合题目要求的 a,b,c,即存在正整数列 $\{x_n\}$,使得
$$x_n^2 = 2^n a + 5^n b + c \quad (n \in \mathbf{N}^*)$$
注意到
$$25 x_n^2 = 25 \times 2^n a + 5^{n+2} b + 25 c > \\ 2^{n+2} a + 5^{n+2} b + c = x_{n+2}^2$$
从而
$$5 x_n > x_{n+2}$$
所以
$$x_{n+2} \leqslant 5 x_n - 1$$
平方得
$$x_{n+2}^2 \leqslant 25 x_n^2 - 10 x_n + 1$$
即
$$10 x_n \leqslant 25 x_n^2 + 1 - x_{n+2}^2 = 25 \times 2^n a + 5^{n+2} b + 25 c = \\ 21 \times 2^n a + 24 c + 1 + (4 \times 2^n a + 5^{n+2} b + c) - x_{n+2}^2 = \\ 21 \times 2^n a + 24 c + 1$$
从而有
$$\frac{10 x_n}{2^n} \leqslant 21 a + \frac{24 c}{2^n} + \frac{1}{2^n} \qquad ③$$
考查不等式两边,当 $n \to \infty$ 时的极限.
$$\lim_{n \to \infty} \left(\frac{10 x_n}{2^n} \right)^2 = \lim_{n \to \infty} \frac{100(2^n a + 5^n b + c)}{4^n} = \lim_{n \to \infty} \frac{100 b \times 5^n}{4^n} \to \infty \qquad ④$$

而另一方面,由式 ③
$$\lim_{n\to\infty}\frac{10x_n}{2^n} \leqslant 21a \quad ⑤$$

④ 和 ⑤ 矛盾.

51 试求满足 $a^2+b^2+c^2=2005$,且 $a \leqslant b \leqslant c$ 的所有三元正整数组 (a,b,c).

(中国东南地区数学奥林匹克,2005 年)

解 由于任何奇平方数被 4 除余 1,任何偶平方数被 4 除余 0,而
$$2005 \equiv 1 \pmod 4$$

则 a^2,b^2,c^2 中必有两个偶平方数,一个奇平方数.

设 $a=2m, b=2n, c=2k-1, m,n,k \in \mathbf{N}^*$.

则原方程化为
$$m^2+n^2+k(k-1)=501 \quad ①$$

(1) 若 $3 \mid k(k-1)$,由 $3 \mid 501$,则 $3 \mid (m^2+n^2)$.

因此 $3 \mid m, 3 \mid n$,设 $m=3m_1, n=3n_1$,又 $\frac{k(k-1)}{3} \in \mathbf{Z}$. 则有
$$9m_1^2+9n_1^2+k(k-1)=3 \times 167$$
$$3m_1^2+3n_1^2+\frac{k(k-1)}{3}=167 \quad ②$$

由
$$167 \equiv 2 \pmod 3$$

则
$$\frac{k(k-1)}{3} \equiv 2 \pmod 3$$

设 $\frac{k(k-1)}{3}=3r+2$,则
$$k(k-1)=9r+6 \quad ③$$

由式 ①,$k(k-1)<501$,则 $k \leqslant 22$.

结合式 ③ 可知 $k=3,7,12,16,21$,代入式 ②
$$\begin{cases} k=3 \\ m_1^2+n_1^2=55 \end{cases} \begin{cases} k=7 \\ m_1^2+n_1^2=51 \end{cases} \begin{cases} k=12 \\ m_1^2+n_1^2=41 \end{cases}$$
$$\begin{cases} k=16 \\ m_1^2+n_1^2=29 \end{cases} \begin{cases} k=21 \\ m_1^2+n_1^2=9 \end{cases}$$

注意到 $55 \equiv 3 \pmod 4, 51 \equiv 3 \pmod 4$,及 $m_1^2+n_1^2 \neq 9$,则只有 $k=12, k=16$ 时有正整数解 m_1, n_1.

第 3 章　奇数、偶数和完全平方数
Chapter 3　Odd, Even and Perfect Square Number

当 $k=12$ 时，$m_1^2+n_1^2=41$ 的解为 $(4,5)$，此时
$$a=6m_1=24,\quad b=6n_1=30,\quad c=2k-1=23$$
即有解 $(a,b,c)=(24,30,23)$.

当 $k=16$ 时，$m_1^2+n_1^2=29$ 的解为 $(2,5)$，此时
$$a=6m_1=12,\quad b=6n_1=30,\quad c=2k-1=31$$
即有解 $(a,b,c)=(12,30,31)$.

(2) 若 $3\nmid k(k-1)$，由于 $k-1,k$ 和 $k+1$ 中一定有一个是 3 的倍数，则 $k+1$ 是 3 的倍数，于是 $k=2,5,8,11,14,17,20$.

当 $k=2$ 时，由式①，$m^2+n^2=499$，但 $499\equiv 3\pmod 4$，则此时无解；

当 $k=5$ 时，由式①，$m^2+n^2=481$，利用关系式
$$(a^2+b^2)(c^2+d^2)=(ac+bd)^2+(ad-bc)^2$$
由
$$481=13\times 37=(3^2+2^2)(6^2+1^2)=$$
$$(3\times 6+2\times 1)^2+(3\times 1-2\times 6)^2=20^2+9^2$$
或
$$481=13\times 17=(2^2+3^2)(6^2+1^2)=$$
$$(2\times 6+3\times 1)^2+(2\times 1-3\times 6)^2=15^2+16^2$$
所以有 $(m,n)=(20,9)$ 或 $(15,16)$.
$$a=2m=40,\quad b=2n=18,\quad c=2k-1=9$$
或
$$a=2m=30,\quad b=2n=32,\quad c=2k-1=9$$
于是 $(a,b,c)=(40,18,9)$ 或 $(30,32,9)$.

当 $k=8$ 时，由式①，$m^2+n^2=445$，由
$$445=5\times 89=(2^2+1^2)(8^2+5^2)=(2\times 8+1\times 5)^2+$$
$$(2\times 5-1\times 8)^2=21^2+2^2$$
或
$$445=(2^2+1^2)(5^2+8^2)=(2\times 5+1\times 8)^2+$$
$$(2\times 8-1\times 5)^2=18^2+11^2$$
所以有 $(m,n)=(21,2)$ 或 $(18,11)$
$$a=2m=42,\quad b=2n=4,\quad c=2k-1=15$$
$$a=2m=36,\quad b=2n=22,\quad c=2k-1=15$$
于是 $(a,b,c)=(42,4,15)$ 或 $(36,22,15)$.

当 $k=11$ 时，由式①，$m^2+n^2=391\equiv 3\pmod 4$，此时无解.

当 $k=14$ 时，由式①，$m^2+n^2=319\equiv 3\pmod 4$，此时无解.

当 $k=17$ 时，由式①，$m^2+n^2=229=15^2+2^2$，则 $(m,n)=(15,2)$，于是

$$(a,b,c)=(2m,2n,2k-1)=(30,4,33)$$

当 $k=20$ 时,由式 ①,$m^2+n^2=121=11^2$,此时无解.

由以上,本题共有 $a\leqslant b\leqslant c$ 的解 7 组:$(24,30,23)$,$(12,30,31)$,$(40,18,9)$,$(30,32,9)$,$(42,4,15)$,$(36,22,15)$,$(30,4,33)$.

52 圆周上有 800 个点,依顺时针方向标号依次为 $1,2,\cdots,800$. 它们将圆周分成 800 个间隙. 任意选定一点染成红色,然后按如下规则逐次染红其余的一些点:若第 k 号点已被染红,则可按顺时针方向经过 k 个间隙,将所到达的那个点染红. 如此继续下去,试问圆周上最多可得到多少个红点?证明你的结论.

(全国高中数学联赛山东赛区,2005 年)

解 一般地,对一个有 n 个点的圆周,我们把按题设规则所能染红的点数的最大值记为 $f(n)$. 若圆周上有 $2n$ 个点,第一个被染红的点的标号为 i.

① 若 $i=2k(k\geqslant 1)$ 是一个偶数,那么所有染红的点标号均为偶数. 其过程相当于在一个有 n 个点的圆周上,第一个染红之点的标号为 k 的染点的过程,所以两圆周上所染红的点数相同.

② 若 $i=2k-1(k\geqslant 1)$,其所染红的第 2 个点的标号为 $2(2k-1)$ 是偶数,故其染红的点数比有 n 个点的圆周上,第一个染红之点的标号为 $2k-1$ 的染点的过程所得的红点数多 1.

所以,$f(2n)=f(n)+1$,即
$$f(800)=f(400)+1=f(200)+2=f(100)+3=f(50)+4=f(25)+5$$

对于有 25 个点的圆周,不妨从 1 号点开始染红,则顺次得标号为 $1,2,4,8,16,7,14,3,6,12,24,23,21,17,9,18,11,22,19,13$ 的 20 个红点,故 $f(25)\geqslant 20$.

反之,显然若有一个红点的标号是 5 的倍数,则全部红点的标号均为 5 的倍数,此时红点数不超过 5,所以达到最大值的染红过程不含标号为 5 的倍数的点,从而 $f(25)\leqslant 25-5=20$,即 $f(25)=20$.

总之,得 $f(800)=f(25)+5=20+5=25$.

53 证明:任意 18 个连续的且小于或等于 2 005 的正整数中,至少存在一个整数能被其各位数码的和整除.

(意大利数学奥林匹克,2005 年)

证 在连续的 18 个整数中,一定有两个数是 9 的倍数,它们的各位数码之和一定能被 9 整除.

由于小于或等于 2 005 的正整数的各位数码之和最大是 28$(1+9+9+9=$

第 3 章 奇数、偶数和完全平方数
Chapter 3 Odd, Even and Perfect Square Number

28),所以,这两个数的各位数码之和只可能是 9,18 和 27.

若这两个数的各位数码之和有一个为 9,命题成立.

若这两个数中有一个的各位数码之和是 27,则只可能是 999,1 998,1 989 或 1 999.

若为 999 和 1 998 时,这两个数均能被 27 整除(999=27×37,1 998=27×74),符合题意,命题成立.

若为 1 989,则 1 980 或 1 998 中有一个与 1 989 在同一组连续 18 个正整数中,1 980 能被 18 整除,1 998 能被 27 整除,命题成立.

若这两个数的各位数码之和为 18,则这两个数中一定有一个是偶数,此数能被 18 整除,命题成立.

综合以上,命题成立.

54 求所有的正整数 x,y,使得 $(x+y)(xy+1)$ 是 2 的整数次幂.

(新西兰数学奥林匹克选拔考试,2005 年)

解 设 $x+y=2^a, xy+1=2^b$.

若 $xy+1 \geqslant x+y$,则 $b \geqslant a$.

于是
$$xy+1 \equiv 0 \pmod{2^a}$$

又因为
$$x+y \equiv 0 \pmod{2^a}$$

所以
$$-x^2+1 \equiv 0 \pmod{2^a}$$

即
$$2^a \mid (x+1)(x-1)$$

由于 $x+1$ 与 $x-1$ 只能均为偶数,且 $(x+1, x-1)=2$,所以,$x-1$ 和 $x+1$ 中一定有一个能被 2^{a-1} 整除.

由于 $1 \leqslant x \leqslant 2^a-1$,所以
$$x=1, 2^{a-1}-1, 2^{a-1}+1 \text{ 或 } 2^a-1$$

相应地
$$y=2^a-1, 2^{a-1}+1, 2^{a-1}-1 \text{ 或 } 1$$

若 $x+y>xy+1$,则 $xy-x-y+1<0, (x-1)(y-1)<0$,矛盾.

所以,所求的 x,y 应为
$$\begin{cases} x=1 \\ y=2^a-1 \end{cases} \begin{cases} x=2^b-1 \\ y=2^b+1 \end{cases} \begin{cases} x=2^c+1 \\ y=2^c-1 \end{cases} \begin{cases} x=2^d-1 \\ y=1 \end{cases}$$

其中 $a, b, c, d \in \mathbf{N}^*$.

最新世界各国数学奥林匹克中的初等数论试题(上)
The Lastest Elementary Number Theory in Mathematical Olympiads in The World

55 2005×2005 的正方形中的每个方格被染成黑、白两色之一,使得每个 2×2 的正方形中有奇数个黑格.

(1) 证明:角上的方格共有偶数个黑格;

(2) 求有多少种染色方法.

(瑞典数学奥林匹克,2005年)

解 (1) 易知,2×2 的小正方形共有 2004^2 个.

由于每个小正方形都有奇数个黑格,则 2004^2 个 2×2 的小正方形共有偶数个黑格(可重复).

注意到每个在边上的黑格被两个小正方形占用,每个在角上的黑格被一个小正方形占用而每个不在边角上的黑格被四个小正方形占用.

设这三种黑格分别有 x,y,z 个,则 2004^2 个 2×2 的小正方形共有 $2x+y+4z$ 个黑格.

因为 $2x+y+4z$ 是偶数,则 y 是偶数.

所以角上的方格共有偶数个黑格.

(2) 将第一行的染法固定.

如果第二行的第1个方格为黑色时,在第一个 2×2 的小正方形的已经染色的三个小方格中,若共有奇数个黑格,则第2个方格染白色,若共有偶数个黑格,则第2个方格染黑色,所以,第2个方格的染色方法确定.

同理,第 $3,4,\cdots,2005$ 个方格的染色方法也确定.

由于第1个方格的染色方法有2种,于是在第一行染色方法固定之后,第二行共有2种染色方法.同理第 $3,4,\cdots,2005$ 行也都有2种染色方法.

因此,在第一行染色方法固定之后,2005×2005 的正方形中有 2^{2004} 种染色方法.

因为第一行染色方法共有 2^{2005} 种,所以 2005×2005 的正方形中有 $2^{2004} \times 2^{2005} = 2^{4009}$ 种染色方法.

56 设不超过 50 的正整数 n 满足条件:仅有一对非负整数 (a,b),使得 $a^2-b^2=n$,试求这样的 n 的个数.

(日本数学奥林匹克,2005年)

解 $n=a^2-b^2=(a+b)(a-b)$.

因为 $a+b$ 与 $a-b$ 有相同的奇偶性,所以
$$n \not\equiv 2 \pmod 4$$

当 n 是奇质数时,有

第 3 章 奇数、偶数和完全平方数
Chapter 3 Odd, Even and Perfect Square Number

$$\begin{cases} a+b=n \\ a-b=1 \end{cases}$$

仅有一对 $(a,b)=\left(\dfrac{n+1}{2},\dfrac{n-1}{2}\right)$ 满足条件;

当 n 是奇合数时,设 $n=uv(u\geqslant v>1,u,v$ 为奇数),则至少有两组非负整数解 $(a,b)=\left(\dfrac{n+1}{2},\dfrac{n-1}{2}\right)$ 或 $\left(\dfrac{u+v}{2},\dfrac{u-v}{2}\right)$,因此不满足条件.

故奇数中满足条件的 n 为 $1,3,5,7,11,13,17,19,23,29,31,37,41,43,47$ 共 15 个.

当 n 是 4 的倍数时,若 $\dfrac{n}{4}$ 是合数,则至少有两组非负整数解,不符合条件.

而使 $\dfrac{n}{4}$ 为质数或 1 的 $n=4,8,12,20,28,44$ 满足条件,共 6 个.

因此,所求的 n 共 $15+6=21$ 个.

57 a,b,c 为正整数,且 $a^2+b^3=c^4$,求 c 的最小值.

(中国初中数学联合竞赛,2005 年)

解 显然 $c>1$,且 $b^3=c^4-a^2$,由
$$b^3=(c^2-a)(c^2+a)$$
若
$$\begin{cases} c^2-a=b \\ c^2+a=b^2 \end{cases}$$
则
$$c^2=\dfrac{b(b+1)}{2}$$

取 $b=1,2,3,\cdots$ 从小到大逐一检验,当 $b=8$ 时,$c^2=36$ 是平方数,于是 $c=6, a=c^2-b=28$.

此时 $c=6$.

下面证明 6 是最小值,否则 $c\leqslant 5$.

只须考查 c^4-b^3 是否为完全平方数.

当 $c=2$ 时,$c^4=16$,小于 c^4 的 $x^3=1,8$,而 $c^4-x^3=15,8$ 不是完全平方数;

当 $c=3$ 时,$c^4=81$,小于 c^4 的 $x^3=1,8,27,64$,而 $c^4-x^3=80,73,54,17$ 都不是完全平方数;

当 $c=4$ 时,$c^4=256$,小于 c^4 的 $x^3=1,8,27,64,125,216$,此时 c^4-x^3 都不是完全平方数.

当 $c=5$ 时,$c^5=625$,小于 c^4 的 $x^3=1,8,27,64,125,216,343,512$,此时

最新世界各国数学奥林匹克中的初等数论试题(上)
The Lastest Elementary Number Theory in Mathematical Olympiads in The World

$c^4 - x^3$ 也都不是完全平方数.

所以 c 的最小值为 6.

58 设 p 为整系数多项式,且满足 $p(5) = 2\,005$.
试问: $p(2\,005)$ 能否为完全平方数?

(克罗地亚数学奥林匹克州赛,2005 年)

解 设 $p(x) = a_n x^n + a_{n-1} x^{n-1} + \cdots + a_1 x + a_0$.
于是
$$p(5) = a_n 5^n + a_{n-1} 5^{n-1} + \cdots + a_1 \cdot 5 + a_0 \quad ①$$
$$p(2\,005) = a_n \cdot 2\,005^n + a_{n-1} \cdot 2\,005^{n-1} + \cdots + a_1 \cdot 2\,005 + a_0 \quad ②$$

② $-$ ① 得
$$p(2\,005) - p(5) = a_n(2\,005^n - 5^n) + a_{n-1}(2\,005^{n-1} - 5^{n-1}) + \cdots + a_1(2\,005 - 5) \quad ③$$

因为
$$2\,005^k - 5^k = 2\,000(2\,005^{k-1} + 2\,005^{k-2} \times 5 + \cdots + 2\,005 \times 5^{k-2} + 5^{k-1})$$

所以
$$2\,000 \mid (p(2\,005) - p(5))$$

即
$$p(2\,005) - p(5) = 2\,000 A \quad (A \in \mathbf{Z})$$

因此
$$p(2\,005) = 2\,000 A + 2\,005$$

于是 $p(2\,005)$ 的末两位是 05,而任何一个完全平方数的后两位都不是 05,所以 $p(2\,005)$ 不是完全平方数.

59 甲和乙在一个 $n \times n$ 的方格表中做填数游戏,每次允许在一个方格中填入数字 0 或者 1(每个方格中只能填入一个数字),由甲先填,然后轮流填数,直至表格中每个小方格内都填了数. 如果每一行中各数之和都是偶数,则规定为乙获胜,否则当做甲获胜,请问:

(1) 当 $n = 2\,006$ 时,谁有必胜的策略?

(2) 对于任意正整数 n,回答上述问题.

(青少年数学国际城市邀请赛队际赛,2006 年)

解 (1) 当 $n = 2\,006$ 时,后填数的乙有必胜策略.

用 1×2 的多米诺骨牌对表格进行分割,使得每一行都由 1 003 块多米诺组成,当甲对某块多米诺中的一个填数时,乙也在该多米诺中填数,并且使得这块多米诺中两个数之和为偶数. 依此策略,乙可以使得表格的每一行中各数之和

第 3 章 奇数、偶数和完全平方数
Chapter 3 Odd, Even and Perfect Square Number

都是偶数,故乙获胜.

(2) 当 n 为偶数时,同上述操作,可知乙有必胜策略.

当 n 为奇数时,甲有必胜策略:他可以先在第 1 行第 1 列的方格中写上 1,然后对第 1 行中其余方格作前面的多米诺分割,采取同样的操作方式,可使表格中第 1 行中各数之和为奇数.

60 在一张无限大的棋盘中的每个方格内螺旋状写数 $1,2,3,\cdots$(如图),一条右射线表示从一个正方形开始,向右得到的正方形序列,证明:

	...	...	...	...	...	
...	17	16	15	14	13	...
...	18	5	4	3	12	...
...	19	6	1	2	11	...
...	20	7	8	9	10	...
...	21	22	23	24	25	...
	...	...	...	...	...	

(1) 存在一条右射线,其上的正方形中不包含 3 的倍数;

(2) 有无穷多个两两不相交的右射线,其上的正方形中不包含 3 的倍数.

(意大利数学奥林匹克,2006 年)

证 (1) 考虑从 1 开始为右射线.

1 右边的第 j 个数为
$$(2j-1)^2 + j = 4j^2 - 3j + 1 = 3(j^2 - j) + j^2 + 1$$

若 $j \equiv 0 \pmod{3}$,则
$$(2j-1)^2 + j \equiv 1 \pmod{3}$$

若 $j \equiv 1,2 \pmod{3}$,则
$$j^2 \equiv 1 \pmod{3}$$

因而
$$(2j-1)^2 + j \equiv 2 \pmod{3}$$

所以,没有 3 的倍数.

(2) 考虑数 $6k+1$ 开始的右射线(k 为任意正整数).

$6k+1$ 右边的第 j 个数为
$$(6k+2j-1)^2 + j = (6k)^2 + 12k(2j-1) + 3(j^2-j) + j^2 + 1 \equiv 1,2 \pmod{3}$$

所以有无穷多条不相交的右射线,不包含 3 的倍数.

61 已知正整数列 $\{a_n\}$ 满足
$$a_0 = m, \quad a_{n+1} = a_n^5 + 487 \quad (n \geq 0)$$
试求 m 的值,使得 $\{a_n\}$ 中完全平方数的个数最多.

(北欧数学奥林匹克,2006 年)

解 若 a_n 是一个完全平方数,则
$$a_n \equiv 0 \text{ 或 } 1 \pmod 4$$
若 $a_k \equiv 0 \pmod 4$,则
$$a_{k+i} \equiv \begin{cases} 3 \pmod 4 & i \text{ 为奇数} \\ 2 \pmod 4 & i \text{ 为偶数} \end{cases}$$
从而当 $n > k$ 时,a_n 不是完全平方数.
若 $a_k \equiv 1 \pmod 4$,则
$$a_{k+1} \equiv 0 \pmod 4$$
于是当 $n > k+1$ 时,a_n 不是完全平方数.

这样,数列 $\{a_n\}$ 中至多有两个完全平方数,设为 a_k, a_{k+1},令 $a_k = s^2$(s 为奇数),则
$$a_{k+1} = s^{10} + 487 = t^2 \qquad \text{①}$$
设 $t = s^5 + r$,则
$$t^2 = (s^5 + r)^2 = s^{10} + 2s^5 r + r^2 \qquad \text{②}$$
比较①,②,有
$$2s^5 r + r^2 = 487 \qquad \text{③}$$
若 $s = 1$,则 $r(2+r) = 487$ 无整数解.
若 $s = 3$,则 $486r + r^2 = 487$,$r = 1$($r = -487$ 舍去).
若 $s > 3$,则 ③ 无整数解.
因此 $a_k = 9$,而当 $n > 0$ 时,$a_n > 487$,所以 $m = a_0 = 9$.
当 $a_0 = 9$ 时,$a_1 = 9^5 + 487 = 244^2$ 是一个完全平方数.
所以 $m = 9$.

62 求所有的质数 p,使得 $\dfrac{2^{p-1} - 1}{p}$ 为完全平方数.

(泰国数学奥林匹克,2006 年)

解 对每个质数 p,设 $f(p) = \dfrac{2^{p-1} - 1}{p}$.
下面证明:当 $p > 7$ 时,$f(p)$ 不是完全平方数.

第 3 章　奇数、偶数和完全平方数
Chapter 3　Odd, Even and Perfect Square Number

假设存在质数 $p > 7$ 满足
$$2^{p-1} = pm^2 \quad (m \in \mathbf{Z})$$
则 m 必为奇数.

分两种情况进行讨论.

(1) $p = 4k+1(k>1)$,则
$$2^{4k} - 1 = (4k+1)m^2 \equiv 1 \pmod 4$$
但 $2^{4k} - 1 = 16^k - 1 \equiv 3 \pmod 4$,矛盾.

(2) $p = 4k+3(k>1)$,则
$$2^{4k+2} - 1 = (2^{2k+1} - 1)(2^{2k+1} + 1) = pm^2$$
考虑到 $(2^{2k+1} - 1, 2^{2k+1} + 1) = 1$,则
$$\begin{cases} 2^{2k+1} - 1 = u^2 \\ 2^{2k+1} + 1 = pv^2 \end{cases} \quad 或 \quad \begin{cases} 2^{2k+1} - 1 = pu^2 \\ 2^{2k+1} + 1 = v^2 \end{cases}$$
由
$$2^{2k+1} + 1 = 4^k \cdot 2 + 1 \equiv 1 \pmod 4$$
$$pv^2 \equiv 3 \times 1 \equiv 3 \pmod 4$$
所以第一个方程组无解.

对第二个方程组,由 $2^{2k+1} = v^2 - 1 = (v-1)(v+1)$ 得
$$\begin{cases} v - 1 = 2^s \\ v + 1 = 2^t \end{cases} \quad (s < t)$$
则 $2^{t-s} = \dfrac{v+1}{v-1} = 1 + \dfrac{2}{v-1}$,则 $(v-1) \mid 2$.

故 $v = 2$ 或 $v = 3$.

当 $v = 2$ 时,$2^{2k+1} + 1 = 4$,矛盾.

当 $v = 3$ 时,$2^{2k+1} = 8$,$k = 1$,与 $k > 1$ 矛盾.

由以上,当 $p > 7$ 时,$f(p)$ 不是完全平方数.

再对 $p = 2, 3, 5, 7$ 的情况逐一验证:

$p = 2$ 时,$\dfrac{2^{p-1} - 1}{p} = \dfrac{2^{2-1} - 1}{2} = \dfrac{1}{2} \notin \mathbf{Z}$.

$p = 3$ 时,$\dfrac{2^{p-1} - 1}{p} = \dfrac{2^2 - 1}{3} = 1$ 是完全平方数.

$p = 5$ 时,$\dfrac{2^{p-1} - 1}{p} = \dfrac{2^4 - 1}{5} = 3$ 不是完全平方数.

$p = 7$ 时,$\dfrac{2^{p-1} - 1}{p} = \dfrac{2^6 - 1}{7} = 9 = 3^2$ 是完全平方数.

所以 $p = 3$ 和 $p = 7$.

63 已知多项式 $P(x)=x^k+c_{k-1}x^{k-1}+\cdots+c_1x+c_0$ 整除多项式 $(x+1)^n-1$，其中 k 为偶数，$c_0,c_1,\cdots,c_{k-1}$ 为奇数．证明：$(k+1)\mid n$.

（俄罗斯数学奥林匹克，2006 年）

证 已知条件等价于
$$(x+1)^n-1=P(x)Q(x) \quad ①$$

如果两个整系数多项式 $f(x)$ 和 $g(x)$ 的同次项系数的奇偶性相同，就称为这两个多项式相似，记作 $f(x)\equiv g(x)$.

由式 ① 有
$$(x+1)^n-1\equiv(x^k+x^{k-1}+\cdots+x+1)Q(x) \quad ②$$

在 ② 中，将 x 换成 $\dfrac{1}{x}$ 后乘以 x^n，得
$$(x+1)^n-x^n\equiv(x^k+x^{k-1}+\cdots+x+1)x^{n-k}Q\left(\dfrac{1}{x}\right) \quad ③$$

在式 ③ 中，$x^{n-k}Q\left(\dfrac{1}{x}\right)$ 是一个次数不超过 $n-k$ 的多项式.

② $-$ ③ 得
$$x^n-1\equiv(x^k+x^{k-1}+\cdots+x+1)R(x)$$

这里，$R(x)$ 是一个整系数多项式.

如果 $(k+1)\nmid n$，则
$$n=q(k+1)+r \quad (0<r<k+1)$$

于是有
$$x^{k+1}-1=(x^k+x^{k-1}+\cdots+x+1)(x-1)\mid x^n-x^r=x^r(x^{q(k+1)}-1)$$

故
$$x^r-1=(x^n-1)-(x^n-x^r)\equiv(x^k+\cdots+x+1)R_1(x)$$

$R_1(x)$ 是一个整系数多项式，与 $r<k+1$ 矛盾，所以，$(k+1)\mid n$.

64 黑板上写着乘积 $a_1a_2\cdots a_{100}$，其中 $a_1,a_2,\cdots,a_{100}$ 为正整数，如果将其中的一个乘号改为加号（保持其余乘号），发现在所得的 99 个和数中有 32 个是偶数，试问：在 $a_1,a_2,\cdots,a_{100}$ 中至多有多少个偶数？

（俄罗斯数学奥林匹克，2006 年）

解 在 $a_1,a_2,\cdots,a_{100}$ 中至多有 33 个偶数，证明如下：

设在 $a_1,a_2,\cdots,a_{100}$ 中，最左面的一个偶数是 a_i，最右面的一个偶数是 a_k.

考虑两个乘积：$X_j=a_1a_2\cdots a_j$，$Y_j=a_{j+1}a_{j+2}\cdots a_{100}$.

易知，当 $j=1,2,\cdots,i-1$ 时，由于 $a_1,a_2,\cdots,a_{i-1}$ 都是奇数，则 X_j 为奇数，由于 a_i 是偶数，则 Y_j 为偶数.

这时，和数 X_j+Y_j 为奇数.

第 3 章 奇数、偶数和完全平方数
Chapter 3 Odd, Even and Perfect Square Number

当 $j=k, k+1, \cdots, 100$ 时,由于 a_k 是偶数,而 $a_{k+1}, \cdots, a_{100}$ 是奇数,则 X_j 为偶数,Y_j 为奇数.

这时,和数 $X_j + Y_j$ 也为奇数.

因此只有当 $j=i, i+1, \cdots, k-1$ 时,X_j, Y_j 都是偶数,这时,和数 X_j+Y_j 为偶数.

由题意 $k-i=32$.

而位于 a_i 与 a_j 之间的数既可为奇数,又可为偶数;只有当它们都是偶数时,在 $a_1, a_2, \cdots, a_{100}$ 中偶数最多,所以最多有 33 个偶数.

65 在 x 轴同侧的两个圆:动圆 C_1 和圆 $4a^2x^2 + 4a^2y^2 - 4abx - 2ay + b^2 = 0$ 外切($a, b \in \mathbf{N}, a \neq 0$),且动圆 C_1 与 x 轴相切,求

(1) 动圆 C_1 的圆心轨迹方程 L;

(2) 若直线 $4(\sqrt{7}-1)abx - 4ay + b^2 + a^2 - 6\,958a = 0$ 与曲线 L 有且仅有一个公共点,求 a, b 之值.

(中国高中数学联合竞赛浙江省预赛,2006 年)

解 (1) 由 $4a^2x^2 + 4a^2y^2 - 4abx - 2ay + b^2 = 0$ 可得

$$\left(x - \frac{b}{2a}\right)^2 + \left(y - \frac{1}{4a}\right)^2 = \left(\frac{1}{4a}\right)^2$$

由 $a, b \in \mathbf{N}$,以及两圆在 x 轴同侧,可知动圆圆心在 x 轴上方,设动圆圆心坐标为 (x, y),则有

$$\sqrt{\left(x - \frac{b}{2a}\right)^2 + \left(y - \frac{1}{4a}\right)^2} = y + \frac{1}{4a}$$

整理得到动圆圆心轨迹方程

$$y = ax^2 - bx + \frac{b^2}{4a} \quad \left(x \neq \frac{b}{2a}\right)$$

(2) 联立方程组

$$y = ax^2 - bx + \frac{b^2}{4a} \quad \left(x \neq \frac{b}{2a}\right) \quad \text{①}$$

$$4(\sqrt{7}-1)abx - 4ay + b^2 + a^2 - 6\,958a = 0 \quad \text{②}$$

消去 y 得

$$4a^2x^2 - 4\sqrt{7}abx - (a^2 - 6\,958a) = 0$$

由 $\Delta = 16 \times 7a^2b^2 + 16a^2(a^2 - 6\,958a) = 0$,整理得

$$7b^2 + a^2 = 6\,958a \quad \text{③}$$

从 ③ 可知 $7 \mid a^2 \Rightarrow 7 \mid a$. 故令 $a = 7a_1$,代入 ③ 可得

$$b^2 + 7a_1^2 = 6\,958a_1$$

于是 $7 \mid b^2 \Rightarrow 7 \mid b$. 再令 $b=7b_1$,代入上式得
$$7b_1^2 + a_1^2 = 994a_1$$

同理可得,$7 \mid a_1, 7 \mid b_1$. 可令 $a=49n, b=49m$,代入 ③ 可得
$$7m^2 + n^2 = 142n \qquad ④$$

对 ④ 进行配方,得
$$(n-71)^2 + 7m^2 = 71^2$$

对此式进行奇偶分析,由 ④,若 m 为奇数,则 n 也为奇数,此时
$$7m^2 + n^2 \equiv 0 \pmod 4$$
而
$$142n \equiv 2 \pmod 4$$

式 ④ 不可能成立,所以 m 为偶数,此时 n 也为偶数. 设 $n=2t$,则
$$7m^2 = 142n - n^2 = 4t(71-t)$$

由于 t 与 $71-t$ 一定是有一个是偶数,则 $8 \mid 7m^2$,所以 $4 \mid m$.
式 ④ 化为
$$(n-71)^2 = 71^2 - 7m^2$$

令 $m=4r$,则 $7m^2 = 112r^2 \leqslant 71^2$,于是 $r^2 \leqslant 45$. 所以
$$|r|=0,1,2,3,4,5,6$$

仅当 $|r|=0,4$ 时,71^2-112r^2 为完全平方数. 于是解得
$$a=6\,958, \quad b=0(\text{不合,舍去})$$
$$a=6\,272, b=784, \quad a=686, b=784$$

66 求所有的整数 n,使得 $n^2+59n+881$ 为完全平方数.

(泰国数学奥林匹克,2006 年)

解 设 $n^2+59n+881=m^2 (m \in \mathbf{Z})$,则
$$4m^2 = (2n+59)^2 + 43$$
即
$$(2m+2n+59)(2m-2n-59) = 43$$

因为 43 是质数,所以
$$\begin{cases} 2m+2n+59 = 43, -43, 1, -1 \\ 2m-2n-59 = 1, -1, 43, -43 \end{cases}$$

解得整数 $n=-40$ 或 -19.

67 对于怎样的正整数 n,可以找到两个非整数的正有理数 a,b,使得 $a+b$ 与 a^n+b^n 都是整数?

(俄罗斯数学奥林匹克,2006 年)

第3章 奇数、偶数和完全平方数
Chapter 3 Odd, Even and Perfect Square Number

解 n 可以为所有正奇数.

设 n 为正奇数,只要令 $a=\dfrac{1}{2}, b=\dfrac{2^n-1}{2}$,则 $a+b=2^{n-1}$ 为整数.

$$a^n+b^n=(a+b)(a^{n-1}-a^{n-2}b+\cdots+b^{n-1})=$$
$$2^{n-1}(a^{n-1}-a^{n-2}b+\cdots+b^{n-1})$$

由于括号内的每一项的分母都是 2^{n-1},所以 a^n+b^n 是整数.

若 n 为正偶数,设 $n=2k(k\in \mathbf{N}^*)$.

如果能够找到符合要求的正有理数 a,b,则由 $a+b$ 是整数,在 a 和 b 的既约分数表达式中,分母相同,即

$$a=\dfrac{p}{d}, \quad b=\dfrac{q}{d}, \quad a+b=\dfrac{p+q}{d}$$

则

$$d\mid(p+q)$$

同时由

$$p^n+q^n=(p^{2k}-q^{2k})+2q^{2k}=$$
$$(p^2-q^2)(p^{2k-2}+p^{2k-4}q^2+\cdots+q^{2k-2})+2q^{2k}=$$
$$(p+q)M+2q^{2k}$$

其中 $M=(p-q)(p^{2k-2}+p^{2k-4}q^2+\cdots+q^{2k-2})$ 是整数.

由 $a^n+b^n=\dfrac{p^n+q^n}{d^n}$ 是整数,则 $d^n\mid(p^n+q^n)$.

因而 $d\mid(p^n+q^n)$.

因为 $d\mid(p+q)$,则 $d\mid 2q^{2k}=2q^n$.

因为 $d\nmid q$,则 $d\mid 2$,即 $d=2$.

于是 p^n 和 q^n 都是奇数的平方,它们被 4 除的余数为 1. 即

$$p^n\equiv 1\ (\bmod\ 4)$$
$$q^n\equiv 1\ (\bmod\ 4)$$

则

$$p^n+q^n\equiv 2\ (\bmod\ 4)$$

即

$$4\nmid(p^n+q^n)$$

但 $d^n=2^n=2^{2k}$,又应有 $d^n\mid(p^n+q^n)$,则 p^n+q^n 又是 4 的倍数,矛盾.

所以对所有正奇数 n 能满足题目要求.

68 设 $S=\{n\mid n-1,n,n+1$ 都可以表示为两个正整数的平方和$\}$.

证明:若 $n\in S$,则 $n^2\in S$.

(中国西部数学奥林匹克,2006年)

证 若 x,y 为整数,则
$$x^2+y^2 \equiv 0,1,2 \pmod{4}$$

若 $n \in S$,则 $n \equiv 1 \pmod{4}$

于是可设
$$n-1 = a^2+b^2 \quad (a \geqslant b)$$
$$n = c^2+d^2 \quad (c > d)$$
$$n+1 = e^2+f^2 \quad (e \geqslant f)$$

其中 $a,b,c,d,e,f \in \mathbf{N}^*$,则
$$n^2+1 = n^2+1^2$$
$$n^2 = (c^2+d^2)^2 = (c^2-d^2)^2 + (2cd)^2$$
$$n^2-1 = (n+1)(n-1) = (a^2+b^2)(e^2+f^2) = (ae-bf)^2 + (af+be)^2$$

假设 $b=a$,且 $f=e$,则
$$n-1 = 2a^2, \quad n+1 = 2e^2$$

两式相减得
$$e^2-a^2 = 1$$

则
$$e-a \geqslant 1$$

而
$$1 = e^2-a^2 = (e+a)(e-a) > 1$$

这是矛盾的.

所以 $b=a, f=e$ 不可能同时成立,即 $ae-bf > 0$.

从而 n^2-1 也可表为两个正整数的平方和,于是 $n^2 \in S$.

69 设 n 是整数,若 $2+2\sqrt{1+12n^2}$ 是整数,求证:该数是完全平方数.

(英国数学奥林匹克,2006 年)

证 由 $2+2\sqrt{1+12n^2} \in \mathbf{Z}$ 得
$$1+12n^2 \text{ 是完全平方数}$$

设 $1+12n^2 = m^2 (m \in \mathbf{N}^*)$,则
$$(m+1)(m-1) = 12n^2$$

又 $m+1$ 与 $m-1$ 的奇偶性相同,故 $m+1$ 和 $m-1$ 都是偶数,则
$$\frac{m+1}{2} \cdot \frac{m-1}{2} = 3n^2$$

记 $\frac{m+1}{2} = t$,则 $\frac{m-1}{2} = t-1$,于是

第 3 章 奇数、偶数和完全平方数
Chapter 3 Odd, Even and Perfect Square Number

$$t(t-1) = 3n^2 \qquad ①$$

下面证明 t 是完全平方数.

由式 ① 可知,$3 \mid t$ 或 $3 \mid (t-1)$,由于 $(t, t-1) = 1$.

若 $3 \mid t$,则 $\left(\dfrac{t}{3}, t-1\right) = 1$,且

$$\frac{t}{3}(t-1) = n^2$$

这样,$\dfrac{t}{3}$ 与 $t-1$ 都是完全平方数.

设 $\dfrac{t}{3} = k^2$,则 $t = 3k^2$,即

$$t - 1 = 3k^2 - 1 \equiv -1 \pmod{3}$$

则 $t-1$ 不是完全平方数,矛盾.

因此 $3 \mid (t-1)$,由 $\left(t, \dfrac{t-1}{3}\right) = 1$ 得

$$t \cdot \frac{t-1}{3} = n^2$$

故 t 与 $\dfrac{t-1}{3}$ 都是完全平方数.

设 $t = u^2$,则由 ①

$$u^2(u^2 - 1) = 3n^2$$
$$1 + 12n^2 = 4u^2(u^2 - 1) + 1 = (2u^2 - 1)^2$$
$$2 + 2\sqrt{1 + 12n^2} = 2 + 2(2u^2 - 1) = 4u^2 \text{ 为完全平方数.}$$

70 已知正整数 n 满足 $5n+1$ 是完全平方数,求证 $n+1$ 为五个完全平方数之和.

(泰国数学奥林匹克,2007 年)

证 令 $5n + 1 = m^2 \equiv 1 \pmod{5}$.

则存在某个整数 k,有 $m = 5k \pm 1$,则

$$n + 1 = \frac{(5k \pm 1)^2 + 4}{5} = 5k^2 \pm 2k + 1 =$$
$$4k^2 + (k \pm 1)^2 =$$
$$k^2 + k^2 + k^2 + k^2 + (k \pm 1)^2$$

所以,$n+1$ 为五个完全平方数之和.

71 求使 $n^2 + 2\,007n$ 为完全平方数的正整数 n 的最大值.

(克罗地亚国家集训队考试,2007 年)

解 设 $n^2+2007n=m^2(m\in \mathbf{N}^*)$.

显然 $m>n$,则存在 $k\in \mathbf{N}^*$,使 $m=n+k$,因此
$$n^2+2007=(n+k)^2$$

即
$$n=\frac{k^2}{2007-2k}$$

故 $2007-2k\geqslant 0, k\leqslant 1003$,且 $(2007-2k)\mid k^2$.

为使 n 最大,需取 k 的最大值,由 $k\leqslant 1003$,则 $k=1003$ 时,$n=1003^2=1006009$ 最大.

72 求所有的正整数 n,使得 $n+36$ 是一个完全平方数,且除了 2 或 3 之外,n 没有其他的质因数.

(中国高中数学联赛湖北省预赛,2007 年)

解 设 $n+36=(x+6)^2(x\in \mathbf{N}^*)$,则
$$n=x(x+12)$$

依题意,可设
$$\begin{cases} x=2^{a_1}\cdot 3^{b_1} \\ x+12=2^{a_2}\cdot 3^{b_2} \end{cases}$$

其中 $a_1,b_1,a_2,b_2\in \mathbf{N}$,于是
$$2^{a_2}\cdot 3^{b_2}-2^{a_1}\cdot 3^{b_1}=12$$

如果 $a_1=a_2=0$,则 $3^{b_2}-3^{b_1}=12$,此时无解.

所以,a_1 和 a_2 至少有一个大于 0.

于是,x 和 $x+12$ 均为偶数,从而 a_1,a_2 均为正整数.

若 $a_2=1$,则 $2\times 3^{b_2}=12+2^{a_1}\times 3^{b_1}$.

此时,只能有 $a_1=1, 3^{b_2}=6+3^{b_1}$,于是只能有 $b_2=2, b_1=1$.

这时 $x=6, n=108$. 若 $a_2\geqslant 2$,则 $x+12$ 是 4 的倍数,从而 x 也是 4 的倍数,故有 $a_1\geqslant 2$,此时
$$2^{a_2-2}\times 3^{b_2}-2^{a_1-2}\times 3^{b_1}=3 \qquad ①$$

显然 a_1-2 和 a_2-2 中至少有一个为 0.

(1) 若 $a_2-2=0$,即 $a_2=2$.
$$3^{b_2}-2^{a_1-2}\times 3^{b_1}=3 \qquad ②$$

此时,$a_1-2>0$,否则式 ② 左右两边的奇偶性不同,所以 $b_2>b_1$.

若 $b_1\geqslant 2$,则式 ② 左边是 9 的倍数,而右边不是 9 的倍数,所以不可能,于是 $b_1=1$,从而式 ① 化为
$$3^{b_2-1}-2^{a_1-2}=1$$

第 3 章　奇数、偶数和完全平方数
Chapter 3　Odd,Even and Perfect Square Number

它的解为
$$\begin{cases} a_1 - 2 = 1 \\ b_2 - 1 = 1 \end{cases} \text{和} \begin{cases} a_1 - 2 = 3 \\ b_2 - 1 = 2 \end{cases}$$

即
$$\begin{cases} a_1 = 3 \\ b_2 = 2 \end{cases} \text{和} \begin{cases} a_1 = 5 \\ b_2 = 3 \end{cases}$$

此时，对应的 x 值分别为 24 和 96，相应的 n 值为 864 和 10 368.

(2) 当 $a_1 - 2 = 0$，即 $a_1 = 2$ 时
$$2^{a_2 - 2} \times 3^{b_2} - 3^{b_1} = 3 \quad \text{③}$$

此时 $a_2 - 2 > 0$，否则式 ③ 的左边为偶数，右边为奇数，因此 $b_2 \geqslant b_1$.

若 $b_2 \geqslant 2$，则式 ③ 左边是 9 的倍数，右边不是 9 的倍数，所以不可以，于是 $b_2 \leqslant 1$.

若 $b_2 = 0$，则
$$2^{a_2 - 2} - 3^{b_1} = 3$$

只能有 $b_1 = 0$，此时 $a_2 - 2 = 2, a_2 = 4, x = 4, n = 64$.

若 $b_2 = 1$，则
$$2^{a_2 - 2} - 3^{b_1 - 1} = 1$$

它的解为
$$\begin{cases} a_2 - 2 = 1 \\ b_1 - 1 = 0 \end{cases} \text{和} \begin{cases} a_2 - 2 = 2 \\ b_1 - 1 = 1 \end{cases}$$

即
$$\begin{cases} a_2 = 3 \\ b_1 = 1 \end{cases} \text{和} \begin{cases} a_2 = 4 \\ b_1 = 2 \end{cases}$$

相应的 $x = 12$ 和 36，$n = 288$ 和 1 728.

因此，符合条件的 $n = 64, 108, 288, 864, 1\,728, 10\,368$.

73　求所有的正整数 n，使得 $2\,007 + 4^n$ 为平方数.

(希腊数学奥林匹克，2007 年)

解 1　设 $2\,007 + 4^n = k^2$，则
$$k^2 - 4^n = 2\,007$$
$$(k^2 - 2^n)(k^2 + 2^n) = 2\,007 = 1 \times 3 \times 3 \times 223$$

又 $k - 2^n < k + 2^n$，则有
$$\begin{cases} k - 2^n = 1 \\ k + 2^n = 2\,007 \end{cases} \quad \text{①}$$

$$\begin{cases} k-2^n = 3 \\ k+2^n = 669 \end{cases} \quad ②$$

$$\begin{cases} k-2^n = 9 \\ k+2^n = 223 \end{cases} \quad ③$$

由方程组 ① 得 $2^n = 1\,003$,矛盾;

由方程组 ② 得 $2^n = 333$,矛盾;

由方程组 ③ 得 $2^n = 107$,矛盾.

因此,不存在正整数 n,使得 $2\,007 + 4^n$ 为平方数.

解 2 设 $2\,007 + 4^n = k^2$,由

$$k^2 \equiv 0, 1 \pmod{4}$$

$$2\,007 + 4^n \equiv 3 \pmod{4}$$

则 $2\,007 + 4^n = k^2$ 不成立,因此不存在正整数 n,使得 $2\,007 + 4^n$ 为平方数.

74 已知在 $2\,007 \times 2\,007$ 的方格表中的每个方格内写一个奇数,设第 i 行的所有数的和为 Z_i,第 j 列的所有数的和为 S_j ($1 \leqslant i, j \leqslant 2\,007$),设

$$A = \prod_{i=1}^{2\,007} Z_i, \quad B = \prod_{j=1}^{2\,007} S_j$$

证明:$A + B \neq 0$.

(奥地利数学奥林匹克决赛,2007 年)

证 一个奇数被 4 除的余数是 1 或 -1.

下面在模 4 意义下进行讨论.

若每个方格内的数都是 1,则

$$Z_i \equiv S_j \equiv -1, A \equiv B \equiv -1, A + B \equiv -2 \pmod{4}$$

若每个方格内的数都是 -1,则

$$Z_i \equiv S_j \equiv 1, A \equiv B \equiv 1, A + B \equiv 2 \pmod{4}$$

若存在一种情形,使 $A \equiv B \equiv 1 \pmod{4}$.

可以将第 m 行第 n 列的方格内的数由 -1 改为 1,则 Z_m 和 S_n 的值或从 1 变为 -1,或从 -1 变为 1,而其他的 S_j, Z_i 都没有改变.因此,A, B 同时变为 -1,即

$$A + B \equiv -2 \equiv 2 \pmod{4}$$

类似地,对于 $A \equiv B \equiv -1$,也可作如上的改变,则 A, B 同时变为 1,使 $A + B \equiv 2 \pmod{4}$.

因为每种情形都可以经过上述变化得到,所以

$$A + B \equiv 2 \pmod{4}$$

即

第 3 章 奇数、偶数和完全平方数
Chapter 3 Odd, Even and Perfect Square Number

$$A + B \neq 0$$

75 设 n 是正整数,$a = [\sqrt{n}]$(其中,$[x]$ 表示不超过 x 的最大整数),求同时满足下列条件的 n 的最大值.

(1)n 不是完全平方数;

(2)$a^3 \mid n^2$.

(中国北方数学奥林匹克,2007 年)

解 由(1)得 $a < \sqrt{n} < a+1$,则
$$a^2 < n < (a+1)^2 = a^2 + 2a + 1$$
于是
$$a^2 \leqslant n \leqslant a^2 + 2a$$
令 $n = a^2 + t, t \in \{1, 2, \cdots, 2a\}$.

由(2)有
$$a^3 \mid (a^2 + t)^2 = a^4 + 2a^2 t + t^2$$
所以由 $a^2 \mid a^4, a^2 \mid 2a^2 t$,知 $a^2 \mid t^2$,因而 $a \mid t$.

再由 $a^3 \mid (a^4 + 2a^2 t + t^2)$,则 $a^3 \mid t^2$.

记 $t^2 = ka^3$,则 $t = a\sqrt{ka}$.

由 $t, a, k \in \mathbf{N}^*$ 有 $\sqrt{ka} \in \mathbf{N}^*$.

由 $t \in \{1, 2, \cdots, 2a\}$ 知 $t = a\sqrt{ka} \leqslant 2a$,即 $\sqrt{ka} \leqslant 2$.

所以 $\sqrt{ka} = 1$ 或 $2, ka \leqslant 4, a \leqslant 4$.

由于 $n = a^2 + t$,且 $a \leqslant 4, t < 2a$,可知 $a = 4, t = 2a = 8, n = a^2 + t = 24$,此时 n 最大.

当 $n = 24$ 时,n 不是完全平方数,满足条件(1);

且 $a^3 = 64 \mid n^2 = 24$,满足条件(2).

所以 n 的最大值为 24.

76 求所有的正奇数 n,使得存在正奇数 $x_1, x_2, \cdots, x_n$ 满足
$$x_1^2 + x_2^2 + \cdots + x_n^2 = n^4$$

(土耳其国家队选拔考试,2007 年)

解 因为 n 为正奇数,则
$$n^4 \equiv 1 \pmod{8}$$
又因为 $x_i(1 \leqslant i \leqslant n)$ 为正奇数,则
$$x_i^2 \equiv 1 \pmod{8}$$
因此

$$n \equiv x_1^2 + x_2^2 + \cdots + x_n^2 \equiv n^4 \equiv 1 \pmod{8}$$

另一方面,若 $n \equiv 1 \pmod{8}$,则可找到满足条件的 $x_1, x_2, \cdots, x_n$.

若 $n=1$,令 $x_1=1$,则 $n^4=1=x_1^2$.

若 $n=8k+1(k \in \mathbf{N}^*)$,则

$n^4 = (8k+1)^4 = (8k-1)^4 + (8k+1)^4 - (8k-1)^4 =$
$(8k-1)^4 + [(8k+1)^2 + (8k-1)^2][(8k+1)^2 - (8k-1)^2] =$
$(8k-1)^4 + 32k(128k^2+2) =$
$(8k-1)^4 + 4k(32k-1)^2 + (16k-1)^2 + (92k-1) =$
$(8k-1)^4 + 4k(32k-1)^2 + (16k-1)^2 + 92(k-1) + 91 =$
$(8k-1)^4 + 4k(32k-1)^2 + (16k-1)^2 + (9^2+3^2+1^2+1^2)(k-1) +$
$(9^2+3^2+1^2)$

因此,n^4 可以表示为 $1+4k+1+4(k-1)+3=8k+1=n$ 个奇数平方之和.

即所求的 $n=8k+1(k \in \mathbf{N})$.

77 现有两张 3×3 方格表 1, 2,将数 $1,2,3,4,5,6,7,8,9$ 按某种顺序填入表 1(每格填写一个数),然后按照如下规则填写表 2:使表 2 中第 i 行、第 j 列交叉处的方格内所填的数等于表 1 中第 i 行的各数和与第 j 列的各数和之差的绝对值(如表中的 b_{12},满足 $b_{12} = |(a_{11}+a_{12}+a_{13}) - (a_{12}+a_{22}+a_{32})|$).

表 1

a_{11}	a_{12}	a_{13}
a_{21}	a_{22}	a_{23}
a_{31}	a_{32}	a_{33}

表 2

b_{11}	b_{12}	b_{13}
b_{21}	b_{22}	b_{23}
b_{31}	b_{32}	b_{33}

问:能否在表 1 中适当填入数 $1,2,\cdots,9$,使得在表 2 中也出现 $1,2,\cdots,9$ 这九个数?

(数学国际城市邀请赛,2007 年)

解 不能.

将表 2 中的各数去掉绝对值符号,所得到表格如右,则

$c_{11} = (a_{11}+a_{12}+a_{13}) - (a_{12}+a_{21}+a_{31})$
$c_{12} = (a_{11}+a_{12}+a_{13}) - (a_{12}+a_{22}+a_{32})$
$\vdots$
$c_{33} = (a_{31}+a_{32}+a_{33}) - (a_{13}+a_{23}+a_{33})$

c_{11}	c_{12}	c_{13}
c_{21}	c_{22}	c_{23}
c_{31}	c_{32}	c_{33}

各式相加得 $c_{11}+c_{12}+\cdots+c_{33}=0$.

第 3 章 奇数、偶数和完全平方数
Chapter 3 Odd, Even and Perfect Square Number

这表明 $c_{11}, c_{12}, \cdots, c_{33}$ 中应该有偶数个奇数.

因为 $b_{ij} = |c_{ij}|$,则 b_{ij} 与 c_{ij} 同奇偶,所以表 2 中也有偶数个奇数,而 $1, 2, \cdots, 9$ 只有 5 个奇数,因此不可能作这样的安排.

78 设 a, b 为有理数,且
$$S = a + b = a^2 + b^2$$
证明:S 可以写成一个分式,且分母与 6 互质.

(波罗的海地区数学奥林匹克,2007 年)

证 设 $a = \dfrac{m}{k}, b = \dfrac{n}{k}$($k$ 是 a, b 分母的最小公倍数).

设 $k > 0, (k, m, n) = 1$,于是
$$S = \frac{m+n}{k} = \frac{m^2 + n^2}{k^2}$$

即
$$(m+n)k = m^2 + n^2 \qquad ①$$

若存在质数 $p, p \mid m, p \mid k$,则 $p \mid n$. 与 $(k, m, n) = 1$ 矛盾.

同理,若存在质数 $q, q \mid n, q \mid k$,则 $q \mid m$,与 $(k, m, n) = 1$ 矛盾.

因此 $(k, m) = (k, n) = 1$.

只要证明 $(k, 6) = 1$,即证明 $3 \nmid k, 2 \nmid k$.

若 $3 \mid k$,则 $3 \nmid m, 3 \nmid n$,于是
$$m^2 \equiv n^2 \equiv 1 \pmod{3}$$

由式 ①,左边 $\equiv 0 \pmod{3}$,右边 $\equiv 2 \pmod{3}$,矛盾.

故 $3 \nmid k$.

若 $2 \mid k$,则 $2 \nmid m, 2 \nmid n$,于是 $2 \mid (m+n)$
$$m^2 \equiv n^2 \equiv 1 \pmod{4}$$

由式 ①,左边 $\equiv 0 \pmod{4}$,右边 $\equiv 2 \pmod{4}$,矛盾.

所以 $2 \nmid k$.

于是 $6 \nmid k, (k, 6) = 1$.

79 求不能写成形如
$$x^3 - x^2 y + y^2 + x - y \quad (x, y \in \mathbf{N}^*)$$
的最小的正整数.

(保加利亚国家春季数学奥林匹克,2007 年)

解 设 $F(x, y) = x^3 - x^2 y + y^2 + x - y$. 则
$$F(1, 1) = 1, \quad F(1, 2) = 2$$

下面证明方程 $F(x,y)=3$ 无正整数解.

方程 $F(x,y)=3$ 为
$$x^3-x^2y+y^2+x-y-3=0$$
$$y^2-(1+x^2)y+x^3+x-3=0$$

则
$$\Delta=(1+x^2)^2-4(x^3+x-3)=x^4-4x^3+2x^2-4x+13$$

当 $x\geqslant 3$ 时
$$\Delta<(x^2-2x-1)^2$$

当 $x\geqslant 6$ 时
$$\Delta>(x^2-2x-2)^2$$

于是当 $x\geqslant 6$ 时
$$(x^2-2x-2)^2<\Delta<(x^2-2x-1)^2$$

不是完全平方数.

对 $x=1,2,3,4,5$,代入 Δ 计算,Δ 均不是完全平方数.

所以方程 $F(x,y)=3$ 无正整数解.

即不能写成 $F(x,y)$ 的最小正整数是 3.

80 在一个 $m\times n(m,n$ 均为偶数) 的表格中有若干个(至少 1 个)格子被染成黑色.证明:一定存在一个由一行一列形成的"十字架",该"十字架"内的黑格数为奇数.

(中国国家集训队培训试题,2007 年)

证 用反证法,假设每个"十字架"恰好有偶数个黑格.

设第 i 行的黑格数为 a_i 个,第 j 列的黑格数为 b_j 个.

又设第 i 行与第 j 列构成"十字架"的黑格数为 $A(i,j)$ 个,记
$$S=\sum_{j=1}^{m}b_j$$

考虑第 i 行与第 1 列,第 2 列 …… 第 n 列构成的 n 个"十字架",则
$$\sum_{j=1}^{m}A(i,j)=(m-1)a_i+\sum_{j=1}^{m}b_j=(m-1)a_i+S$$

由于每个"十字架"恰有偶数个黑格,故 $2\mid[(m-1)a_i+S]$.

又 m 为偶数,故 $2\mid(a_i+S),i=1,2,\cdots,m$.

同理 $2\mid(b_j+s),j=1,2,\cdots,m$.

这样,就有所有的 a_i,b_j 同奇偶.

由于表格中至少有一个格子被染成黑色,不妨设第 i 行或第 j 列中有黑格,则第 i 行与第 j 列构成"十字架"中的黑格数为 a_i+b_j-1 个,而 a_i+b_j-1 为

第 3 章 奇数、偶数和完全平方数
Chapter 3 Odd, Even and Perfect Square Number

奇数,矛盾.

所以假设每个"十字架"中恰好有偶数个黑格的假设不成立. 即一定存在一个由一行一列形成的"十字架",该"十字架"的黑格数为奇数.

81 在游戏开始前,桌上有 m 个红筹码和 n 个绿筹码,A,B 两选手按照下面的规则轮流取筹码. A 先开始,若轮到谁,谁就选择一种颜色,并从桌上取走该色的筹码的个数 k 是另一种实际个数的约数. 如果某人能从桌上取走最后一个筹码,就判定他赢. 问: A,B 两选手谁有获胜策略?

(德国数学奥林匹克,2007 年)

解 若 $\dfrac{m}{(m,n)}$ 和 $\dfrac{n}{(m,n)}$ 均为奇数,则 B 有获胜策略,否则 A 有获胜策略.

令 $m_i = 2^{s_i} t_i, n_i = 2^{v_i} w_i$ 是第 i 步之前红筹码与绿筹码的个数,其中 t_i, w_i 为奇数.

(1) 当 $m_i n_i = 0$ 时,由于 0 可以被任何正整数整除,故选手可以直接获胜,于是假设 $m_i n_i \neq 0$.

(2) $s_i = v_i$.

设另一个选手拿走 $k = 2^a b$ (b 为奇数) 个筹码,$a \leqslant s_i \leqslant v_i$.

若 $a = v_i$,则 $n_{i+1} = 2^a (w_i - b)$,括号中的数 $w_i - b$ 为偶数,故
$$v_{i+1} > v_i \quad \text{且} \quad v_{i+1} \neq s_{i+1} = s_i$$

若 $a < v_i$,则 $n_{i+1} = 2^a (w_i \cdot 2^{v_i - a} - b)$,其中 $w_i \cdot 2^{v_i - a} - b$ 为奇数,故
$$v_{i+1} < v_i \quad \text{且} \quad v_{i+1} \neq s_{i+1}$$

(3) $s_i \neq v_i$.

令 $s_i < v_i$. 由下一位选手拿走 2^{s_i} 个绿筹码得 $n_{i+1} = 2^{s_i}(2^{v_i - s_i} w_i - 1)$,因此
$$v_{i+1} = s_i = s_{i+1} \quad \text{且} \quad m_{i+1} n_{i+1} \neq 0$$

故易知,接下来的选手不会获胜.

如果 A 在(3)的条件下开始的,他将所有颜色的筹码按(2)的情况留给 B,按着 B 又把情况(3)留给 A,由于每次操作,筹码数会减少,最终 B 拿走一种颜色的最后一个筹码,故 A 获胜. 相反,若 A 面临(2)的情况,选手的角色会发生转变,则 B 获胜.

82 设 $\triangle ABC$ 的内切圆半径为 1,三边长 $BC = a, CA = b, AB = c$,若 a, b, c 都是整数,求证: $\triangle ABC$ 为直角三角形.

(中国北方数学奥林匹克,2007 年)

证 记 $\triangle ABC$ 的内切圆在边 BC, CA, AB 上的切点为 D, E, F,内心为 I. 记 $AE = AF = x, BF = BD = y, CD = CE = z$,则

$$x=\frac{b+c-a}{2}, \quad y=\frac{c+a-b}{2}, \quad z=\frac{a+b-c}{2}$$

因为 a,b,c 都是整数,则 $b+c-a, c+a-b, a+b-c$ 具有相同的奇偶性.

于是 x,y,z 或者都是整数,或者是奇数的一半.

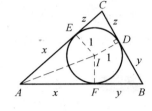

图 1

下面证明 x,y,z 均为奇数的一半是不可能.

因为 $r=1$,所以

$$\cot\frac{A}{2}=\frac{x}{1}=x, \quad \cot\frac{B}{2}=y, \quad \cot\frac{C}{2}=z$$

又

$$\cot\frac{C}{2}=\tan\left(\frac{A}{2}+\frac{B}{2}\right)=\frac{\frac{1}{x}+\frac{1}{y}}{1-\frac{1}{xy}}=\frac{x+y}{xy-1}$$

即

$$z=\frac{x+y}{xy-1}$$

若 x,y 均为奇数的一半,不妨设 $x=\frac{2m-1}{2}, y=\frac{2n-1}{2}(m,n\in \mathbf{N}^*)$,则

$$z=\frac{4(m+n-1)}{4mn-2m-2n-3}$$

此式分子为偶数,分母为奇数,z 不可能为奇数的一半.

所以 x,y,z 均为整数.

不妨设 $\angle A\leqslant \angle B\leqslant \angle C$,则 $\angle C\geqslant 60°, z=\cot\frac{C}{2}\leqslant\sqrt{3}$.

又 $z\in \mathbf{N}^*$,则 $z=1$,即 $z=r=1$.

此时四边形 $IDCE$ 为正方形,所以 $\angle C=90°$.

即 $\triangle ABC$ 为直角三角形.

83 求最大的正整数 n 满足:在区间 $[2\times 10^{n-1}, 10^n]$ 内可以选取 2 007 个不同的整数,使得对任意的 $i,j(1\leqslant i<j\leqslant n)$ 都存在一个被选出的数 $\overline{a_1a_2\cdots a_n}$,有

$$a_j\geqslant a_i+2$$

(保加利亚数学奥林匹克,2007 年)

解 考虑 2 007 个满足题目要求的正整数.

将这 2 007 个正整数中的每个数的所有偶数的数码加 1,得到 2 007 个"新

第3章 奇数、偶数和完全平方数
Chapter 3 Odd, Even and Perfect Square Number

的"正整数,且每个正整数的各位数码都是奇数(可能有些数没有改变).

若 a_i, a_j 的奇偶性相同,则当它们同为奇数时,a_i, a_j 没有变化;当它们同偶时,a_i, a_j 分别变为 a_i+1, a_j+1;若 a_i, a_j 的奇偶性不同,则 a_j 与 a_i+2 的奇偶性也不同.

因此 $a_j \geqslant a_i+2$.

实际上,满足 $a_j > a_i+2$.

从而,当偶数的数码加1之后,满足条件的不等式仍然成立.于是,这新的2 007 个正整数也满足题目要求.

将这 2 007 个数写在 $2\,007 \times n$ 的表格内,使得每一行对应一个数,并依次将每个数码写在一个方格内.

因此,第一列的方格内的数至少是3.

为满足要求,后面的每一列中至少有一个数比3大,因此,没有一列只包含1和3.

于是,包含 1,3,5,7,9 的列有 $5^{2\,007}$ 种取法,包含 1,3 的列有 $2^{2\,007}$ 种取法,第一列可以全取3,因此

$$n \leqslant 1 + 5^{2\,007} - 2^{2\,007}$$

下面构造一个 $2\,007 \times (1+5^{2\,007}-2^{2\,007})$ 的表格,使得每个方格写一个数码,每行对应一个数,这 2 007 个数满足题目要求.

在第1行依次写 $5^{2\,006}$ 个 1,$5^{2\,006}$ 个 3,$5^{2\,006}$ 个 5,$5^{2\,006}$ 个 7,$5^{2\,006}$ 个 9(共 $5^{2\,007}$ 个);

在第2行依次写 $5^{2\,005}$ 个 1,$5^{2\,005}$ 个 3,$5^{2\,005}$ 个 5,$5^{2\,005}$ 个 7,$5^{2\,005}$ 个 9,共重复写 5 遍(共 $5 \times 5 \times 5^{2\,005} = 5^{2\,007}$ 个);

在第3行依次写 $5^{2\,004}$ 个 1,$5^{2\,004}$ 个 3,$5^{2\,004}$ 个 5,$5^{2\,004}$ 个 7,$5^{2\,004}$ 个 9,共重复写 $5^2=25$ 遍;

············

在第 2 007 行依次写 1 个 1,1 个 3,1 个 5,1 个 7,1 个 9 共重复写 $5^{2\,006}$ 遍.

则对于任意的 $i, j(1 \leqslant i < j \leqslant 5^{2\,007})$,考虑第 i 列和第 j 列,从上到下第一次出现在某行的两个数不同,这两个数 a_i, a_j 一定满足 $a_j > a_i$,且 $a_j \geqslant a_i+2$.

上述的 $2\,007 \times 5^{2\,007}$ 的表格中每一行表示的 n 位数没有限制在区间 $[2 \times 10^{n-1}, 10^n) = [2 \times 10^{2\,006}, 10^{2\,007})$ 中,因此,需删去只含1和3的列,并在第1列全写为3,则共有 $1+5^{2\,007}-2^{2\,007}$ 列,满足题目要求.

84 在一直线上相邻两点的距离都等于1的4个点上各有一只青蛙,允许任意一只青蛙以其余三只青蛙中的某一只为中心跳到其对称点上. 证明:无论跳动多少次后,4 只青蛙所在的点中相邻两点之间的距离都不能等于

最新世界各国数学奥林匹克中的初等数论试题(上)
The Lastest Elementary Number Theory in Mathematical Olympiads in The World

2 008.

(中国西部数学奥林匹克,2008 年)

证 将青蛙放在数轴上讨论.

不妨设最初 4 只青蛙所在位置为 $1,2,3,4$.

注意到,处于奇数位置上的青蛙,每次跳动后,仍处于奇数位置上,处于偶数位置上的青蛙,每次跳动后,仍处于偶数位置上.

因此,任意多次跳动后,4 只青蛙总有两只处于奇数位置上,另两只处于偶数位置上.

如果,若干次跳动后,青蛙所在位置每相邻两只之间的距离都是 2 008,则它们应该在具有相同奇偶性的位置上,这不可能.

85 求证:

(1) 一个自然数的平方被 7 除的余数只能是 $0,1,4,2$;

(2) 对任意的正整数 n,$[\sqrt{n(n+2)(n+4)(n+6)}]$ 不被 7 整除. ($[x]$ 表示不超过实数 x 的最大整数)

(中国北京市中学生数学竞赛(初二),2008 年)

证 (1) 设自然数 $m=7q+r(r=0,1,2,\cdots,6)$. 则
$$m^2=(7q+r)^2=49q^2+14qr+r^2$$

由于 $r^2=0,1,4,9,16,25,36$. 被 7 除的余数只有 $0,1,4,2$.

因此,一个自然数的平方被 7 除的余数只能是 $0,1,4,2$.

(2) $n(n+2)(n+4)(n+6)=(n^2+6n)(n^2+6n+8)$,$n\in \mathbf{N}^*$,令 $k=n^2+6n$,则
$$n(n+2)(n+4)(n+6)=k(k+8) \quad (k\geqslant 7)$$

于是
$$\sqrt{n(n+2)(n+4)(n+6)}=\sqrt{k(k+8)}=\sqrt{k^2+8k}$$

因为
$$k^2+6k+9<k^2+8k<k^2+8k+16 \quad (k\geqslant 7)$$

所以
$$(k+3)^2<k^2+8k<(k+4)^2$$

即
$$k+3<\sqrt{k^2+8k}<k+4$$

于是
$$[\sqrt{k^2+8k}]=k+3$$

即

第3章 奇数、偶数和完全平方数
Chapter 3 Odd, Even and Perfect Square Number

$$\left[\sqrt{n(n+2)(n+4)(n+6)}\right] = k+3 = n^2+6n+3 = (n+3)^2-6$$

如果 $\left[\sqrt{n(n+2)(n+4)(n+6)}\right]$ 能被7整除,则 $(n+3)^2$ 被7除余6,然而一个平方数被7除的余数只能是0,1,4,2,所以 $(n+3)^2$ 被7除不可能余6,即 $\left[\sqrt{n(n+2)(n+4)(n+6)}\right]$ 不能被7整除.

86 有多少个三位数可以作为一个六位的完全平方数的前三位?

(日本数学奥林匹克预赛,2008年)

解 由 $(n+1)^2 - n^2 = 2n+1$ 及 $2 \times 499 + 1 = 999$.

所以,不超过 $500^2 = 250\,000$ 的两个相邻完全平方数的差不超过999.

对于满足 $100 \leqslant m \leqslant 250$ 的任意整数 m,都存在一个六位的完全平方数,使得其前三位是 m,否则,存在整数 $k(k<500)$,使得

$$k^2 < 10^3 m$$
$$(k+1)^2 \geqslant 10^3(m+1)$$

则 $2k+1 > 10^3$,矛盾.

另一方面,大于或等于 500^2 的任意两个相邻平方数的差最小是

$$2 \times 500 + 1 = 1\,001$$

因此,$500^2, 501^2, \cdots, 999^2$ 的前三位都不相同.

综上,出现在六位的完全平方数的前三位构成的数 m,满足 $100 \leqslant m < 250$ 的每一 m 及 $500^2, 501^2, \cdots, 999^2$ 的前三位构成的数.

所以,共有 $150 + 500 = 650$ 个满足条件的三位数.

87 设 n 为正整数,求证:数 $n^7 + 7$ 不是一个完全平方数.

(中国国家集训队培训试题,2008年)

证 用反证法.

假设 $n^7 + 7$ 是一个完全平方数,设 $n^7 + 7 = x^2$.

若 n 为偶数,则 $n^7 + 7 \equiv 3 \pmod{4}$,$n^7 + 7$ 不是完全平方数,所以 n 为奇数.

因为 n 为奇数,则 $n^7 + 7 \equiv 0 \pmod{4}$,由此可知 $n \equiv 1 \pmod{4}$.

由 $x^2 = n^7 + 7$,有

$$x^2 + 11^2 = n^7 + 128 = n^7 + 2^7 =$$
$$(n+2)(n^6 - 2n^5 + 4n^4 - 8n^3 + 16n^2 - 32n + 64) \qquad ①$$

若 $11 \nmid x$,则 $x^2 + 11^2$ 的每一个质因子 p 都是奇数.

若 $p \equiv 3 \pmod{4}$,设 $p = 4k+3$,则由

$$x^2 \equiv -11^2 \pmod{p}$$

有

$$(x^2)^{2k+1} \equiv -(11^2)^{2k+1} \pmod{p}$$
$$x^{p-1} \equiv -11^{p-1} \pmod{p}$$

由费马小定理
$$11^{p-1} \equiv 1 \pmod{p}$$

则
$$x^{p-1} \equiv -1 \pmod{p}$$

由费马小定理,这不可能,所以 $p \equiv 1 \pmod{4}$.

但是,由 ① 知
$$(n+2) \mid (x^2 + 11^2)$$

而
$$n + 2 \equiv 3 \pmod{4}$$

则 $x^2 + 11^2$ 至少有一个形如 $4k+3$ 的质因子,与 $p \equiv 1 \pmod 4$ 矛盾.

则 $11 \mid x$,设 $x = 11y$,则 ① 变为
$$121(y^2 + 1) = (n+2)(n^6 - 2n^5 + 4n^4 - 8n^3 + 16n^2 - 32n + 64)$$

依次将 $n \equiv 0, \pm 1, \pm 2, \pm 3, \pm 4, \pm 5 \pmod{11}$ 代入直接计算.

可以知道 $n^6 - 2n^5 + 4n^4 - 8n^3 + 16n^2 - 32n + 64$ 不是 11 的倍数.

所以 $121 \mid (n+2)$. 因此有
$$y^2 + 1 = \frac{n+2}{121}(n^6 - 2n^5 + 4n^4 - 8n^3 + 16n^2 - 32n + 64) \qquad ②$$

可以证明,$y^2 + 1$ 的每个质因子都是对模 4 余 1 的数,因此每个奇约数都模 4 余 1,但是
$$\frac{n+2}{121} \equiv 3 \pmod{4}$$

所以 ② 不能成立.

因此,$n^7 + 7$ 不是完全平方数.

88 求所有的质数 p,满足 $5^p + 4p^4$ 为完全平方数.

(新加坡数学奥林匹克高年级赛,2008 年)

解 设 $5^p + 4p^4 = q^2$,则
$$5^p = q^2 - 4p^4 = (q - 2p^2)(q + 2p^2)$$

因为 5 是质数,则
$$\begin{cases} q - 2p^2 = 5^s \\ q + 2p^2 = 5^t \\ s + t = p \end{cases}$$

显然 $0 \leqslant s < t$.

第 3 章 奇数、偶数和完全平方数
Chapter 3　Odd, Even and Perfect Square Number

消去 q 得
$$4p^2 = 5^s(5^{t-s}-1)$$
若 $s>0$ 知 $5\mid 4p^2$,所以 $p=5$. 此时
$$5^p + 4p^4 = 5^5 + 4 \cdot 5^4 = 9 \cdot 5^4 = (3 \cdot 5^2)^2 = 75^2$$
若 $s=0$,则 $t=p$,有
$$5^p = 4p^2 + 1$$
事实上,对任意正整数 $k \geqslant 2, 5^k \geqslant 4k^2 + 1$.

用数学归纳法,当 $k=2$ 时,$5^k = 25 \geqslant 17 = 4 \times 2^2 + 1, k=2$ 显然成立.

假设不等式对 k 成立,则
$$\frac{4(k+1)^2+1}{4k^2+1} = \frac{4k^2+1}{4k^2+1} + \frac{8k}{4k^2+1} + \frac{4}{4k^2+1} < 1+1+1 < 5$$
于是
$$5^{k+1} = 5 \times 5^k > 5(4k^2+1) > 4(k+1)^2 + 1$$
即对 $k+1$ 不等式成立,因此
$$5^p = 4p^2 + 1$$
无解.

因此,所求的质数 $p=5$.

89　已知 $n, \sqrt{1+12n^2}$ 均为正整数,证明 $2+2\sqrt{1+12n^2}$ 为完全平方数.

（荷兰国家队选拔考试,2008 年）

证　设 $1+12n^2 = a^2, a \in \mathbf{N}^*$,则
$$12n^2 = a^2 - 1 = (a-1)(a+1)$$
因为 $2\mid 12n^2$,所以 a 为奇数,又
$$(a+1, a-1) = 2$$
则
$$3n^2 = \frac{a+1}{2} \cdot \frac{a-1}{2}$$

(1) 若 $\begin{cases} a+1 = 6b^2 \\ a-1 = 2c^2 \end{cases}$,且 $(b,c) = 1, bc = n$.

由 $3\mid (a+1)$,则 $a-1 \equiv 1 \pmod{3}$

于是
$$c^2 \equiv 2 \pmod{3}$$
而一个完全平方数 $c^2 \equiv 0, 1 \pmod{3}$,矛盾.

(2) 若 $\begin{cases} a+1 = 2b^2 \\ a-1 = 6c^2 \end{cases}$,且 $(b,c) = 1, bc = n$. 则

$$2+2\sqrt{1+12n^2}=2+2a=4b^2=(2b)^2$$

为完全平方数.

因此,$2+2\sqrt{1+12n^2}$ 为完全平方数.

90 已知质数 p,满足 $p\equiv\pm 3\pmod 8$.

证明:若 $p\mid a$,则数列 $a_n=2^n+a$ 仅有有限个完全平方数.

(蒙古国家队选拔考试,2008 年)

证 设 $2^n+a=x^2$.

若 n 为奇数,则在模 p 后存在某个整数 y,满足
$$2\equiv y^2\pmod p$$

而当 $p\equiv\pm 3\pmod 8$ 时,2 为模 p 的非二次剩余,矛盾.

因此,n 为偶数,设 $n=2k$,故
$$a=x^2-2^{2k}=(x-2^k)(x+2^k)$$

所以
$$|a|\geqslant 2^k=2^{\frac{n}{2}}$$

因此,n 是有界的,从而 x^2 只能有有限个.

91 求所有的实数 x,使得 $4x^5-7$ 和 $4x^{13}-7$ 都是完全平方数.

(德国数学奥林匹克,2008 年)

解 首先证明 x 是正整数,由已知设
$$\begin{cases}4x^5-7=m^2\\4x^{13}-7=n^2\end{cases}(m,n\in\mathbf{N}^*)$$

则
$$x^5=\frac{m^2+7}{4},\quad x^{13}=\frac{n^2+7}{4}$$

显然 $n\neq 0$,故
$$x=\frac{x^{40}}{x^{39}}>\frac{\left(\frac{m^2+7}{4}\right)^8}{\left(\frac{n^2+7}{4}\right)^3}\in\mathbf{Q}$$

设 $x=\frac{p}{q}$,$(p,q)=1$,则
$$4\times\frac{p^5}{q^5}=m^2+7\in\mathbf{N}^*$$

必有 $q=1$,所以 $x\in\mathbf{Z}$.

又 $4x^5=m^2+7\geqslant 7$,$x\geqslant 2$,于是 x 为正整数.

第 3 章 奇数、偶数和完全平方数
Chapter 3 Odd, Even and Perfect Square Number

当 $n = 2$ 时
$$\begin{cases} 4 \cdot 2^5 - 7 = 11^2 \\ 4 \cdot 2^{13} - 7 = 181^2 \end{cases}$$

满足条件.

当 $x \geqslant 3$ 时
$$\begin{aligned} m^2 n^2 &= (4x^5 - 7)(4x^{13} - 7) = \\ &(4x^9)^2 - 7 \times 4x^{13} - 7 \times 4x^5 + 49 < \\ &(4x^9)^2 - 7 \times 4x^{13} + \frac{49}{4}x^8 = \\ &(4x^9 - \frac{7}{2}x^4)^2 \end{aligned}$$

另一方面
$$m^2 n^2 = (4x^5 - 7)(4x^{13} - 7) > (4x^9 - \frac{7}{2}x^4 - 1)^2$$

这是因为
$$\begin{aligned} &(4x^5 - 7)(4x^{13} - 7) - (4x^9 - \frac{7}{2}x^4 - 1)^2 = \\ &8x^9 - \frac{49}{4}x^8 - 28x^5 - 7x^4 + 48 > \\ &24x^9 - 13x^8 - 28x^5 - 7x^4 + 48 \geqslant \\ &99x^6 - 28x^5 - 7x^4 + 48 > 0 \end{aligned}$$

即
$$4x^9 - \frac{7}{2}x^4 - 1 < mn < 4x^9 - \frac{7}{2}x^4$$

因此,只有当 x 为奇数时,才可能有解.
$$mn = 4x^9 - \frac{7}{2}x^4 - \frac{1}{2}$$

代入
$$(mn)^2 = (4x^5 - 7)(4x^{13} - 7)$$

得
$$\left(4x^9 - \frac{7}{2}x^4 - \frac{1}{2}\right)^2 = (4x^5 - 7)(4x^{13} - 7)$$

即
$$4x^9 - \frac{49}{4}x^8 - \frac{7}{2}x^4 + 49 - \frac{1}{4} = 0$$
$$16x^9 - 49x^8 - 14x^4 + 195 = 0$$

由于

最新世界各国数学奥林匹克中的初等数论试题(上)
The Lastest Elementary Number Theory in Mathematical Olympiads in The World

$$-16x^9 - 49x^8 - 14x^4 + 195 \equiv -x^8 + 2x^4 + 3 \equiv 0 \pmod{16}$$

即

$$(x^4+1)(x^4-3) \equiv 0 \pmod{16}$$

这与奇数 x 满足

$$x^4 \equiv 1 \pmod{8}$$

矛盾.

所以,当 $x \geqslant 3$ 时无解.

由以上,满足条件的 x 只有 $x = 2$.

92 设 a,b 是正整数,满足 $(a,b)=1$,a,b 不同奇偶,如果集合 S 具有下面性质:

(1) $a,b \in S$;

(2) 由 $x,y,z \in S$ 可推出 $x+y+z \in S$.

求证:每个大于 $2ab$ 的正整数都属于 S.

(中国国家集训队培训试题,2008 年)

证 首先用数学归纳法证明:若 $r+s=t$ 为奇数,$r,s \in \mathbf{N}^*$,则 $ra+sb \in S$.

对 t 归纳.

当 $t=1$ 时,显然.

若 $t=2k-1$ 时结论成立,则当 $t=2k+1$ 时,显然 r,s 不全小于 2,不妨设 $r \geqslant 2$.

由归纳假设,$(r-2)a+sb \in S$,则在 (2) 中取

$$x = (r-2)a + sb, \quad y = z = a$$

得

$$ra + sb = x + y + z \in S$$

从而 $t = 2k+1$ 时结论成立.

对 t 为奇数时,结论成立.

回到原题.

由 $(a,b) = 1$ 知,对任意正整数 $c > 2ab$,存在

$$\begin{cases} r = r_0 + bt \\ s = s_0 - at \end{cases} (t \in \mathbf{Z})$$

使

$$ra + sb = c$$

适当选取 t 为 t_1, t_2 ($t_2 = t_1 + 1$),使

$$r_1 = r_0 + t_1 b \in [0, b)$$

第 3 章 奇数、偶数和完全平方数
Chapter 3 Odd, Even and Perfect Square Number

于是
$$r_2 = r_0 + t_2 b \in [b, 2b)$$

$$s_1 = \frac{c - r_1 a}{b} \in \left(\frac{c - ab}{b}, \frac{c}{b}\right]$$

所以
$$s_1 > a, \quad s_2 = \frac{c - r_2 a}{b} > \frac{c - 2ab}{b} > 0$$

因此 $r_1, s_1, r_2, s_2 \in \mathbf{N}^*$.

由 $r_2 + s_2 = (r_1 + s_1) + (b - a)$ 知 $r_1 + s_1$ 与 $r_2 + s_2$ 为一奇数一偶数,取为奇数的一组 $r_i + s_i$,则由前面的结论知命题成立.

93 已知 $t \in \mathbf{N}^*$,若 2^t 可以表成 $a^b \pm 1(a, b$ 是大于 1 的整数),请找出满足上述条件所有可能的 t 值.

(青少年数学国际城市邀请赛,2008 年)

解 设 $t \in \mathbf{N}^*$,使得
$$2^t = a^b \pm 1$$
显然,a 是奇数.

(1) 若 b 是奇数,则
$$2^t = (a \pm 1)(a^{b-1} \mp a^{b-2} + a^{b-3} \mp \cdots \mp a + 1)$$
由于 a, b 均为奇数,上式右边的第二个因式 $a^{b-1} \mp a^{b-2} + a^{b-3} \mp \cdots \mp a + 1$ 是奇数个奇数的和与差,一定是奇数,从而只可能有
$$a^{b-1} \mp a^{b-2} + a^{b-3} \mp \cdots \mp a + 1 = 1$$
于是
$$2^t = a^b \pm 1 = a \pm 1$$
从而 $b = 1$,与已知 $b > 1$ 矛盾.

(2) 若 b 是偶数,令 $b = 2m$,则
$$a^b \equiv 1 \pmod{4}$$
若 $2^t = a^b + 1$,则
$$2^t = a^b + 1 \equiv 2 \pmod{4}$$
从而,只能有 $t = 1$,故 $a^b = 2^1 - 1 = 1$ 与 $a > 1$ 矛盾.

若 $2^t = a^b - 1 = a^{2m} - 1 = (a^m - 1)(a^m + 1)$,由于两个连续偶数的乘积是 2 的幂,则必有
$$\begin{cases} a^m - 1 = 2 \\ a^m + 1 = 4 \end{cases}$$
从而 $a = 3, b = 2$,因此 $2^t = a^b - 1 = 3^2 - 1 = 8, t = 3$.

综合以上，满足题设的 $t=3$.

94 已知6个互不相同的正整数 a,b,c,d,e,f，杰克与杰瑞分别计算这些数中任两数之和，杰克说数 i 中含有10个质数，而杰瑞说质数只有9个，问：谁说得对？

(新加坡数学奥林匹克低年级赛，2008年)

解 假设6个互不相同的正整数中有 k 个偶数.

由于两个偶数或两个奇数的和为偶数，且两个不同正整数之和大于2，则这些质数至多有 $k(6-k)$ 个.

当 $k=0,1,\cdots,6$ 时，$k(6-k)$ 的最大值为9，因此 $k=3$，所以杰克说错了，杰瑞说对了.

其实9个质数可以由 $2,4,8,3,15,39$ 这6个数得到，它们是
$$2+3=5, \quad 2+15=17, \quad 2+39=41,$$
$$4+3=7, \quad 4+15=19, \quad 4+39=43,$$
$$8+3=11, \quad 8+15=23, \quad 8+39=47$$

95 (1) 求一个正整数 k，使得存在正整数 a,b,c 满足方程
$$k^2+a^2=(k+1)^2+b^2=(k+2)^2+c^2 \quad \text{①}$$
(2) 证明：满足式①的 k 值有无限多个；
(3) 证明：若对某个 k，有 a,b,c 满足式①，则乘积 abc 能被144整除；
(4) 证明：不存在正整数 a,b,c,d,k，满足
$$k^2+a^2=(k+1)^2+b^2=(k+2)^2+c^2=(k+3)^2+d^2$$

(白俄罗斯数学奥林匹克，2008年)

解 (1) $k=31, a=12, b=9, c=4$，满足
$$31^2+12^2=32^2+9^2=33^2+4^2$$

(2) 注意到等式
$$(4x^3-1)^2+(2x^2+2x)^2=(4x^3)^2+(2x^2+1)^2=(4x^3+1)^2+(2x^2-2x)^2$$
故取 x 为任意大于1的正整数，令 $k=4x^3-1$，即满足式①.

(3) 由 $a^2-b^2=2k+1, b^2-c^2=2k+3$，得
$$a^2+c^2=2(b^2-1) \quad \text{②}$$
所以 a,c 的奇偶性相同.

(i) 若 a,c 同为奇数.

设 $a=2a_1+1, c=2c_1+1$，则由式②
$$2(a_1^2+a_1)+2(c_1^2+c_1)+1=b^2-1 \quad \text{③}$$
于是 b 为偶数，设 $b=2b_1$，则代入式③得

第 3 章 奇数、偶数和完全平方数
Chapter 3 Odd, Even and Perfect Square Number

$$(a_1^2 + a_1) + (c_1^2 + c_1) = 2b_1^2 - 1$$

此式左边为偶数,右边为奇数,不可能成立.

(ii) 若 a,c 同为偶数.

由式 ② 知 b 为奇数,设 $a = 2a_1, c = 2c_1, b = 2b_1 + 1$,故由式 ②

$$a_1^2 + c_1^2 = 2b_1(b_1 + 1)$$

上式右边能被 4 整除,故 a_1 和 c_1 同为偶数,因而 a,c 同为 4 的倍数, abc 能被 16 整除.

由于对任意正整数 N

$$N^2 \equiv 0 \text{ 或 } 1 \pmod 3$$

式 ① 等价于

$$a^2 + b^2 + c^2 + 2 = 3b^2$$

于是 a,b,c 中有且仅有两个能被 3 整除,因而 abc 能被 9 整除.

又 $(16,9) = 1$,所以 $144 \mid abc$.

(4) 假设存在正整数 a,b,c,d,k,使得

$$k^2 + a^2 = (k+1)^2 + b^2 = (k+2)^2 + c^2 = (k+3)^2 + d^2$$

由 (3) 的讨论可知 a,c 能被 4 整除, b 为奇数, d,b 能被 4 整除,矛盾.

96 求所有的整数 x,使得 $1 + 5 \cdot 2^x$ 为一个有理数的平方.

(克罗地亚国家集训队考试,2008 年)

解 分以下两种情形讨论:

情形 1:若 $1 + 5 \cdot 2^x$ 为整数的平方,则 $x \in \mathbf{N}$.

设 $1 + 5 \cdot 2^x = y^2$,其中 $y \in \mathbf{N}$,则 $(y+1)(y-1) = 5 \cdot 2^x$.

若 $x = 0$,则 $y^2 = 6$.这不可能,故 $x \neq 0$.

又因为 $y+1, y-1$ 的奇偶性相同,所以其均为偶数.

(1) 若 $\begin{cases} y+1 = 2^\alpha \\ y-1 = 5 \cdot 2^\beta \end{cases}$,其中 $\alpha, \beta \in \mathbf{N}^*, \alpha + \beta = x$ 且 $\alpha > \beta$.

两式作差,得 $2^\beta(2^{\alpha-\beta} - 5) = 2$.

故奇数 $2^{\alpha-\beta} - 5 = 1$.故 $2^{\alpha-\beta} = 6$.这不可能.

(2) 若 $\begin{cases} y+1 = 5 \cdot 2^\alpha \\ y-1 = 2^\beta \end{cases}$,其中 $\alpha, \beta \in \mathbf{N}^*, \alpha + \beta = x$.

① 若 $\alpha = \beta$,两式作差,得 $4 \cdot 2^\alpha = 2$,而 $\alpha \in \mathbf{N}^*$,这不可能.

② 若 $\alpha > \beta$,两式作差,得 $2^\beta(5 \cdot 2^{\alpha-\beta} - 1) = 2$.

奇数 $5 \cdot 2^{\alpha-\beta} - 1 = 1$,即 $5 \cdot 2^{\alpha-\beta} = 2$.这不可能.

③ 若 $\alpha < \beta$,两式作差,得 $2^\alpha(5 - 2^{\beta-\alpha}) = 2$.

奇数 $5 - 2^{\beta-\alpha} = 1$,且 $2^\alpha = 2$.因此 $\beta - \alpha = 2, \alpha = 1$.

最新世界各国数学奥林匹克中的初等数论试题(上)
The Lastest Elementary Number Theory in Mathematical Olympiads in The World

从而 $x = \beta + \alpha = (\beta - \alpha) + 2\alpha = 4$.

情形 2:若 $1 + 5 \cdot 2^x$ 为分数的平方,则 $x \in \mathbf{Z}_-$.

设 $x = -y$,其中 $y \in \mathbf{N}^*$,则 $1 + 5 \cdot 2^x = \dfrac{2^y + 5}{2^y}$.

因为 $2 \nmid 2^y + 5$,所以 $2 \mid y$.

设 $y = 2y_1$,则 $2^y + 5 = 4^{y_1} + 5$.

设 $4^{y_1} + 5 = m^2 (m \in \mathbf{N}^*)$,则 $(m + 2^{y_1})(m - 2^{y_1}) = 5$.

因此 $\begin{cases} m + 2^{y_1} = 5 \\ m - 2^{y_1} = 1 \end{cases}$,两式作差,得 $2^{y_1+1} = 4$.

故 $y_1 = 1$. 从而 $y = 2y_1 = 2, x = -y = -2$.

综上,$x = -2$ 或 4.

97 试求所有的整数 x,使得
$$x(x+1)(x+7)(x+8)$$
是完全平方数.

(爱尔兰数学奥林匹克,2008 年)

解 设
$$x(x+1)(x+7)(x+8) = y^2 \quad (y \in \mathbf{N}) \qquad ①$$

令 $z = x + 4$,则

式 ① 化为
$$(z-4)(z-3)(z+3)(z+4) = y^2$$
$$(z^2 - 16)(z^2 - 9) = y^2$$
$$z^4 - 25z^2 + 12^2 = y^2$$
$$4z^4 - 100z^2 + 25^2 - 4y^2 = 25^2 - 12^2 \times 4$$

即
$$(2z^2 - 25)^2 - 4y^2 = 49$$
$$(2z^2 - 25 - 2y)(2z^2 - 25 + 2y) = 49$$

设 $A = 2z^2 - 25 - 2y, B = 2z^2 - 25 + 2y$,则
$$A \leqslant B, \quad AB = 49, \quad 且 \quad A, B \in \mathbf{Z}$$

于是 $B - A = 4y, 2z^2 = 25 + A + 2y = 25 + \dfrac{A+B}{2}, x = z - 4$.

因而由
$$\begin{cases} A = -49 \\ B = -1 \end{cases} \begin{cases} A = -7 \\ B = -7 \end{cases} \begin{cases} A = 7 \\ B = 7 \end{cases} \begin{cases} A = 1 \\ B = 49 \end{cases}$$

可得出 y, z, x.

第 3 章 奇数、偶数和完全平方数
Chapter 3 Odd,Even and Perfect Square Number

经检验 $x=-9,-8,-7,-4,-1,0,1$ 时，$x(x+1)(x+7)(x+8)$ 为完全平方数.

98 若两个连续的正整数的三次方的差为 $n^2(n\in \mathbf{N}^*)$，证明：n 是两个完全平方数的和.

(北欧数学奥林匹克,2008 年)

证 设 $(m+1)^3-m^3=n^2$，则
$$3m^2+3m+1=n^2 \qquad ①$$
$$12m^2+12m+3=4n^2-1$$
$$3(2m+1)^2=(2n+1)(2n-1)$$

因为
$$(2n+1,2n-1)=1$$

所以 $2n+1$ 与 $2n-1$ 中有一个是完全平方数,而另一个是完全平方数的 3 倍.

由 ① 知 n^2 是奇数,则 n 为奇数.

设 $n=2k+1$，则
$$2n+1=4k+3$$

因此 $2n-1$ 是一个完全平方数.

设 $2n-1=(2t+1)^2$，则
$$2n=4t^2+4t+2$$
$$n=2t^2+2t+1=t^2+(t+1)^2$$

即 n 是 t^2 与 $(t+1)^2$ 这两个平方数的和.

99 已知正整数 x,y，使得 $\dfrac{4xy}{x+y}$ 是一个奇数，证明：存在一个正整数 k，使得 $4k-1$ 整除 $\dfrac{4xy}{x+y}$.

(《数学周报》杯中国初中数学竞赛,2009 年)

证 设 $x=2^s a,y=2^t b$（s,t 是非负整数，a,b 为奇数），不妨设 $s\geqslant t$.
$$\frac{4xy}{x+y}=\frac{2^{s+t+2}ab}{2^s a+2^t b}=\frac{2^{s+2}ab}{2^{s-t}a+b}$$

若 $s>t$，则上式的分母是一个奇数，分子是一个偶数，因而 $\dfrac{4xy}{x+y}$ 是偶数，与已知矛盾，于是 $s=t$，所以
$$\frac{4xy}{x+y}=\frac{2^{s+2}ab}{a+b}$$

设 $(a,b)=d,a=a_1 d,b=b_1 d,(a_1,b_1)=1$，则

最新世界各国数学奥林匹克中的初等数论试题（上）

The Lastest Elementary Number Theory in Mathematical Olympiads in The World

$$\frac{4xy}{x+y} = \frac{2^{s+2}a_1 b_1 d}{a_1 + b_1}$$

是一个奇数.

所以 $a_1 + b_1$ 能被 2^{s+2} 整除，因而 $a_1 + b_1$ 能被 4 整除.

又 a_1, b_1 都是奇数，它们被 4 除的余数为 1 或 3，由于 $a_1 + b_1$ 能被 4 整除，则 a_1 和 b_1 被 4 除的余数一个为 1，一个为 3.

设 $a_1 \equiv 3 \pmod{4}$，则可设

$$a_1 = 4k - 1 \quad (k \in \mathbf{N}^*)$$

因为 $(a_1, a_1 + b_1) = 1$，则

$$a_1 \mid \frac{4xy}{x+y}$$

因而

$$(4k-1) \mid \frac{4xy}{x+y}$$

100 是否存在满足下列条件的正整数，它的立方加上 101 所得的和恰是一个完全平方数？证明你的结论.

（我爱数学初中生夏令营数学竞赛，2009 年）

解 假设存在满足条件的正整数 x，则

$$x^3 + 101 = y^2 \quad (y \in \mathbf{N}^*)$$

若 x 为偶数，则 y 为奇数.

设 $x = 2n, y = 2m + 1 (n, m \in \mathbf{N})$，则

$$2n^3 + 25 = m^2 + m$$

此式左边为奇数，右边为偶数，矛盾.

因此，x 是奇数，y 是偶数.

设 $x = 2n+1, y = 2m(n, m \in \mathbf{N})$，则

$$(2n+1)^3 + 101 = 4m^2$$

即

$$8n^3 + 12n^2 + 6n + 102 = 4m^2$$
$$4n^3 + 6n^2 + 3n + 51 = 2m^2$$

则 $3n + 51$ 是偶数，n 是奇数.

设 $n = 2n_1 - 1$，则

$$x = 4n_1 - 1 \quad (n_1 \in \mathbf{N}^*) \qquad ①$$

若 $x \equiv 0 \pmod{3}$，则 $x^3 + 101 \equiv 2 \pmod{3}$，从而

$$2 \equiv y^2 \pmod{3}$$

这是不可能的，因为平方数被 3 除，余数是 1 或 0.

· 392 ·

第 3 章　奇数、偶数和完全平方数
Chapter 3　Odd, Even and Perfect Square Number

若 $x \equiv 1 \pmod 3$，则 $y \equiv 0 \pmod 3$.

设 $x = 3n+1, y = 3m(n, m \in \mathbf{N})$，则
$$3^3 n^3 + 3^3 n^2 + 3^2 n + 102 = 9m^2$$

此时除 102 外，各项都是 9 的倍数，而 102 不是 9 的倍数，矛盾.

因此
$$x \equiv 2 \pmod 3 \qquad ②$$

设 $x = 3n-1 (n \in \mathbf{N}^*)$，考虑到①，$x = 4n_1 - 1$，则有
$$x = 12n - 1 \quad (n \in \mathbf{N}^*) \qquad ③$$

由于 y^2 的个位数字只能是 $0,1,4,9,6,5$，不可能是 $2,3,7,8$. 因此，x^3 的个位数不可能是 $1,2,6,7$. 即相应的 x 的个位数不可能是 $1,3,6,8$.

由式③，x 的最小可能值依次为
$$11, 23, 35, 47, 59, 71, 83, 95, \cdots$$

又由 x 的个位数不可能是 $1,3,6,8$，即上述的 x 不可能是 $11,23,71,83$.

对 $35,47,59,95$ 逐个检验，$x = 35, 47, 59$ 均不合题意，而当 $x = 95$ 时
$$95^3 + 101 = 857\,476 = 926^2$$

所以 95 满足题设要求.

101 求所有有序的三元正整数组 (a,b,c)，使得 $|2^a - b^c| = 1$.

（克罗地亚参加中欧数学奥林匹克选拔测试题，2009 年）

解 若 $c = 1$，则 $2^a - b = \pm 1$. 故 $b = 2^a \pm 1$.

此时 $(a,b,c) = (k, 2^k \pm 1, 1)$，其中 k 是任意正整数.

若 $c > 1$，则对 $b^c = 2^a \pm 1$ 分类讨论：

情形 1：若 $b^c = 2^a + 1$，则 b 是奇数.

设 $b = 2^k u + 1$，其中 $2 \nmid u$，且 $k \in \mathbf{N}^*$.

则 $(2^k u + 1)^c = 2^a + 1$，显然 $k < a$. 即 $a \geqslant k+1$.

结合二项式定理，得
$$2^k u c \equiv 2^a \equiv 0 \pmod{2^{k+1}}$$

故 $2 \mid c$.

设 $c = 2c_1$，则
$$(b^{c_1} + 1)(b^{c_1} - 1) = 2^a$$

故 $b^{c_1} + 1, b^{c_1} - 1$ 都是 2 的方幂.

而
$$(b^{c_1} + 1) - (b^{c_1} - 1) = 2$$

故
$$b^{c_1} + 1 = 4, b = 3, c_1 = 1, c = 2, a = 3$$

即
$$(a,b,c)=(3,3,2)$$

情形 2:若 $b^c=2^a-1$,则当 $b=1$ 时,$a=1$.此时 $(a,b,c)=(1,1,k)$,其中 k 是任意正整数.

当 $b>1$ 时,故 $a>1$.

设奇数 $b=2^ku+1$,其中 $2 \nmid u$ 且 $k \in \mathbf{N}^*$,则
$$(2^ku+1)^c=2^a-1$$

显然 $k<a$,则 $1 \equiv -1 \pmod{2^k}$.即 $2^k \mid 2$.故 $k=1$.

因此 $(2u+1)^c=2^a-1$.

而 $a>1$,结合二项式定理,得 $2uc+1 \equiv -1 \pmod 4$.

即 $4 \mid 2(uc+1)$,因此 $2 \nmid c$.

设 $c=2c_1+1$,则 $b^{2c_1+1}+1=2^a$,由因式定理,得 $b+1 \mid b^{2c_1+1}+1$.

因此可设 $b+1=2^v$,则 $v<a$,即 $a \geq v+1$,且 $(2^v-1)^{2c_1+1}+1=2^a$.

结合二项式定理,得 $(2c_1+1)2^v \equiv 2^a \equiv 0 \pmod{2^{v+1}}$,但这不可能.

综上,满足要求的 $(a,b,c)=(3,3,2),(1,1,k),(k,2^k\pm1,1)$,其中 k 是任意正整数.

102 求所有的有序整数组 (a,b),使得 3^a+7^b 为完全平方数.

(加拿大数学奥林匹克,2009 年)

解 显然,a,b 为非负整数.

设 $3^a+7^b=n^2(n \in \mathbf{N}^*)$,则
$$n^2=3^a+7^b \equiv (-1)^a+(-1)^b \pmod 4$$

(1) a 为奇数,b 为偶数,设 $b=2c$,则
$$3^a=n^2-7^b=n^2-(7^c)^2=(n+7^c)(n-7^c)$$

注意到,$(n+7^c)-(n-7^c)=2 \cdot 7^c$ 不是 3 的倍数,所以 $n+7^c$ 与 $n-7^c$ 不可能都是 3 的倍数.

所以只能有
$$n-7^c=1$$
$$3^a=2 \cdot 7^c+1$$

若 $c=0$,则 $a=1,b=0$,此时 $(a,b)=(1,0)$ 为一组解.

若 $c \geq 1$,则 $3^a \equiv 1 \pmod 7$,由于使 $3^a \equiv 1 \pmod 7$ 成立的最小正整数为 $a=6$(欧拉定理),则所求 a 应为 6 的倍数,与 a 为奇数矛盾.

(2) a 为偶数,b 为奇数,设 $a=2c$,则
$$7^b=n^2-3^a=n^2-(3^c)^2=(n+3^c)(n-3^c)$$

由 $(n+3^c)-(n-3^c)=2 \cdot 3^c$ 不是 7 的倍数,所以 $n+3^c$ 与 $n-3^c$ 不可能

第 3 章 奇数、偶数和完全平方数
Chapter 3 Odd, Even and Perfect Square Number

都是 7 的倍数.

所以只能有 $n - 3^c = 1, 7^b = 2 \cdot 3^c + 1$.

若 $c = 1$,则 $b = 1$,从而 $(a,b) = (2,1)$ 为一组解.

若 $c > 1$,则 $7^b \equiv 1 \pmod 9$,而使得 $7^b \equiv 1 \pmod 9$ 的最小正整数为 $b = 3$,即所求的 b 是 3 的倍数,设 $b = 3d$(d 是大于 1 的奇数).

记 $y = 7^d$,则
$$7^b = y^3 = 2 \cdot 3^c + 1$$
$$y^3 - 1 = (y-1)(y^2 + y + 1) = 2 \cdot 3^c$$

由于 $y^2 + y + 1$ 是奇数,则
$$\begin{cases} y - 1 = 2 \cdot 3^u \\ y^2 + y + 1 = 3^v \end{cases} \quad (u, v \in \mathbf{N}^*, v \geq 2)$$

又
$$3y = (y^2 + y + 1) - (y - 1)^2$$

则 $9 \mid 3y$,进而 $3 \mid y$,与 $3 \mid (y - 1)$ 矛盾.

(3)a, b 同为奇数或同为偶数,则
$$n^2 = 3^a + 7^b \equiv (-1)^a + (-1)^b \equiv 2 \pmod 4$$

由完全平方数
$$n^2 \not\equiv 2 \pmod 4$$

所以,此时无解.

综合以上所求,a, b 为 $(a, b) = (1, 0)$ 或 $(2, 1)$.

103 整数 a, b 满足 $a^2 + 2b$ 为完全平方数,证明 $a^2 + b$ 能表示成两个平方数的和.

(克罗地亚国家数学奥林匹克,2009 年)

证 设 $a^2 + 2b = m^2 (m \in \mathbf{Z})$,则
$$b = \frac{m^2 - a^2}{2}$$

所以
$$a^2 + 2b = a^2 + b + \frac{m^2 - a^2}{2} = b + \frac{m^2 + a^2}{2} =$$
$$b + \left(\frac{m+a}{2}\right)^2 + \left(\frac{m-a}{2}\right)^2 \qquad ①$$

因为 $m^2 - a^2 = 2b$ 为偶数,则 $m + a$ 与 $m - a$ 具有相同的奇偶性.

又 $(m+a)(m-a) = 2b$,则 $m + a$ 与 $m - a$ 为偶数,于是 $\left(\frac{m+a}{2}\right)^2$ 与 $\left(\frac{m-a}{2}\right)^2$ 均为整数.

因而式 ① 成立，则 $a^2 + 2b = m^2 (m \in \mathbf{Z})$ 成立.

104 若 a 是正偶数，且
$$A = a^n + a^{n-1} + \cdots + a + 1 \quad (n \in \mathbf{N}^*)$$
是完全平方数，证明 a 是 8 的倍数.

（希腊国家队选拔考试，2009 年）

证 由题设，A 是奇数，设
$$A = (2k+1)^2 = 4k^2 + 4k + 1 = 4k(k+1) + 1 \equiv 1 \pmod{8}$$
$$A - 1 = a^n + a^{n-1} + \cdots + a = 8p \quad (p \in \mathbf{N}^*)$$
于是
$$a(a^{n-1} + a^{n-2} + \cdots + 1) = 8p$$
$$8 \mid a(a^{n-1} + a^{n-2} + \cdots + 1)$$
又
$$(8, a^{n-1} + \cdots + a + 1) = 1$$
所以 $8 \mid a$.

105 设 $k \in \mathbf{N}^*$，定义
$$A_1 = 1, \quad A_{n+1} = \frac{nA_n + 2(n+1)^{2k}}{n+2} \quad (n = 1, 2, \cdots)$$
证明：当 $n \geqslant 1$ 时，A_n 是整数，当且仅当 $n \equiv 1$ 或 $2 \pmod{4}$ 时，A_n 为奇数.

（新加坡数学奥林匹克公开赛，2009 年）

证 由题设
$$(n+2)A_{n+1} - nA_n = 2(n+1)^{2k}$$
$$(n+1)A_n - (n-1)A_{n-1} = 2n^{2k}$$
由此可得
$$n(n+1)A_n - (n-1)nA_{n-1} = 2n^{2k+1}$$
$$(n-1)nA_{n-1} - (n-2)(n-1)A_{n-2} = 2(n-1)^{2k+1}$$
$$(n-2)(n-1)A_{n-2} - (n-3)(n-2)A_{n-3} = 2(n-2)^{2k+1}$$
$$\vdots$$
$$2 \times 3A_2 - 1 \times 2A_1 = 2 \times 2^{2k+1}$$
各式左右分别相加得
$$n(n+1)A_n = 2(1 + 2^{2k+1} + \cdots + n^{2k+1})$$
$$A_n = \frac{2(1^{2k+1} + 2^{2k+1} + \cdots + n^{2k+1})}{n(n+1)}$$
记
$$S(n) = 1^{2k+1} + 2^{2k+1} + \cdots + n^{2k+1}$$

第 3 章 奇数、偶数和完全平方数
Chapter 3 Odd, Even and Perfect Square Number

由
$$2S(n) = \sum_{i=0}^{n}\left[(n-i)^{2k+1}+i^{2k+1}\right] = \sum_{i=1}^{n}\left[(n+1-i)^{2k+1}+i^{2k+1}\right]$$

由于
$$n \mid \left[(n-i)^{2k+1}+i^{2k+1}\right], \quad (n+1) \mid \left[(n+1-i)^{2k+1}+i^{2k+1}\right]$$

所以
$$n(n+1) \mid 2S(n)$$

因此 $A_n = \dfrac{2S(n)}{n(n+1)}$ 是整数.

(1) $n \equiv 1$ 或 $2 \pmod 4$.

由 $S(n)$ 是奇数个奇数项知 $S(n)$ 为奇数.

所以 A_n 为奇数.

(2) $n \equiv 0 \pmod 4$,则
$$\left(\dfrac{n}{2}\right)^{2k+1} \equiv 0 \pmod n$$

故
$$S(n) = \sum_{i=0}^{\frac{n}{2}}\left[(n-i)^{2k+1}+i^{2k+1}\right] - \left(\dfrac{n}{2}\right)^{2k+1} \equiv 0 \pmod 4$$

所以 A_n 为偶数.

(3) $n \equiv 3 \pmod 4$,则
$$\left(\dfrac{n+1}{2}\right)^{2k+1} \equiv 0 \pmod{(n+1)}$$

故
$$S(n) = \sum_{i=1}^{\frac{n+1}{2}}\left[(n+1-i)^{2k+1}+i^{2k+1}\right] - \left(\dfrac{n+1}{2}\right)^{2k+1} \equiv 0 \pmod{(n+1)}$$

所以 A_n 是偶数.

由(1),(2),(3),当且仅当 $n \equiv 1$ 或 $2 \pmod 4$ 时,A_n 为奇数.

106 已知定义阶乘为
$$n! = n(n-1)(n-2)\cdots 1$$
"双阶乘"为
$$n!! = n(n-2)(n-4)\cdots 1 \quad (n \text{ 为奇数})$$
$$n!! = n(n-2)(n-4)\cdots 2 \quad (n \text{ 为偶数})$$
当 $n > 0$ 时,定义第 k 阶阶乘为
$$F_k(n) = n(n-k)\cdots(n-2k)\cdots r$$
其中 $1 \leqslant r \leqslant k$,且 $n \equiv r \pmod k$.

定义 $F_k(0)=1$.

求所有的非负整数 n, 使得 $F_{20}(n)+2009$ 是一个整数的平方.

(奥地利数学奥林匹克, 2009 年)

解 设 $F_{20}(n)+2009=x^2(n,x\in \mathbf{N})$.

(1) 当 $n\geqslant 41$ 时, $F_{20}(n)$ 是 $n(n-20)(n-40)$ 的倍数, 且
$$n(n-20)(n-40)\equiv n(n+1)(n+2)\equiv 0 \pmod{3}$$
则 $F_{20}(n)$ 是 3 的倍数. 于是
$$F_{20}(n)+2009\equiv x^2\equiv 2 \pmod{3}$$
因为一个数的平方除以 3 的余数不可能为 2, 所以 $n\geqslant 41$ 时, $F_{20}(n)+2009$ 无解.

(2) 当 $21\leqslant n\leqslant 40$ 时, 有
$$n(n-20)+2009=F_{20}(n)+2009=x^2$$
即
$$x^2-n^2+20n=2009$$
整理得
$$23\times 83=1909=x^2-(n-10)^2=(x-n+10)(x+n-10)$$
由于
$$x+n-10\geqslant x-n+10>\sqrt{2009}-n+10\geqslant 44-40+10=14$$
所以
$$\begin{cases}x+n-10=83\\x-n+10=23\end{cases}$$
解得
$$\begin{cases}x=53\\n=40\end{cases}$$

(3) 当 $1\leqslant n\leqslant 20$ 时, $F_{20}(n)=n$.

由 $44^2=1936\leqslant 2009\leqslant x^2=2009+n\leqslant 2009<2116=46^2$

则
$$x=45,\quad n=16$$

(4) 当 $n=0$ 时, $F_{20}(0)+2009=2010$ 不是完全平方数.

综上, 满足题意的解为 $n=16$ 和 $n=40$.

107 定义数列 $\{a_n\}$ 如下: 对于每个正整数 n, 若 n 的正因数的数目为奇数, 则 $a_n=0$; 若 n 的正因数的数目为偶数, 则 $a_n=1$.

设实数 $x=0.\overline{a_1a_2a_3\cdots}$, 问 x 是有理数还是无理数?

(印度数学奥林匹克, 2009 年)

解 当且仅当一个数为完全平方数时, 它的正因数的数目为奇数, 因此

第3章 奇数、偶数和完全平方数
Chapter 3　Odd, Even and Perfect Square Number

$$a_{n^2}=0, \quad 其余 a_k=1$$

所以 x 是无限小数.

若 x 是有理数,则必存在一个正整数 m,使得从 x 的小数点后 m 位开始出现循环节.

设循环节长为 n.

因为有无穷多个 i,使得 $a_i=0$,所以循环节中必有 0 这一项.

因此,从 x 的小数点后 m 位开始,任意连续 n 个数字都至少有一个 0,考虑数

$$0.\overline{a_1 a_2 \cdots a_{n^2} a_{n^2+1} \cdots a_{(n+1)^2-1} a_{(n+1)^2} \cdots}$$

其中 $\overline{a_{n^2+1} a_{n^2+2} \cdots a_{(n+1)^2-1}} = \overline{11\cdots 1}$,这里是 $2n$ 个数位,与循环节为 n 矛盾.

所以 x 不是无限循环小数,而是无循不循环小数,即 x 是无理数.

108　(1) 证明:对于正整数 a,b,若

$$a - \frac{1}{b} + b\left(b + \frac{3}{a}\right) \qquad ①$$

是整数,则它也是完全平方数.

(2) 试求出一对整数 (a,b),使得代数式 ① 是正整数,但不是完全平方数.

(斯洛文尼亚国家队选拔考试,2009 年)

证　(1) 令 $T = a - \frac{1}{b} + b\left(b + \frac{3}{a}\right)$.

若 $T = a - \frac{1}{b} + b^2 + \frac{3b}{a}$ 是整数,则

$$N = \frac{3b}{a} - \frac{1}{b} = \frac{3b^2 - a}{ab}$$

也是整数,因而

$$ab \mid (3b^2 - a)$$

于是

$$b \mid (3b^2 - a)$$

即

$$b \mid a$$

设 $a = kb$,则

$$N = \frac{3b^2 - kb}{kb^2} = \frac{3b - k}{kb}$$

从而 $kb \mid (3b - k)$,进而 $b \mid k$.

设 $k = lb$,则

$$N = \frac{3 - l}{lb}$$

从而 $l \mid (3-l)$，进而 $l \mid 3$.

由 $a, b \in \mathbf{N}^*$，知 $l \in \mathbf{N}^*$，所以 $a = lb^2$，$l = 1$ 或 3.

当 $l = 1$ 时，$N = \dfrac{2}{b}$，从而由 N 是整数，$b = 1$ 或 2.

此时 $T = 4$ 或 9 为完全平方数.

当 $l = 3$ 时，$N = 0$，从而 $a = 3b^2$，$T = 4b^2$ 为完全平方数.

所以，当 T 为整数时，T 也是完全平方数.

(2) 例如 $a = 4, b = -2$ 时，$T = 7$ 或 $a = -4, b = -2$ 时，$T = 2$，这里 T 为整数，但不是完全平方数.

109 求所有的正整数 m, n，使得 $6^m + 2^n + 2$ 为完全平方数.

（克罗地亚国家数学奥林匹克，2009 年）

解 $6^m + 2^n + 2 = 2(3^m \times 2^{m-1} + 2^{n-1} + 1)$.

因为 $6^m + 2^n + 2$ 为完全平方数，则 $3^m \times 2^{m-1} + 2^{n-1} + 1$ 为偶数.

于是 $3^m \times 2^{m-1}$ 与 2^{n-1} 中恰有一个奇数，一个偶数.

若 $3^m \times 2^{m-1}$ 为奇数，则 $m = 1$，此时有
$$6^m + 2^n + 2 = 6 + 2^n + 2 = 2^n + 8 = 4(2^{n-2} + 2)$$

于是 $2^{n-2} + 2$ 为完全平方数.

由于任何整数的平方被 4 除余数只能为 0, 1，则 $2^{n-2} + 2$ 不能是 $4k + 2$ 型的数，于是 $n - 2 = 1, n = 3$.

因而有一组解 $(m, n) = (1, 3)$.

若 2^{n-1} 为奇数，则 $n = 1$，此时有
$$6^m + 2^n + 2 = 6^m + 4 \equiv (-1)^m + 4 \pmod{7}$$

注意到
$$(7k)^2 \equiv 0 \pmod{7}, \quad (7k \pm 1)^2 \equiv 1 \pmod{7}$$
$$(7k \pm 2)^2 \equiv 4 \pmod{7}, \quad (7k \pm 3)^2 \equiv 2 \pmod{7}$$

则一个平方数被 7 除，不能为 3, 5 和 6.

而
$$(-1)^m + 4 \equiv \begin{cases} 3 \\ 5 \end{cases} \pmod{7}$$

所以 $6^m + 4$ 不是完全平方数.

综合以上，$(m, n) = (1, 3)$ 是唯一的正整数解.